中国城镇水务行业年度发展报告
（2023）

Annual Report of Chinese Urban Water Utilities (2023)

中国城镇供水排水协会　主编
China Urban Water Association

中国建筑工业出版社

图书在版编目（CIP）数据

中国城镇水务行业年度发展报告. 2023 = Annual Report of Chinese Urban Water Utilities（2023）/ 中国城镇供水排水协会主编. — 北京：中国建筑工业出版社，2024.3

ISBN 978-7-112-29692-7

Ⅰ.①中… Ⅱ.①中… Ⅲ.①城市用水-水资源管理-研究报告-中国-2023 Ⅳ.①TU991.31

中国国家版本馆CIP数据核字（2024）第057045号

本书汇集了中国城镇水务行业的年度发展情况，主要内容分为4篇：第1篇，水务行业发展概况；第2篇，水务行业发展大事记；第3篇，地方工作经验交流；第4篇，水务行业调查与研究。

本报告有助于读者全方位了解中国城镇水务行业的年度发展态势及重点工作，对行业管理、企业决策及相关研究都具有一定的参考价值和借鉴意义，可供主管城镇水务工作的各级政府部门和相关规划、设计、科研人员与管理者学习参考。

责任编辑：王美玲 于 莉
文字编辑：勾淑婷
责任校对：李欣慰

中国城镇水务行业年度发展报告
（2023）
Annual Report of Chinese Urban Water Utilities（2023）
中国城镇供水排水协会 主编
China Urban Water Association

*

中国建筑工业出版社出版、发行（北京海淀三里河路9号）
各地新华书店、建筑书店经销
北京鸿文瀚海文化传媒有限公司制版
建工社（河北）印刷有限公司印刷

*

开本：787毫米×1092毫米 1/16 印张：26 字数：477千字
2024年3月第一版 2024年3月第一次印刷
定价：198.00元
ISBN 978-7-112-29692-7
（42697）

版权所有 翻印必究
如有内容及印装质量问题，请联系本社读者服务中心退换
电话：（010）58337283 QQ：2885381756
（地址：北京海淀三里河路9号中国建筑工业出版社604室 邮政编码：100037）

《中国城镇水务行业年度发展报告（2023）》编审委员会

主　　任：章林伟

副 主 任（按拼音排序）：

蔡新立　李　力　林雪梅　刘锁祥　刘永政
朴庸健　申一尘　宋兰合　吴学伟　熊易华
郑家荣　郑如彬　周　强

委　　员（按拼音排序）：

常　江　陈　明　陈　永　陈远鸣　崔福义
崔君乐　邓新兵　董　鹏　冯朝霞　高　亢
高　伟　龚道孝　龚利民　郭春萍　郭　玲
何　全　胡利华　黄　昆　李朴成　梁　恒
梁伟刚　梁有国　林桂全　刘伟岩　刘　忠
彭永忠　濮立安　邵　龙　宋正光　唐建新
田　红　王宝海　王　斌　王晓东　王　雨
魏忠庆　吴凡松　谢映霞　徐　建　徐维浩
徐　踊　许武燕　张　辰　张建新　张俊林
张可欣　张力敏　张　全　张艳玲　赵　锂
赵玉玲　郑　华　郑伟萍　周红霞　朱曙光
朱奚冰　朱英超

执行编委：高　伟　顾　芳　沈　珺　王　哲　张　彬

顾　　问：李振东　李秉仁

（按拼音排序）

　　蔡林峥　崔庆民　郭风春　郝耀平　沈仲韬
　　孙松青　王　翔　昝龙亮　张　海

审　稿　专　家

（按拼音排序）

　　崔福义　甘一萍　韩宏大　蒋　勇　李树苑
　　李　艺　刘智晓　马保松　马小蕾　郝燕秋
　　施东文　孙永利　唐建国　许光明　杨建劳
　　杨京生　殷荣强　张　辰　张德浩　张金松
　　张晔明　周　强

各章节主要编撰人员

章节	编者	编者单位
第1篇　水务行业发展概况		
第1章　城镇供水发展概况	张岍同[1,2]、张彬[1,2]、侯培强[1,2]、王哲[3]、沈珺[3]、顾芳[3]、高伟[3]*	1. 中国水协编辑出版委员会； 2.《给水排水》杂志社； 3. 中国水协秘书处
第2章　城镇排水发展概况	李金龙[1,2]、张彬[1,2]、夏韵[1,2]、沈珺[3]、王哲[3]、顾芳[3]、高伟[3]*	1. 中国水协编辑出版委员会； 2.《给水排水》杂志社； 3. 中国水协秘书处
第2篇　水务行业发展大事记		
第3章　行业发展大事记		
3.1　2023年国家发布的主要相关政策	沈珺、顾芳、高伟*	中国水协秘书处
3.2　2023年中国水协大事记	沈珺、顾芳、高伟*	中国水协秘书处
3.3　城镇水务行业2023年度十大新闻	沈珺、顾芳、高伟*	中国水协秘书处
3.4　中国水协2022/2023年会	李鹜、魏桂芹、高伟*	中国水协秘书处
3.5　中国水协团体标准	许晨、顾芳、高伟*	中国水协秘书处
3.6　2023年度中国水协科学技术奖获奖项目	刘亮、顾芳、高伟*	中国水协秘书处
3.7　中国水协科学技术成果鉴定	刘亮、顾芳、高伟*	中国水协秘书处
3.8　中国水协典型工程项目案例	张辰[1,2]、杨雪[1,2]、魏桂芹[3]、高伟[3]*	1. 中国水协规划设计专业委员会； 2. 上海市政工程设计研究总院（集团）有限公司； 3. 中国水协秘书处
3.9　第四届全国城镇供水排水行业职业技能竞赛	李鹜、魏桂芹、高伟*	中国水协秘书处
3.10　2023年中国水协会员开放日活动	梁爽静、高伟*	中国水协秘书处

*表示责任作者或审定人。

续表

章节	编者	编者单位
第3篇 地方工作经验交流		
第4章 济南水务集团有限公司"小白热线"典型经验介绍——新时代 新小白 打造供水服务新标杆	李东峰、李海洋、马连静	济南水务集团有限公司
第5章 新疆维吾尔自治区城镇供排水协会——充分发挥桥梁纽带作用 着力提升服务能力水平	张俊林、张彩萍	新疆维吾尔自治区城镇供排水协会
第6章 浙江省城市水业协会——规范化净水厂认证"浙江经验"	朱奚冰、袁潮波、董宵婷、王琦	浙江省城市水业协会
第7章 山西省市政公用事业协会城镇供水分会——找准定位 搭好平台 自觉践行服务职责	周志敏、李杰、张力敏、阎镁	山西省市政公用事业协会城镇供水分会
第4篇 水务行业调查与研究		
第8章 我国海绵城市建设10周年的回顾与展望	王家卓[1,2]*、张全[1,2]、李小静[1,3]、马洪涛[1,4]、齐珺[1,5]、任心欣[1,6]、张翔[1,7]、贾海峰[1,8]、潘晓军[1,9]、胡应均[1,2]、张世和[1,2]	1. 中国水协海绵城市建设专业委员会； 2. 中规院（北京）规划设计有限公司； 3. 北京建筑大学； 4. 中国市政工程华北设计研究总院有限公司； 5. 上海市政工程设计研究总院（集团）有限公司； 6. 深圳市城市规划设计研究院股份有限公司； 7. 海绵城市建设水系统科学湖北省重点实验室（武汉大学）； 8. 清华大学； 9. 中关村海绵城市工程研究院有限公司
第9章 "源—网—厂—河"一体化模式	蒋勇[1,2]*、冀滨弘[3]、邹启贤[3]、黎洪元[3]、熊晔[3]、许光明[4]、吕贞[4]、刘立超[1,5]、王卫君[5]、徐士森[5]	1. 中国水协城市排水分会； 2. 北京城市排水集团有限责任公司； 3. 深圳市环境水务集团有限公司； 4. 常州市排水管理处； 5. 北京北排水务设计研究院有限公司

续表

章节	编者	编者单位
第10章 分流制污水系统化粪池技术改造	张辰[1,2]*、赵水钎[1,2]、杨雪[1,2]、谭学军[1,2]	1. 中国水协规划设计专业委员会； 2. 上海市政工程设计研究总院（集团）有限公司
第11章 城镇排水管网运行维护及成本调研分析	李爽[1,2]*，钱静[3]，王卫君[4]，李庆[1,2]	1. 中国水协城镇水务市场发展专业委员会； 2. 北京首创生态环保集团股份有限公司； 3. 合肥市排水管理办公室； 4. 北京北排水务设计研究院有限公司
第12章 构建智慧水务标准体系	刘伟岩[1,2]*，赵潇然[1,2]，索学越[1,2]，魏小凤[1,2]，李鑫玮[1,2]，汪力[1,2]	1. 中国水协智慧水务专业委员会； 2. 北控水务（中国）投资有限公司
第13章 城市供水行业反垄断现状及对策研究	刘锁祥[1,2]*、何鑫[1,2]、常祺[1,2]、王圣[3]、鲍月全[3]、宋迎[4]、李鹜[5]	1. 中国水协城市供水分会； 2. 北京市自来水集团有限责任公司； 3. 上海城投水务（集团）有限公司； 4. 安杰世泽律师事务所； 5. 中国水协秘书处

前　言

《中国城镇水务行业年度发展报告（2023）》总结2023年我国城镇水务行业发展现状及成果，分析行业发展特点、需求，包括4部分内容，共13章。

第1篇为水务行业发展概况，包括第1、2章。本篇依据住房和城乡建设部《中国城乡建设统计年鉴》（2022）、中国城镇供水排水协会《2022年城镇水务统计年鉴（供水）》《2022年城镇水务统计年鉴（排水）》，对全国及部分区域、流域、城市群城镇水务设施投资建设、设施状况、服务水平、水务企业运营与管理等进行了总结分析。

第2篇为水务行业发展大事记，包括第3章。本篇梳理选录了2023年度中共中央、国务院及有关部委印发的城镇水务行业发展相关政策文件，汇总展示了中国城镇供水排水协会年度重要活动和主要工作成就。

第3篇为地方工作经验交流，包括第4章～第7章。本篇选录了济南水务集团有限公司、新疆维吾尔自治区城镇供排水协会、浙江省城市水业协会和山西省市政公用事业协会城镇供水分会分别在"小白热线"、提升服务能力水平、规范化净水厂认证和践行服务职责等方面的工作经验和成效。

第4篇为水务行业调查与研究，包括第8章～第13章。本篇聚焦2023年度行业发展热点、难点和痛点。以城镇排水高质量发展为主线，收录了"我国海绵城市建设10周年的回顾与展望""'源—网—厂—河'一体化模式""分流制污水系统化粪池技术改造""城镇排水管网运行维护及成本调研分析"4篇研究报告；同时收录了业内关注的"构建智慧水务标准体系""城市供水行业反垄断现状及对策研究"2篇研究报告。

附录选编了政府及中国城镇供水排水协会印发的部分重要文件，包括《城镇智慧水务技术指南》摘要、《国家发展改革委　住房城乡建设部　生态环境部印发〈关于推进建制镇生活污水垃圾处理设施建设和管理的实施方案〉的通知》（发改环资〔2022〕1932号）、《住房和城乡建设部办公厅　应急管理部办公厅关于加强城市排水防涝应急管理工作的通知》（建办城函〔2023〕152号）、《住房和城乡建设部办公厅　国家发展改革委办公厅关于扎实推进城市燃气管道等老化更新改造工作的通知》（建办城函〔2023〕245号）、《国家发展改革委 住房城乡建设部 生态环境部关于推进污水处理减污降碳协同增效的实施意见》（发改环资〔2023〕1714号）。

《中国城镇水务行业年度发展报告（2023）》的编撰出版得到有关主管部门、行业有关专家和企事业单位的支持，在此表示衷心的感谢。报告的编撰还在探索中进步与完善，敬请读者批评指正，不吝赐教。

《中国城镇水务行业年度发展报告（2023）》编委会
2024年1月10日

目 录

第1篇 水务行业发展概况

第1章 城镇供水发展概况 ·· 2
1.1 全国城镇供水概况 ·· 2
1.1.1 供水市政公用设施建设固定资产投资 ······················ 2
1.1.2 设施状况 ·· 3
1.1.3 服务水平 ·· 4
1.2 区域供水设施与服务 ·· 8
1.2.1 按东中西部及31个省（自治区、直辖市）统计 ············· 8
1.2.2 按流域统计 ·· 14
1.2.3 按国家级城市群统计 ·································· 18
1.2.4 按36个重点城市统计 ································· 25
1.3 城镇供水与社会经济发展水平 ································ 29
1.3.1 城镇供水与水资源 ···································· 29
1.3.2 供水市政公用设施建设固定资产投资与全社会固定资产投资 ·· 31
1.3.3 人均日生活用水量与城镇化 ···························· 32
1.4 运营与管理 ··· 34
1.4.1 经营主体 ·· 34
1.4.2 水源与净水工艺 ······································ 36
1.4.3 水厂供水规模及水质管控 ······························ 39
1.4.4 管道、管网与漏损 ···································· 41
1.4.5 抄表到户 ·· 44

第2章 城镇排水发展概况 ··· 45
2.1 全国城镇排水与污水处理概况 ································ 45
2.1.1 排水市政公用设施建设固定资产投资 ···················· 45

2.1.2　设施状况 ·· 46
　　2.1.3　服务水平 ·· 51
2.2　区域排水与污水处理 ·· 53
　　2.2.1　按东中西部及31个省（自治区、直辖市）统计 ····································· 53
　　2.2.2　按流域统计 ·· 63
　　2.2.3　按国家级城市群统计 ··· 67
　　2.2.4　按36个重点城市统计 ·· 69
2.3　城镇排水与社会经济发展水平 ··· 76
　　2.3.1　排水市政公用设施建设固定资产投资与全社会固定资产投资 ················· 76
　　2.3.2　人均日污水处理量与城镇化 ··· 78
2.4　运营与管理 ··· 79
　　2.4.1　污水处理提质增效 ·· 79
　　2.4.2　企业性质 ··· 83
　　2.4.3　服务人口与服务面积 ··· 85
　　2.4.4　污泥处理与处置方式 ··· 85

第2篇　水务行业发展大事记

第3章　行业发展大事记 ··· 90
3.1　2023年国家发布的主要相关政策 ··· 90
3.2　2023年中国水协大事记 ··· 93
3.3　城镇水务行业2023年度十大新闻 ··· 96
3.4　中国水协2022/2023年会 ·· 100
　　3.4.1　综合大会 ·· 101
　　3.4.2　全国地方水协工作会 ·· 107
　　3.4.3　第三届七次常务理事会和理事会 ··· 107
　　3.4.4　中国水协定向支持武汉会商会 ·· 109
　　3.4.5　中国水协顾问委员会及科技发展战略咨询委员会会议 ························ 109
　　3.4.6　技术交流论坛、圆桌对话会 ·· 109
　　3.4.7　城镇水务技术与产品展示 ·· 134

3.4.8 专业参观交流 ·· 135
3.5 中国水协团体标准 ·· 135
3.6 2023年度中国水协科学技术奖获奖项目 ··· 140
 3.6.1 城镇河湖排口雨水径流控制技术装备研发与工程应用 ················· 141
 3.6.2 基于DMA的大型城市复杂管网漏损监测预警控制关键技术研究与应用 ··· 143
 3.6.3 基于余氯调控的龙头水质保障技术与应用 ······································ 144
 3.6.4 城镇供水系统关键材料设备评估验证与标准化 ······························ 146
 3.6.5 基于胶囊机器人的排水管网快速检测与智慧排水动态运维 ··········· 147
 3.6.6 智能水表关键技术研究与应用 ·· 149
 3.6.7 昆山市排水管网养护智慧运营监管服务 ··· 151
 3.6.8 城镇排水管网检测诊断与效能评估技术集成及应用 ····················· 152
 3.6.9 寒冷地区流域污染物防控技术研究与应用 ······································ 154
 3.6.10 城市供水系统规划设计关键技术评估及标准化 ···························· 156
3.7 中国水协科学技术成果鉴定 ··· 157
 3.7.1 基于余氯调控的龙头水质保障技术与应用 ······································ 159
 3.7.2 城镇河湖排口雨水径流控制技术装备研发与工程应用 ················· 159
 3.7.3 城镇供水系统关键材料设备评估验证与标准化 ······························ 159
 3.7.4 城市供水系统规划设计关键技术评估及标准化 ······························ 159
 3.7.5 双碳背景下城镇污水处理厂强化脱氮除磷工艺技术研究及工程应用 ··· 159
 3.7.6 磁微滤生物膜法脱氮除磷污水处理技术 ··· 161
 3.7.7 广州智慧供水云平台系统关键技术研究与应用 ······························ 162
 3.7.8 排水管道多功能检测智能装备研制及示范应用 ······························ 164
 3.7.9 高通量磁分离技术及在水生态修复中的应用研究 ························· 165
3.8 中国水协典型工程项目案例 ··· 167
 3.8.1 上海白龙港污水处理厂提标改造工程项目 ······································ 168
 3.8.2 孟加拉帕德玛水厂工程项目 ·· 170
 3.8.3 南京浦口区珠西支河恢复工程项目 ·· 172
 3.8.4 深圳埔地吓水质净化厂三期工程项目 ··· 175
 3.8.5 烟台辛安河污水处理厂技术改造工程项目 ······································ 178

3.8.6　杭州临安龙岗水厂配套输水管网建设工程项目 …………………… 181

3.9　第四届全国城镇供水排水行业职业技能竞赛 …………………………… 182

3.9.1　竞赛组织机构 …………………………………………………………… 183

3.9.2　竞赛内容 ………………………………………………………………… 183

3.9.3　竞赛组织过程 …………………………………………………………… 184

3.9.4　竞赛结果与奖励 ………………………………………………………… 185

3.10　2023年中国水协会员开放日活动 ………………………………………… 187

3.10.1　走进上海凯泉泵业 ……………………………………………………… 188

3.10.2　走进哈尔滨跃渊智能 …………………………………………………… 189

3.10.3　走进普洛兰 ……………………………………………………………… 190

3.10.4　小结 ……………………………………………………………………… 191

第3篇　地方工作经验交流

第4章　济南水务集团有限公司"小白热线"典型经验介绍
　　　　——新时代　新小白　打造供水服务新标杆 ……………………… 194

4.1　"小白热线"发展简介 ……………………………………………………… 194

4.1.1　成立背景 ………………………………………………………………… 194

4.1.2　发展历程 ………………………………………………………………… 195

4.2　"小白热线"供水服务管理体系建设 ……………………………………… 198

4.2.1　升级"小白热线"服务系统 …………………………………………… 198

4.2.2　打造"1-2-3-4-5"客户服务管理体系 ………………………………… 199

4.2.3　构建"小白热线"云服务平台 ………………………………………… 199

4.3　供水服务文化与品牌建设 …………………………………………………… 200

4.3.1　"四永"小白精神内涵 ………………………………………………… 200

4.3.2　"e小白　心服务"党建品牌 ………………………………………… 200

4.3.3　微博矩阵及特色服务 …………………………………………………… 201

4.4　荣誉与评价——政府放心　企业发展　百姓满意 ……………………… 202

4.4.1　评议整改"实打实"——精准施策优质服务成效显著 ……………… 203

4.4.2　数智赋能全民共享——"小白热线"老品牌焕发新活力 …………… 204

4.5　挑战与展望——立破并举与时俱进 ……………………………………… 204

主要参考文献 …………………………………………………………………………… 205

第 5 章 新疆维吾尔自治区城镇供排水协会
——充分发挥桥梁纽带作用 着力提升服务能力水平 ·················· 206

- 5.1 概况 ·················· 206
  - 5.1.1 指导思想 ·················· 206
  - 5.1.2 工作目标 ·················· 206
- 5.2 结对互帮 ·················· 207
  - 5.2.1 具体措施 ·················· 207
  - 5.2.2 结对互帮聚合力、共同学习促发展 ·················· 207
  - 5.2.3 学习交流促发展 携手共进谱新篇 ·················· 208
- 5.3 加强调研 ·················· 209
  - 5.3.1 深入基层单位调研，开展精准服务活动 ·················· 209
  - 5.3.2 深入调研促提升，安全供水有保障 ·················· 209
  - 5.3.3 开展调研走访，促进协会服务 ·················· 210
- 5.4 开展"三送"服务 ·················· 211
  - 5.4.1 "送技术"到基层，解决供水水质提升难点 ·················· 211
  - 5.4.2 安全月上门"送安全"，受到会员单位赞誉 ·················· 211
  - 5.4.3 联合"送智慧"，提高智慧管理水平 ·················· 212
- 5.5 服务政府 ·················· 213
  - 5.5.1 协助疫情防控调研工作，保障供水生命线 ·················· 213
  - 5.5.2 积极参与水质督察，确保供水水质安全 ·················· 214
- 5.6 服务工作受表彰 ·················· 214
- 附：新疆维吾尔自治区城镇供排水协会简介 ·················· 215

第 6 章 浙江省城市水业协会
——规范化净水厂认证"浙江经验" ·················· 216

- 6.1 引言 ·················· 216
- 6.2 目的与意义 ·················· 216
- 6.3 认证管理办法与标准 ·················· 217
  - 6.3.1 申报条件和要求 ·················· 217
  - 6.3.2 认证程序与要求 ·················· 218
  - 6.3.3 认证标准 ·················· 219
  - 6.3.4 复核 ·················· 226

6.4 认证案例与成效	226
6.4.1 认证过程	226
6.4.2 取得成效	227
附：浙江省城市水业协会简介	228

第7章 山西省市政公用事业协会城镇供水分会
——找准定位 搭好平台 自觉践行服务职责 229

7.1 引言	229
7.2 调研摸底背景	229
7.2.1 《生活饮用水卫生标准》GB 5749—2022 实施	229
7.2.2 中国城镇供水排水协会2023年度工作安排	230
7.3 调研摸底目的	230
7.3.1 积极作为，发挥行业协会的服务职能	230
7.3.2 查漏补缺，保障城镇公共供水水质安全	230
7.4 调研摸底实施	230
7.4.1 前期准备	230
7.4.2 统计汇总	231
7.4.3 情况通报	231
7.5 后续追踪情况	233
7.5.1 寻求政府部门支持	233
7.5.2 落实问题解决情况	234
7.5.3 持续跟进善始善终	234
7.6 思考和启示	234
7.6.1 贴近行业单位需要	234
7.6.2 贴近政府部门关注	235
7.6.3 贴近社会用户关切	235
附：山西省市政公用事业协会城镇供水分会简介	235

第4篇　水务行业调查与研究

第8章 我国海绵城市建设10周年的回顾与展望 238
8.1 海绵城市建设背景	238
8.1.1 海绵城市建设需求	238

8.1.2　国外经验借鉴 ··· 239
8.2　海绵城市建设进展 ··· 240
　　8.2.1　中央政府高位推动 ··· 240
　　8.2.2　省市层面积极推进 ··· 245
8.3　海绵城市建设成效 ··· 251
　　8.3.1　水安全保障 ··· 251
　　8.3.2　水环境改善 ··· 254
　　8.3.3　水资源利用 ··· 256
　　8.3.4　水生态修复 ··· 257
8.4　总结与展望 ··· 259
　　8.4.1　总结 ·· 259
　　8.4.2　展望 ·· 261

第9章　"源—网—厂—河"一体化模式 ································ 265

9.1　"源—网—厂—河"一体化背景 ··· 265
　　9.1.1　城镇排水管理"碎片化"制约行业发展 ································· 265
　　9.1.2　行业多年探索形成"源—网—厂—河"一体化的"武汉共识" ····· 266
　　9.1.3　政策背景 ··· 268
9.2　"源—网—厂—河"一体化理念 ··· 269
　　9.2.1　"源—网—厂—河"一体化内涵 ·· 269
　　9.2.2　"源—网—厂—河"一体化优势 ·· 270
9.3　"源—网—厂—河"一体化实施方法 ·· 271
　　9.3.1　确立主体 ··· 271
　　9.3.2　统筹规划 ··· 272
　　9.3.3　系统建设 ··· 273
　　9.3.4　一体化运维 ·· 277
9.4　"源—网—厂—河"一体化实践 ··· 282
　　9.4.1　北京市中心城区"源—网—厂—河"一体化实践做法 ··············· 282
　　9.4.2　深圳市"源—网—厂—河"一体化实践做法 ··························· 287
　　9.4.3　常州市主城区"源—网—厂—河"一体化实践做法 ·················· 291
9.5　趋势展望与改进方向 ··· 296

  9.5.1 面临的困难、问题及改进的方向 ··· 296
  9.5.2 发展趋势展望 ··· 297

第10章 分流制污水系统化粪池技术改造 ··· 299

10.1 化粪池发展历程和功能类型 ··· 299
  10.1.1 化粪池发展历程 ··· 299
  10.1.2 化粪池功能类型 ··· 299

10.2 国内外关于化粪池设置的规定和技术要求 ··· 301
  10.2.1 现行标准和规范的有关规定 ··· 301
  10.2.2 各地关于化粪池设置的规定 ··· 304
  10.2.3 国外关于化粪池设置的规定 ··· 309

10.3 化粪池存在的问题 ··· 314
  10.3.1 碳排放水平高 ··· 314
  10.3.2 影响生活污水处理水质 ··· 315
  10.3.3 增加建设和运行成本 ··· 316
  10.3.4 建设质量问题造成渗漏 ··· 317
  10.3.5 缺少妥善的运行维护 ··· 317

10.4 运行管理 ··· 317
  10.4.1 化粪池的运行维护 ··· 317
  10.4.2 废弃化粪池的安全处置 ··· 318
  10.4.3 关于分流制排水系统中化粪池的设置建议 ··· 319

主要参考文献 ··· 319

第11章 城镇排水管网运行维护及成本调研分析 ··· 321

11.1 背景与意义 ··· 321

11.2 调研情况简述 ··· 322

11.3 城镇排水管网运行维护现状 ··· 323
  11.3.1 排水管网运行维护管理体制多样化 ··· 323
  11.3.2 排水企业运行维护工作范围不一致 ··· 324
  11.3.3 排水管网运行维护标准参差不齐 ··· 324
  11.3.4 排水管网养护维修预算定额与实际成本脱节 ··· 325
  11.3.5 合流制情况下污水管网运行维护成本难以独立界定 ··· 326

11.3.6　城镇排水管网运行维护存在的主要问题 ……………………… 327
　11.4　城镇排水管网运行维护成本 ……………………………………………… 328
　　　11.4.1　排水管网运行维护综合单位成本 ………………………………… 328
　　　11.4.2　排水管网运行维护成本构成 ……………………………………… 328
　　　11.4.3　排水管网运行维护资金来源 ……………………………………… 332
　11.5　排水管网运行维护成本测算 ……………………………………………… 332
　　　11.5.1　测算说明 …………………………………………………………… 332
　　　11.5.2　基于一定条件下典型排水管网运行维护费用测算 ……………… 332
　　　11.5.3　排水管网运行维护费用测算结果的敏感性分析 ………………… 334
　11.6　排水管网运行维护及污水价格机制展望 ………………………………… 335
　附录11.1　部分城市排水管渠巡视频次对比 ………………………………… 337
　附录11.2　部分城市排水管渠养护频次对比 ………………………………… 338
　附录11.3　部分城市排水管渠检查频次对比 ………………………………… 339

第12章　构建智慧水务标准体系 ……………………………………………… 340
　12.1　背景与意义 ………………………………………………………………… 340
　　　12.1.1　政策驱动下水务行业升级的必由之路 …………………………… 341
　　　12.1.2　智慧水务顶层设计的重要引领 …………………………………… 342
　　　12.1.3　水务业务与IT技术融合的必然要求 ……………………………… 343
　12.2　现状分析 …………………………………………………………………… 343
　　　12.2.1　国外智慧水务标准现状 …………………………………………… 343
　　　12.2.2　国内智慧水务标准现状 …………………………………………… 345
　　　12.2.3　存在问题 …………………………………………………………… 347
　12.3　标准体系结构 ……………………………………………………………… 348
　　　12.3.1　标准体系维度 ……………………………………………………… 348
　　　12.3.2　标准体系结构图 …………………………………………………… 352
　　　12.3.3　标准体系结构说明 ………………………………………………… 354
　　　12.3.4　标准体系统计表 …………………………………………………… 357
　12.4　标准建设与修订建议 ……………………………………………………… 358
　　　12.4.1　加强标准的统筹规划 ……………………………………………… 358

12.4.2	加快关键标准的编制	359
12.4.3	加强标准和标准体系的动态管理	362

附录 12.1　智慧水务标准明细表 ··· 363

附录 12.2　智慧水务国际标准清单 ··· 371

第13章　城市供水行业反垄断现状及对策研究 ··· 373

13.1　供水垄断案件基本情况 ··· 373
13.1.1　案件汇总统计 ··· 373
13.1.2　供水行业易产生垄断的原因分析 ··· 374
13.1.3　处罚原因分析 ··· 375
13.1.4　处罚依据及处理结果 ··· 376

13.2　国家及地方反垄断措施情况 ··· 378
13.2.1　国家采取的反垄断措施 ··· 378
13.2.2　各地政府采取的反垄断措施 ··· 379
13.2.3　市场监管部门监管情况 ··· 380

13.3　供水企业落实《意见》情况 ··· 381
13.3.1　供水行业服务落实《意见》整体情况 ··· 381
13.3.2　供水行业在落实《意见》时遇到的问题 ··· 383

13.4　加强行业自律的相关建议 ··· 384
13.4.1　政府层面 ··· 385
13.4.2　企业层面 ··· 387

主要参考文献 ··· 390

附录

附录1　7大流域包含城市 ··· 392

附录2　17个城市群包含城市 ··· 393

附录3　《城镇智慧水务技术指南》摘要 ··· 394

附录4　国家发展改革委　住房城乡建设部　生态环境部印发《关于推进建制镇生活污水垃圾处理设施建设和管理的实施方案》的通知 ··· 395

附录5　住房和城乡建设部办公厅　应急管理部办公厅关于加强城市排水防涝应急管理工作的通知 ··· 395

附录6　住房和城乡建设部办公厅　国家发展改革委办公厅关于扎实推进城市燃气管道等老化更新改造工作的通知 ……………………………………………… 395

附录7　国家发展改革委　住房城乡建设部　生态环境部关于推进污水处理减污降碳协同增效的实施意见 ……………………………………………………… 396

第1篇　水务行业发展概况

本部分依据住房和城乡建设部《中国城乡建设统计年鉴》(2022)，从城镇水务设施投资建设、设施状况、服务水平等方面展示城镇供水排水概况；依据中国城镇供水排水协会《2022年城镇水务统计年鉴（供水）》，对城镇供水"经营主体""水源与净水工艺""水厂水质管控""管道、管网与漏损""抄表到户"等方面进行技术分析；依据中国城镇供水排水协会《2022年城镇水务统计年鉴（排水）》，对城镇排水"污水处理提质增效""企业性质""服务人口与服务面积""污泥处理与处置方式"等方面进行技术分析。

第 1 章 城镇供水发展概况

根据住房和城乡建设部《中国城乡建设统计年鉴》（2022），截至 2022 年底，我国城市和县城供水市政公用设施建设固定资产投资、综合生产能力、管道长度、年供水总量、用水人口、人均日生活用水量和供水普及率分别为 1002.71 亿元、38429.97 万 m^3/d、139.64 万 km、800.60 亿 m^3、71417.01 万人、174.56 L/(人·d) 和 99.06%，较 2021 年分别减少 2.25%、减少 0.65%、增长 4.33%、增长 0.66%、增长 0.82%、增长 0.57%、增长 0.11 个百分点；我国建制镇和乡供水市政公用设施建设固定资产投资、综合生产能力、管道长度、年供水总量、用水人口、人均日生活用水量和供水普及率分别为 160.65 亿元、15445.85 万 m^3/d、82.61 万 km、162.28 亿 m^3、18548.92 万人、104.52 L/(人·d) 和 90.16%，较 2021 年分别减少 4.52%、增长 4.22%、增长 4.22%、增长 1.23%、增长 0.50%、减少 1.40%、增长 0.49 个百分点。

1.1 全国城镇供水概况

1.1.1 供水市政公用设施建设固定资产投资

根据住房和城乡建设部《中国城乡建设统计年鉴》（2022），截至 2022 年底，我国城市供水市政公用设施建设固定资产投资为 713.34 亿元，较 2021 年减少 7.43%；县城供水市政公用设施建设固定资产投资为 289.37 亿元，较 2021 年增长 13.38%；建制镇供水市政公用设施建设固定资产投资为 145.71 亿元，较 2021 年减少 1.67%；乡供水市政公用设施建设固定资产投资为 14.94 亿元，较 2021 年减少 25.57%。2013 年～2022 年我国城市和县城、建制镇和乡供水市政公用设施建设固定资产投资如图 1-1 和图 1-2 所示。

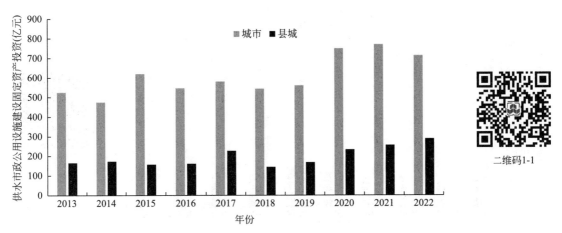

图 1-1　2013 年～2022 年我国城市和县城供水市政公用设施建设固定资产投资变化情况

数据来源：住房和城乡建设部《中国城乡建设统计年鉴》（2013～2022）。

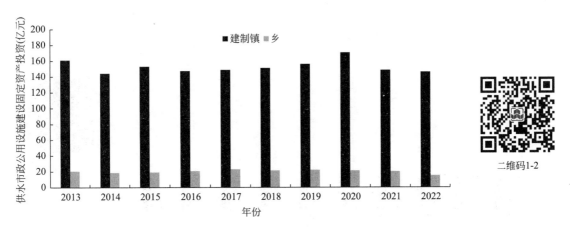

图 1-2　2013 年～2022 年我国建制镇和乡供水市政公用设施建设固定资产投资变化情况

数据来源：住房和城乡建设部《中国城乡建设统计年鉴》（2013～2022）。

1.1.2　设施状况

根据住房和城乡建设部《中国城乡建设统计年鉴》（2022），截至 2022 年底，我国城市供水综合生产能力和供水管道长度分别为 31510.40 万 m^3/d 和 110.30 万 km，较 2021 年分别减少 0.72%、增长 4.06%；县城供水综合生产能力和供水管道长度分别为 6919.57 万 m^3/d 和 29.35 万 km，较 2021 年分别减少 0.37% 和增长 5.36%。2013 年～2022 年我国城市和县城供水综合生产能力和供水管道长度如图 1-3 和图 1-4 所示。

截至 2022 年底，我国建制镇供水综合生产能力和供水管道长度分别为 13782.34 万 m^3/d 和 67.76 万 km，较 2021 年分别增长 5.13% 和增长 4.44%；乡供水综合生产

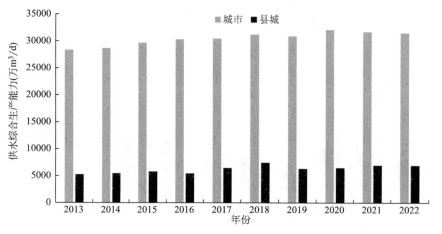

图 1-3　2013 年～2022 年我国城市和县城供水综合生产能力变化情况

数据来源：住房和城乡建设部《中国城乡建设统计年鉴》(2013～2022)。

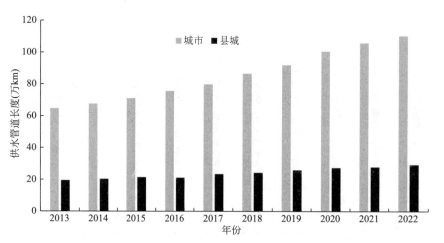

图 1-4　2013 年～2022 年我国城市和县城供水管道长度变化情况

数据来源：住房和城乡建设部《中国城乡建设统计年鉴》(2013～2022)。

能力和供水管道长度分别为 1663.52 万 m^3/d 和 14.85 万 km，较 2022 年分别减少 2.70% 和增长 2.27%。2013 年～2022 年我国建制镇和乡供水综合生产能力和供水管道长度如图 1-5 和图 1-6 所示。

1.1.3　服务水平

根据住房和城乡建设部《中国城乡建设统计年鉴》(2022)，截至 2022 年底，我国城市年供水总量、用水人口、人均日生活用水量和供水普及率分别为 674.41 亿 m^3、56141.80 万人、184.73 L/(人·d) 和 99.39%，较 2021 年分别增长 0.16%、增长 1.01%、减少 0.14% 和增长 0.01 个百分点；县城年供水总量、用水人口、人均日生

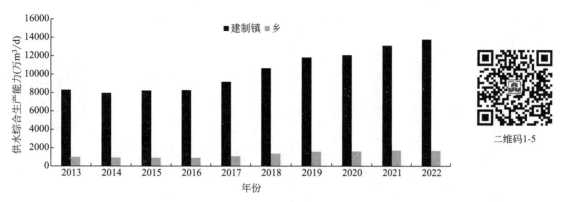

图 1-5 2013 年～2022 年我国建制镇和乡供水综合生产能力变化情况

数据来源：住房和城乡建设部《中国城乡建设统计年鉴》(2013～2022)。

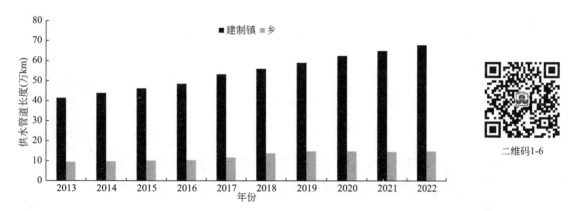

图 1-6 2013 年～2022 年我国建制镇和乡供水管道长度变化情况

数据来源：住房和城乡建设部《中国城乡建设统计年鉴》(2013～2022)。

活用水量和供水普及率分别为 126.19 亿 m^3、15275.21 万人、137.18L/(人·d) 和 97.86%，较 2021 年分别增长 3.44%、0.15%、3.96% 和 0.44 个百分点。2013 年～2022 年我国城市和县城年供水总量、用水人口、人均日生活用水量和供水普及率如图 1-7～图 1-10 所示。

截至 2022 年底，我国建制镇年供水总量、用水人口、人均日生活用水量和供水普及率分别为 149.50 亿 m^3、16809.35 万人、105.05L/(人·d) 和 90.76%，较 2021 年分别增长 1.63%、增长 0.95%、减少 1.64% 和增长 0.46 个百分点；乡年供水总量、用水人口、人均日生活用水量和供水普及率分别为 12.78 亿 m^3、1739.57 万人、99.46L/(人·d) 和 84.72%，较 2021 年分别减少 3.18%、减少 3.64%、增长 0.77% 和增长 0.52 个百分点。2013 年～2022 年我国建制镇和乡年供水总量、用水人口、人均日生活用水量和供水普及率如图 1-11～图 1-14 所示。

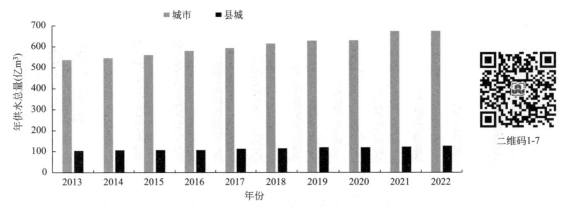

图 1-7 2013 年～2022 年我国城市和县城年供水总量变化情况

数据来源：住房和城乡建设部《中国城乡建设统计年鉴》(2013～2022)。

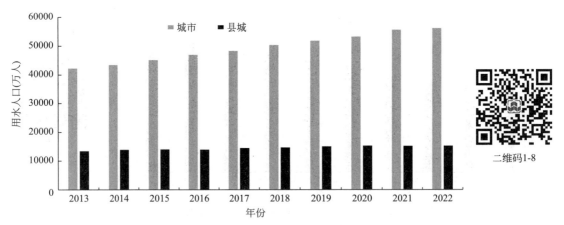

图 1-8 2013 年～2022 年我国城市和县城用水人口变化情况

数据来源：住房和城乡建设部《中国城乡建设统计年鉴》(2013～2022)。

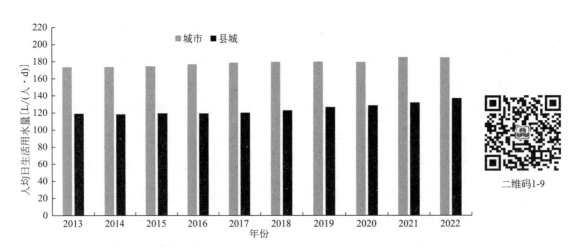

图 1-9 2013 年～2022 年我国城市和县城人均日生活用水量变化情况

数据来源：住房和城乡建设部《中国城乡建设统计年鉴》(2013～2022)。

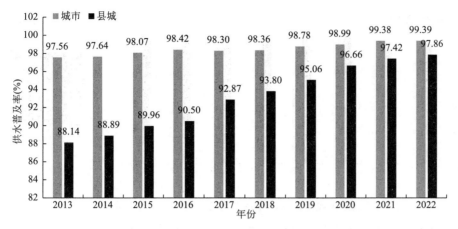

图 1-10　2013 年～2022 年我国城市和县城供水普及率变化情况

数据来源：住房和城乡建设部《中国城乡建设统计年鉴》(2013～2022)。

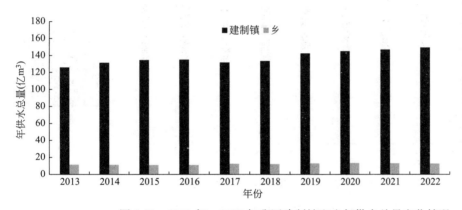

图 1-11　2013 年～2022 年我国建制镇和乡年供水总量变化情况

数据来源：住房和城乡建设部《中国城乡建设统计年鉴》(2013～2022)。

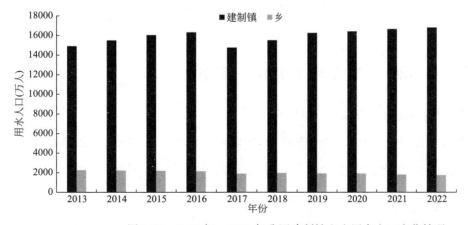

图 1-12　2013 年～2022 年我国建制镇和乡用水人口变化情况

数据来源：住房和城乡建设部《中国城乡建设统计年鉴》(2013～2022)。

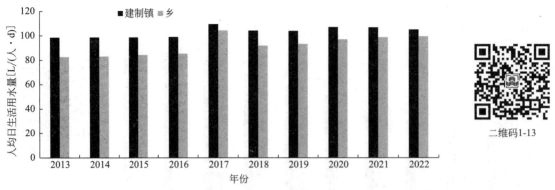

图 1-13 2013 年～2022 年我国建制镇和乡人均日生活用水量变化情况

数据来源：住房和城乡建设部《中国城乡建设统计年鉴》（2013～2022）。

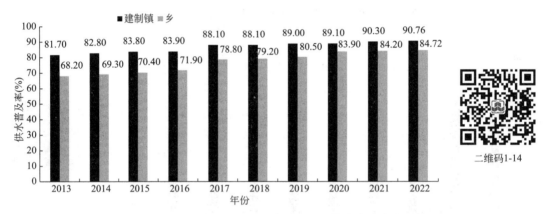

图 1-14 2013 年～2022 年我国建制镇和乡供水普及率变化情况

数据来源：住房和城乡建设部《中国城乡建设统计年鉴》（2013～2022）。

1.2 区域供水设施与服务

1.2.1 按东中西部[①]及 31 个省（自治区、直辖市）统计

1. 供水市政公用设施建设固定资产投资

根据住房和城乡建设部《中国城乡建设统计年鉴》（2022），截至 2022 年底，东部地区城市供水市政公用设施建设固定资产投资为 348.92 亿元，占全国城市总量的

---

① 按区域经济带将我国 31 个省（自治区、直辖市，未包括香港、澳门、台湾）进行东、中、西部地区划分，其中东部地区包括北京、天津、河北、辽宁、上海、江苏、浙江、福建、山东、广东和海南；中部地区包括山西、吉林、黑龙江、安徽、江西、河南、湖北和湖南；西部地区包括内蒙古、广西、重庆、四川、贵州、云南、西藏、陕西、甘肃、青海、宁夏和新疆（不含新疆生产建设兵团）。

比例为49.03%；县城为66.72亿元，占全国县城总量的比例为23.06%。中部地区城市供水市政公用设施建设固定资产投资为201.72亿元，占全国城市总量的比例为28.34%；县城为109.22亿元，占全国县城总量的比例为37.74%。西部地区城市供水市政公用设施建设固定资产投资为161.06亿元，占全国城市总量的比例为22.63%；县城为113.42亿元，占全国县城总量的比例为39.20%。2022年东中西部各省（自治区、直辖市）城市和县城供水市政公用设施建设固定资产投资情况如图1-15所示，北京、天津、上海无县城设置，均转为城区。

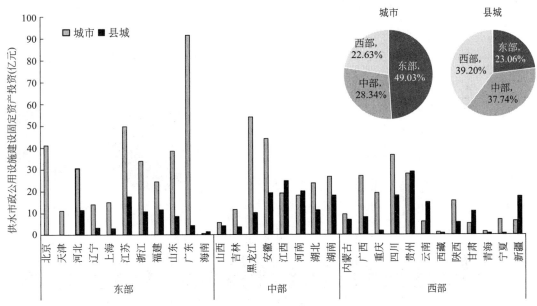

图1-15 2022年东中西部各省（自治区、直辖市）城市和县城
供水市政公用设施建设固定资产投资情况

数据来源：住房和城乡建设部《中国城乡建设统计年鉴》(2022)。

2. 设施状况

根据住房和城乡建设部《中国城乡建设统计年鉴》(2022)，截至2022年底，东部地区城市供水综合生产能力、供水管道长度分别为17506.32万 m^3/d、63.66万 km，占全国城市总量的比例分别为55.71%和57.82%；县城供水综合生产能力、供水管道长度分别为2393.36万 m^3/d、9.42万 km，占全国县城总量的比例分别为34.59%和32.11%。

中部地区城市供水综合生产能力、供水管道长度分别为7498.97万 m^3/d、25.52万 km，占全国城市总量的比例分别为23.86%和23.18%；县城供水综合生产能力、供水管道长度分别为 2536.62 万 m^3/d、10.73 万 km，占全国县城总量的比例分别为 36.66% 和 36.58%。

西部地区城市供水综合生产能力、供水管道长度分别为 6420.42 万 m^3/d、20.92 万 km，占全国城市总量的比例分别为 20.43% 和 19.00%；县城供水综合生产能力、供水管道长度分别为 1989.59 万 m^3/d、9.19 万 km，占全国县城总量的比例分别为 28.75% 和 31.31%。

2022 年我国东中西部各省（自治区、直辖市）城市和县城供水综合生产能力和供水管道长度情况如图 1-16 和图 1-17 所示。

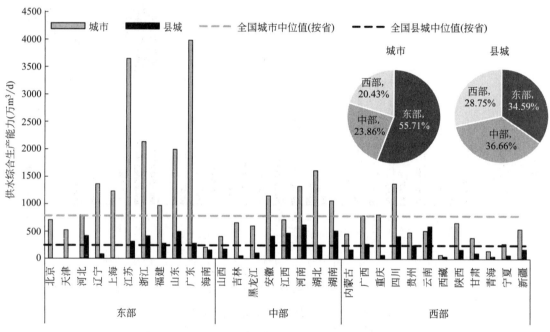

图 1-16　2022 年东中西部各省（自治区、直辖市）城市和县城供水综合生产能力情况

数据来源：住房和城乡建设部《中国城乡建设统计年鉴》(2022)。

根据住房和城乡建设部《中国城乡建设统计年鉴》(2022)，截至 2022 年底，东部地区城市建成区供水管道密度 16.96km/km²，人均供水管道长度 2.16m/人；县城建成区供水管道密度 12.68km/km²，人均供水管道长度 2.19m/人。中部地区城市建成区供水管道密度 13.90km/km²，人均供水管道长度 1.79m/人；县城建成区供水管道密度 12.86km/km²，人均供水管道长度 1.81m/人。西部地区城市建成区供水管道密度 12.70km/km²，人均供水管道长度 1.65m/人；县城建成区供水管道密度 11.37km/km²，人均供水管道长度 1.72m/人。

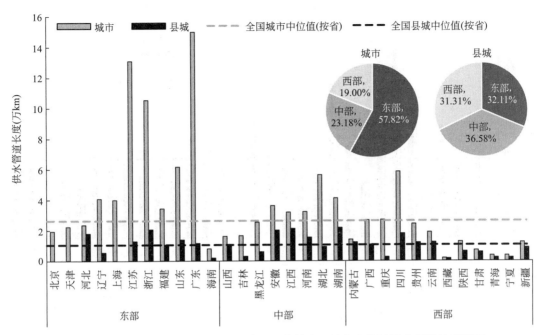

图 1-17　2022 年东中西部各省（自治区、直辖市）城市和县城供水管道长度情况

数据来源：住房和城乡建设部《中国城乡建设统计年鉴》（2022）。

2022 年东中西部各省（自治区、直辖市）城市和县城建成区供水管道密度和人均供水管道长度[①]如图 1-18 和图 1-19 所示。

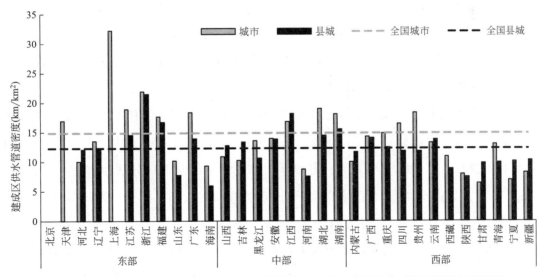

图 1-18　2022 年东中西部各省（自治区、直辖市）城市和县城建成区供水管道密度情况

数据来源：住房和城乡建设部《中国城乡建设统计年鉴》（2022）。

---

① 城市人均供水管道长度＝城市供水管道长度/（城区人口＋城区暂住人口）。
县城人均供水管道长度＝县城供水管道长度/（县城人口＋县城暂住人口）。

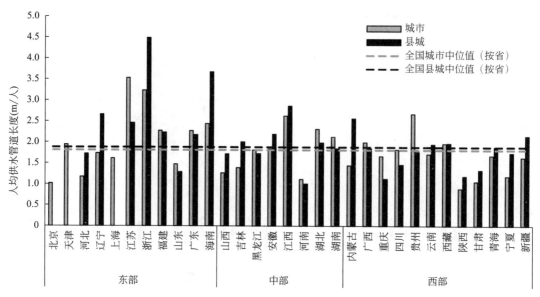

图1-19　2022年东中西部各省（自治区、直辖市）城市和县城人均供水管道长度情况

数据来源：住房和城乡建设部《中国城乡建设统计年鉴》(2022)。

3. 服务水平

根据住房和城乡建设部《中国城乡建设统计年鉴》(2022)，截至2022年底，东部地区城市年供水总量和用水人口分别为375.55亿m^3和29412.04万人，占全国城市总量的比例分别为55.87%、52.49%，人均日生活用水量、供水普及率分别为190.92L/(人·d)、99.84%；县城年供水总量和用水人口分别为42.00亿m^3和4286.57万人，占全国县城总量的比例分别为33.29%、28.06%，人均日生活用水量、供水普及率分别为148.45L/(人·d)、99.42%。

中部地区城市年供水总量和用水人口分别为156.99亿m^3和14136.51万人，占全国城市总量的比例分别为23.36%、25.23%，人均日生活用水量、供水普及率分别为172.28L/(人·d)、99.12%；县城年供水总量和用水人口分别为47.13亿m^3和5783.34万人，占全国县城总量的比例分别为37.35%、37.86%，人均日生活用水量、供水普及率分别为136.98L/(人·d)、97.33%。

西部地区城市年供水总量和用水人口分别为139.61亿m^3和12485.07万人，占全国城市总量的比例分别为20.77%、22.28%，人均日生活用水量、供水普及率分别为184.05L/(人·d)、98.65%；县城年供水总量和用水人口分别为37.06亿m^3和5205.30万人，占全国县城总量的比例分别为29.36%、34.08%，人均日生活用水量、供水普及率分别为128.13L/(人·d)、97.20%。

2022年东中西部各省（自治区、直辖市）城市和县城年供水总量、用水人口、人均日生活用水量和供水普及率情况如图1-20～图1-23所示。

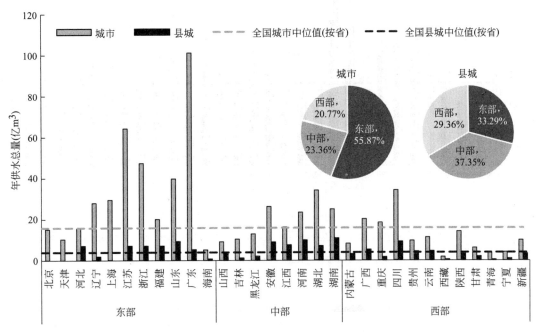

图1-20　2022年东中西部各省（自治区、直辖市）城市和县城年供水总量情况

数据来源：住房和城乡建设部《中国城乡建设统计年鉴》（2022）。

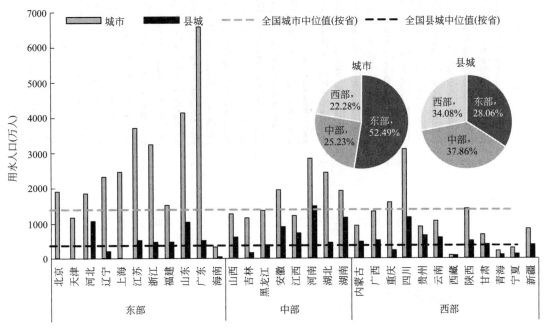

图1-21　2022年东中西部各省（自治区、直辖市）城市和县城用水人口情况

数据来源：住房和城乡建设部《中国城乡建设统计年鉴》（2022）。

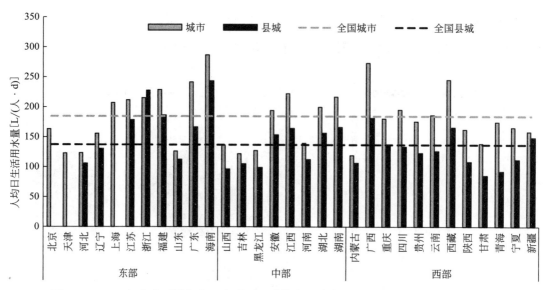

图 1-22 2022年东中西部各省（自治区、直辖市）城市和县城人均日生活用水量情况

数据来源：住房和城乡建设部《中国城乡建设统计年鉴》(2022)。

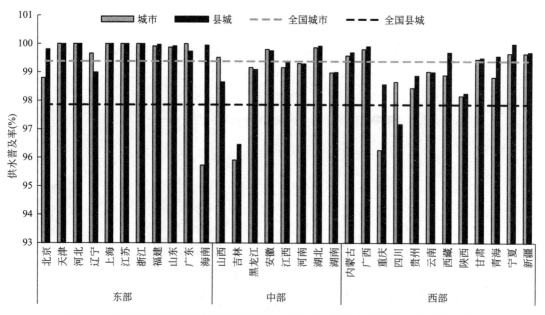

图 1-23 2022年东中西部各省（自治区、直辖市）城市和县城供水普及率情况

数据来源：住房和城乡建设部《中国城乡建设统计年鉴》(2022)。

1.2.2 按流域统计

我国七大流域包括长江流域、黄河流域、珠江流域、淮河流域、海河流域、松花江流域、辽河流域，本报告对七大流域城市（附录1）供水数据进行对比分析。

1. 供水市政公用设施建设固定资产投资

根据住房和城乡建设部《中国城市建设统计年鉴》(2022)，截至 2022 年底，长江流域城市供水市政公用设施建设固定资产投资为 227.98 亿元，占全国城市总量的比例为 31.96%；黄河流域为 55.49 亿元，占比为 7.78%；珠江流域为 111.21 亿元，占比为 15.59%；淮河流域为 71.74 亿元，占比为 10.06%；海河流域为 78.15 亿元，占比为 10.96%；松花江流域为 61.96 亿元，占比为 8.69%；辽河流域为 13.63 亿元，占比为 1.91%。2022 年七大流域城市供水市政公用设施建设固定资产投资占全国城市总量的比例情况对比如图 1-24 所示。

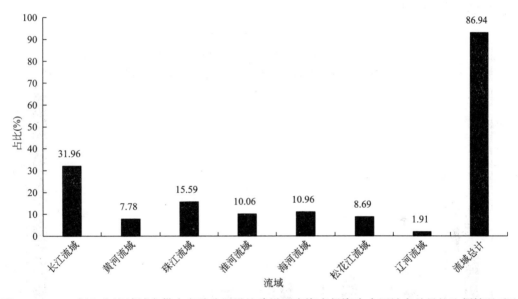

图 1-24　2022 年七大流域城市供水市政公用设施建设固定资产投资占全国城市总量的比例情况对比

数据来源：住房和城乡建设部《中国城市建设统计年鉴》(2022)。

2. 设施状况

根据住房和城乡建设部《中国城市建设统计年鉴》(2022)，截至 2022 年底，长江流域城市供水综合生产能力、供水管道长度分别为 11971.45 万 m^3/d 和 44.41 万 km，占全国城市总量的比例分别为 37.99% 和 40.26%。

黄河流域城市供水综合生产能力、供水管道长度分别为 2521.75 万 m^3/d、5.94 万 km，占全国城市总量的比例分别为 8.00% 和 5.38%。

珠江流域城市供水综合生产能力、供水管道长度分别为 4050.57 万 m^3/d、14.97 万 km，占全国城市总量的比例分别为 12.85% 和 13.57%。

淮河流域城市供水综合生产能力、供水管道长度分别为 3088.89 万 m^3/d、11.03

万 km，占全国城市总量的比例分别为 9.80% 和 10.00%。

海河流域城市供水综合生产能力、供水管道长度分别为 2401.26 万 m^3/d、7.60 万 km，占全国城市总量的比例分别为 7.62% 和 6.89%。

松花江流域城市供水综合生产能力、供水管道长度分别为 1142.00 万 m^3/d、3.61 万 km，占全国城市总量的比例分别为 3.62% 和 3.27%。

辽河流域城市供水综合生产能力、供水管道长度分别为 992.61 万 m^3/d、2.68 万 km，占全国城市总量的比例分别为 3.15% 和 2.43%。

2022 年七大流域城市供水综合生产能力、供水管道长度占全国城市总量的比例情况对比如图 1-25 所示。

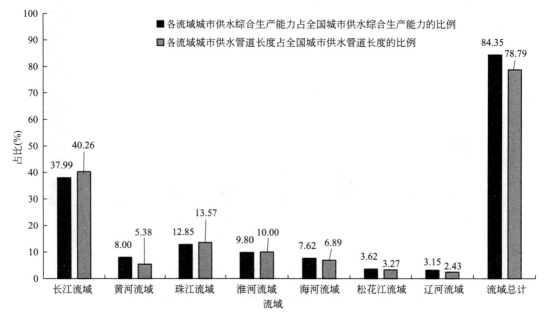

图 1-25　2022 年七大流域城市供水综合生产能力、供水管道长度占全国城市总量的比例情况对比

数据来源：住房和城乡建设部《中国城市建设统计年鉴》(2022)。

根据住房和城乡建设部《中国城市建设统计年鉴》(2022)，2022 年度，长江流域城市建成区供水管道密度、人均供水管道长度分别为 18.49km/km²、2.25m/人；黄河流域分别为 8.80km/km²、1.12m/人；珠江流域分别为 17.85km/km²、2.20m/人；淮河流域分别为 12.51km/km²、1.79m/人；海河流域分别为 11.94km/km²、1.30m/人；松花江流域分别为 12.19km/km²、1.60m/人；辽河流域分别为 12.52km/km²、1.61m/人。2022 年七大流域城市建成区供水管道密度、人均供水管道长度情况对比如图 1-26 和图 1-27 所示。

第1篇 水务行业发展概况

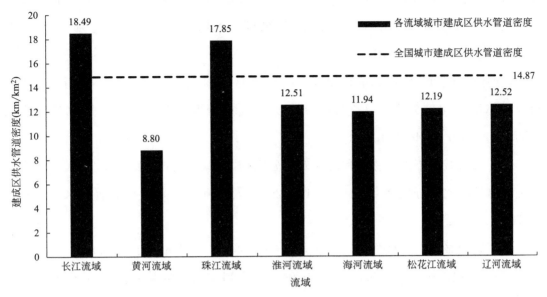

图1-26 2022年七大流域城市建成区供水管道密度情况对比

数据来源：住房和城乡建设部《中国城市建设统计年鉴》(2022)。

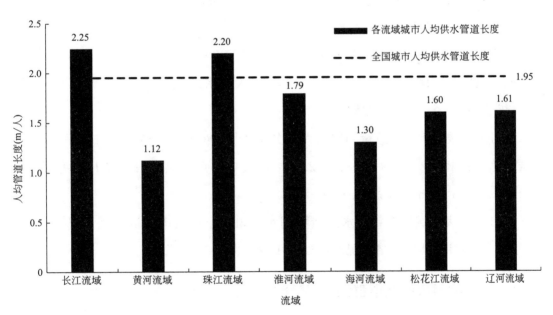

图1-27 2022年七大流域城市人均供水管道长度情况对比

数据来源：住房和城乡建设部《中国城市建设统计年鉴》(2022)。

3. 服务水平

根据住房和城乡建设部《中国城市建设统计年鉴》(2022)，2022年度，长江流域城市年供水总量和用水人口分别为 255.12 亿 m^3 和 19609.38 万人，占全国城市总量的比例分别为 37.83%、34.93%，人口密度、人均日生活用水量分别为 2977.07 人/km^2、203.15L/(人·d)。

黄河流域城市年供水总量和用水人口分别为 48.56 亿 m^3 和 5253.41 万人，占全国城市总量的比例分别为 7.20%、9.36%，人口密度、人均日生活用水量分别为 3420.77 人/km^2、146.23L/(人·d)。

珠江流域城市年供水总量和用水人口分别为 103.89 亿 m^3 和 6806.20 万人，占全国城市总量的比例分别为 15.41%、12.12%，人口密度、人均日生活用水量分别为 3987.11 人/km^2、243.83L/(人·d)。

淮河流域城市年供水总量和用水人口分别为 66.33 亿 m^3 和 6140.86 万人，占全国城市总量的比例分别为 9.84%、10.94%，人口密度、人均日生活用水量分别为 2356.29 人/km^2、146.79L/(人·d)。

海河流域[①]城市年供水总量和用水人口分别为 48.33 亿 m^3 和 5855.94 万人，占全国城市总量的比例分别为 7.17%、10.43%，人口密度、人均日生活用水量分别为 3408.52 人/km^2、137.40L/(人·d)。

松花江流域城市年供水总量和用水人口分别为 20.74 亿 m^3 和 1659.78 万人，占全国城市总量的比例分别为 3.09%、3.93%，人口密度、人均日生活用水量分别为 3045.77 人/km^2、127.83L/(人·d)。

辽河流域城市年供水总量和用水人口分别为 20.86 亿 m^3 和 2208.52 万人，占全国城市总量的比例分别为 3.08%、2.96%，人口密度、人均日生活用水量分别为 2173.22 人/km^2、160.78L/(人·d)。

2022 年七大流域城市年供水总量和用水人口占全国城市总量比例情况，以及人口密度、人均日生活用水量情况对比如图 1-28~图 1-30 所示。

1.2.3 按国家级城市群统计

《中华人民共和国国民经济和社会发展第十四个五年规划和 2035 年远景目标纲要》提出："优化提升京津冀、长三角、珠三角、成渝、长江中游等城市群，发展壮大山东半岛、粤闽浙沿海、中原、关中平原、北部湾等城市群，培育发展哈长、辽中

---

① 由于北京市部分数据缺失，计算城市人口密度和建成区供水管道密度时不包含北京市。

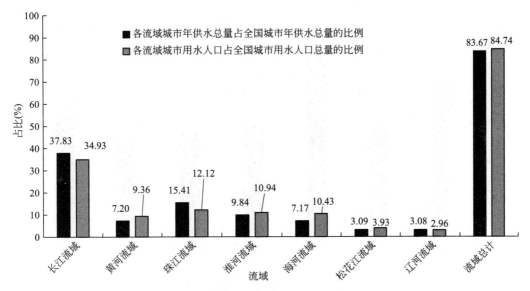

图 1-28　2022 年七大流域城市年供水总量和用水人口占全国城市总量比例情况对比

数据来源：住房和城乡建设部《中国城市建设统计年鉴》(2022)。

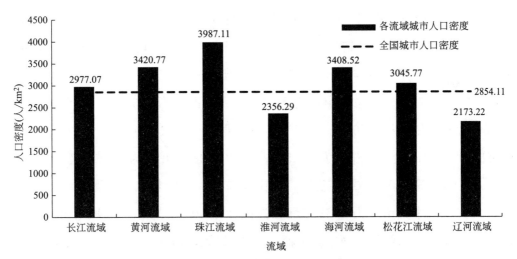

图 1-29　2022 年七大流域城市人口密度情况对比

数据来源：住房和城乡建设部《中国城市建设统计年鉴》(2022)。

南、山西中部、黔中、滇中、呼包鄂榆、兰州—西宁、宁夏沿黄、天山北坡等城市群。"选取京津冀、长三角、珠三角、成渝、长江中游、山东半岛、中原、关中平原、北部湾、哈长、滇中、呼包鄂榆、兰州—西宁、辽中南、山西中部、黔中、宁夏沿黄 17 个城市群（附录 2）供水数据进行对比分析。

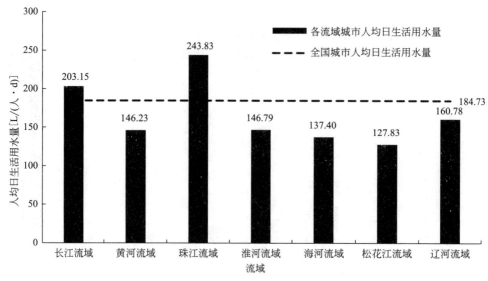

图 1-30 2022 年七大流域城市人均日生活用水量情况对比

数据来源：住房和城乡建设部《中国城市建设统计年鉴》(2022)。

1. 供水市政公用设施建设固定资产投资

根据住房和城乡建设部《中国城市建设统计年鉴》(2022)，截至 2022 年底，京津冀城市群供水市政公用设施建设固定资产投资为 67.85 亿元，占全国城市总量的比例为 9.51%；长三角城市群为 83.17 亿元，占比为 11.66%；珠三角城市群为 69.85 亿元，占比为 9.79%；成渝城市群为 49.24 亿元，占比为 6.90%；长江中游城市群为 39.64 亿元，占比为 5.56%；山东半岛城市群为 36.62 亿元，占比为 5.13%；中原城市群为 36.01 亿元，占比为 5.05%；关中平原城市群为 17.85 亿元，占比为 2.50%；北部湾城市群为 20.50 亿元，占比为 2.87%；哈长城市群为 44.38 亿元，占比为 6.22%；滇中城市群为 2.83 亿元，占比为 0.40%；呼包鄂榆城市群为 2.78 亿元，占比为 0.39%；兰州—西宁城市群为 0.48 亿元，占比为 0.07%；辽中南城市群为 10.84 亿元，占比为 1.52%；山西中部城市群为 4.56 亿元，占比为 0.64%；黔中城市群为 11.41 亿元，占比为 1.60%；宁夏沿黄城市群为 6.62 亿元，占比为 0.93%。2022 年 17 个城市群供水市政公用设施建设固定资产投资占全国城市总量的比例情况对比如图 1-31 所示。

2. 设施状况

2022 年 17 个城市群供水综合生产能力、供水管道长度及占全国城市总量的比例情况见表 1-1。

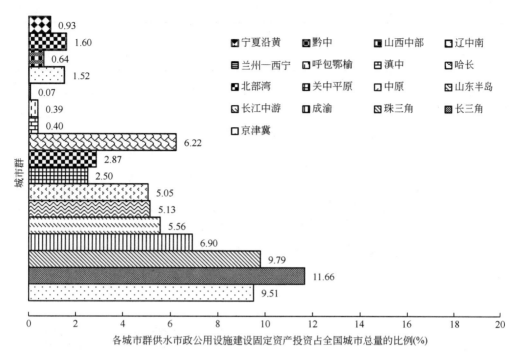

图 1-31 2022 年 17 个城市群供水市政公用设施建设固定资产投资占全国城市总量的比例情况对比

数据来源：住房和城乡建设部《中国城市建设统计年鉴》(2022)。

2022 年 17 个城市群供水综合生产能力、供水管道长度及占全国城市总量的比例情况对比

表 1-1

序号	城市群	供水综合生产能力		供水管道长度	
		合计值(万 m³/d)	占比(%)	合计值(万 km)	占比(%)
1	京津冀	1830.03	5.81	5.91	5.36
2	长三角	5769.67	18.31	21.34	19.35
3	珠三角	2905.82	9.22	11.04	10.01
4	成渝	1819.99	5.78	2.12	1.92
5	长江中游	2317.76	7.36	8.58	7.78
6	山东半岛	1571.17	4.99	4.79	4.34
7	中原	1496.08	4.75	4.51	4.09
8	关中平原	569.46	1.81	1.24	1.13
9	北部湾	630.33	2.00	2.02	1.84
10	哈长	857.00	2.72	2.61	2.36
11	滇中	330.82	1.05	1.05	0.95
12	呼包鄂榆	240.16	0.76	0.70	0.64

续表

序号	城市群	供水综合生产能力		供水管道长度	
		合计值(万 m³/d)	占比(%)	合计值(万 km)	占比(%)
13	兰州—西宁	277.73	0.88	0.50	0.46
14	辽中南	1099.96	3.49	3.13	2.83
15	山西中部	221.03	0.70	0.76	0.69
16	黔中	345.98	1.10	1.83	1.66
17	宁夏沿黄	266.62	0.85	0.32	0.29
	城市群总计	22549.61	71.31	72.09	65.36

数据来源：住房和城乡建设部《中国城市建设统计年鉴》(2022)。

2022 年 17 个城市群建成区供水管道密度和人均供水管道长度情况如图 1-32 和图 1-33 所示。

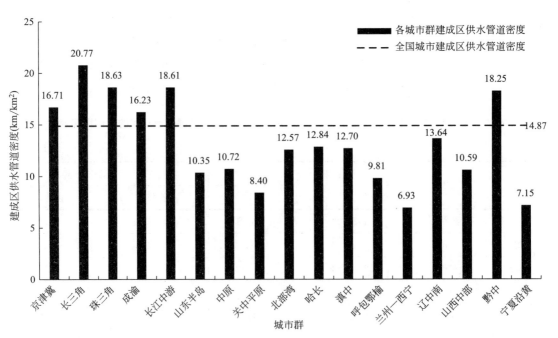

图 1-32　2022 年 17 个城市群建成区供水管道密度情况对比

数据来源：住房和城乡建设部《中国城市建设统计年鉴》(2022)。

3. 服务水平

2022 年 17 个城市群年供水总量、用水人口及占全国城市总量的比例情况见表 1-2。2022 年 17 个城市群人口密度和人均日生活用水量情况如图 1-34 和图 1-35 所示。

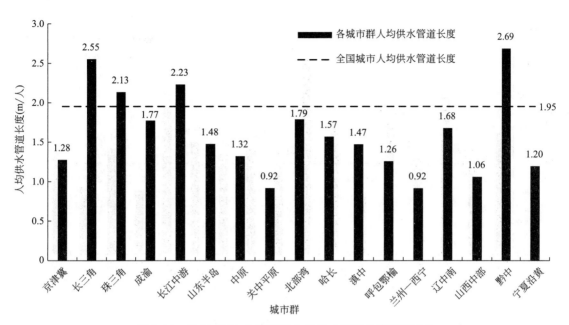

图 1-33　2022 年 17 个城市群人均供水管道长度情况对比

数据来源：住房和城乡建设部《中国城市建设统计年鉴》(2022)。

2022 年 17 个城市群年供水总量、用水人口占全国城市总量的比例情况对比　　表 1-2

序号	城市群	年供水总量		用水人口	
		合计值(亿 m³)	占比(%)	合计值(万人)	占比(%)
1	京津冀	37.60	5.58	4625.65	8.24
2	长三角	123.70	18.34	8355.77	14.88
3	珠三角	79.57	11.80	5166.81	9.20
4	成渝	3.96	0.59	214.94	0.38
5	长江中游	54.75	8.12	3831.42	6.82
6	山东半岛	30.56	4.53	3238.9	5.77
7	中原	29.74	4.41	3404.45	6.06
8	关中平原	13.04	1.93	367.72	0.65
9	北部湾	16.78	2.49	1129	2.01
10	哈长	16.51	2.45	1626.62	2.90
11	滇中	7.54	1.12	710.41	1.27
12	呼包鄂榆	4.33	0.64	548.93	0.98
13	兰州—西宁	5.20	0.77	549.14	0.98
14	辽中南	22.71	3.37	1851.36	3.30
15	山西中部	4.94	0.73	703.95	1.25
16	黔中	7.59	1.13	671.32	1.20
17	宁夏沿黄	3.70	0.55	269.37	0.48
城市群总计		462.22	78.17	37265.76	66.03

数据来源：住房和城乡建设部《中国城市建设统计年鉴》(2022)。

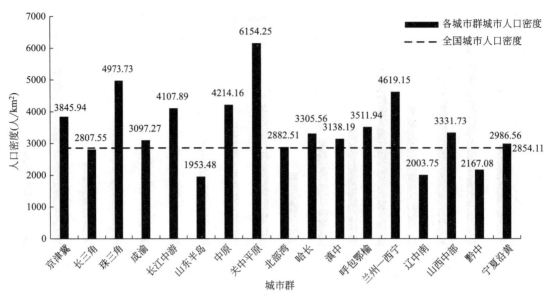

图 1-34　2022 年 17 个城市群人口密度情况对比

数据来源：住房和城乡建设部《中国城市建设统计年鉴》(2022)。

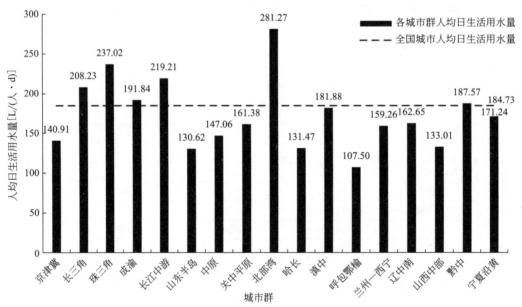

图 1-35　2022 年 17 个城市群人均日生活用水量情况对比

数据来源：住房和城乡建设部《中国城市建设统计年鉴》(2022)。

1.2.4 按 36 个重点城市①统计

1. 供水市政公用设施建设固定资产投资

截至 2022 年底，36 个重点城市供水市政公用设施建设固定资产投资为 278.91 亿元，较 2021 年减少 6.98%，占全国城市总量的比例为 39.10%。2022 年 36 个重点城市供水市政公用设施建设固定资产投资情况如图 1-36 所示。

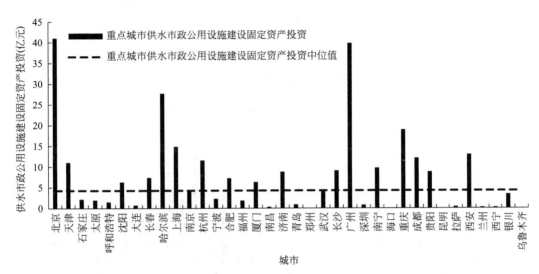

图 1-36　2022 年 36 个重点城市供水市政公用设施建设固定资产投资情况

数据来源：住房和城乡建设部《中国城市建设统计年鉴》(2022)。

2. 设施状况

截至 2022 年底，36 个重点城市供水综合生产能力、供水管道长度分别为 12000.37 万 m^3/d、40.38 万 km，较 2021 年减少 0.02%、增长 4.20%，占全国城市总量的比例分别为 38.08% 和 36.61%。2022 年 36 个重点城市供水综合生产能力和供水管道长度情况如图 1-37 和图 1-38 所示。

截至 2022 年底，36 个重点城市建成区供水管道密度、人均供水管道长度分别为 16.26km/km²、1.60m/人，较 2021 年分别增加 7.14%、0.05%。2022 年 36 个重点城市建成区供水管道密度、人均供水管道长度情况如图 1-39 和图 1-40 所示。

---

① 36 个重点城市包含 4 个直辖市、27 个省会城市、5 个计划单列市。

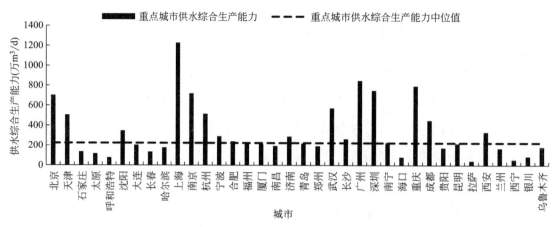

图 1-37　2022 年 36 个重点城市供水综合生产能力情况

数据来源：住房和城乡建设部《中国城市建设统计年鉴》(2021)。

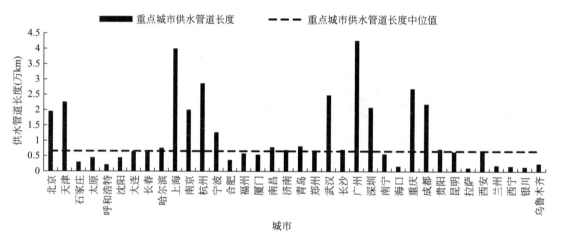

图 1-38　2022 年 36 个重点城市供水管道长度情况

数据来源：住房和城乡建设部《中国城市建设统计年鉴》(2021)。

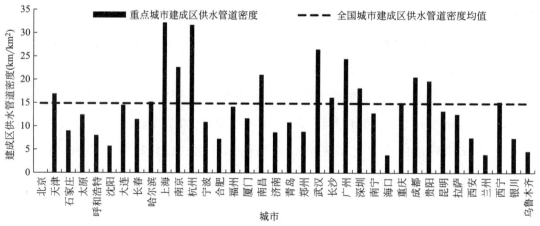

图 1-39　2022 年 36 个重点城市建成区供水管道密度情况

数据来源：住房和城乡建设部《中国城市建设统计年鉴》(2022)。

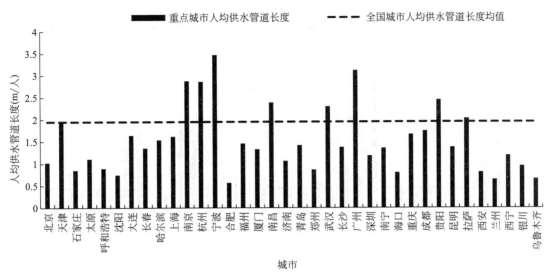

图 1-40　2022 年 36 个重点城市人均供水管道长度情况

数据来源：住房和城乡建设部《中国城市建设统计年鉴》(2022)。

3. 服务水平

截至 2022 年底，36 个重点城市年供水总量和用水人口分别为 292.49 亿 m³、25091.68 万人，较 2021 年减少 0.65%、增加 1.37%，占全国城市总量的比例分别为 43.37%、44.69%；人口密度、人均日生活用水量 4167.89 人/km²、195.36 L/(人·d)，较 2021 年分别减少 1.03%、1.41%。2022 年 36 个重点城市年供水总量、用水人口、人口密度和人均日生活用水量情况如图 1-41~图 1-44 所示。

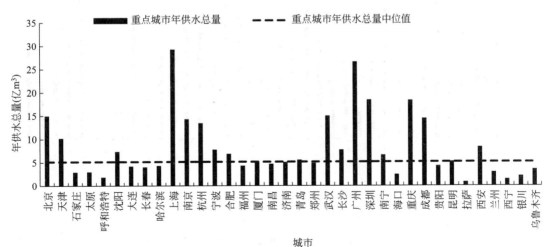

图 1-41　2022 年 36 个重点城市年供水总量情况

数据来源：住房和城乡建设部《中国城市建设统计年鉴》(2022)。

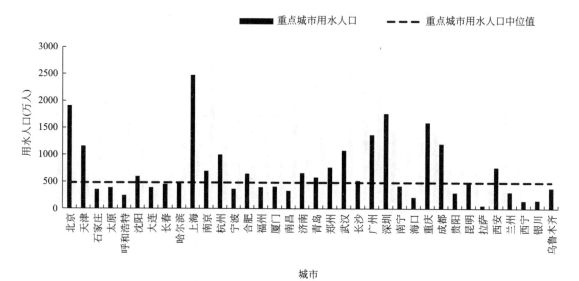

图 1-42　2022 年 36 个重点城市用水人口情况

数据来源：住房和城乡建设部《中国城市建设统计年鉴》(2022)。

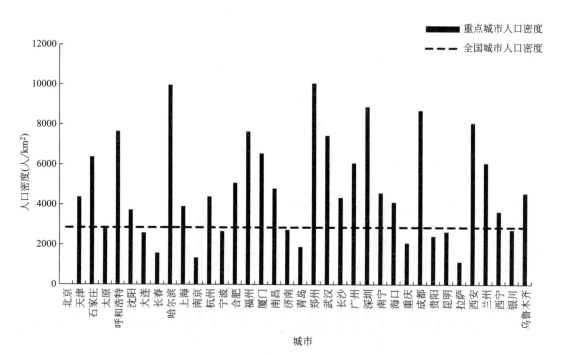

图 1-43　2022 年 36 个重点城市人口密度情况

数据来源：住房和城乡建设部《中国城市建设统计年鉴》(2022)。

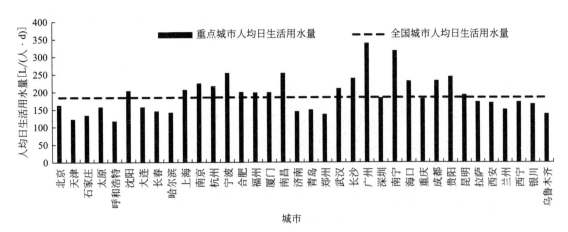

图 1-44 2022 年 36 个重点城市人均日生活用水量情况

数据来源：住房和城乡建设部《中国城市建设统计年鉴》（2022）。

1.3 城镇①供水与社会经济发展水平

1.3.1 城镇供水与水资源

1. 全国历年

根据住房和城乡建设部《中国城乡建设统计年鉴》（2013～2022），2022 年度我国城镇年供水总量为 800.6 亿 m^3，较 2021 年增长 0.66%；人均日生活用水量为 174.6L/（人·d），较 2021 年增长 0.57%。根据水利部《中国水资源公报》，2022 年度全国水资源总量为 27088.1 亿 m^3，较 2021 年减少 8.24%；根据国家统计局年度数据库，人均水资源量为 1918.2m^3/人，较 2021 年减少 8.59%。2013 年～2022 年全国水资源情况与城镇年供水情况见表 1-3。

2013 年～2022 年全国水资源情况与城镇年供水情况 表 1-3

年份	水资源总量¹ （亿 m^3）	年供水总量¹ （亿 m^3）	城镇年供水总量² （亿 m^3）	人均水资源量³ （m^3/人）	人均日生活用水量² [L/（人·d）]
2013	27957.9	5998.2	641.2	2050.8	160.4
2014	27266.9	5920.2	653.0	1987.6	160.3
2015	27962.6	5812.9	667.4	2026.5	161.4
2016	32466.4	6021.2	687.2	2339.4	163.7

---

① 本节城镇指设市城市、县城，不含建制镇和乡。

续表

年份	水资源总量[1] (亿 m³)	年供水总量[1] (亿 m³)	城镇年供水总量[2] (亿 m³)	人均水资源量[3] (m³/人)	人均日生活用水量[2] [L/(人·d)]
2017	28761.2	6015.5	706.6	2059.9	165.3
2018	27462.5	6043.4	729.1	1957.7	166.8
2019	29041.0	6040.2	747.4	2062.9	167.9
2020	31605.2	6103.2	748.6	2239.8	168.0
2021	29520.0	6094.9	795.3	2098.5	173.6
2022	27088.1	6183.4	800.6	1918.2	174.6

注：[1]《中国水资源公报》数据；
[2]《中国城乡建设统计年鉴》(2013~2022)数据；
[3] 国家统计局年度数据库。

2. 31个省（自治区、直辖市）

2022年31个省（自治区、直辖市）年供水总量与水资源总量情况见表1-4。

2022年31个省（自治区、直辖市）年供水总量与水资源总量情况　　表1-4

省（自治区、直辖市）	水资源总量(亿 m³)	年供水总量(亿 m³)	年供水总量/水资源总量(%)
全国	27088.1	5998.2	22.14
北京	23.7	40	**168.78**
天津	16.6	33.6	**202.41**
河北	188.0	182.4	97.02
山西	153.5	72.1	46.97
内蒙古	509.2	191.5	37.61
辽宁	561.7	126	22.43
吉林	705.1	104.5	14.82
黑龙江	918.5	307.7	33.50
上海	33.1	105.7	**319.34**
江苏	192.8	611.8	**317.32**
浙江	934.3	167.8	17.96
安徽	545.2	300.5	55.12
福建	1174.7	167.9	14.29
江西	1556.2	269.8	17.34
山东	508.9	217	42.64
河南	249.4	228	91.42
湖北	714.2	353.1	49.44
湖南	1683.8	331	19.66
广东	2223.6	401.7	18.07
广西	2208.5	264	11.95
海南	363.8	45.6	12.53

续表

省(自治区、直辖市)	水资源总量(亿 m^3)	年供水总量(亿 m^3)	年供水总量/水资源总量(%)
重庆	373.5	68.8	18.42
四川	2209.2	251.6	11.39
贵州	912.4	96.3	10.55
云南	1742.8	163.4	9.38
西藏	4139.7	31.8	0.77
陕西	365.8	94.9	25.94
甘肃	231.0	112.9	48.87
青海	725.7	24.5	3.38
宁夏	8.9	66.3	**744.94**
新疆	914.1	566.4	61.96

数据来源：水利部《中国水资源公报》(2022)。

1.3.2 供水市政公用设施建设固定资产投资与全社会固定资产投资

1. 全国历年

根据住房和城乡建设部《中国城乡建设统计年鉴》(2013~2022)，2022年度，我国城镇供水市政公用设施建设固定资产投资为1002.71亿元，较2021年减少2.25%；根据国家统计局年度数据库，2022年全社会固定资产投资(不含农户)为534948.24亿元，较2021年增长5.13%。2013年~2022年全国城镇供水市政公用设施建设固定资产投资与全社会固定资产投资(不含农户)情况见表1-5。

2013年~2022年全国城镇供水市政公用设施建设固定资产投资与全社会固定资产投资(不含农户)情况

表 1-5

年份	全社会固定资产投资 (亿元，不含农户)	供水市政公用设施建设 固定资产投资(亿元)	供水市政公用设施建设固定资产投资/ 全社会固定资产投资(不含农户)(‰)
2013	297765.67	689.60	2.32
2014	338976.44	647.85	1.91
2015	369463.22	776.34	2.10
2016	396441.47	706.52	1.78
2017	421971.76	806.47	1.91
2018	446941.99	687.11	1.54
2019	470997.46	728.19	1.55
2020	484844.79	981.67	2.02
2021	508796.12	1025.79	2.02
2022	534948.24	1002.71	1.87

数据来源：住房和城乡建设部《中国城乡建设统计年鉴》(2013~2022)、国家统计局年度数据库。

2. 31 个省（自治区、直辖市）

2022 年 31 个省（自治区、直辖市）城镇供水市政公用设施建设固定资产投资比上年增长与全国基础设施固定资产投资（不含农户）比上年增长情况对比如图 1-45 所示。

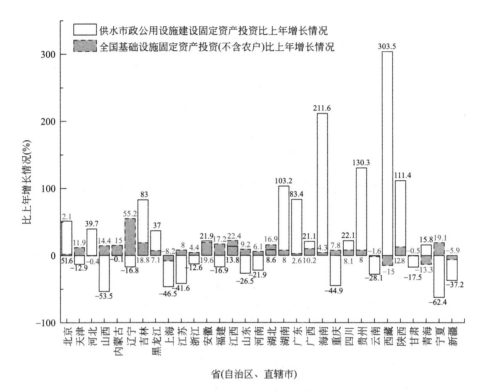

图 1-45 2022 年 31 个省（自治区、直辖市）城镇供水市政公用设施建设固定资产投资比上年增长与全国基础设施固定资产投资（不含农户）比上年增长情况对比

数据来源：住房和城乡建设部《中国城乡建设统计年鉴》（2022）、国家统计局年度分省数据库。

1.3.3 人均日生活用水量与城镇化

1. 全国历年

根据住房和城乡建设部《中国城乡建设统计年鉴》（2022），2022 年度，我国城镇人均日生活用水量为 174.56L/（人·d），较 2021 年增长 0.56%；根据国家统计局年度数据库，截至 2022 年底，我国城镇化率为 65.22%，较 2021 年末提高 0.5 个百分点。2013 年～2022 年我国城镇化率与全国城镇人均日生活用水量情况见表 1-6。

2013年～2022年我国城镇化率与全国城镇人均日生活用水量情况　　　表1-6

年份	城镇化率(%)	人均日生活用水量[L/(人·d)]
2013	54.49	160.36
2014	55.75	160.27
2015	57.33	161.39
2016	58.84	163.69
2017	60.24	165.33
2018	61.50	166.84
2019	62.71	167.94
2020	63.89	168.03
2021	64.72	173.58
2022	65.22	174.56

数据来源：住房和城乡建设部《中国城乡建设统计年鉴》(2013～2022)、国家统计局年度数据库。

2. 31个省（自治区、直辖市）

截至2022年底，我国城镇化率为65.22%，城镇化率低于60%的8个省（自治区），人均日生活用水量均值为173.73L/(人·d)；城镇化率在60%～70%的14个省（自治区），人均日生活用水量均值为158.62L/(人·d)；城镇化率大于70%的9个省（直辖市），人均日生活用水量均值为189.07L/(人·d)。2022年31个省（自治区、直辖市）人均日生活用水量与城镇化率情况如图1-46所示。

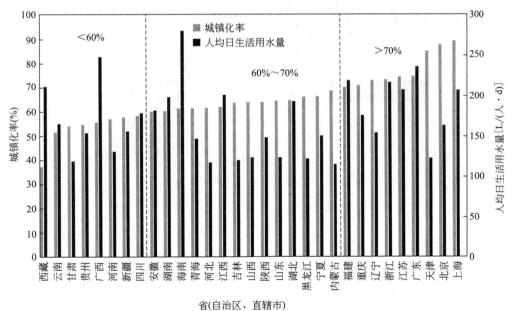

图1-46　2022年31个省（自治区、直辖市）人均日生活用水量与城镇化率情况

数据来源：住房和城乡建设部《中国城乡建设统计年鉴》(2022)、国家统计局年度分省数据库。

1.4 运营与管理

为进一步了解全国城镇供水发展状况，聚焦行业关注热点问题，中国城镇供水排水协会编制了《城镇水务统计年鉴》，统计城镇水务单位技术运营与管理服务情况。现依据中国城镇供水排水协会《2022年城镇水务统计年鉴（供水）》从"经营主体""水源与净水工艺""水厂水质管控""管道、管网与漏损""抄表到户"等方面进行技术分析。

1.4.1 经营主体

1. 企业性质

对中国城镇供水排水协会《2022年城镇水务统计年鉴（供水）》中供水单位经营主体企业性质进行统计，结果如图1-47所示。国有企业占比最多，为79.28%，其次是事业单位占10.13%，两者占比超过90%。其余为：民营企业占6.13%，外商投资占3.07%，民营控股占1.39%。

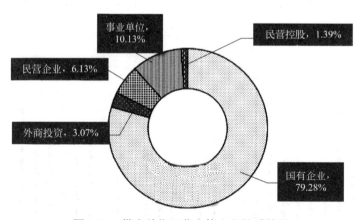

图1-47 供水单位经营主体企业性质情况

数据来源：中国城镇供水排水协会《2022年城镇水务统计年鉴（供水）》。

2. 股权结构

对中国城镇供水排水协会《2022年城镇水务统计年鉴（供水）》中供水单位经营主体股权结构进行统计，结果如图1-48所示。国有独资占比最多，为64.94%，其次是国有控股占23.27%，两者占比超过88%。其余为：民营控股占6.72%，外资控股占2.69%，民营独资1.66%，外资参股占0.72%。

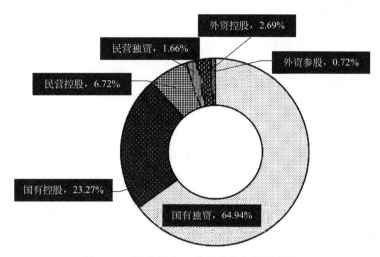

图 1-48　供水单位经营主体股权结构情况

数据来源：中国城镇供水排水协会《2022 年城镇水务统计年鉴（供水）》。

3. 供水能力

对中国城镇供水排水协会《2022 年城镇水务统计年鉴（供水）》中供水单位的供水能力规模情况进行统计，结果如图 1-49 所示。在供水能力规模分布方面，供水规模在 10.0 万（含）～50.0 万 m^3/d 的单位占比最多，为 29.18%，其次是 1.0 万（含）～3.0 万 m^3/d 的单位占比为 21.34%，5.0 万（含）～10.0 万 m^3/d 的单位占比为 20.30%，3.0 万（含）～5.0 万 m^3/d 的单位占比为 16.04%。其余规模分布占比均小于 5%，具体为 50.0 万（含）～100.0 万 m^3/d 的单位占比 4.93%，大于 100.0

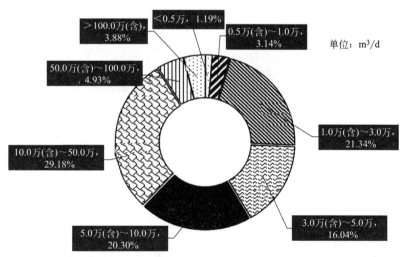

图 1-49　供水单位供水能力规模情况

数据来源：中国城镇供水排水协会《2022 年城镇水务统计年鉴（供水）》。

（含）m³/d 的单位占比 3.88%，0.5 万（含）～1.0 万 m³/d 的单位占比 3.14%，小于 0.5 万 m³/d 的单位占比 1.19%。

1.4.2 水源与净水工艺

1. 水源类型及水质

对中国城镇供水排水协会《2022 年城镇水务统计年鉴（供水）》中地表水和地下水水源氨氮和高锰酸盐指数浓度进行统计，以箱式图[①]的形式展示，结果如图 1-50 和图 1-51 所示。江河水氨氮浓度年最大值除异常值外的最小值（min）和最大值（max）、中位数（med）、下四分位数（Q1）和上四分位数（Q3）分别为 0.01mg/L、1.22mg/L、0.33mg/L、0.16mg/L、0.59mg/L，同比 2021 年中位值增长 3.13%。湖库水氨氮浓度年最大值除异常值外的 min、max、med、Q1 和 Q3 分别为 0.01mg/L、0.82mg/L、0.20mg/L、0.10mg/L、0.40mg/L，同比 2021 年中位值降低 23.08%。地下水氨氮浓度年最大值除异常值外的 min、max、med、Q1 和 Q3 分别为

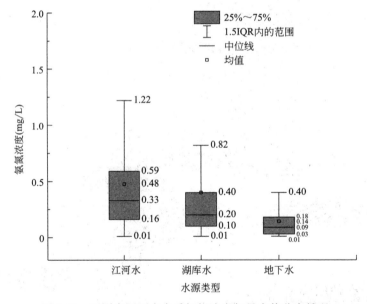

图 1-50 不同水源原水水质氨氮浓度年最大值分布情况

数据来源：中国城镇供水排水协会《2022 年城镇水务统计年鉴（供水）》。

---

① 箱式图可以快速评估数据分布的集中趋势、方差和偏度。箱须的总长度代表数据的分布范围，上限为最大值，下限为最小值。箱体的垂直距离反映数据的集中度，箱体的上限为数据的上四分位数，下限为数据的下四分位数，箱体中间的线为中位线，表示中位值，中位线的位置体现了数据的偏度，如若中位线在箱体中间位置上，并且上、下须大约等长时，该数据为对称分布。如果两边不相等，则该数据的分布就是呈偏态的。同时箱式图还可以反映数据的方差，盒子和箱须越长，分布的方差就越大。

0.01mg/L、0.40mg/L、0.09mg/L、0.03mg/L、0.18mg/L，同比 2021 年中位值保持持平。

江河水高锰酸盐指数年最大值除异常值外的 min、max、med、Q1 和 Q3 分别为 0.02mg/L、9.30mg/L、3.26mg/L、2.20mg/L、5.09mg/L，同比 2021 年中位值降低了 11.41%。湖库水高锰酸盐指数年最大值除异常值外的 min、max、med、Q1 和 Q3 分别为 0mg/L、7.67mg/L、2.79mg/L、1.70mg/L、4.11mg/L，同比 2021 年中位值降低 19.60%。地下水高锰酸盐指数年最大值除异常值外的 min、max、med、Q1 和 Q3 分别为 0.03mg/L、3.01mg/L、0.97mg/L、0.73mg/L、1.67mg/L，同比 2021 年中位值降低 2.02%。

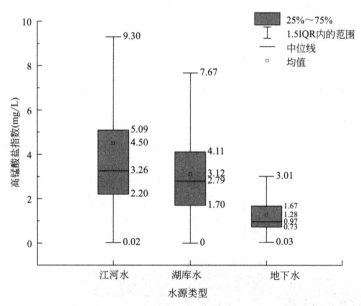

图 1-51　不同水源原水水质高锰酸盐指数年最大值分布情况

数据来源：中国城镇供水排水协会《2022 年城镇水务统计年鉴（供水）》。

2. 净水工艺

对中国城镇供水排水协会《2022 年城镇水务统计年鉴（供水）》中水厂净水工艺进行统计，结果如图 1-52 所示。在以地下水为水源的水厂中，采用简易处理工艺的水厂占比最多，占比为 52.93%，其次是常规处理工艺占比 43.92%，深度处理工艺的水厂最少，占比 3.15%。以地表水为水源的水厂中，采用常规处理工艺的水厂占比 85.23%，深度处理工艺的水厂占比 14.67%。

对中国城镇供水排水协会《2022 年城镇水务统计年鉴（供水）》中供水单位消

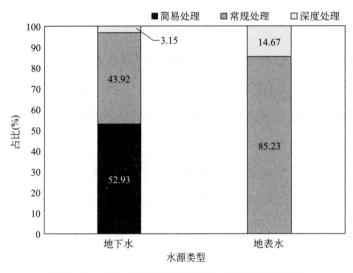

图 1-52　不同水源条件下水厂净水工艺分布情况

数据来源：中国城镇供水排水协会《2022年城镇水务统计年鉴（供水）》。

毒工艺使用情况进行统计，结果如图1-53所示。在消毒剂使用方面，使用次氯酸钠消毒的供水单位占比最多，占比为52.98%，同比2021年增长8.51个百分点；其次为使用二氧化氯消毒的供水单位占35.98%，同比2021年增长0.82个百分点；使用液氯消毒的单位占9.16%，使用液氯和次氯酸钠的供水单位占0.99%，使用液氯和二氧化氯的供水单位占0.34%，使用次氯酸钠和二氧化氯的供水单位占0.55%，没有单位同时使用液氯、次氯酸钠和二氧化氯。

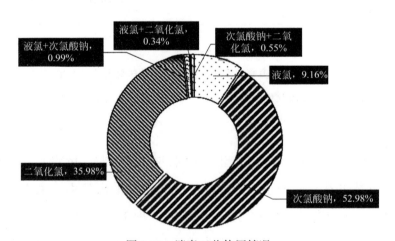

图 1-53　消毒工艺使用情况

数据来源：中国城镇供水排水协会《2022年城镇水务统计年鉴（供水）》。

1.4.3 水厂供水规模及水质管控

1. 水厂供水规模

对中国城镇供水排水协会《2022年城镇水务统计年鉴（供水）》中水厂供水能力情况进行统计，结果如图1-54所示。在供水能力规模分布方面，供水规模在1.0万（含）~3.0万 m^3/d 的水厂占比最多，占比为23.15%，其次是5.0万（含）~10.0万 m^3/d 的水厂占比为19.91%，10.0万（含）~20.0万 m^3/d 的水厂占比为16.58%，3.0万（含）~5.0万 m^3/d 的水厂占比为14.38%。其余规模分布占比均小于10%，具体为20.0万（含）~30.0万 m^3/d 的水厂占比为6.30%，小于0.5万 m^3/d 的单位占比6.18%，0.5万（含）~1.0万 m^3/d 的单位占比5.61%，30.0万（含）~50.0万 m^3/d 的水厂占比为4.79%，50.0万（含）~100.0万 m^3/d 的单位占比2.67%，大于100.0万（含）m^3/d 的单位占比0.43%。

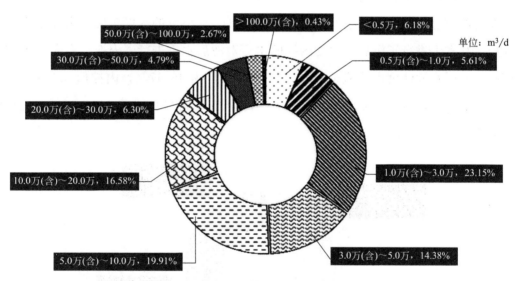

图1-54 水厂供水能力分布情况

数据来源：中国城镇供水排水协会《2022年城镇水务统计年鉴（供水）》。

2. 沉后水水质指标

对中国城镇供水排水协会《2022年城镇水务统计年鉴（供水）》中水厂沉后水浑浊度内控值进行统计，结果如图1-55所示。其中73.08%的水厂对沉后水浑浊度进行了内控。在实施内控的水厂中，沉后水浑浊度内控值小于0.5NTU的水厂占12.14%，内控值在0.5（含）~1.0NTU的水厂占15.02%，内控值在1.0（含）~2.0NTU的水厂占22.98%，内控值大于2.0NTU的水厂占49.86%。

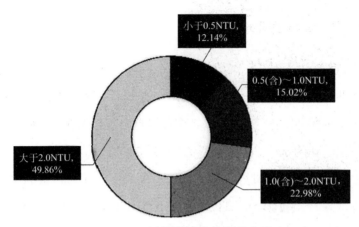

图 1-55　沉后水浑浊度内控值分布情况

数据来源：中国城镇供水排水协会《2022 年城镇水务统计年鉴（供水）》。

3. 滤后水水质指标

对中国城镇供水排水协会《2022 年城镇水务统计年鉴（供水）》中水厂滤后水浑浊度内控值进行统计，结果如图 1-56 所示。有 73.08％的水厂对滤后水浑浊度进行了内控，基本上进行了沉后水浊度内控的水厂对滤后水也进行了内控。在实施内控的水厂中，滤后水浑浊度内控值小于 0.5NTU 的水厂占 46.47％，内控值 0.5（含）～1.0NTU 的水厂占 37.90％，内控值 1.0（含）～2.0NTU 的水厂占 14.12％，内控值大于等于 2.0NTU 的水厂占 1.51％。

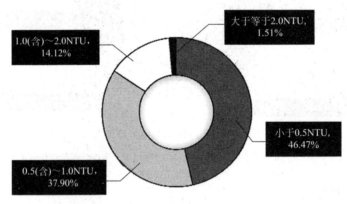

图 1-56　滤后水浑浊度内控值分布情况

数据来源：中国城镇供水排水协会《2022 年城镇水务统计年鉴（供水）》。

4. 出厂水水质指标

对中国城镇供水排水协会《2022 年城镇水务统计年鉴（供水）》中水厂出厂水浑浊度内控值进行统计，结果如图 1-57 所示。出厂水浑浊度内控值在小于 0.3NTU

的水厂占 32.89%，0.3（含）~0.5NTU 的水厂占 21.39%，0.5（含）~1.0（含）NTU 的水厂占 45.40%，大于 1.0NTU 的水厂占 0.32%。整体来看，出厂水浑浊度内控值在 0.5NTU（含）以下的水厂占比 60%左右，同比 2021 年增长约 10 个百分点。

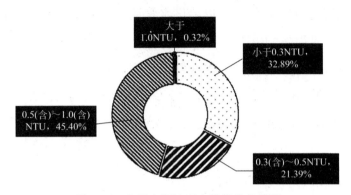

图 1-57　出厂水浑浊度内控值分布情况

数据来源：中国城镇供水排水协会《2022 年城镇水务统计年鉴（供水）》。

对中国城镇供水排水协会《2022 年城镇水务统计年鉴（供水）》中水厂出厂水高锰酸盐指数内控值进行统计，结果如图 1-58 所示。出厂水高锰酸盐指数小于 1.0mg/L 的水厂占 37.79%，1.0（含）~2.0mg/L 的水厂占 37.17%，2.0（含）~3.0（含）mg/L 的水厂占 24.07%，大于 3.0mg/L 的水厂占 0.97%。

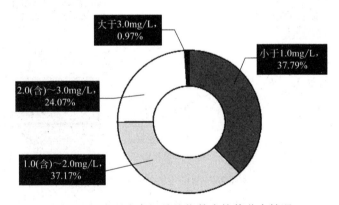

图 1-58　出厂水高锰酸盐指数内控值分布情况

数据来源：中国城镇供水排水协会《2022 年城镇水务统计年鉴（供水）》。

1.4.4　管道、管网与漏损

1. 管道更新改造

对中国城镇供水排水协会《2022 年城镇水务统计年鉴（供水）》中供水单位管

道更新改造情况进行统计,结果如图 1-59 所示。DN75(含)以上供水管道长度占总供水管道长度的比例除异常值外 min、max、med、Q1 和 Q3 分别为 10.29%、97.77%、69.99%、53.81% 和 84.53%,全国均值为 65.12%;当年建成 DN75(含)以上供水管道长度占总 DN75(含)以上供水管道长度的比例除异常值外 min、max、med、Q1 和 Q3 分别为 0.03%、8.50%、1.95%、0.74% 和 4.03%,全国均值为 6.15%;当年改造 DN75(含)以上供水管道长度占总 DN75(含)以上供水管道长度的比例除异常值外 min、max、med、Q1 和 Q3 分别为 0、2.74%、0.34%、0、1.16%,可以看出 50% 的单位当年改造 DN75(含)以上供水管道长度占比低于 0.34%。

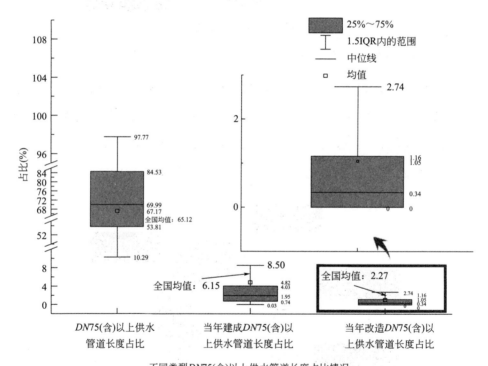

不同类型 DN75(含)以上供水管道长度占比情况

图 1-59 供水单位管道更新改造情况

数据来源:中国城镇供水排水协会《2022 年城镇水务统计年鉴(供水)》。

2. 管道材质

对中国城镇供水排水协会《2022 年城镇水务统计年鉴(供水)》中供水单位供水管道材质使用现状进行统计,结果如图 1-60 所示。在所有供水管道管材分布中灰口铸铁管最多,占比为 40.56%,其余管材分布为:各类塑料管(PVC、PE、PB 及其他）占比为 16.49%，球墨铸铁管占比为 16.06%，不锈钢管占比为 13.19%，预应力钢筋混凝土管占比为 10.98%，其他管材占比为 2.73%。

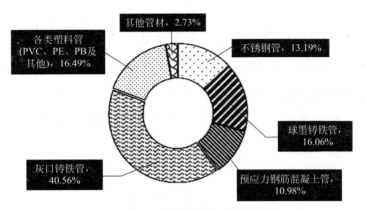

图 1-60　供水单位供水管道材质情况

数据来源：中国城镇供水排水协会《2022 年城镇水务统计年鉴（供水）》。

3. 管道漏损

对中国城镇供水排水协会《2022 年城镇水务统计年鉴（供水）》中供水单位的管道漏损率和产销差率进行统计，结果如图 1-61 所示。在漏损率方面除异常值外 min、max、med、Q1 和 Q3 分别为 0.20%、22.71%、9.25%、6.37%、12.91%，整体来看 50% 左右的供水单位管道漏损率能够控制在 10% 以下，75% 的单位能将漏损率控制在 13% 以下。在产销差率方面，除异常值外 min、max、med、Q1 和 Q3 分别为

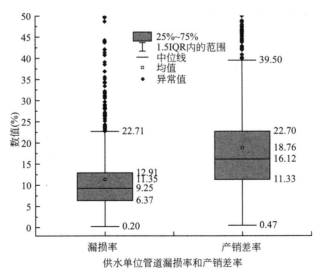

图 1-61　供水单位管道漏损情况

数据来源：中国城镇供水排水协会《2022 年城镇水务统计年鉴（供水）》。

0.47%、39.50%、16.12%、11.33%、22.70%。

1.4.5 抄表到户

对中国城镇供水排水协会《2022年城镇水务统计年鉴（供水）》中供水单位抄表到户情况进行统计，结果如图1-62所示。在抄表到户率方面除异常值外min、max、med、Q1和Q3分别为52.89%、100%、100%、81.02%、100%。整体来看，抄表到户率100%的供水单位占53.48%，75%的供水单位抄表到户率都能达到80%以上。

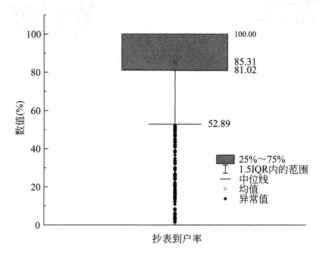

图1-62 供水单位抄表到户率分布情况

数据来源：中国城镇供水排水协会《2022年城镇水务统计年鉴（供水）》。

第 2 章 城镇排水发展概况

根据住房和城乡建设部《中国城乡建设统计年鉴》(2022)，截至 2022 年底，我国城市和县城排水市政公用设施建设固定资产投资、排水管道长度、污水处理厂数量、污水处理厂处理能力、干污泥产生量、再生水生产能力、污水年处理量、再生水年利用量分别为 2676.80 亿元、116.52 万 km、4695 座、25790.77 万 m^3/d、1575.15 万 t、9083.92 万 m^3/d、727.09 亿 m^3、197.33 亿 m^3，较 2021 年减少 1.40%、增长 4.91%、增长 2.24%、增长 4.22%、减少 2.88%、增长 11.72%、增长 2.97%、增长 12.04%。2022 年我国建制镇和乡排水年度建设投入、污水处理厂及污水处理设施的处理能力、排水管道（渠）长度分别为 412.31 亿元、5988.91 万 m^3/d、38.05 万 km，较 2021 年分别增长 8.24%、增长 2.49%、减少 7.62%。

2.1 全国城镇排水与污水处理概况

2.1.1 排水市政公用设施建设固定资产投资

根据住房和城乡建设部《中国城乡建设统计年鉴》(2022)，2022 年度我国城市排水市政公用设施建设固定资产投资为 1905.09 亿元，较 2021 年减少 8.35%，其中污水处理设施、污泥处置设施、再生水利用设施、管网及其他设施建设固定资产投资分别为 672.94 亿元、56.75 亿元、35.25 亿元、1140.14 亿元，较 2021 年分别减少 21.32%、增长 94.87%、减少 8.30%、减少 1.36%。

2022 年度我国县城排水市政公用设施建设固定资产投资为 771.71 亿元，较 2021 年增长 21.34%，其中污水处理设施、污泥处置设施、再生水利用设施、管网及其他设施建设固定资产投资分别为 311.07 亿元、5.68 亿元、8.26 亿元、446.70 亿元，较 2021 年分别减少 0.72%、减少 61.02%、减少 34.03%、增长 51.14%。2013 年~

2022 年我国城市和县城排水市政公用设施建设固定资产投资情况对比如图 2-1 所示。

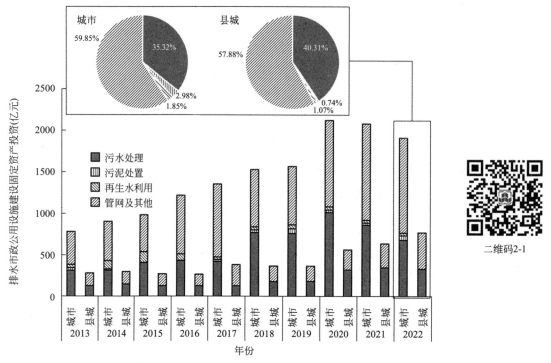

图 2-1 2013 年～2022 年我国城市和县城排水市政公用设施建设固定资产投资情况对比

数据来源：住房和城乡建设部《中国城乡建设统计年鉴》(2013～2022)。

2022 年度建制镇的排水建设投入为 379.68 亿元，较 2021 年降低 8.53%，其中污水处理建设投入为 259.93 亿元，较 2021 年减少 13.35%。乡的排水建设投入为 32.64 亿元，较 2021 年增长 4.44%，其中污水处理建设投入为 21.82 亿元，较 2021 年减少 3.47%。

2.1.2 设施状况

根据住房和城乡建设部《中国城乡建设统计年鉴》(2022)，截至 2022 年底，我国城市排水管道长度为 91.35 万 km，较 2021 年增长 4.73%，其中污水管道、雨水管道和雨污合流管道长度分别为 42.06 万 km、40.70 万 km、8.59 万 km，占比分别为 46.05%、44.55% 和 9.40%，较 2021 年分别增长 5.01%、增长 7.32%、减少 7.15%。

截至 2022 年底，我国县城排水管道长度为 25.17 万 km，较 2021 年增长 5.59%，其中污水管道、雨水管道和雨污合流管道长度分别为 11.92 万 km、9.42 万 km、

3.83 万 km，占比分别为 47.35%、37.44%和 15.20%，较 2021 年分别增长 6.49%、增长 10.03%、减少 6.21%。2013 年～2022 年我国城市和县城污水管道、雨水管道和雨污合流管道长度情况对比如图 2-2 所示。

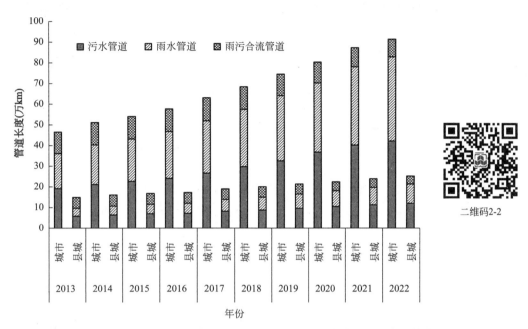

图 2-2 2013 年～2022 年我国城市和县城污水管道、雨水管道和雨污合流管道长度情况对比

数据来源：住房和城乡建设部《中国城乡建设统计年鉴》(2013~2022)。

截至 2022 年底，我国城市和县城建成区排水管道密度分别为 12.34km/km²、10.66km/km²，城市和县城人均污水收集管道长度①分别为 0.90m/人、1.01m/人。2013 年～2022 年我国城市和县城建成区供水管道密度、建成区排水管道密度情况对比如图 2-3 所示，人均供水管道长度、人均污水收集管道长度情况对比如图 2-4 所示。

截至 2022 年底，我国城市污水处理厂数量和污水处理能力分别为 2894 座和 21606.10 万 m³/d，较 2021 年分别增长 7.98%和 4.04%；我国县城污水处理厂数量和污水处理能力分别为 1801 座和 4184.67 万 m³/d，较 2021 年分别增长 2.04%和 5.18%。2013 年～2022 年我国城市和县城污水处理厂数量及处理能力情况对比如图 2-5 所示。

2022 年度我国城市污水处理厂干污泥产生量为 1369.86 万 t，较 2021 年减少 3.73%；我国县城污水处理厂干污泥产生量为 205.29 万 t，较 2021 年增长 3.22%。

---

① 城市人均污水收集管道长度=（城市污水管道长度+城市雨污合流管道长度）/（城区人口+城区暂住人口），县城人均污水收集管道长度=（县城污水管道长度+县城雨污合流管道长度）/（县城人口+县城暂住人口）。

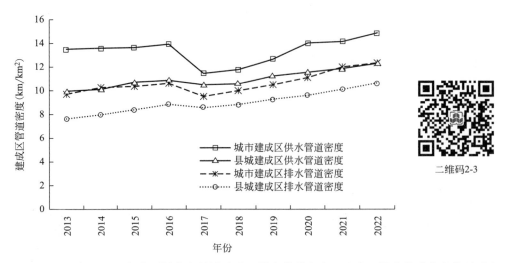

图 2-3 2013 年～2022 年我国城市和县城建成区供水管道密度、建成区排水管道密度情况对比

数据来源：住房和城乡建设部《中国城乡建设统计年鉴》(2013～2022)。

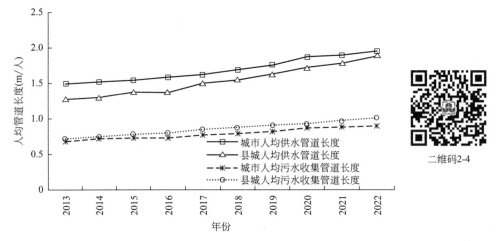

图 2-4 2013 年～2022 年我国城市和县城人均供水管道长度、人均污水收集管道长度情况对比

数据来源：住房和城乡建设部《中国城乡建设统计年鉴》(2013～2022)。

2013 年～2022 年我国城市和县城污水处理厂干污泥产生量情况对比如图 2-6 所示。

截至 2022 年底，对生活污水进行处理的建制镇个数为 14980 个，占建制镇总数量的 77.84%；建制镇污水处理厂数量为 15177 座，处理能力为 3138.57 万 m^3/d，较 2021 年增长 7.02%，其他污水处理装置处理能力为 2576.43 万 m^3/d，较 2021 年增长 9.09%；建制镇排水管道长度为 21.81 万 km，较 2021 年增长 3.51%，排水管渠长度为 12.07 万 km，较 2021 年增长 3.81%。2013 年～2022 年我国建制镇排水与污水处理设施情况对比如图 2-7 所示。

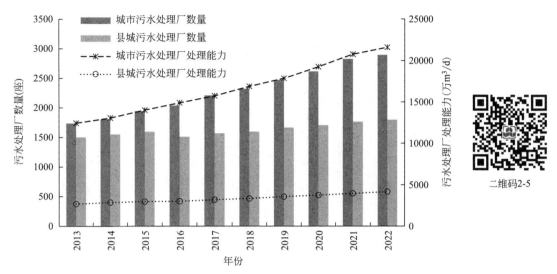

图 2-5　2013 年~2022 年我国城市和县城污水处理厂数量及处理能力情况对比

数据来源：住房和城乡建设部《中国城乡建设统计年鉴》(2013~2022)。

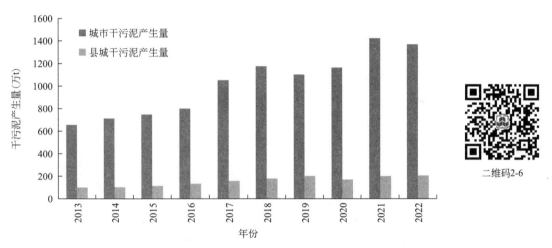

图 2-6　2013 年~2022 年我国城市和县城污水处理厂干污泥产生量情况对比

数据来源：住房和城乡建设部《中国城乡建设统计年鉴》(2013~2022)。

截至 2022 年底，对生活污水进行处理的乡个数为 3636 个，占乡总数量的 45.68%；乡污水处理厂数量为 2456 座，处理能力为 146.08 万 m^3/d，较 2021 年增长 19.70%；其他污水处理装置处理能力为 127.83 万 m^3/d，较 2021 年增长 9.63%；乡排水管道长度为 2.30 万 km，较 2021 年增长 0.21%，排水管渠长度为 1.87 万 km，较 2021 年减少 12.29%。2013 年~2022 年我国乡排水与污水处理设施情况对比如图 2-8 所示。

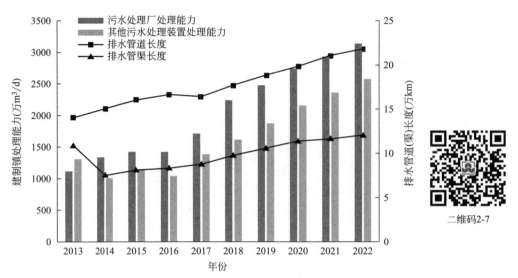

图 2-7　2013 年～2022 年我国建制镇排水与污水处理设施情况对比

数据来源：住房和城乡建设部《中国城乡建设统计年鉴》(2013～2022)。

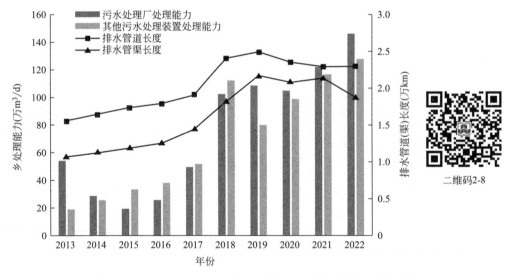

图 2-8　2013 年～2022 年我国乡排水与污水处理设施情况对比

数据来源：住房和城乡建设部《中国城乡建设统计年鉴》(2013～2022)。

2022 年我国建制镇和乡排水管道（渠）密度分别为 7.66km/km², 7.33km/km², 2013 年～2022 年我国建制镇和乡供水管道密度、排水管道（渠）密度情况对比如图 2-9 所示。

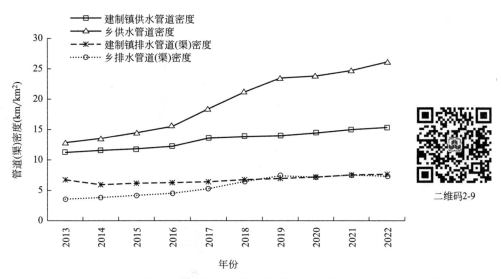

图 2-9 2013 年～2022 年我国建制镇和乡供水管道密度、排水管道（渠）密度情况对比

数据来源：住房和城乡建设部《中国城乡建设统计年鉴》(2013～2022)。

2.1.3 服务水平

根据住房和城乡建设部《中国城乡建设统计年鉴》(2022)，2022 年度城市污水年处理量和再生水年利用量分别为 616.59 亿 m^3 和 179.55 亿 m^3，较 2021 年分别增长 2.50％、增长 11.48％。2022 年度县城污水年处理量和再生水年利用量分别为 110.50 亿 m^3 和 17.78 亿 m^3，较 2021 年分别增长 5.71％、17.96％。2022 年，我国城市和县城再生水年利用率[①]分别为 29.12％和 16.10％。2013 年～2022 年我国城市和县城污水年处理量情况对比如图 2-10 所示，2013 年～2022 年我国城市和县城再生水年利用量、再生水年利用率情况对比如图 2-11 所示。

2022 年我国城市和县城人均日污水处理量[②]分别为 299.05L/(人·d)、193.95L/(人·d)。2013 年～2022 年我国城市和县城人均日生活用水量、人均日污水处理量情况对比如图 2-12 所示。

---

① 城市再生水利用率＝（城市再生水利用量/城市污水处理厂污水处理量）×100％，县城再生水利用率＝（县城再生水利用量/县城污水处理厂污水处理量）×100％。

② 城市人均日污水处理量＝[城市污水处理厂污水年处理量/（城区人口＋城区暂住人口）]/年天数，县城人均日污水处理量＝[县城污水处理厂污水年处理量/（县城人口＋县城暂住人口）]/年天数。

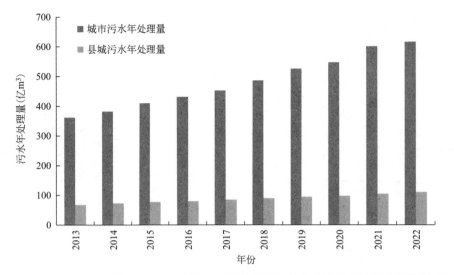

图 2-10　2013 年～2022 年我国城市和县城污水年处理量情况对比

数据来源：住房和城乡建设部《中国城乡建设统计年鉴》（2013～2022）。

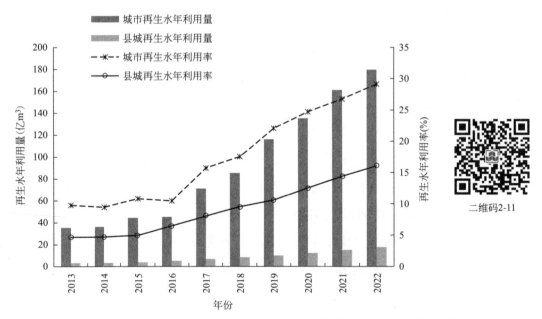

图 2-11　2013 年～2022 年我国城市和县城再生水年利用量、再生水年利用率情况对比

数据来源：住房和城乡建设部《中国城乡建设统计年鉴》（2013～2022）。

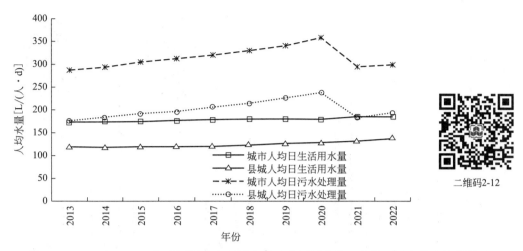

图 2-12　2013 年～2022 年我国城市和县城人均日生活用水量、人均日污水处理量情况对比

数据来源：住房和城乡建设部《中国城乡建设统计年鉴》(2013～2022)。

2.2　区域排水与污水处理

2.2.1　按东中西部及 31 个省（自治区、直辖市）统计

1. 排水市政公用设施建设固定资产投资

根据住房和城乡建设部《中国城乡建设统计年鉴》(2022)，截至 2022 年底，东部地区城市排水市政公用设施建设固定资产投资为 916.81 亿元，占全国城市排水市政公用设施建设固定资产投资比例为 48.44%；县城为 241.01 亿元，占比为 31.23%。中部地区城市排水市政公用设施建设固定资产投资为 493.39 亿元，占全国城市排水市政公用设施建设固定资产投资比例为 26.07%；县城为 254.66 亿元，占比为 33.00%。西部地区城市排水市政公用设施建设固定资产投资为 482.44 亿元，占全国城市排水市政公用设施建设固定资产投资比例为 25.49%；县城为 276.04 亿元，占比为 35.77%。2022 年东中西部各省（自治区、直辖市）城市和县城排水市政公用设施建设固定资产投资情况如图 2-13 所示，北京、天津、上海无县城设置，均转为城区。

2. 设施状况

截至 2022 年底，我国东部地区城市排水管道长度、污水处理厂数量及处理能力、干污泥产生量、再生水生产能力分别为 52.01 万 km、1403 座、11921.88 万 m³/d、

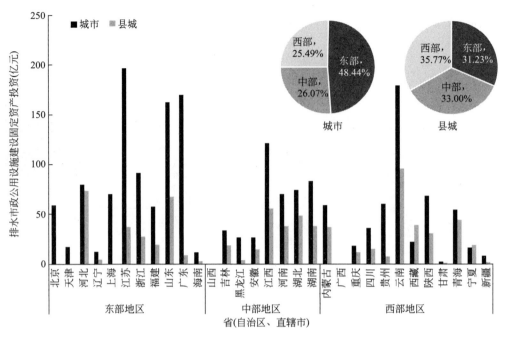

图 2-13 2022 年东中西部各省（自治区、直辖市）城市和县城排水市政公用设施建设固定资产投资情况
数据来源：住房和城乡建设部《中国城乡建设统计年鉴》(2022)。

797.04 万 t、4899.84 万 m³/d，在全国城市总量占比分别为 57.05%、48.70%、55.31%、58.26%、62.03%；县城排水管道长度、污水处理厂数量及处理能力、干污泥产生量、再生水生产能力分别为 7.52 万 km、401 座、1480.48 万 m³/d、68.56 万 t、617.10 万 m³/d，在全国县城总量占比分别为 29.89%、22.27%、35.38%、33.39%、53.87%。

截至 2022 年底，我国中部地区城市排水管道长度、污水处理厂数量及处理能力、干污泥产生量、再生水生产能力分别为 20.31 万 km、700 座、5395.29 万 m³/d、248.43 万 t、1757.05 万 m³/d，在全国城市总量占比分别为 22.28%、24.30%、25.03%、18.16%、22.25%；县城排水管道长度、污水处理厂数量及处理能力、干污泥产生量、再生水生产能力分别为 9.32 万 km、567 座、1600.83 万 m³/d、78.29 万 t、260.36 万 m³/d，在全国县城总量占比分别为 37.03%、31.48%、38.25%、38.14%、22.73%。

截至 2022 年底，我国西部地区城市排水管道长度、污水处理厂数量及处理能力、干污泥产生量、再生水生产能力分别为 18.85 万 km、778 座、4237.14 万 m³/d、322.58 万 t、1241.67 万 m³/d，在全国城市总量占比分别为 20.67%、19.66%、23.58%、15.72%；县城排水管道长度、污水处理厂数量及处理能力、干污泥产生量、再生水生产能力分别为 8.33 万 km、833 座、1103.36 万 m³/d、58.44 万 t、268.00 万 m³/d，在全国县城总量占比分别为 33.08%、46.25%、26.37%、28.47%、23.40%。

2022 年东中西部各省（自治区、直辖市）城市和县城排水管道长度、污水处理厂数量及处理能力、干污泥产生量、再生水生产能力情况对比如图 2-14～图 2-18 所示。

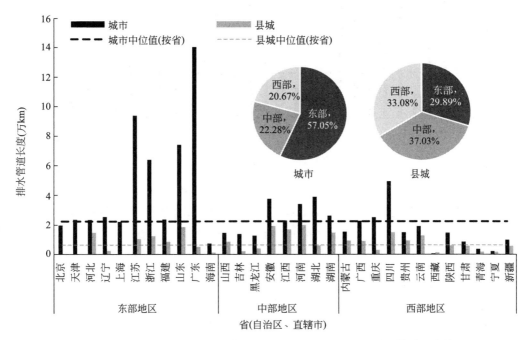

图 2-14　2022 年东中西部各省（自治区、直辖市）城市和县城排水管道长度情况对比

数据来源：住房和城乡建设部《中国城乡建设统计年鉴》（2022）。

截至 2022 年底，我国东中西部地区城市建成区排水管道密度分别为 13.95km/km²、10.94km/km²、11.25km/km²，城市人均污水收集管道长度分别为 0.97m/人、0.76m/人、0.87m/人；县城建成区排水管道密度分别为 10.92km/km²、10.86km/km²、10.22km/km²，县城人均污水收集管道长度分别为 0.98m/人、0.97m/人、1.07m/人。2022 年东中西部各省（自治区、直辖市）城市建成区供水管道密度和建成区排水管道密度情况对比如图 2-19 所示，人均供水管道长度和人均污水收集管道长度①情况对比如图 2-20 所示，县城建成区供水管道密度和建成区排水管道密度情况如图 2-21 所示，人均供水管道长度和人均污水收集管道长度情况如图 2-22 所示。

---

① 本节中，城市（县城）服务水平中的全国均值指与全国城市（县城）总量的比值。

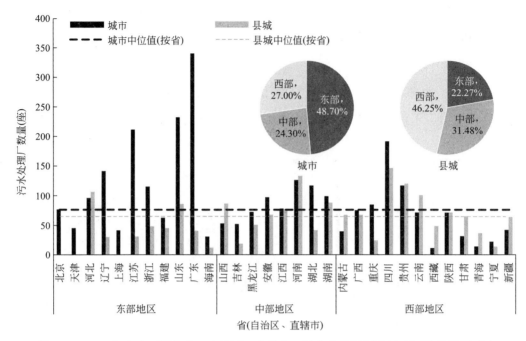

图 2-15 2022 年东中西部各省（自治区、直辖市）城市和县城污水处理厂数量情况对比

数据来源：住房和城乡建设部《中国城乡建设统计年鉴》（2022）。

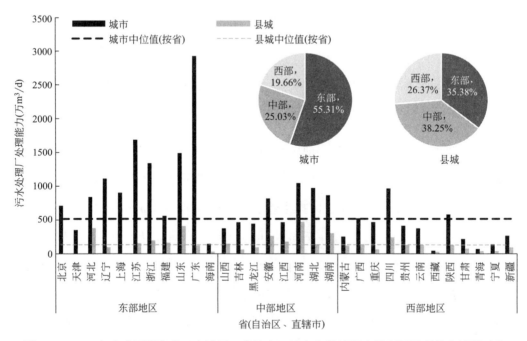

图 2-16 2022 年东中西部各省（自治区、直辖市）城市和县城污水处理厂处理能力情况对比

数据来源：住房和城乡建设部《中国城乡建设统计年鉴》（2022）。

第1篇 水务行业发展概况

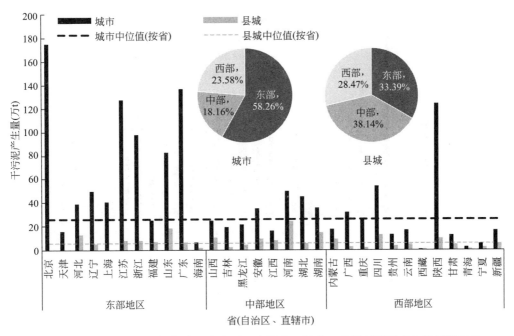

图 2-17 2022年东中西部各省（自治区、直辖市）城市和县城干污泥产生量情况对比

数据来源：住房和城乡建设部《中国城乡建设统计年鉴》(2022)。

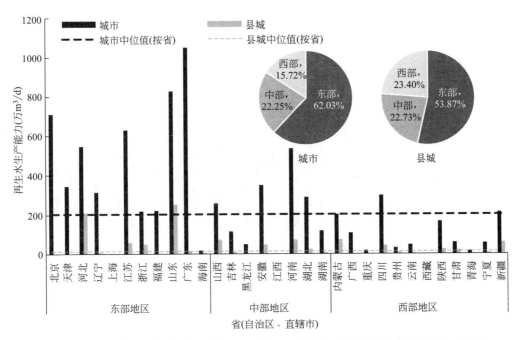

图 2-18 2022年东中西部各省（自治区、直辖市）城市和县城再生水生产能力情况对比

数据来源：住房和城乡建设部《中国城乡建设统计年鉴》(2022)。

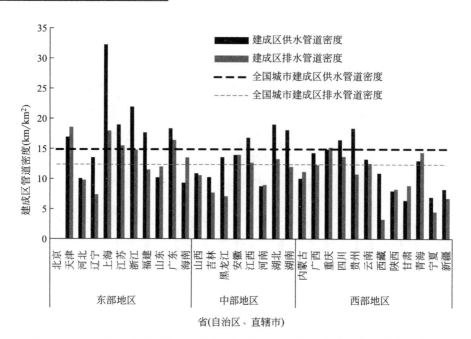

图 2-19　2022 年东中西部各省（自治区、直辖市）城市建成区供水管道密度和
建成区排水管道密度情况对比

数据来源：住房和城乡建设部《中国城乡建设统计年鉴》（2022）。

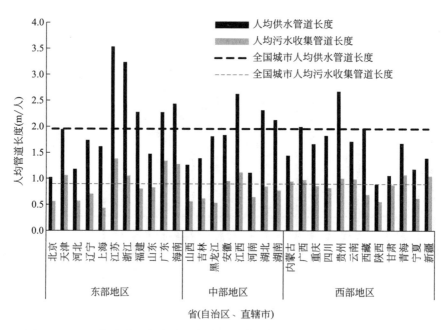

图 2-20　2022 年东中西部各省（自治区、直辖市）城市人均供水管道长度和
人均污水收集管道长度情况对比

数据来源：住房和城乡建设部《中国城乡建设统计年鉴》（2022）。

第1篇 水务行业发展概况

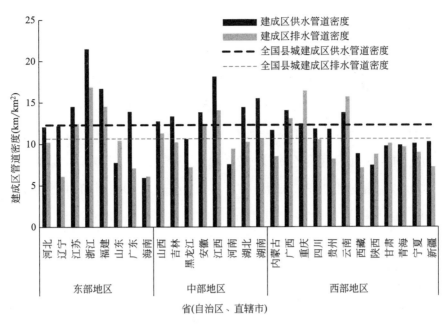

图 2-21 2022 年东中西部各省（自治区、直辖市）县城建成区供水管道密度和
建成区排水管道密度情况对比

数据来源：住房和城乡建设部《中国城乡建设统计年鉴》（2022）。

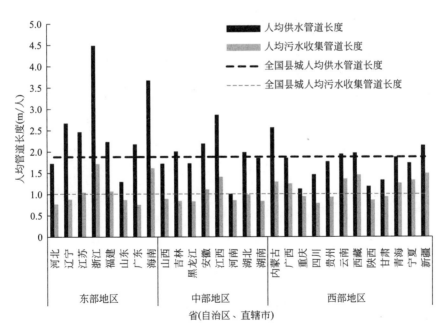

图 2-22 2022 年东中西部各省（自治区、直辖市）县城人均供水管道长度和
人均污水收集管道长度情况对比

数据来源：住房和城乡建设部《中国城乡建设统计年鉴》（2022）。

3. 服务水平

2022年度，我国东部地区城市污水年处理量、再生水年利用量分别为341.99亿 m^3、113.93亿 m^3，县城污水年处理量、再生水年利用量分别为37.14亿 m^3、10.00亿 m^3；中部地区城市污水年处理量、再生水年利用量分别为153.32亿 m^3、36.09亿 m^3，县城污水年处理量、再生水年利用量分别为43.35亿 m^3、3.74亿 m^3；西部地区城市污水年处理量、再生水年利用量分别为120.14亿 m^3、28.83亿 m^3，县城污水年处理量、再生水年利用量分别为30.01亿 m^3、4.05亿 m^3。2022年东中西部各省（自治区、直辖市）城市和县城污水年处理量和再生水年利用量情况对比如图2-23和图2-24所示。

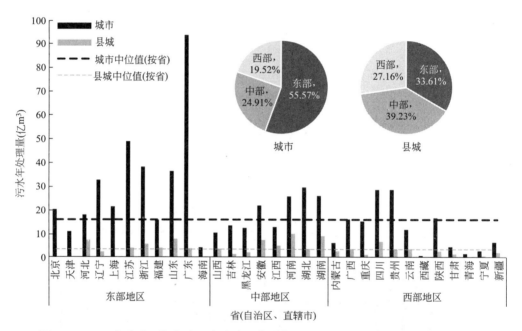

图2-23　2022年东中西部各省（自治区、直辖市）城市和县城污水年处理量情况对比

数据来源：住房和城乡建设部《中国城乡建设统计年鉴》(2022)。

2022年东中西部各省（自治区、直辖市）城市生活污水集中收集率情况对比如图2-25所示。

截至2022年底，我国东中西部地区城市人均日污水处理量分别为318.04L/(人·d)、294.53L/(人·d)、260.08L/(人·d)，县城人均日污水处理量分别为235.98L/(人·d)、199.85L/(人·d)、153.56L/(人·d)。2022年东中西部各省（自治区、直辖市）城市和县城人均日生活用水量和人均日污水处理量情况对比如图2-26和图2-27所示。

第1篇 水务行业发展概况

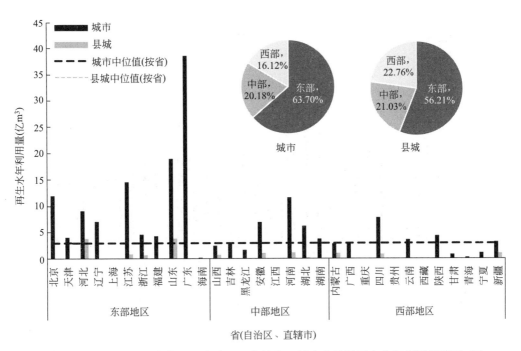

图 2-24 2022 年东中西部各省（自治区、直辖市）城市和县城再生水年利用量情况对比

数据来源：住房和城乡建设部《中国城乡建设统计年鉴》(2022)。

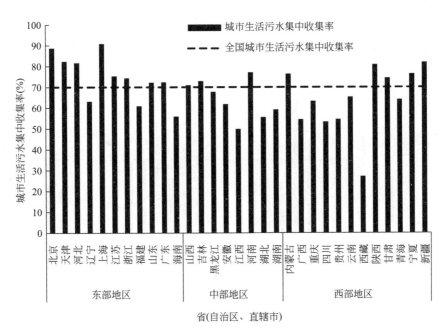

图 2-25 2022 年东中西部各省（自治区、直辖市）城市生活污水集中收集率情况对比

数据来源：住房和城乡建设部《中国城乡建设统计年鉴》(2022)。

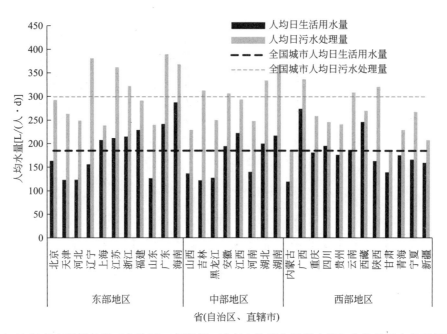

图 2-26 2022 年东中西部各省（自治区、直辖市）城市人均日生活用水量和人均日污水处理量情况对比

数据来源：住房和城乡建设部《中国城乡建设统计年鉴》（2022）。

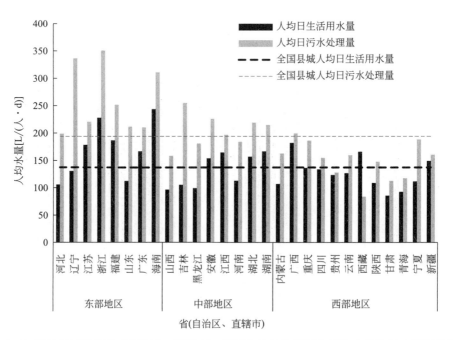

图 2-27 2022 年东中西部各省（自治区、直辖市）县城人均日生活用水量和人均日污水处理量情况对比

数据来源：住房和城乡建设部《中国城乡建设统计年鉴》（2022）。

2.2.2 按流域统计

对我国七大流域长江流域、黄河流域、珠江流域、淮河流域、海河流域、松花江流域、辽河流域城市（附录1）排水与污水处理情况进行对比分析。

1. 排水市政公用设施建设固定资产投资

根据住房和城乡建设部《中国城市建设统计年鉴》（2022），截至2022年底，长江流域城市排水市政公用设施建设固定资产投资为757.39亿元，占全国城市排水市政公用设施建设固定资产投资比例为39.76%；黄河流域为154.98亿元，占比为8.13%；珠江流域为175.09亿元，占比为9.19%；淮河流域为279.03亿元，占比为14.65%；海河流域为180.99亿元，占比为9.50%；松花江流域为47.05亿元，占比为2.47%；辽河流域为10.62亿元，占比为0.56%。2022年七大流域城市排水市政公用设施建设固定资产投资占全国城市总量比例情况对比如图2-28所示。

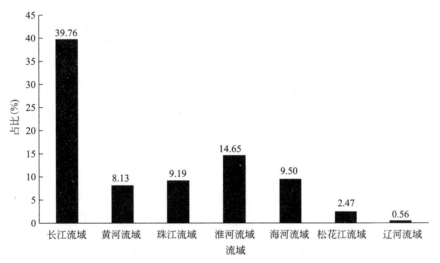

图2-28　2022年七大流域城市排水市政公用设施建设固定资产投资占全国城市总量比例情况对比

数据来源：住房和城乡建设部《中国城市建设统计年鉴》（2022）。

2. 设施状况

截至2022年底，长江流域各城市排水管道长度、污水处理厂数量、污水处理厂处理能力、干污泥产生量、再生水生产能力总计分别为32.68万km、997座、7599.82万 m^3/d、408.46万 t、1579.87万 m^3/d，在全国城市总量占比分别为35.78%、34.45%、35.17%、29.82%、19.90%。

黄河流域各城市排水管道长度、污水处理厂数量、污水处理厂处理能力、干污泥产生量、再生水生产能力总计分别为 7.01 万 km、241 座、1843.88 万 m^3/d、190.93 万 t、937.69 万 m^3/d，在全国城市总量占比分别为 7.68%、8.33%、8.53%、13.94%、11.81%。

珠江流域各城市排水管道长度、污水处理厂数量、污水处理厂处理能力、干污泥产生量、再生水生产能力总计分别为 14.36 万 km、349 座、2976.08 万 m^3/d、151.90 万 t、1082.20 万 m^3/d，在全国城市总量占比分别为 15.72%、12.06%、13.77%、11.09%、13.63%。

淮河流域各城市排水管道长度、污水处理厂数量、污水处理厂处理能力、干污泥产生量、再生水生产能力总计分别为 10.62 万 km、325 座、2257.40 万 m^3/d、122.46 万 t、1152.68 万 m^3/d，在全国城市总量占比分别为 11.62%、11.23%、10.45%、8.94%、14.52%。

海河流域各城市排水管道长度、污水处理厂数量、污水处理厂处理能力、干污泥产生量、再生水生产能力总计分别为 7.74 万 km、268 座、2046.40 万 m^3/d、244.69 万 t、1755.20 万 m^3/d，在全国城市总量占比分别为 8.47%、9.26%、9.47%、17.86%、22.11%。

松花江流域各城市排水管道长度、污水处理厂数量、污水处理厂处理能力、干污泥产生量、再生水生产能力总计分别为 2.42 万 km、103 座、776.00 万 m^3/d、36.50 万 t、139.00 万 m^3/d，在全国城市总量占比分别为 2.65%、3.56%、3.59%、2.66%、1.75%。

辽河流域各城市排水管道长度、污水处理厂数量、污水处理厂处理能力、干污泥产生量、再生水生产能力总计分别为 1.94 万 km、87 座、824.68 万 m^3/d、38.75 万 t、270.35 万 m^3/d，在全国城市总量占比分别为 2.12%、3.01%、3.82%、2.83%、3.41%。

2022 年七大流域城市排水管道长度、污水处理厂数量及处理能力、干污泥产生量、再生水生产能力占全国城市总量比例情况如图 2-29 所示。

截至 2022 年底，长江流域各城市建成区排水管道密度和人均污水收集管道长度分别为 14.05km/km^2 和 0.89m/人，黄河流域分别为 10.14km/km^2 和 0.68m/人，珠江流域分别为 16.66km/km^2 和 1.28m/人，淮河流域分别为 11.74km/km^2 和 0.87m/人，海河流域分别为 12.23km/km^2 和 0.67m/人，松花江流域分别为 7.47km/km^2 和 0.58m/人，辽河流域分别为 8.00km/km^2 和 0.72m/人。2022 年七大流域城市建成区供水管道密度和建成区排水管道密度情况对比如图 2-30 所示，人均供水管道长度和人均污水收集管道长度情况对比如图 2-31 所示。

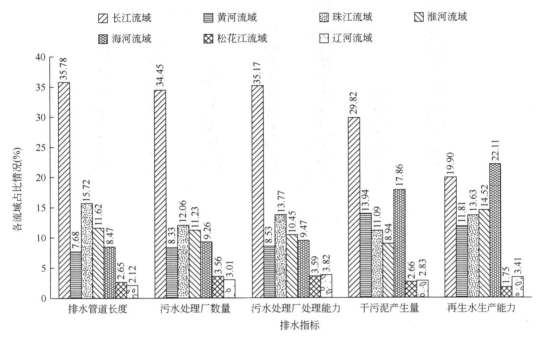

图 2-29　2022 年七大流域排水设施占全国城市总量比例情况对比

数据来源：住房和城乡建设部《中国城市建设统计年鉴》（2022）。

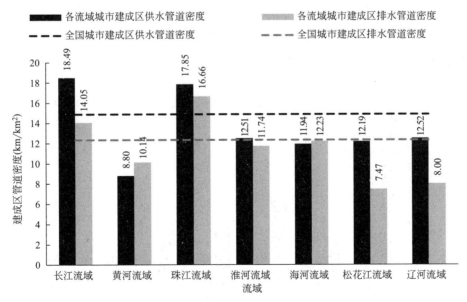

图 2-30　2022 年七大流域城市建成区供水管道密度和建成区排水管道密度情况对比

数据来源：住房和城乡建设部《中国城市建设统计年鉴》（2022）。

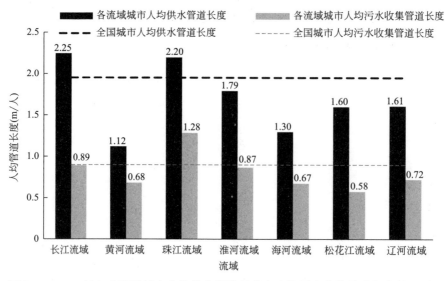

图 2-31 2022 年七大流域城市人均供水管道长度和人均污水收集管道长度情况对比

数据来源：住房和城乡建设部《中国城市建设统计年鉴》(2022)。

3. 服务水平

截至 2022 年底，长江流域各城市污水年处理量和再生水年利用量分别为 215.38 亿 m^3 和 39.15 亿 m^3；黄河流域分别为 47.48 亿 m^3 和 16.75 亿 m^3；珠江流域分别为 94.96 亿 m^3 和 38.79 亿 m^3；淮河流域分别为 60.50 亿 m^3 和 26.32 亿 m^3；海河流域分别为 56.36 亿 m^3 和 28.07 亿 m^3；松花江流域分别为 22.98 亿 m^3 和 4.39 亿 m^3；辽河流域分别为 23.52 亿 m^3 和 5.57 亿 m^3。2022 年七大流域城市污水年处理量和再生水年利用量情况对比如图 2-32 所示。

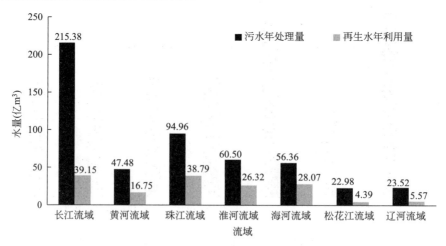

图 2-32 2022 年七大流域城市污水年处理量和再生水年利用量情况对比

数据来源：住房和城乡建设部《中国城市建设统计年鉴》(2022)。

截至2022年底，长江流域、黄河流域、珠江流域、淮河流域、海河流域、松花江流域、辽河流域各城市人均日污水处理量分别为298.52L/(人·d)、245.79L/(人·d)、381.70L/(人·d)、269.16L/(人·d)、263.34L/(人·d)、278.85L/(人·d)、386.71L/(人·d)。2022年七大流域城市人均日生活用水量和人均日污水处理量情况对比如图2-33所示。

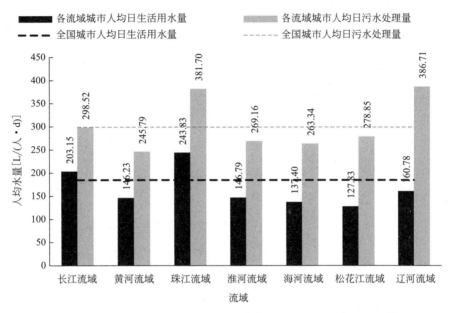

图2-33　2022年七大流域城市人均日生活用水量和人均日污水处理量情况对比

数据来源：住房和城乡建设部《中国城市建设统计年鉴》（2022）。

2.2.3　按国家级城市群统计

《中华人民共和国国民经济和社会发展第十四个五年规划和2035年远景目标纲要》提出："优化提升京津冀、长三角、珠三角、成渝、长江中游等城市群，发展壮大山东半岛、粤闽浙沿海、中原、关中平原、北部湾等城市群，培育发展哈长、辽中南、山西中部、黔中、滇中、呼包鄂榆、兰州－西宁、宁夏沿黄、天山北坡等城市群。"对京津冀、长三角、珠三角、成渝、长江中游、山东半岛、中原、关中平原、北部湾、哈长、辽中南、山西中部、黔中、滇中、呼包鄂榆、兰州－西宁、宁夏沿黄17个城市群（附录2）排水与污水处理情况进行对比分析。

1. 排水市政公用设施建设固定资产投资

根据住房和城乡建设部《中国城市建设统计年鉴》（2022），截至2022年底，京津冀城市群城市排水市政公用设施建设固定资产投资为 125.07 亿元，占全国城市排水市政公用设施建设固定资产投资比例为 6.57%；长三角城市群为 295.42 亿元，占比为 15.51%；珠三角城市群为 123.07 亿元，占比为 6.46%；成渝城市群为 208.31 亿元，占比为 10.93%；长江中游城市群为 154.44 亿元，占比为 8.11%；山东半岛城市群为 122.61 亿元，占比为 6.44%；中原城市群为 118.10 亿元，占比为 6.20%；关中平原城市群为 46.94 亿元，占比为 2.46%；北部湾城市群为 30.46 亿元，占比为 1.60%；哈长城市群为 34.78 亿元，占比为 1.83%；辽中南城市群为 9.69 亿元，占比为 0.51%；山西中部城市群为 15.08 亿元，占比为 0.79%；黔中城市群为 15.58 亿元，占比为 0.82%；滇中城市群为 10.66 亿元，占比为 0.56%；呼包鄂榆城市群为 7.69 亿元，占比为 0.40%；兰州—西宁城市群为 16.98 亿元，占比为 0.89%，宁夏沿黄城市群为 7.24 亿元，占比为 0.38%。2022 年 17 个城市群排水市政公用设施建设固定资产投资占全国城市总量比例情况对比如图 2-34 所示。

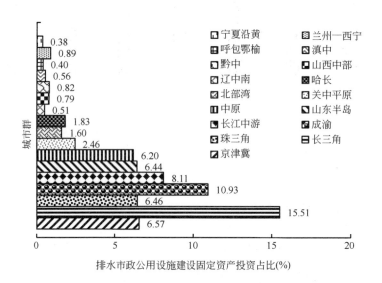

图 2-34　2022 年 17 个城市群排水市政公用设施建设固定资产投资占全国城市总量比例情况对比

数据来源：住房和城乡建设部《中国城市建设统计年鉴》(2022)。

2. 设施状况

2022 年 17 个城市群排水管道长度、污水处理厂数量及处理能力、干污泥产生量、再生水生产能力情况对比见表 2-1。

2022 年 17 个城市群建成区供水管道密度和建成区排水管道密度情况对比如图 2-35 所示，人均供水管道长度和人均污水收集管道长度情况对比如图 2-36 所示。

2022 年 17 个城市群排水设施及占全国城市总量的比例情况对比　　　表 2-1

城市群	排水管道长度		污水处理厂数量		污水处理厂处理能力		干污泥产生量		再生水生产能力	
	合计值（万 km）	占比（%）	合计值（座）	占比（%）	合计值（万 m³/d）	占比（%）	合计值（万 t）	占比（%）	合计值（万 m³/d）	占比（%）
京津冀	6.15	6.74	191	6.60	1597.20	7.39	222.86	16.27	1504.70	18.95
长三角	14.66	16.05	280	9.68	3494.14	16.17	240.70	17.57	798.40	10.06
珠三角	11.59	12.69	235	8.12	2360.03	10.92	111.83	8.16	953.71	12.01
成渝	6.53	7.15	228	7.88	1221.09	5.65	70.48	5.14	275.90	3.48
长江中游	6.10	6.68	163	5.63	1705.60	7.89	65.11	4.75	359.73	4.53
山东半岛	5.89	6.45	179	6.19	1137.03	5.26	63.02	4.60	640.52	8.07
中原	4.31	4.71	138	4.77	1228.50	5.69	61.61	4.50	774.12	9.75
关中平原	1.35	1.48	62	2.14	544.50	2.52	115.01	8.40	172.45	2.17
北部湾	1.97	2.16	62	2.14	474.92	2.20	35.44	2.59	103.07	1.30
哈长	1.77	1.94	54	1.87	618.65	2.86	29.06	2.12	117.80	1.48
辽中南	2.13	2.33	116	4.01	938.33	4.34	43.33	3.16	269.19	3.39
山西中部	0.92	1.01	27	0.93	214.30	0.99	14.28	1.04	171.89	2.17
黔中	1.13	1.24	91	3.14	348.52	1.61	11.01	0.80	15.30	0.19
滇中	1.15	1.26	36	1.24	261.30	1.21	10.89	0.80	31.50	0.40
呼包鄂榆	0.96	1.05	19	0.66	139.85	0.65	14.25	1.04	123.50	1.56
兰州—西宁	0.67	0.73	23	0.79	173.60	0.80	9.76	0.71	33.48	0.42
宁夏沿黄	0.20	0.22	22	0.76	133.75	0.62	5.17	0.38	57.25	0.72
总计	67.48	73.87	1926	66.55	16591.31	76.79	1123.81	82.04	6402.51	80.65

数据来源：住房和城乡建设部《中国城市建设统计年鉴》（2022）。

3. 服务水平

2022 年 17 个城市群污水年处理量和再生水年利用量情况对比如图 2-37 所示，人均日生活用水量和人均日污水处理量情况对比如图 2-38 所示。

2.2.4　按 36 个重点城市统计

1. 排水市政公用设施建设固定资产投资

截至 2022 年底，36 个重点城市排水市政公用设施建设固定资产投资为 804.11 亿元，占全国城市排水市政公用设施建设固定资产投资比例为 38.68%。2022 年 36 个重点城市排水市政公用设施建设固定资产投资情况如图 2-39 所示。

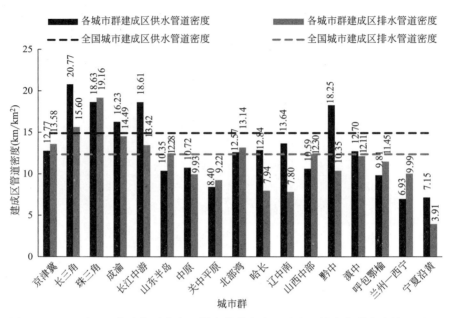

图 2-35　2022 年 17 个城市群建成区供水管道密度和建成区排水管道密度情况对比

数据来源：住房和城乡建设部《中国城市建设统计年鉴》(2022)。

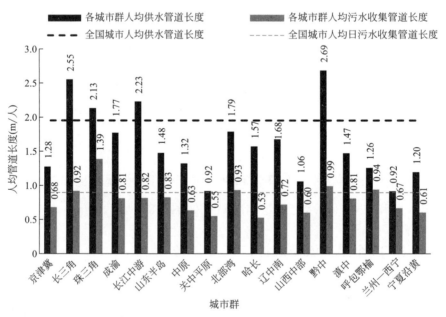

图 2-36　2022 年 17 个城市群人均供水管道长度和人均污水收集管道长度情况对比

数据来源：住房和城乡建设部《中国城市建设统计年鉴》(2022)。

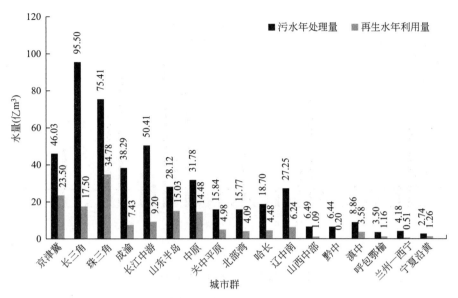

图 2-37　2022 年 17 个城市群污水年处理量和再生水年利用量情况对比

数据来源：住房和城乡建设部《中国城市建设统计年鉴》(2022)。

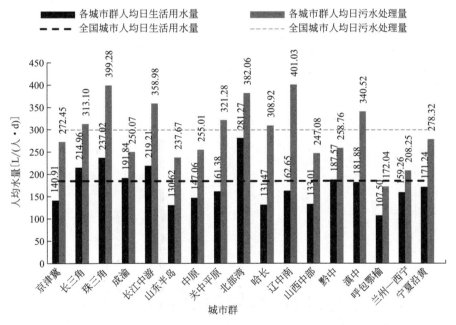

图 2-38　2022 年 17 个城市群人均日生活用水量和人均日污水处理量情况对比

数据来源：住房和城乡建设部《中国城市建设统计年鉴》(2022)。

2. 设施状况

截至 2022 年底，36 个重点城市排水管道长度、污水处理厂数量、污水处理厂处

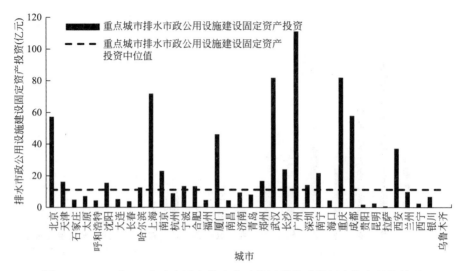

图 2-39　2022 年 36 个重点城市排水市政公用设施建设固定资产投资情况

数据来源：住房和城乡建设部《中国城市建设统计年鉴》(2022)。

理能力、干污泥产生量、再生水生产能力分别为 34.22 万 km、896 座、9833.73 万 m^3/d、746.89 万 t、3918.12 万 m^3/d，在全国城市总量占比分别为 37.46％、30.96％、45.51％、54.52％、49.36％。2022 年 36 个重点城市排水管道长度、污水处理厂数量、污水处理厂处理能力、干污泥产生量、再生水生产能力情况对比如图 2-40～图 2-43 所示。

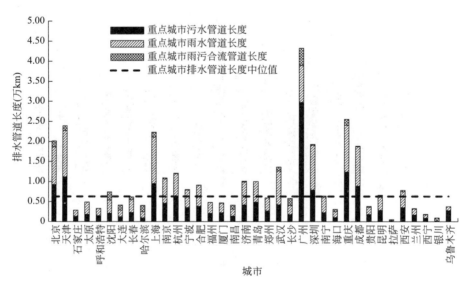

图 2-40　2022 年 36 个重点城市排水管道长度情况对比

数据来源：住房和城乡建设部《中国城市建设统计年鉴》(2022)。

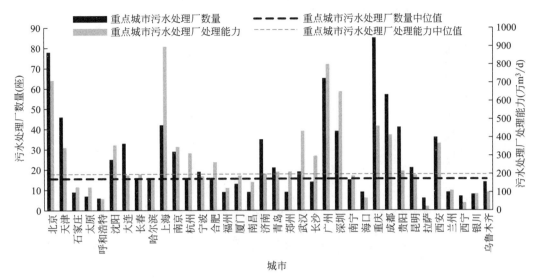

图 2-41　2022 年 36 个重点城市污水处理厂数量及处理能力情况对比

数据来源：住房和城乡建设部《中国城市建设统计年鉴》(2022)。

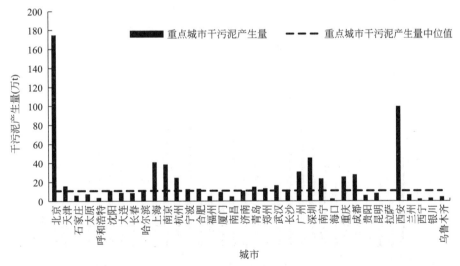

图 2-42　2022 年 36 个重点城市干污泥产生量情况对比

数据来源：住房和城乡建设部《中国城市建设统计年鉴》(2022)。

截至2022年底，36个重点城市建成区排水管道密度、人均污水收集管道长度分别为 13.89km/km², 0.73m/人。2022 年 36 个重点城市建成区供水管道密度和建成区排水管道密度情况对比如图 2-44 所示，人均供水管道长度和人均污水收集管道长度情况对比如图 2-45 所示。

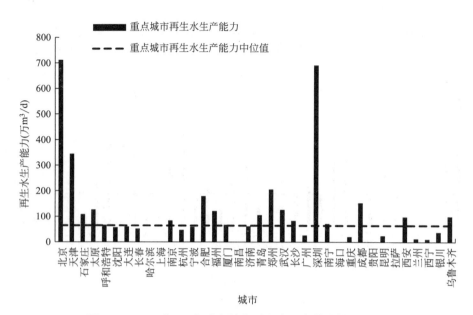

图 2-43　2022 年 36 个重点城市再生水生产能力情况对比

数据来源：住房和城乡建设部《中国城市建设统计年鉴》（2022）。

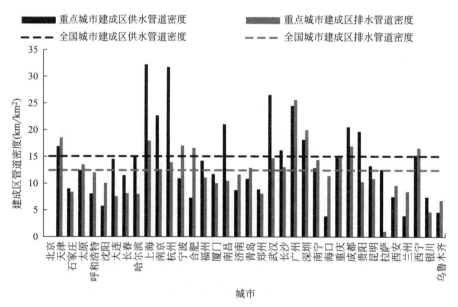

图 2-44　2022 年 36 个重点城市建成区供水管道密度和建成区排水管道密度情况对比

数据来源：住房和城乡建设部《中国城市建设统计年鉴》（2022）。

3. 服务水平

2022 年 36 个重点城市污水年处理量和再生水年利用量情况对比如图 2-46 所示，人均日生活用水量和人均日污水处理量情况对比如图 2-47 所示。

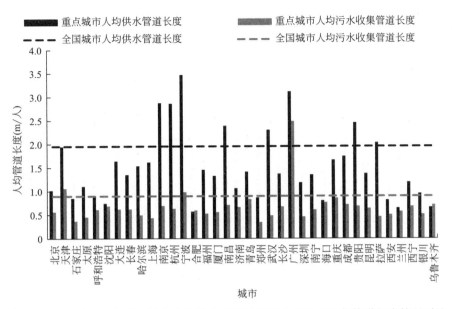

图 2-45 2022 年 36 个重点城市人均供水管道长度和人均污水收集管道长度情况对比

数据来源：住房和城乡建设部《中国城市建设统计年鉴》(2022)。

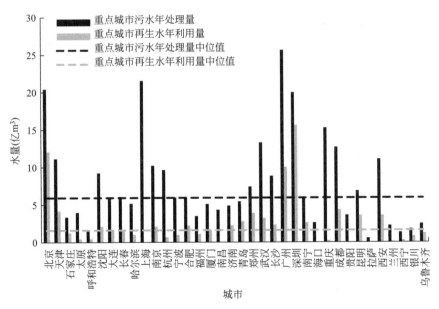

图 2-46 2022 年 36 个重点城市污水年处理量和再生水年利用量情况对比

数据来源：住房和城乡建设部《中国城市建设统计年鉴》(2022)。

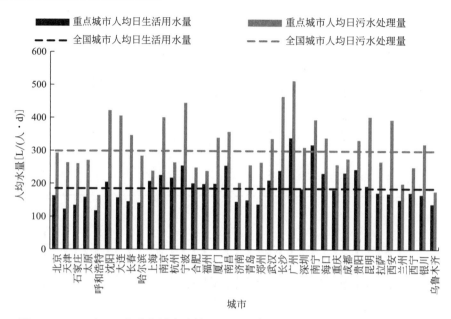

图 2-47 2022 年 36 个重点城市人均日生活用水量和人均日污水处理量情况对比

数据来源：住房和城乡建设部《中国城市建设统计年鉴》(2022)。

2.3 城镇①排水与社会经济发展水平

2.3.1 排水市政公用设施建设固定资产投资与全社会固定资产投资

1. 全国历年

根据住房和城乡建设部《中国城乡建设统计年鉴》(2022)，2022 年度，城镇排水市政公用设施建设固定资产投资为 2676.80 亿元，较 2021 年减少 1.40%。根据国家统计局年度数据库，全社会固定资产投资（不含农户）为 534948.24 亿元，较 2021 年增长 5.13%。2013 年～2022 年全国城镇排水市政公用设施建设固定资产投资与全社会固定资产投资（不含农户）情况见表 2-2。

2. 31 个省（自治区、直辖市）

2022 年 31 个省（自治区、直辖市）城镇排水市政公用设施建设固定资产投资比上年增长与全国基础设施固定资产投资（不含农户）比上年增长情况对比如图 2-48 所示。

---

① 本节城镇指设市城市、县城，不含建制镇和乡。

2013 年～2022 年全国城镇排水市政公用设施建设固定资产投资与全社会固定资产投资（不含农户）情况

表 2-2

年份	全社会固定资产投资（亿元，不含农户）	排水市政公用设施建设固定资产投资（亿元）	排水市政公用设施建设固定资产投资占比(‰)
2013	297765.67	1055.00	3.54
2014	338976.44	1196.05	3.53
2015	369463.22	1248.49	3.38
2016	396441.47	1485.48	3.75
2017	421971.76	1727.52	4.09
2018	446941.99	1897.52	4.25
2019	470997.46	1928.99	4.10
2020	484844.79	2675.69	5.52
2021	508796.12	2714.74	5.34
2022	534948.24	2676.80	5.00

数据来源：住房和城乡建设部《中国城乡建设统计年鉴》(2013～2022)、国家统计局年度数据库。

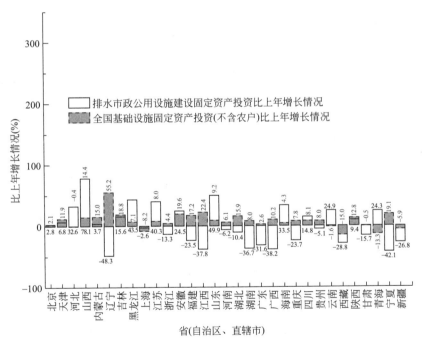

图 2-48　2022 年 31 个省（自治区、直辖市）城镇排水市政公用设施建设固定资产投资比上年增长与全国基础设施固定资产投资（不含农户）比上年增长情况对比

数据来源：住房和城乡建设部《中国城乡建设统计年鉴》(2022)、国家统计局年度分省数据库。

2.3.2 人均日污水处理量与城镇化

1. 全国历年

根据国家统计局年度数据库数据,2022 年末,全国常住人口城镇化率为 65.22%,比上年末提高 0.50 个百分点。根据住房和城乡建设部《中国城乡建设统计年鉴》(2022)数据,2022 年,城镇人均日污水处理量为 276.30L/(人·d),较 2021 年增长 2.24%。2013 年~2022 年我国城镇化率与人均日污水处理量变化情况见表 2-3。

2013 年~2022 年我国城镇化率与人均日污水处理量变化情况对比 表 2-3

年份	城镇化率(%)	人均日污水处理量[L/(人·d)]
2013	54.49	200.38
2014	55.75	207.26
2015	57.33	216.90
2016	58.84	221.62
2017	60.24	227.34
2018	61.50	236.02
2019	62.71	249.12
2020	63.89	253.94
2021	64.72	270.25
2022	65.22	276.30

数据来源:住房和城乡建设部《中国城乡建设统计年鉴》(2013~2022)、国家统计局年度数据库。

2. 31 个省(自治区、直辖市)

截至 2022 年底,城镇化率低于 60% 的 8 个省(自治区),人均日污水处理量均值为 224.67L/(人·d);城镇化率在 60%~70% 的 14 个省(自治区),人均日污水处理量均值为 259.45L/(人·d);城镇化率大于 70% 的 9 个省(直辖市),人均日污水处理量均值为 325.60L/(人·d)。2022 年 31 个省(自治区、直辖市)城镇化率与人均日污水处理量情况对比如图 2-49 所示。

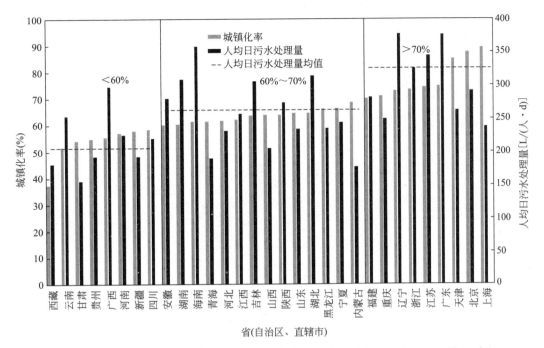

图 2-49 2022 年 31 个省（自治区、直辖市）城镇化率与人均日污水处理量情况对比

数据来源：住房和城乡建设部《中国城乡建设统计年鉴》（2022）、国家统计局年度分省数据库。

2.4 运营与管理

为进一步了解全国城镇排水与污水处理发展状况，聚焦行业关注热点问题，中国城镇供水排水协会编制了《城镇水务统计年鉴（排水）》，统计城镇排水单位技术运营与管理服务情况。现依据中国城镇供水排水协会《2022 年城镇水务统计年鉴（排水）》从"污水处理提质增效""企业性质""服务人口与服务面积""污泥处理与处置方式"等方面进行技术分析。

2.4.1 污水处理提质增效

1. 进水水质与污染物消减

对中国城镇供水排水协会《2022 年城镇水务统计年鉴（排水）》中城镇污水处理厂进水水质进行统计，全年污水处理厂进水 BOD 浓度范围为 10.49～590mg/L，平均值和中位值分别为 101.91mg/L 和 94.05mg/L，其中平均进水 BOD 浓度小于 100mg/L 的污水处理厂数量占比为 53.62%，平均进水 BOD 浓度在 100（含）～150

（含）mg/L 的污水处理厂数量占比为 32.17%，平均进水 BOD 浓度 150mg/L 以上的污水处理厂数量占比为 14.21%。污水处理厂进水 BOD 浓度占比情况如图 2-50 所示。全年平均进水 COD 浓度范围、SS 浓度范围、NH_3—N 浓度范围、TN 浓度范围、TP 浓度范围分别为 49.47~859.71mg/L、4.17~1382.00mg/L、3.21~118.15mg/L、6.89~157.00mg/L、0.29~27.10mg/L。

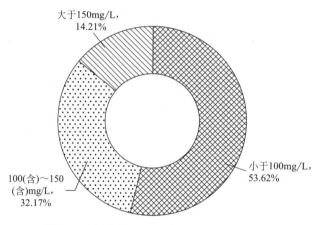

图 2-50　污水处理厂进水 BOD 浓度占比情况

数据来源：中国城镇供水排水协会《2022 年城镇水务统计年鉴（排水）》。

对中国城镇供水排水协会《2022 年城镇水务统计年鉴（排水）》中城镇污水处理厂污染物消减量进行统计，单位污水 COD 消减量、BOD 消减量、SS 消减量、NH_3—N 消减量、TN 消减量、TP 消减量分别为 2268.57kg/万 t 水、1077.64kg/万 t 水、1669.22kg/万 t 水、263.21kg/万 t 水、269.54kg/万 t 水、36.05kg/万 t 水。

2. 污水排放标准

对中国城镇供水排水协会《2022 年城镇水务统计年鉴（排水）》中城镇污水处理厂污水排放标准进行统计，其中执行严于《城镇污水处理厂污染物排放标准》GB 18918—2002（以下仅列出标准号）一级 A 排放标准的污水处理厂数量和处理水量占比分别为 33.06% 和 44.55%；执行 GB 18918—2002 一级 A 排放标准的污水处理厂数量和处理水量占比分别为 57.62% 和 52.57%；执行 GB 18918—2002 一级 B 排放标准的污水处理厂数量和处理水量占比分别为 9.11% 和 2.65%；执行 GB 18918—2002 二级排放标准的污水处理厂数量和处理水量占比分别为 0.21% 和 0.23%。不同排放标准下的污水处理厂数量和处理水量占比情况如图 2-50 和图 2-51 所示。

3. 处理工艺情况

对中国城镇供水排水协会《2022 年城镇水务统计年鉴（排水）》中城镇污水处

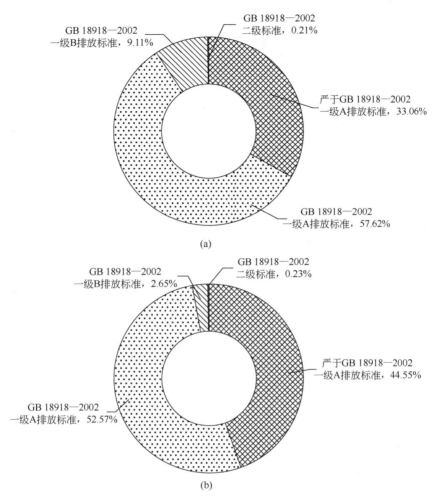

图 2-51 不同排放标准下的污水处理厂数量和处理水量占比情况

(a) 不同排放标准下的污水处理厂数量;(b) 不同排放标准下的污水处理厂处理水量

数据来源:中国城镇供水排水协会《2022年城镇水务统计年鉴(排水)》。

理厂处理工艺进行统计,其中采用 AAO 工艺(包括 AAO 工艺、改良型 AAO 工艺、多级 AO 工艺)、氧化沟工艺(包括氧化沟工艺、改良型氧化沟工艺、氧化沟型 AAO 工艺)、SBR 工艺(包括 SBR 工艺、改良型 SBR 工艺、CAST、CASS、MSBR、ICEAS 等)、AO 工艺、其他处理工艺或组合工艺的城镇污水处理厂数量占总数比例分别为 43.47%、26.11%、9.96%、2.02%、18.44%,使用各工艺的城镇污水处理厂处理水量占总水量比例分别为 55.36%、12.07%、6.17%、2.52%、23.88%。污水处理厂使用不同处理工艺占比情况如图 2-52 所示。

按照污水处理厂规模统计,在 20 万(含) m^3/d 处理规模以上城镇污水处理厂

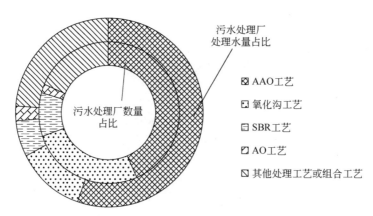

图 2-52 污水处理厂使用不同处理工艺占比情况

数据来源：中国城镇供水排水协会《2022年城镇水务统计年鉴（排水）》。

中，AAO工艺、氧化沟工艺、SBR工艺、AO工艺、其他处理工艺或组合工艺占比分别为64.26%、2.61%、3.60%、3.12%、26.41%；在10万（含）～20万 m^3/d 处理规模城镇污水处理厂中，AAO工艺、氧化沟工艺、SBR工艺、AO工艺、其他处理工艺或组合工艺占比分别为52.39%、12.09%、4.73%、2.43%、28.36%；在5万（含）～10万 m^3/d 处理规模城镇污水处理厂中，AAO工艺、氧化沟工艺、SBR工艺、AO工艺、其他处理工艺或组合工艺占比分别为45.34%、22.99%、12.55%、0.41%、18.71%；在1万（含）～5万 m^3/d 处理规模城镇污水处理厂中，AAO工艺、氧化沟工艺、SBR工艺、AO工艺、其他处理工艺或组合工艺占比分别为31.01%、41.47%、13.71%、2.39%、11.42%（表2-4）。

2022年污水处理厂各类处理工艺应用占比情况　　　表2-4

处理规模 （m^3/d）	AAO工艺 （%）	氧化沟工艺 （%）	SBR工艺 （%）	AO工艺 （%）	其他处理工艺或 组合工艺（%）
20万(含)以上	64.26	2.61	3.60	3.12	26.41
10万(含)～20万	52.39	12.09	4.73	2.43	28.36
5万(含)～10万	45.34	22.99	12.55	0.41	18.71
1万(含)～5万	31.01	41.47	13.71	2.39	11.42

数据来源：中国城镇供水排水协会《2022年城镇水务统计年鉴（排水）》。

4. 再生水利用方式

对中国城镇供水排水协会《2022年城镇水务统计年鉴（排水）》中城镇污水处理厂再生水利用情况进行统计，污水处理厂再生水利用率为32.92%，其中用于市政杂用、工业回用、农业灌溉、景观及河道补水、其他方式占比分别为2.22%、11.77%、

0.21%、79.78%、6.02%。污水处理厂再生水回用方式占比情况如图 2-53 所示。

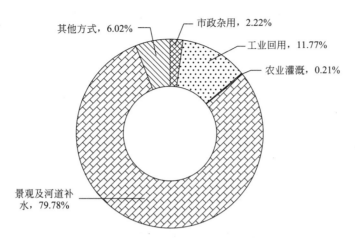

图 2-53　污水处理厂再生水回用方式占比情况

数据来源：中国城镇供水排水协会《2022 年城镇水务统计年鉴（排水）》。

5. 单位污染物消减电耗

对中国城镇供水排水协会《2022 年城镇水务统计年鉴（排水）》中污水处理厂单位 COD 消减电耗情况进行统计，单位 COD 消减电耗累计百分比如图 2-54 所示。

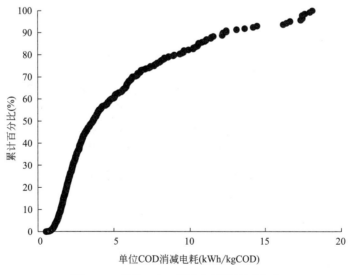

图 2-54　单位 COD 消减电耗累计百分比

数据来源：中国城镇供水排水协会《2022 年城镇水务统计年鉴（排水）》。

2.4.2　企业性质

对中国城镇供水排水协会《2022 年城镇水务统计年鉴（排水）》中运营单位企

业性质进行统计,在运营单位数量占比中,国有独资、国有控股、民营独资、民营控股、事业单位、外资参股、外资控股比例分别为 36.99%、32.19%、9.82%、10.27%、6.85%、1.60%、2.28%;在运营单位处理水量占比中,国有独资、国有控股、民营独资、民营控股、事业单位、外资参股、外资控股比例分别为 52.90%、29.79%、4.06%、3.82%、4.07%、2.49%、2.87%。不同企业性质的运营单位数量与处理水量情况对比如图 2-55 所示。

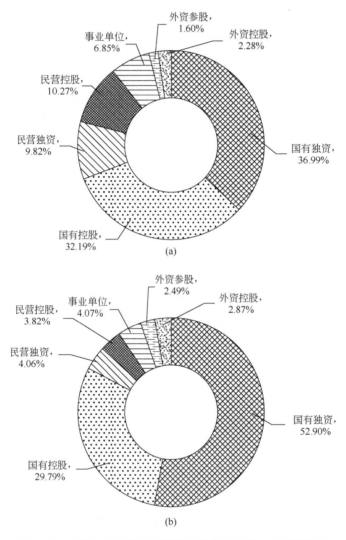

图 2-55 不同企业性质的运营单位数量与处理水量情况对比
(a) 不同企业性质的运营单位数量;(b) 不同企业性质的运营单位处理水量
数据来源:中国城镇供水排水协会《2022 年城镇水务统计年鉴(排水)》。

2.4.3 服务人口与服务面积

对中国城镇供水排水协会《2022 年城镇水务统计年鉴（排水）》中运营单位服务人口与服务面积进行统计，处理每立方米污水对应的服务人口和服务面积分别为 4.19 人、836.53m²。污水处理量对应的服务人口和服务面积情况如图 2-56 所示。

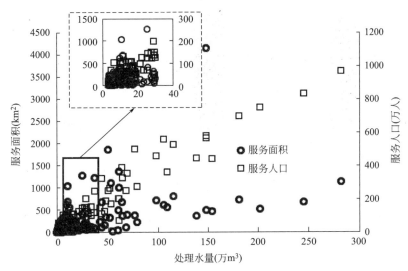

图 2-56 污水处理量对应的服务人口和服务面积情况

数据来源：中国城镇供水排水协会《2022 年城镇水务统计年鉴（排水）》。

2.4.4 污泥处理与处置方式

1. 污泥处理

对中国城镇供水排水协会《2022 年城镇水务统计年鉴（排水）》中城镇污水处理厂污泥脱水方式进行统计，单位污泥产量平均为 0.79kg/m³ 污水（含水率 80% 计），污泥含水率超过 80%（含）时，采用离心脱水、带式压滤、板框压滤脱水方式的污水处理厂数量占比分别为 30.17%、31.84%、4.47%，污泥产量占比分别为 57.01%、24.93%、0.94%；污泥含水率在 60%（含）～80% 之间时，采用离心脱水、带式压滤、板框压滤脱水方式的污水处理厂数量占比分别为 28.39%、38.77%、21.61%，污泥产量占比分别为 54.65%、19.59%、14.62%；污泥含水率低于 60% 时，采用离心脱水、带式压滤、板框压滤脱水方式的污水处理厂数量占比分别为 2.90%、2.90%、70.29%，污泥产量占比分别为 10.06%、0.91%、79.94%。污泥含水率超过 80%（含）、在 60%（含）～80% 之间、低于 60% 的污水处理厂污泥脱水方式情况如图 2-57～图 2-59 所示。

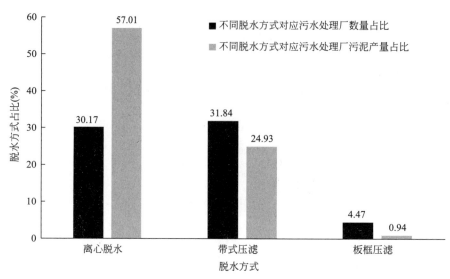

图 2-57　污泥含水率超过 80%（含）的污水处理厂污泥脱水方式情况

数据来源：中国城镇供水排水协会《2022 年城镇水务统计年鉴（排水）》。

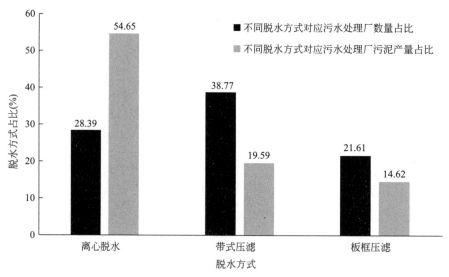

图 2-58　污泥含水率在 60%（含）～80% 之间的污水处理厂污泥脱水方式情况

数据来源：中国城镇供水排水协会《2022 年城镇水务统计年鉴（排水）》。

2. 污泥处置方式

对中国城镇供水排水协会《2022 年城镇水务统计年鉴（排水）》中城镇污水处理厂污泥处置方式情况进行统计，其中土地利用、建材利用、焚烧利用、填埋利用、其他利用方式的占比分别为 35.01%、20.84%、34.99%、4.31%、4.83%（图 2-60）。

第 1 篇 水务行业发展概况

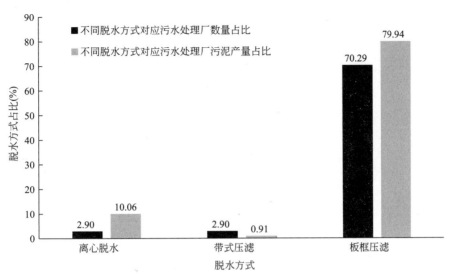

图 2-59 污泥含水率低于 60% 的污水处理厂污泥脱水方式情况

数据来源：中国城镇供水排水协会《2022 年城镇水务统计年鉴（排水）》。

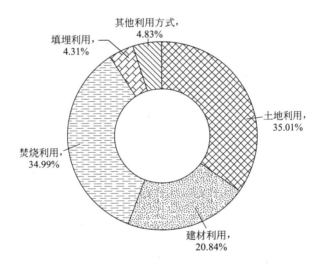

图 2-60 污水处理厂污泥处置方式占比

数据来源：中国城镇供水排水协会《2022 年城镇水务统计年鉴（排水）》。

第 2 篇　水务行业发展大事记

　　本部分梳理选录2023年度中共中央、国务院及有关部委印发的城镇水务行业发展相关政策文件，并以年度大事记形式汇总展示了中国城镇供水排水协会年度重要活动和主要工作成就，包括中国水协开展的"城镇水务行业2023年度十大新闻"评选活动、2022/2023年会、团体标准、科学技术成果鉴定、科学技术奖、典型工程项目案例、第四届全国城镇供水排水行业职业技能竞赛、会员开放日活动等。

　　部分文件全文编入本书附录。

第3章 行业发展大事记

3.1 2023年国家发布的主要相关政策

2023年中共中央、国务院及有关部委发布的与城镇水务相关的部分政策文件名称、文号及发布时间见表3-1，具体内容可在中国城镇供水排水协会（以下简称"中国水协"）官方网站查询。

2023年发布的与城镇水务相关的部分政策文件　　　　表3-1

序号	名称及文号	发布时间
中共中央、国务院发布		
1	中共中央　国务院印发《质量强国建设纲要》	2023年2月6日
2	中共中央　国务院关于做好二〇二三年全面推进乡村振兴重点工作的意见	2023年2月13日
3	中共中央　国务院印发《数字中国建设整体布局规划》	2023年2月27日
4	中共中央办公厅印发《关于在全党大兴调查研究的工作方案》	2023年3月19日
5	中共中央　国务院印发《国家水网建设规划纲要》	2023年5月25日
6	国务院办公厅转发国家发展改革委、财政部《关于规范实施政府和社会资本合作新机制的指导意见》的通知（国办函〔2023〕115号）	2023年11月8日
7	国务院办公厅关于转发国家发展改革委《城市社区嵌入式服务设施建设工程实施方案》的通知（国办函〔2023〕121号）	2023年11月26日
国务院有关部委发布		
8	生态环境部办公厅　发展改革委办公厅　住房城乡建设部办公厅　水利部办公厅函　关于公布2022年区域再生水循环利用试点城市名单的通知（环办水体函〔2022〕502号）	2023年1月4日
9	财政部　住房城乡建设部　工业和信息化部　公安部　交通运输部　水利部 关于进一步加强市政基础设施政府会计核算的通知（财会〔2022〕38号）	2023年1月11日
10	国家发展改革委　住房城乡建设部　生态环境部印发《关于推进建制镇生活污水垃圾处理设施建设和管理的实施方案》的通知（发改环资〔2022〕1932号）	2023年1月18日

续表

序号	名称及文号	发布时间
11	住房和城乡建设部关于印发城镇污水排入排水管网许可证格式文本和城镇污水排入排水管网许可申请表、排水户书面承诺书推荐格式的通知(建城函〔2023〕7号)	2023年2月1日
12	住房和城乡建设部关于认真组织学习《习近平关于城市工作论述摘编》的通知(建研〔2023〕15号)	2023年3月8日
13	国家发展改革委 市场监管总局关于进一步加强节能标准更新升级和应用实施的通知(发改环资规〔2023〕269号)	2023年3月17日
14	住房和城乡建设部关于2023年全国城市排水防涝安全责任人名单的通告(建城函〔2023〕20号)	2023年3月24日
15	住房和城乡建设部办公厅 国家发展改革委办公厅关于做好2023年城市排水防涝工作的通知(建办城函〔2023〕99号)	2023年4月19日
16	国家标准委 国家发展改革委 工业和信息化部 自然资源部 生态环境部 住房和城乡建设部 交通运输部 中国人民银行 中国气象局 国家能源局 国家林草局 关于印发《碳达峰碳中和标准体系建设指南》的通知(国标委联〔2023〕19号)	2023年4月21日
17	住房和城乡建设部办公厅关于做好2023年全国城市节约用水宣传周工作的通知(建办城函〔2023〕108号)	2023年4月23日
18	关于开展"十四五"第三批系统化全域推进海绵城市建设示范工作的通知(财办建〔2023〕28号)	2023年4月28日
19	住房和城乡建设部关于废止和宣布失效部分行政规范性文件的公告(中华人民共和国住房和城乡建设部公告2023年第58号)	2023年5月6日
20	生态环境部 发展改革委 关于印发《危险废物重大工程建设总体实施方案(2023—2025年)》的通知(环固体〔2023〕23号)	2023年5月8日
21	住房和城乡建设部办公厅关于印发城市黑臭水体治理及生活污水处理提质增效长效机制建设工作经验的通知(建办城函〔2023〕118号)	2023年5月11日
22	水利部 中央精神文明建设办公室 国家发展改革委 教育部 工业和信息化部 住房城乡建设部 农业农村部 广电总局 国管局 共青团中央 中国科协 关于加强节水宣传教育的指导意见(水节约〔2023〕148号)	2023年5月19日
23	住房和城乡建设部 国家发展改革委关于命名第十一批(2022年度)国家节水型城市的公告(中华人民共和国住房和城乡建设部公告2023年第65号)	2023年5月27日
24	生态环境部办公厅 国家发展和改革委员会办公厅 水利部办公厅 农业农村部办公厅 关于印发《长江流域水生态考核指标评分细则(试行)》的通知(环办水体〔2023〕10号)	2023年6月6日
25	住房和城乡建设部办公厅关于印发城市地下综合管廊建设规划技术导则的通知(建办城函〔2023〕134号)	2023年6月8日
26	住房和城乡建设部办公厅 应急管理部办公厅 关于加强城市排水防涝应急管理工作的通知(建办城函〔2023〕152号)	2023年7月4日

续表

序号	名称及文号	发布时间
27	国家发展改革委 工业和信息化部 生态环境部 市场监管总局 国家能源局 关于发布《工业重点领域能效标杆水平和基准水平（2023年版）》的通知（发改产业〔2023〕723号）	2023年7月4日
28	住房城乡建设部关于推进工程建设项目审批标准化规范化便利化的通知（建办〔2023〕48号）	2023年8月9日
29	国家发展改革委 科技部 工业和信息化部 财政部 自然资源部 住房城乡建设部 交通运输部 国务院国资委 国家能源局 中国民航局 关于印发《绿色低碳先进技术示范工程实施方案》的通知（发改环资〔2023〕1093号）	2023年8月22日
30	国家发展改革委 生态环境部 住房城乡建设部关于印发《环境基础设施建设水平提升行动（2023—2025年）》的通知（发改环资〔2023〕1046号）	2023年8月24日
31	国家发展改革委办公厅 生态环境部办公厅 住房城乡建设部办公厅 农业农村部办公厅 国家卫生健康委办公厅 国家疾控局综合司 关于补齐公共卫生环境设施短板 开展城乡环境卫生清理整治的通知（发改办社会〔2023〕523号）	2023年8月24日
32	生态环境部办公厅 财政部办公厅 自然资源部办公厅 住房和城乡建设部办公厅 交通运输部办公厅 水利部办公厅 中国气象局办公室 国家疾病预防控制局综合司 关于深化气候适应型城市建设试点的通知（环办气候〔2023〕13号）	2023年8月25日
33	国家发展改革委 水利部 住房城乡建设部 工业和信息化部 农业农村部 自然资源部 生态环境部 关于进一步加强水资源节约集约利用的意见（发改环资〔2023〕1193号）	2023年9月1日
34	住房城乡建设部办公厅 国家发展改革委办公厅 关于扎实推进城市燃气管道等老化更新改造工作的通知（建办城函〔2023〕245号）	2023年9月6日
35	生态环境部办公厅 水利部办公厅 自然资源部办公厅 关于印发《地下水污染防治重点区划定技术指南（试行）》的通知（环办土壤函〔2023〕299号）	2023年9月13日
36	生态环境部 关于进一步优化环境影响评价工作的意见（环环评〔2023〕52号）	2023年9月20日
37	财政部 税务总局 关于继续实施农村饮水安全工程税收优惠政策的公告（2023年第58号）	2023年9月28日
38	生态环境部 市场监管总局 温室气体自愿减排交易管理办法（试行）（部令第31号）	2023年10月19日
39	生态环境部 关于印发《地下水环境背景值统计表征技术指南（试行）》的通知（环办土壤函〔2023〕344号）	2023年10月27日
40	住房城乡建设部办公厅关于开展工程建设项目全生命周期数字化管理改革试点工作的通知（建办厅函〔2023〕291号）	2023年11月2日
41	国家发展改革委关于印发《国家碳达峰试点建设方案》的通知（发改环资〔2023〕1409号）	2023年11月6日
42	生态环境部 外交部 国家发展和改革委员会 科学技术部 工业和信息化部 财政部 自然资源部 住房和城乡建设部 农业农村部 应急管理部 国家能源局 关于印发《甲烷排放控制行动方案》的通知（环气候〔2023〕67号）	2023年11月7日

续表

序号	名称及文号	发布时间
43	生态环境部办公厅　关于进一步加强危险废物规范化环境管理有关工作的通知（环办固体〔2023〕17号）	2023年11月7日
44	生态环境部办公厅　关于印发《地下水生态环境监管系统数据编码及目录要求（试行）》的通知（环办土壤函〔2023〕359号）	2023年11月7日
45	国家发展改革委　水利部　市场监管总局关于印发中华人民共和国实行水效标识的产品目录（第四批）及水嘴水效标识实施规则的通知（发改环资规〔2023〕1516号）	2023年11月24日
46	国家发展改革委　工业和信息化部　市场监管总局　住房城乡建设部　交通运输部　关于加快建立产品碳足迹管理体系的意见（发改环资〔2023〕1529号）	2023年11月24日
47	住房城乡建设部办公厅关于印发《住房城乡建设领域科技成果评价导则（试行）》的通知（建办标函〔2023〕341号）	2023年12月6日
48	住房城乡建设部关于全面开展城市体检工作的指导意见（建科〔2023〕75号）	2023年12月6日
49	国家发展改革委办公厅关于印发首批碳达峰试点名单的通知（发改办环资〔2023〕942号）	2023年12月6日
50	科技部关于印发《国家科学技术奖提名办法》的通知（国科发奖〔2023〕225号）	2023年12月12日
51	财政部关于废止政府和社会资本合作（PPP）有关文件的通知（财金〔2023〕98号）	2023年12月13日
52	住房城乡建设部　生态环境部　关于城市黑臭水体治理责任人名单的通告（建城函〔2023〕69号）	2023年12月19日
53	国家发展改革委　住房城乡建设部　生态环境部关于推进污水处理减污降碳协同增效的实施意见（发改环资〔2023〕1714号）	2023年12月30日

3.2　2023年中国水协大事记

2023年中国水协大事记见表3-2。

2023年中国水协大事记　　　　　　表3-2

序号	大事记	时间
重要活动		
1	中国城镇供水排水协会　关于2022年度中国城镇供水排水协会典型工程项目案例入库名单的公告	2023年1月6日
2	中国城镇供水排水协会工程教育专业委员会第一届四次会议暨2022年年会——功到渠成，城镇供水排水行业人才培训从体系到实践	2023年1月8日
3	中国城镇供水排水协会荣获《公民节约用水行为规范》主题宣传活动优秀组织单位	2023年2月15日

续表

序号	大事记	时间
4	全国省级地方水协秘书长工作会在上海顺利召开	2023年2月20日
5	中国城镇供水排水协会会员开放日——"走进上海凯泉泵业"成功举办	2023年2月21日
6	中国城镇供水排水协会城市排水分会召开2023年年度工作会	2023年2月24日
7	中国城镇供水排水协会分支机构工作会在北京召开	2023年3月4日
8	中国城镇供水排水协会 关于近期不法分子冒用我协会名义伪造印章滥发通知的警示声明	2023年3月16日
9	中国城镇供水排水协会 关于清理"僵尸型"会员企业单位的公告	2023年3月30日
10	关于增设中国城镇供水排水协会职业技能培训基地的公告	2023年4月10日
11	中国水协召开新闻发布会｜城镇水务行业年度盛会即将在武汉拉开序幕	2023年4月11日
12	"中国城镇供水排水协会2022/2023年会暨城镇水务技术与产品展示"在武汉市盛大召开	2023年4月12~16日
13	全国省级地方水协会长工作会在武汉市召开	2023年4月12日
14	中国城镇供水排水协会 第三届七次常务理事会、理事会在武汉市召开	2023年4月13日
15	中国城镇供水排水协会定向支持武汉会商会召开	2023年4月13日
16	中国城镇供水排水协会顾问委员会及科技发展战略咨询委员会会议召开	2023年4月14日
17	第30届全国供水行业办公室主任会议暨中国水协城市供水分会信息联络员工作会议在洛阳召开	2023年5月9日
18	第32届全国城市节约用水宣传周系列活动	2023年5月14~20日
19	中国城镇供水排水协会设备材料专业委员会在上海召开"第九届全国水行业流量仪表应用暨管网漏损控制研讨会"	2023年5月25日
20	城镇水务行业GIS应用与发展研讨会在杭州召开	2023年5月26日
21	中国城镇供水排水协会与中国价格协会战略合作签约仪式在京举行	2023年6月13日
22	中国城镇供水排水协会赴青海省共和县调研,参与国家乡村振兴重点帮扶县结对帮扶工作	2023年6月27日
23	中国城镇供水排水协会会长办公会在北京召开	2023年7月8日
24	中国城镇供水排水协会第三届八次理事会(常务理事会)召开	2023年7月14日
25	中国城镇供水排水协会第四届理事会换届有关工作部署会召开	2023年8月3日
26	中国城镇供水排水协会首届水业青年优秀论文评选暨水业青年论坛在哈尔滨顺利召开	2023年8月14日
27	中国城镇供水排水协会会员开放日——"走进哈尔滨跃渊智能"成功举办	2023年8月15日

续表

序号	大事记	时间
28	齐心协力，稳步推进——2023年全国行业职业技能竞赛第四届全国城镇供水排水行业职业技能竞赛决赛筹备工作正式启动	2023年8月23日
29	中国城镇供水排水协会科学技术委员会2023年年会暨技术交流会成功召开	2023年9月14日
30	2023年城乡水资源可持续开发利用高质量发展论坛暨中国水协乡镇水务分会&节水委年会在包头圆满召开	2023年9月18日
31	中国城镇供水排水协会智慧水务专业委员会2023年年会暨城镇智慧水务论坛在西安圆满召开	2023年9月25日
32	中国水协会长章林伟与俄罗斯水协会长埃琳娜·多夫拉托娃在京举行会谈	2023年10月13日
33	2023年全国行业职业技能竞赛第四届全国城镇供水排水行业职业技能竞赛举办	2023年10月17～20日
34	中国城镇供水排水协会"管道修复工程质量更新"研讨会暨会员开放日——"走进普洛兰"在安徽池州成功举办	2023年10月21日
35	中国城镇供水排水协会第四届理事会换届工作领导小组会议召开	2023年11月2日
36	中国城镇供水排水协会开展《城市供水水质管理规定》和《生活饮用水卫生监督管理办法》实施情况调研工作	2023年11月9～17日
37	中国水协设备材料专业委员会组织召开第五批设备材料产品推荐工作专家评审会	2023年11月15日
38	海绵城市建设交流会在江苏省昆山市顺利召开	2023年11月25日
39	中国水协规划设计专业委员会组织召开2023年度典型工程案例评审会	2023年12月4日
40	2023水务行业智慧化建设设备技术研讨会在郑州成功召开	2023年12月6日
41	中国城镇供水排水协会城市排水分会、设施更新与修复专业委员会2023年年会暨"低碳韧性城市建设，共创高质量发展"交流会在深圳成功召开	2023年12月22日
42	2023年中国城镇供水排水协会科学技术奖终审会成功召开	2023年12月7日
43	关于2023年度中国城镇供水排水协会科学技术奖励的决定	2023年12月26日
44	关于2023年度中国城镇供水排水协会典型工程项目案例遴选入库名单的公告	2023年12月26日
45	关于中国城镇供水排水协会第五批设备材料产品推荐的公告	2023年12月30日
技术交流活动		
46	中国水协团体标准《城镇供水管网模型构建与应用技术规程》T/CUWA 20059—2022宣贯会	2023年2月22日
47	中国水协团体标准《城市供水系统用户端可靠性评价规程》T/CUWA 20060—2023宣贯会	2023年5月31日
48	中国水协团体标准《管式动态混合器》T/CUWA 60053—2022宣贯会	2023年6月14日

续表

序号	大事记	时间
49	中国水协团体标准《排水管道工程自密实回填材料应用技术规程》T/CUWA 40055—2023 宣贯会	2023年7月12日
50	中国水协技术资料《城镇智慧水务技术指南》宣贯会	2023年8月27日
51	中国水协团体标准《城镇污水资源与能源回收利用技术规程》T/CUWA 70052—2023 宣贯会	2023年11月22日
52	中国水协组织开展住房和城乡建设部行业标准《城镇供水管网漏损控制及评定标准》CJJ 92—2016 宣贯会	2023年12月27日

3.3 城镇水务行业 2023 年度十大新闻

为记录中国城镇水务行业发展历程，深入了解和掌握城镇水务行业的发展动态，推动行业高质量发展，中国城镇供水排水协会组织开展"城镇水务行业 2023 年度十大新闻"评选活动。经过广泛征集、多方推荐、初评、网络投票和复评，最终评选出"城镇水务行业 2023 年度十大新闻"。

1. 《生活饮用水卫生标准》GB 5749—2022 正式施行，标准更严水质更安全

2023 年 4 月 1 日，《生活饮用水卫生标准》GB 5749—2022 正式实施。相较于 GB 5749—2006，新版标准主要作出以下调整：指标数量从 106 项调整到 97 项，主要调整了少量不再适应当前水质检测实际需求的项目，虽然检测指标项目减少，但部分关键项目指标更加严格。指标分类从常规指标和非常规指标，调整为常规指标（43 项）和扩展指标（54 项）；调整了硝酸盐（以 N 计）、浑浊度、高锰酸盐指数（以 O_2 计）等 8 项指标的限值；删除了针对小型集中式供水和分散式供水部分水质指标限值放宽的暂时规定等。

《生活饮用水卫生标准》GB 5749—2022 是饮用水相关单位依法生产、销售、设计、检测、评价、监督、管理的依据，也是行政和司法部门执法的依据，是我国生活饮用水法治化管理的基础。新版标准突出"末梢水"达标和保障的理念，它的实施必将推动供水行业从"源头"到"龙头"全过程建立和完善水质保障体系，提升精细化管理水平。

2. 水务行业众志成城抗洪抢险、抗寒保供，做好城市排水防涝和供水保障工作

2023 年，我国遭遇暴雨洪涝、台风和冰雪等不同程度的自然灾害。7 月底 8 月初，受台风"杜苏芮"残余环流影响，京津冀等地遭受极端强降雨，引发严重暴雨洪涝、滑坡、泥石流等灾害，造成北京、河北、天津551.2万人不同程度受灾。京津冀暴雨洪涝灾害发生后，住房和城乡建设部高度重视，倪虹部长专门作出批示强调，要坚决贯彻习近平总书记重要指示批示精神和党中央决策部署，指导支持地方扎实做好防涝工作，举全系统全行业之力驰援受灾地区。多地水务企业逆行出征，多路抗洪抢险、应急供水队伍第一时间集结，星夜驰援受灾地区，帮助受灾地区基础设施正常运行，团结一心做好城市排水防涝和供水安全保障工作。

12月，多地大范围降雪，气温骤降，为加强冰雪灾害防范工作，保障城市供水排水等市政基础设施运行，各地供水部门开启"抗寒保供"模式，采取针对性应对措施，做好防冻保护、完善应急预案、强化应急处置，全力保障群众安心温暖过冬。

3. 中国城镇供水排水协会组织编写的《城镇智慧水务技术指南》发布，推动城镇智慧水务健康、有序、快速发展

4月，由中国城镇供水排水协会组织编写的《城镇智慧水务技术指南》在武汉举办的中国城镇供水排水协会2022/2023年会上重磅发布。《城镇智慧水务技术指南》明确了城镇智慧水务的总体架构、保障体系以及数字化建设、智能控制和智慧决策的技术要求，系统说明了城镇供水、城镇水环境、排水（雨水）防涝等领域的智慧应用，填补了我国城镇智慧水务建设与应用的空白，对我国城镇智慧水务建设健康有序发展起到积极促进和引导作用。

4. 统筹兼顾、精准施策，三部委联合印发《关于推进污水处理减污降碳协同增效的实施意见》

12月，《国家发展改革委 住房城乡建设部 生态环境部关于推进污水处理减污降碳协同增效的实施意见》（发改环资〔2023〕1714号）（以下简称《实施意见》）印发。《实施意见》指出，污水处理既是深入打好污染防治攻坚战的重要抓手，也是推动温室气体减排的重要领域。要协同推进污水处理全过程污染物削减与温室气体减排，开展源头节水增效、处理过程节能降碳、污水污泥资源化利用，全面提高污水处理综合效能，提升环境基础设施建设水平，推进城乡人居环境整治，助力实现碳达峰碳中和目标，加快美丽中国建设。

《实施意见》首次明确，到2025年，要建成100座能源资源高效循环利用的污水处理绿色低碳标杆厂，并首次提出：建设城市污水管网全覆盖示范区；BOD浓度低于100mg/L的污水处理厂，从严审批核准新增污水处理能力；要加快海绵城市建设

（在国家层面文件中）等。这对于城镇排水行业减污降碳协同增效具有里程碑意义。

5. 国家标准化管理委员会等 11 部门联合发布《碳达峰碳中和标准体系建设指南》，推动城镇供水排水行业加快绿色低碳转型

4月，国家标准化管理委员会、国家发展和改革委员会、工业和信息化部、自然资源部、生态环境部、住房和城乡建设部、交通运输部、中国人民银行、中国气象局、国家能源局、国家林草局11个部门联合印发《碳达峰碳中和标准体系建设指南》（以下简称《指南》），提出2025年前完成不少于1000项国家标准和行业标准（包括外文版本），实质性参与不少于30项相关国际标准制修订的目标，并提出要聚焦重点领域和重点行业，加强节能降碳标准制修订；基础设施建设和运行减碳领域重点制修订城市基础设施低碳建设、污水垃圾资源化利用等标准。

该《指南》明确了双碳标准体系建设的基本架构，细化了不同体系下标准制修订的重点任务，有助于推动城镇供水排水行业加快绿色低碳转型，提高能源利用效率，创新碳管理模式，实现水务行业绿色低碳高质量发展，为构建城镇水务行业碳达峰碳中和标准体系提供有利的支撑。

6. 百年排水奋斗路 砥砺奋进新征程，上海开展"百年排水"系列纪念宣传活动

自1923年上海第一座污水处理厂——北区污水处理厂建成投运，上海排水已走过百年风雨历程。为全面回顾上海排水的发展变迁，充分展示辉煌成就与宝贵经验，激励排水人不忘初心、接续奋斗，以高昂热情投身新时代排水事业，上海排水行业组织开展"百年排水"系列宣传活动。

宣传活动形式丰富多彩，有举办"百年排水"成就展，制作百年发展纪录片、大事记，举办青年职工演讲比赛、"排水大家谈"高峰论坛等，活动吸引了上海业内干部职工的广泛参与，以回顾忆初心，以传承致未来，为谱写新时代上海排水事业高质量发展绚丽篇章汇聚起强大奋进力量。

7. 2023年第四届全国城镇供水排水行业职业技能竞赛决赛在合肥成功举办

10月，2023年全国行业职业技能竞赛第四届全国城镇供水排水行业职业技能竞赛决赛在合肥市举行。该大赛是经人力资源和社会保障部批准的国家二类职业技能竞赛，由中国城镇供水排水协会、中国就业培训技术指导中心和中国海员建设工会全国委员会共同主办，为全国城镇供水排水行业从业人员提供了参与和展示的机会，是促进行业职工学技术、比技能、创一流，进一步弘扬劳模精神、劳动精神、工匠精神，促进行业发展，全面贯彻落实习近平总书记关于技能人才的重要指示精神的重要举措。

本次竞赛分为地方预选赛和总决赛两个阶段,经过初赛选拔,最终来自 26 个省(市、自治区)的 27 支代表队共 54 名选手参加竞赛决赛并角逐最终奖项。经过 3 天紧张激烈的角逐,来自广东、北京、上海、安徽、合肥和陕西代表队的共 6 名选手分别获得两个竞赛工种的前 3 名,在报请人力资源和社会保障部核准后,授予"全国技术能手"称号。

8. 住房和城乡建设部全面部署重点任务,为城镇水务行业明确工作目标

1 月,全国住房城乡建设工作会议全面部署城镇水务重点工作。会议强调全国市政公用行业要全力保障城市供水排水、供气、供热正常运行,要系统推进城市建设、推进城市更新试点、推进城市地下综合管廊和海绵城市建设、深入开展新型城市基础设施建设试点,推动城市高质量发展,还要求以协同推进降碳、减污、扩绿为路径,切实推动城乡建设绿色低碳发展。

12 月,全国住房城乡建设工作会议在北京召开。会议以习近平新时代中国特色社会主义思想为指导,全面贯彻落实党的二十大精神,认真落实中央经济工作会议精神,系统总结 2023 年工作,分析形势,明确 2024 年重点任务,推动住房城乡建设事业高质量发展再上新台阶。

9. 中国城镇供水排水协会与中国价格协会签署合作协议,共同开展污水价格研究

6 月,中国城镇供水排水协会与中国价格协会签署合作协议,本着"互惠互利、合作双赢、资源共享、共同发展"的目标,在水价理论政策研究、课题成果推广、相互支持重要活动等方面开展全方位合作。

中国城镇供水排水协会与中国价格协会共同开展污水价格研究,以保障排水企业与排水户双方的合法权益,保护水环境,节约水资源,促进城镇排水事业发展。研究形成了城镇污水处理价格机制改革的建议报告,上报国家发展和改革委员会与住房和城乡建设部。

10. 十载春秋耕耘路,海绵城市收获丰

2013 年 12 月,习近平总书记在中央城镇化工作会议上提出,要建设自然积存、自然渗透、自然净化的"海绵城市"。2015 年国务院办公厅专门印发了《国务院办公厅关于推进海绵城市建设的指导意见》(国办发〔2015〕75 号),对我国海绵城市建设提出了具体要求,随后开展了两批 30 个城市的试点,形成了一批可复制、可推广的经验。进入"十四五"以后，中央财政支持开展了海绵城市建设的示范工作，确定了60个海绵示范城市，积极推进全域系统化海绵城市建设。历经十年发展，在大家的共同努力下，海绵城市建设走出了具有中国特色的道路，在缓解城市内涝、改善热岛效应、治理黑臭水体等方面成效初显。

2023年11月，中国城镇供水排水协会在江苏昆山举办以"十年砥砺奋进、共谱海绵新篇"为主题的海绵城市建设交流会，总结海绵城市建设十年成就，探讨海绵城市建设试点、示范的经验、做法和成功案例，助力提升城市排水防涝能力和韧性，促进海绵城市建设高质量发展。新的发展阶段，面对气候变化、碳减排、绿色发展等新要求，机遇与挑战并存，需要我们凝心聚力，攻坚克难，共同谱写海绵城市建设新篇章。

3.4 中国水协2022/2023年会

会议宗旨：会朋友、议良策、寻机遇、求发展。

2023年4月12~16日"中国城镇供水排水协会2022/2023年会暨城镇水务技术与产品展示"（简称2022/2023水协年会）在湖北省武汉市顺利召开，本次大会由中国城镇供水排水协会主办，湖北省住房和城乡建设厅支持，武汉市水务局、武汉市城市建设投资开发集团有限公司、各省级地方水协协办，湖北省城镇供水排水协会、武汉市水务集团有限公司、武汉国际会展集团股份有限公司承办。来自全国各地水务行业从业者及相关人员万余人参加了会议。会议同期举办了"城镇水务技术与产品交流展示"，200余家国内优质水务企业参加交流展示，现场举办合作签约仪式5场，发布会2场，以及14场产品推介活动，吸引了数万人次与会者的广泛参与和互动体验。

2022/2023水协年会围绕绿色低碳智慧赋能、高质量发展等城镇水务工作着力点，探讨交流"双碳""智慧"背景下契合国家发展战略的城镇水务行业发展目标、路径和方法，促进行业发展与国家战略同频共振，有力支撑我国社会经济和城镇化发展。

2022/2023水协年会秉承"会朋友、议良策、寻机遇、求发展"的宗旨，邀请政府领导、行业专家、会员单位及城镇水务行业从业者等业内人员，围绕城镇水务行业政策、行业发展形势和趋势等进行交流研讨和展示。一是宣传贯彻城镇水务相关政策以及国家对城镇水务行业的新要求；二是围绕行业热点、难点与痛点问题，商讨城镇水务发展新思路、途径和方法；三是交流地方水协工作经验；四是城镇水务技术与产品展示，组织百余家企业、百余名专家交流和推广城镇水务新技术、新工艺、新材料和新设备以及运行管理经验。年会同期召开全国省级地方水协会长工作会、中国水协第三届七次常务理事会、理事会，中国水协定向支持武汉会商会，中国水协顾问委员会及科技发展战略咨询委员会闭门会议等。

3.4.1 综合大会

4月14日，2022/2023水协年会综合大会（图3-1）隆重召开。原建设部副部长李振东、中国工程院院士任南琪、住房和城乡建设部城建司司长胡子健、住房和城乡建设部村镇司副司长牛璋彬、中国城镇供水排水协会会长章林伟、武汉市人民政府副市长杨泽发、湖北省住房和城乡建设厅副厅长刘震、武汉市水务局局长郑利等嘉宾出席了会议。综合大会开幕式环节由中国水协秘书处副秘书长高伟主持，主旨报告环节由中国水协副会长周强主持。

图3-1 综合大会主会场

1. 开幕式

开幕式上，胡子健司长、牛璋彬副司长、章林伟会长、刘震副厅长、杨泽发副市长先后向大会致辞（图3-2），欢迎来自全国的近万名行业代表，介绍我国近年来在城镇水务行业开展的重要工作，强调本次大会的重要意义，并祝贺大会胜利召开。

开幕式上，举办了中国水协2024年会承办交接仪式（图3-3）。经山东省城镇供排水协会和青岛水务集团有限公司联合申请，"中国城镇供水排水协会2024年会暨城镇水务技术与产品展示"将于2024年4月16～20日在山东省青岛市举办，中国水协

图 3-2 胡子健司长、牛璋彬副司长、章林伟会长、刘震副厅长、杨泽发副市长向大会致辞

会长章林伟，山东省城镇供排水协会会长邓杰、青岛水务集团有限公司董事长夏正启，在特邀嘉宾湖北省住房和城乡建设厅城市建设处万应荣处长和山东省住房和城乡建设厅城市建设处王强处长等领导和嘉宾的见证下，在会上举行了现场签约及会旗交接仪式。

图 3-3 中国水协 2024 年会承办交接仪式

2. 主旨报告

（1）任南琪《城市水系统数字孪生规划与智慧管控》（图 3-4）

中国工程院院士、中国水协战略咨询委员会副主任任南琪作主旨报告——城市水系统数字孪生规划与智慧管控。报告主要分为 4 个部分：国家重大需求与背景、城市水系统存在的问题、城市水系统的数字化规划、城市水系统的智慧管控。报告指出

"十一五"到"十三五"我国环保战略已从"重点、小尺度、治理"转变为"全面、大尺度、预防"。报告深入分析了城市水系统当前存在的各种问题，如：系统整治存在的问题，智慧化存在的问题，感知层、传输层、处理层的系统方法缺乏，突发事件快速感知关键技术不足，水系统低碳技术体系与运维管理策略缺乏，面向未来的城市水系统建设理论

图 3-4　任南琪院士作主旨报告

缺乏等。报告重点介绍了从"数字化"到"智慧化"的智慧化管控框架及智慧水务与城市水系统应急决策可视化支持平台建设，尤其是智慧管控数据层与支撑层的建设。

（2）王赤兵《武汉市流域水环境治理的探索和实践》（图 3-5）

武汉市水务局副局长王赤兵作主旨报告——武汉市流域水环境治理的探索和实践。报告从武汉市水情、武汉水环境治理、流域治理与统筹发展的实践探索等方面，介绍了武汉多年来的治水历程、经验及短板问题。武汉依水而生、因水而兴，全市水面率占城市面积接近四分之一，从 2001 年武汉市水务局成立开始，分攻节点、强系统、盘流域 3 个

图 3-5　武汉市水务局副局长
王赤兵作主旨报告

阶段开展水环境治理工作。经过多年努力，武汉城市水安全成效显著，但仍然存在水功能区划未完全达到、防汛与环境矛盾未完全解决、排水设施问题短板未全面补齐、水生态系统相对脆弱等问题。针对上述问题，提出以下重点措施：明确安全底线、划定底图单元、硬软结合提出正负面清单等，报告最后重点介绍了东沙湖流域综合治理案例。

（3）林雪梅《北京城市排水发展模式及启示》（图 3-6）

中国城镇供水排水协会副会长林雪梅作主旨报告——北京城市排水发展模式及启示。

图 3-6　中国城镇供水排水协会
副会长林雪梅作主旨报告

报告围绕北京城市排水发展模式、北京城市排水发展的做法和成效、工作思考和启示3个方面，介绍北京城市排水发展的实践。北京排水事业坚持3个发展模式：以系统思维建设城市排水系统工程；政府指导综合施策；充分发挥市场主体作用。

（4）简德武《城镇智慧水务技术指南》（图3-7）

图3-7　中国市政工程中南设计研究总院有限公司副院长简德武作主旨报告

中国市政工程中南设计研究总院有限公司副院长简德武作主旨报告——《城镇智慧水务技术指南》解读。报告介绍了《城镇智慧水务技术指南》的编制背景及编制过程，并详细介绍了各章节的编制思路和主要内容。

（5）章林伟《新时代城镇水务行业高质量发展》（图3-8）

中国城镇供水排水协会会长章林伟作主旨报告——新时代城镇水务行业高质量发展。围绕行业发展现状、高质量发展要求、挑战与机遇3个部分进行分析阐述。报告介绍了目前水务行业的设施状况、服务水平及差异性，在"中华人民共和国国民经济和社会发展第十四个五年规划和2035年远景目标纲要"提出的"两横三纵"的城镇化发展布局背景下，分析水务行业如何从城镇建设、双碳绿色两大方向全面贯彻落实党的二十大报告要求，如何构建正确的价值趋向。

图3-8　中国城镇供水排水协会会长章林伟作主旨报告

3. 颁奖授牌环节

（1）中国水协科学技术奖颁奖仪式（2021、2022年度）

为推动城镇供水排水行业科技创新与技术进步，加速科技成果转化，激励在城镇供水排水行业科技进步中作出突出贡献的单位和个人，调动科技工作者的积极性和创造性，该奖项聚焦水务行业的焦点问题、科学技术前沿问题，旨在搭建行业发展技术、人才高地，打造行业有影响力、权威性的奖励品牌，彰显中国水协以科技创新引领行业发展未来的精神。

中国水协会长章林伟，水协科技奖赞助商上海威派格智慧水务股份有限公司总经理柳兵、副总经理吴浴阳共同为2021、2022年度中国水协科学技术奖特等奖获奖团队颁奖（图3-9）。

图3-9 中国水协科学技术奖特等奖颁奖仪式

全国工程勘察设计大师张辰、李艺、李树苑、张韵、黄晓家、赵锂为2021、2022年度中国水协科学技术奖一等奖获奖团队颁奖。

中国水协顾问委员会高级顾问沈仲韬、蔡林铮、昝龙亮、郭风春以及中国水协副会长申一尘、李力、郑如彬、宋兰合、郑家荣、吴学伟为2021、2022年度中国水协科学技术奖二等奖团队颁奖。

（2）中国水协职业技能培训基地授牌仪式（2021、2022年度）

为更好地满足广大水务行业从业人员职业教育培训的需求，充分调动和整合中国水协下辖职业教育覆盖面，助力行业高质量、高水平发展，中国水协于2021、2022年开展了教育培训基地的遴选和建设工作。完成了第二批和第三批基地遴选所有工作，最终共选出7个基地。中国水协顾问委员会高级顾问孙松青、崔庆民以及中国水协副会长林雪梅、吴学伟为各个基地进行授牌（图3-10）。

图3-10 中国水协职业技能培训基地授牌仪式

（3）中国水协典型工程项目案例颁证授牌仪式（2021、2022年度）

为总结和推广城镇供水排水优秀工程实践经验，树立行业优秀工程项目标杆，推进行业高质量发展，2021、2022年共有13项工程案例入选中国水协典型工程案例库。北京市自来水集团有限责任公司徐锦华总经理，中国水协副会长蔡新立、熊易华、吴学伟以及全国工程勘察设计大师张辰、李艺、李树苑、张韵、黄晓家、赵锂为获奖工程项目案例颁证授牌（图3-11）。

图3-11 中国水协典型工程项目案例颁证授牌仪式

（4）《中国城镇水务》报纸更名仪式

中国水协副会长林雪梅、蔡新立、郑如彬、李力副、熊易华，以及重庆市城镇供水排水行业协会常务副会长周智强先生为《中国城镇水务》报名启用开启新篇。

（5）全国技术能手表彰仪式

职业技能大赛是培养、发现和选拔技能人才的平台，是各类企事业单位树形象、创品牌的舞台，是对职工队伍发挥技能水平的全面检阅，也是技能人才展示精湛技艺的机会。

2020年全国城镇供水排水行业职业技能竞赛，各地方有关协会积极组织人员参赛并取得优异成绩。为树立先进典型，凝聚榜样力量，中国水协向人力资源和社会保障部正式进行了申请核准并授予成绩突出选手相应荣誉称号。经人力资源和社会保障部核准印发《人力资源社会保障部关于授予2019—2020年度职业技能竞赛优秀选手全国技术能手称号的决定》（人社部函〔2021〕99号），授予中国水协推荐的9名成绩突出选手"全国技术能手"称号。

中国水协会长章林伟，副会长申一尘、李力、宋兰合、郑家荣、郑如彬、林雪梅、蔡新立为全国技术能手颁奖（图3-12）。

图3-12 全国技术能手表彰仪式

3.4.2 全国地方水协工作会

2023年4月12日,全国省级地方水协会长工作会顺利召开。

中国水协名誉会长李振东,会长章林伟,副会长林雪梅、申一尘、蔡新立、周强、吴学伟、郑家荣、郑如彬、熊易华、宋兰合,副秘书长高伟、谢映霞,以及39家省级地方水协的会长、副会长、秘书长参加了会议。中国水协副会长、湖北省城镇供水排水协会会长周强在致辞中表达了对全体与会代表的热烈欢迎,并表示"英雄城市"武汉的责任与使命重大,同时面对机遇与挑战,希望该省级地方水协会长工作会的召开,能够为行业发展、区域协会交流合作贡献力量。

会上各省级地方水协会长及代表针对城镇水务行业需要集中解决的核心问题展开讨论,特别是在当前价格机制改革与完善过程中,如何促进良性的营商环境,以及行业绩效考核、漏损率控制、供水条例修订实施、城乡供水一体化等内容进行了深入交流。与会地方水协领导积极献策,提出要通过加强地方立法建设,建立信息化制度,规范地方制度管理,适度提升产业集中度等,促进城镇水务行业高质量发展。

大家一致认为,此次年会广受关注,得益于各省级地方水协的鼎力支持。此次工作会旨在促进各地方沟通交流,共商中国城镇供水排水行业发展大计,共谋协会发展建设愿景;章林伟会长指出,对于此次会议提出的行业面临的共性问题,地方水协应当从宏观、中观、微观真正落实到位。严行部门职能,扩展城镇水务服务范围,加强协会沟通协作,共同为行业创造更好的发展环境。

最后,中国水协名誉会长李振东表示,很高兴看到了中国水协的成长,深受启发。中国水协汇集意见,梳理问题,交流优秀经验,为行业发展和协会建设指明了方向,并表达了对年会顺利召开的热烈祝贺。

3.4.3 第三届七次常务理事会和理事会

中国水协第三届七次常务理事会、理事会于2023年4月13日在武汉市召开(图3-13)。共有190家理事单位代表(其中71家常务理事单位,参会常务理事单位代表、理事单位代表均超过章程规定的2/3以上)、非理事单位的部分省级地方水协代表、16个分支机构代表等约300人参加了会议。中国水协副会长、湖北省城镇供水排水协会会长、武汉水务集团有限公司总经理周强致欢迎词。中国水协章林伟会长及申一尘、刘毅、李力、宋兰合、郑如彬、郑家荣、林雪梅、周强、蔡新立、熊易华

图 3-13 第三届七次常务理事会、理事会现场

10 位副会长到会，刘锁祥、刘永政、胡嘉东、石卫平、朴庸健 5 位副会长派代表出席。副会长候选人吴学伟出席会议，张晓健监事长、王少林监事、马远东监事全程参加会议并作监事报告。会议由申一尘副会长主持。

会议首先由中国水协副秘书长高伟作中国水协 2022 年度工作报告，从"全面加强党的领导，贯彻落实新时代党建工作各项要求""强化制度建设与落实，完善协会组织架构""铸造行业中枢智库，引领行业高质量发展""扎实开展专项工作，多维度助力行业发展""加强交流合作，促进行业繁荣发展"5 方面对所开展工作和取得成果进行了总结回顾。会议通过了中国水协年度工作报告，并对中国水协 2022 年度所取得的成果给予了高度评价。

会议对部分副会长候选人变更、部分理事代表人变更、取消部分企业团体会员资格、制订专家库管理办法 4 个事项进行了审议和表决。

会上举行了黄河流域供排水协会联席会议的揭牌仪式（图 3-14）。中国水协会长及山东、山西、内蒙古、河南、四川、陕西、甘肃、青海、宁夏 9 省（自治区）水协会长，共同为黄河流域 9 省（自治区）供排水行业协会联席会揭牌。

图 3-14 黄河流域供排水协会联席会议揭牌仪式现场

会上进行了集体讨论，新疆维吾尔自治区城镇供排水协会、广东省市政行业协会、山东省城镇供排水协会代表结合城镇水务行业实际，交流讨论了学习落实党的二十大报告的体会与成果。

会议指出，中国水协 2022 年工作成果的取得离不开中国水协副会长单位、常务理事单位、理事单位、会员单位、地方水协及分支机构的支持，下一步要将党建工作和行业发展相融合，理事会各单位要及时学习、领悟新时期党的政策与行业发展的紧密联系，将习近平总书记重要讲话精神贯彻落实到实际工作中。希望理事会各单位把握疫情后的良好发展机会，以不破不立的精神，把握国家发展政策方向，多方位引资引援，引领行业更新换代，促进城镇水务行业各项工作提质增效。

3.4.4　中国水协定向支持武汉会商会

2023年4月13日召开了中国水协定向支持武汉会商会，10余位城镇水务行业的院士、全国工程勘察设计大师、资深专家，中国水协会长章林伟、副秘书长高伟，武汉市人大城乡建设与环境保护委员会、武汉市水务局、武汉市城市建设投资开发集团有限公司、湖北省城镇供水排水协会、武汉市水务集团有限公司相关领导、相关设计单位领导及专业技术人员参加会议。与会专家就武汉市水生态水治理存在的难点、痛点，提出了宝贵的意见和建议。

3.4.5　中国水协顾问委员会及科技发展战略咨询委员会会议

2023年4月14日下午，召开了中国水协顾问委员会及科技发展战略咨询委员会会议（图3-15），该工作会是中国水协在年会期间专为顾问委员会委员与科技发展战略咨询委员会委员打造的高规格定制会议。20多位国内城镇水务领域的院士、顾问、全国工程勘察设计大师、专家，以及中国水协会长章林伟，副秘书长谢映霞、高伟参加会议。与会专家就城镇水务行业存在的难点、痛点，针对战略发展方向、重大科技问题等，提出了宝贵的意见和建议。

图3-15　中国水协顾问委员会及科技发展战略咨询委员会会议

3.4.6　技术交流论坛、圆桌对话会

2023年4月14日下午、4月15日全天，大会平行召开29场技术交流论坛和13场圆桌对话会，聚焦城市供水保障、城镇排水与水环境治理、智慧水务、城镇水务行业"双碳"与绿色低碳技术、乡镇水务、城市节水发展、水务市场发展、海绵城市建设、城市内涝治理、城市更新与供水排水管道检测修复、设备与材料论坛、建筑给水排水、水务行业人才需求、区域城镇水务发展模式14大板块，分享300余个报告，讨论交流解决方案与经验体会，探寻城镇水务发展新动向。

1. 城镇供水保障论坛

(1) 技术交流论坛一：多水源水质安全保障对策

4月14日下午，该技术交流论坛由济南市供排水监测中心（山东省城市供排水水质监测中心）主任、国家水专项饮用水专题组专家贾瑞宝主持，共有8位行业专家作报告。具体报告题目及报告人见表3-3。

多水源水质安全保障对策报告　　　　　　　　　　　　　　　　　表3-3

报告题目	报告人	单位及职务
南水北调入京水源安全高效利用技术集成与应用	杨敏	中国科学院生态环境研究中心研究员
南水北调东线受水区水源典型污染物去除技术研究与集成应用	贾瑞宝	济南市供排水监测中心（山东省城市供排水水质监测中心）主任、国家水专项饮用水专题组专家
太湖水源藻类及嗅味物质控制多级屏障技术实践	笪跃武	无锡市水务集团有限公司技术总监
复合有机微污染水源风险识别与水质提升对策	张东	上海城市水资源开发利用国家工程中心有限公司总经理
水中新兴污染物探讨	刘铮	武汉既济检测技术有限公司有机室副主任
微污染水氨氮高效移动床生物膜处理技术研究及应用	雷培树	中国市政工程中南设计研究总院有限公司科研院副院长
多水源供水管网调度优化与调控	金晔	北京市自来水集团有限责任公司供水运行调度中心主任
面向管网水质稳定性的厂网系统调控关键技术	李玉仙	北京市自来水集团有限责任公司技术研究院副院长

(2) 技术交流论坛二：生活饮用水卫生标准与水质安全保障

4月14日下午，该技术交流论坛由深圳市环境水务集团有限公司管网运营部部长蔡倩主持，共有9位行业专家作报告。具体报告题目及报告人见表3-4。

生活饮用水卫生标准与水质安全保障报告　　　　　　　　　　　　表3-4

报告题目	报告人	单位及职务
《生活饮用水卫生标准》GB 5749—2022的理解与应用	张岚	中国疾病预防控制中心环境与健康相关产品安全所二级研究员
水质标准升级带来的消毒副产物挑战与对策	陈超	清华大学教授
多元耦合净水集约化技术开发与应用	许嘉炯	上海市政工程设计研究总院(集团)有限公司副总工程师

续表

报告题目	报告人	单位及职务
城镇给水膜处理技术试验研究与工程应用	宋子明	中国市政工程中南设计研究总院有限公司第四设计院总工程师助理
基于终端水质为目标的水龄控制技术运用	朱斌	上海城投水务集团有限公司运营管理中心副主任
精细化水质管理进一步提高供水水质	陈国光	上海市供水调度监测中心副主任
强化饮用水硬度处理与纳滤浓水回用技术及其工程实践	刘成	河海大学教授
公共饮用水处理中膜分离技术应用展望	王如华	上海市政工程设计研究总院(集团)有限公司副总工程师
深圳市供水水质风险管控策略	蔡倩	深圳市环境水务集团有限公司管网运营部部长

(3) 技术交流论坛三：城镇供水工程建设与运行维护

4月15日上午，该技术交流论坛由中国城镇供水排水协会科学技术委员会副主任、上海市政工程设计研究总院（集团）有限公司副总工程师芮旻主持，共有8位行业专家作报告。具体报告题目及报告人见表3-5。

城镇供水工程建设与运行维护报告 表3-5

报告题目	报告人	单位及职务
我国城市供水安全面临的新形势与新任务	张志果	中国城市规划设计研究院城镇水务与工程研究分院副院长、研究员
广州市北部水厂一期(含厂区原水管河涌改造)工程	贺涛	广州市自来水有限公司北部水厂副厂长
大口径长距离曲线钢顶管成套技术创新与应用	甄亮	上海公路桥梁(集团)有限公司公用建设公司总工程师
城镇供水营销一体化解决方案建设思路分享	赵学启	上海威派格智慧水务股份有限公司智慧水务解决方案经理
基于实践,用于实践——城镇供水系统原水工程运行、维护及安全技术规程编制总结	刘冬梅	哈尔滨工业大学教授
宁波桃源水厂及出厂管线工程	芮旻	中国城镇供水排水协会科学技术委员会副主任、上海市政工程设计研究总院(集团)有限公司副总工程师
武汉市中心城区居民住宅小区二次加压供水改造经验交流与探讨	李欣	武汉市自来水有限公司居民住宅供水设施改造分公司生产技术部部长
张家港第四水厂扩建工程	王少华	张家港市给排水有限公司副总经理

（4）技术交流论坛四：饮用水消毒技术与设备

4月15日上午，该技术交流论坛由国家城市供水水质监测网武汉监测站站长、武汉既济检测技术有限公司执行董事鲍洁主持，共有6位行业专家作报告。具体报告题目及报告人见表3-6。

饮用水消毒技术与设备报告 表3-6

报告题目	报告人	单位及职务
从城市供水管网到龙头水余氯控制经验	夏星宇	苏州市自来水有限公司总工办助理
过氧乙酸在水处理中的应用现状及前景	王宗平	华中科技大学教授
疫情期间常规工艺给水厂消毒效果评估	张杰	武汉既济检测技术有限公司（武汉监测站）副经理
《供水厂次氯酸钠发生系统及应用技术规程》解读	刘丽君	中国城镇供水排水协会科学技术委员会副秘书长
不同消毒方式对饮用水生物安全性及管垢稳定性的影响	黄慧婷	北京市自来水集团有限责任公司技术研究院高级工程师
大型水厂净水药剂的智能投加实践与探索	许刚	广州市自来水有限公司总工室主任

（5）技术交流论坛五：供水系统提质增效与应急保障

4月15日下午，该技术交流论坛由中国城镇供水排水协会副会长、中国城市规划设计研究院城镇水务与工程研究分院副总工程师宋兰合主持，共有10位行业专家作报告。具体报告题目及报告人见表3-7。

供水系统提质增效与应急保障报告 表3-7

报告题目	报告人	单位及职务
应对极端气候城市供水安全保障、运营管理案例——郑州7·20特大暴雨灾害城市供水保障与思考	张可欣	郑州水务集团有限公司董事长
HACCP数字化体系实现高品质饮用水全过程管控	张金松	中国城镇供水排水协会科技发展战略咨询委员会副主任委员、中国城镇供水排水协会科学技术委员会主任、深圳市环境水务集团有限公司总工程师
冰浆清管技术在城镇供水中的应用	程志强	苏州吴中供水有限公司副总经理
碳达峰碳中和背景下配水系统节能研究	刘阔	北京市自来水集团有限责任公司科技开发部副经理
广州市北部水厂净水工艺及管网运行关键技术研究与工程示范	袁永钦	广州市自来水有限公司总工程师
智能泵系统技术特征及其应用	沈月生	上海中韩杜科泵业制造有限公司副总经理
供水应急救援中心在城镇紧急情况下保供的应用	陈沛	国家供水应急救援中心华中基地技师

续表

报告题目	报告人	单位及职务
城镇供水水源突发污染应急体系构建	宋兰合	中国城镇供水排水协会副会长、中国城市规划设计研究院城镇水务与工程研究分院副总工程师
防淹和静音技术在二次加压供水行业中的应用	袁青	奇力士（武汉）智慧水务科技有限公司副总经理
"透过水表流量数据对计量差异研析"在线评估表具测量偏差与漏损量	单长练	中国城镇供水排水协会县镇委原副主任、高级经济师

（6）圆桌对话会：饮用水安全保障

4月15日上午，该圆桌对话会由武汉市水务集团有限公司副总经理、武汉市自来水有限公司总经理关凯主持，共有5位对话嘉宾参与交流。对话嘉宾及对话嘉宾单位职务见表3-8。

饮用水安全保障圆桌对话会 表3-8

对话嘉宾	单位及职务
郑家荣	中国城镇供水排水协会副会长、广西城镇供水排水协会常务副会长
厉彦松	中国城镇供水排水协会科技发展战略咨询委员会委员、中国市政工程东北设计研究总院有限公司技术顾问
顾军农	北京市自来水集团有限责任公司技术研究院院长
张晓健	中国城镇供水排水协会监事长
张岚	中国疾病预防控制中心环境与健康相关产品安全所二级研究员

2. 城镇排水与水环境治理论坛

（1）技术交流论坛一：城镇排水发展模式与系统优化

4月14日下午，该技术交流论坛由中国城镇供水排水协会城市排水分会秘书长甘一萍主持，共有10位行业专家作报告。具体报告题目及报告人见表3-9。

城镇排水发展模式与系统优化报告 表3-9

报告题目	报告人	单位及职务
排水政策相关报告	相关部委专家	相关部委
地方城镇污水处理厂排放标准发展趋势与制订要点	王海燕	中国环境科学研究院生态环境部环境标准研究所副所长、研究员
依据污水稀释倍数和污水处理厂处理量减少城市污水系统溢流	曹业始	中持新概念环境发展宜兴有限公司总工艺师
北京市中心城区厂网一体运营模式实践与成效	于丽昕	北京城市排水集团有限责任公司总经理助理、管网部部长、智慧水务中心主任

续表

报告题目	报告人	单位及职务
源厂网河治理及费价模式的深圳探索	冀滨弘	深圳市环境水务集团有限公司副总裁
常州"源—网—厂—河"系统化治理的实践	许光明	常州市排水管理处处长
创建污泥全产业链高效协同的新模式	陈同斌	中国科学院地理科学与资源研究所研究员
污水处理厂精准提标增效关键技术及工程实践	王佳伟	北京城市排水集团有限责任公司科技研发中心主任、北京北排科技有限公司董事长
智能地埋污水处理厂设计与低碳运行关键技术集成研究与应用	王广华	广州市市政工程设计研究总院有限公司副总经理
高排放标准的污水提标改造技术路线探索与研究	杜敬	武汉市城市排水发展有限公司正高级工程师

(2) 技术交流论坛二：污泥处理处置与资源化

4月15日上午，该技术交流论坛由中国住房和城乡建设部科技与产业化发展中心党委办公室主任孔祥娟主持，共有9位行业专家作报告。具体报告题目及报告人见表3-10。

污泥处理处置与资源化报告 表3-10

报告题目	报告人	单位及职务
污水污泥处理新工艺技术研究	戴晓虎	中国城镇供水排水协会科技发展战略咨询委员会委员、同济大学城市污染控制国家工程研究中心主任
污泥炭化技术现状和探讨	杭世珺	中国城镇供水排水协会科技发展战略咨询委员会委员、北控水务集团有限公司顾问总工程师、技术委员会主任
污泥热解气化工程技术	梁伟刚	中原环保股份有限公司董事长
浅析低碳背景下的通沟污泥资源化之路	秦春禹	北京北排装备产业有限公司副总经理
石洞口污水处理厂二期——"水、泥、气"同治案例	张鹏飞	上海市政工程设计研究总院(集团)有限公司第三设计研究院无废城市研究中心副主任
常州排水污泥处置技术路径与实践	吕贞	常州市排水管理处技术总监
城市污水处理全流程协同污泥减量技术创新与实践	肖波	中建环能科技股份有限公司技术中心主任、装备技术研究院执行院长、中建环能磁分离水处理检测中心(CNAS认证)技术负责人
城镇污水处理厂污泥好氧发酵系统清洁生产关键技术研究及工程化应用	高爱华	郑州市污水净化有限公司双桥污水处理厂副厂长
基于耦合发电利用的生活污泥干化工艺及应用	张印	佛山水务环保股份有限公司副总经理

（3）技术交流论坛三：城镇污水处理厂建设与运行技术发展

4月15日下午，该技术交流论坛由中国城镇供水排水协会科技发展战略咨询委员会副主任委员、全国工程勘察设计大师李艺主持，共有10位行业专家作报告。具体报告题目及报告人见表3-11。

城镇污水处理厂建设与运行技术发展报告　　　　表3-11

报告题目	报告人	单位及职务
活性污泥生物相数据运行指导思路	熊红松	湖北省城镇供水排水协会秘书长、湖北省住房和城乡建设厅科学技术委员会委员
基于深圳市项目群的大型半地下污水处理厂设计总结及案例	万年红	中国市政工程中南设计研究总院有限公司副总工程师、科研院院长
城市污水厌氧氨氧化脱氮技术开发和应用	张树军	北京城市排水集团有限责任公司高级技术主任
封闭半封闭水体城镇污水处理厂主要污染物总量减排关键技术	高守有	北京市市政工程设计研究总院有限公司科学技术委员会秘书长、技术发展中心主任
水处理MBBR多场景解决方案与工程应用	吴迪	青岛思普润水处理股份有限公司副总经理
"双碳"目标下污水厌氧生物处理的发展机遇与技术革新	陈荣	西安建筑科技大学教授、国际交流合作处处长
多层覆盖半地下式污水处理厂设计关键技术集成研究与应用	戴仲怡	中国市政工程中南设计研究总院有限公司深圳分院总工程师
破解治水难题——地埋式净水厂广州创新方案	常颖	广州市净水有限公司副总经理、广州水务协会副会长
城镇排水系统改造与优化技术进展	刘翔	中国城镇供水排水协会科技发展战略咨询委员会委员，中国城镇供水排水协会城镇水环境专业委员会副主任，清华大学教授、博士生导师
A^2O+MBR污水处理系统关键技术研究与应用	孙巍	中国市政工程中南设计研究总院有限公司正高级工程师

（4）技术交流论坛四：分流制污水系统排水能力优化提升

4月14日下午，该技术交流论坛由中国城镇供水排水协会科技发展战略咨询委员会委员、中国城镇供水排水协会规划设计专业委员会主任委员、上海市政工程设计研究总院（集团）有限公司总工程师张辰主持，共有7位行业专家作报告。具体报告题目及报告人见表3-12。

分流制污水系统排水能力优化提升报告　　　　　　　　　　　　　　表 3-12

报告题目	报告人	单位及职务
碳中和背景下化粪池设置的探讨与研究	赵锂	中国城镇供水排水协会科技发展战略咨询委员会委员、中国城镇供水排水协会建筑给水排水分会主任委员、全国工程勘察设计大师、中国建筑设计研究院有限公司总工程师
《城镇排水管道非开挖修复工程施工及验收规程》T/CECS 717—2020 关键技术解析	刘添俊	广州市市政集团有限公司市政工程设计研究院院长
排水管渠数字化检测与评估技术应用	冯成会	武汉中仪物联技术股份有限公司副总经理
排水管网流量监测与入流入渗分析技术介绍	赵冬泉	北京清环智慧水务科技有限公司总经理
低碳背景下的通沟污泥多级分选处理技术应用与实践	穆晓东	北京北排装备产业有限公司技术主管
城市排水管网智慧运维管控平台构建与应用	刘战广	上海市政工程设计研究总院(集团)有限公司副所长
分流制污水系统化粪池设置的国内外政策标准研究	杨雪	上海市政工程设计研究总院(集团)有限公司副所长

(5) 技术交流论坛五：雨水径流污染与合流制溢流污染控制

4月15日上午，该技术交流论坛由中国城镇供水排水协会城镇水环境专业委员会副秘书长、中国城市规划设计研究院城镇水务与工程研究分院副院长刘广奇主持，共有9位行业专家作报告。具体报告题目及报告人见表3-13。

雨水径流污染与合流制溢流污染控制报告　　　　　　　　　　　　　　表 3-13

报告题目	报告人	单位及职务
我国合流制问题与改造	唐建国	中国城镇供水排水协会科技发展战略咨询委员会委员、上海市城市建设设计研究总院(集团)有限公司总工程师
雨后黑臭顽疾——关于降雨污染控制若干思考	李鹏峰	中国市政工程华北设计研究总院有限公司城市环境研究院副院长
合流制及相关排水系统控制效能评估与系统优化	赵杨	北京雨人润科生态技术有限责任公司总经理
长江流域城市面源污染问题解析与控制对策	孙德智	中国城镇供水排水协会城镇水环境专业委员会常务委员、北京林业大学环境科学与工程学院院长、北京市重点实验室主任
北京老城区合流制溢流管控研究与实践	姜明洁	北京城市排水集团有限责任公司管网部副部长
雨水截蓄系统集成技术在溢流污染治理中的开发与应用	徐源	中建环能科技股份有限公司华南公司总经理、技术中心副主任

续表

报告题目	报告人	单位及职务
汛期污染控制综合解决方案——第四代排水系统清污分流	陈思伟	武汉圣禹排水系统有限公司运营总监
昆明滇池流域径流污染治理的实践与思考	赵思东	昆明排水设施管理有限责任公司副总经理
北控水务城市排水系统溢流污染控制解决方案与实践	何洪昌	北控水务集团有限公司产品与解决方案中心/厂网一体产品总监

(6) 技术交流论坛六：城市水体环境"源—网—厂—河"系统化治理

4月15日上午，该技术交流论坛由国家城市给水排水工程技术研究中心副主任孙永利主持，共有8位行业专家作报告。具体报告题目及报告人见表3-14。

城市水体环境"源—网—厂—河"系统化治理报告　　　　表3-14

报告题目	报告人	单位及职务
我国城市大排水系统与应急防控系统构建的几点思考	李俊奇	中国城镇供水排水协会科技发展战略咨询委员会委员，中国城镇供水排水协会海绵城市建设专业委员会副主任委员，北京建筑大学副校长、教授
城市水环境绿色高质量发展趋势与建议	刘静	中国市政工程华北设计研究总院有限公司副总工程师
长沙市圭塘河流域生态治理	伍凯	香港生产力促进局环保科技研发副主管
常州排水提质增效实践	许光明	常州市排水管理处处长
国内首条城市污水传输深隧关键技术研究与应用	李胡爽	中建三局湖北大东湖深隧工程建设运营有限公司总工程师
厦门市筼筜湖综合治理工程简介	谢小青	厦门市政城市开发建设有限公司总经理
城市黑臭水体治理技术与政策研究	孙永利	国家城市给水排水工程技术研究中心副主任
《排水球墨铸铁管道工程技术规程》T/CECS 823—2021，T/CUWA 40071—2021宣贯解读	李华成	中国城镇供水排水协会科学技术委员会委员、新兴铸管股份有限公司技术总监

(7) 技术交流论坛七：污水资源化利用

4月15日下午，该技术交流论坛由中国市政工程华北设计研究总院有限公司副总工刘静主持，共有8位行业专家作报告。具体报告题目及报告人见表3-15。

污水资源化利用报告　　　　表3-15

报告题目	报告人	单位及职务
村镇污水处理资源化、能源化、低碳化路径思考	杭世珺	中国城镇供水排水协会科技发展战略咨询委员会委员、北控水务集团有限公司顾问总工程师、技术委员会主任

续表

报告题目	报告人	单位及职务
绿色工地排水处理及利用技术标准	孙通	重庆阁林环保科技有限公司常务副总经理
双碳背景下再生水回用水质标准制定及标准体系的完善	赵乐军	天津市政工程设计研究总院有限公司总工程师
高效磁混凝水处理关键技术与装备	唐珍建	中建环能科技股份有限公司产品主管
《"十四五"城镇污水处理及资源化利用发展规划》解读	孙永利	国家城市给水排水工程技术研究中心副主任
充分利用水库进行水体生态补水的探讨	黄鸥	北京市市政工程设计研究总院有限公司专业总工程师
《城市污水再生利用 景观环境用水水质》GB/T 18921—2019 解读	郑兴灿	中国城镇供水排水协会科技发展战略咨询委员会委员、中国市政工程华北设计研究总院有限公司总工程师
再生水利用的探索与实践	钱建华	绍兴柯桥滨海供水有限公司总经理

(8) 技术交流论坛八：汛期溢流污染解决方案

4月14日下午，该技术交流论坛由中国城镇供水排水协会科技发展战略咨询委员会委员，重庆大学教授、博士生导师、环境与生态学院院长何强主持，共有6位行业专家作报告。具体报告题目及报告人见表3-16。

汛期溢流污染解决方案报告 表3-16

报告题目	报告人	单位及职务
海绵城市理念与清污分流技术措施	任南琪	中国工程院院士,哈尔滨工业大学教授、博士生导师,中国城镇供水排水协会科技发展战略咨询委员会副主任委员
汛期污染控制综合解决方案——第四代排水系统清污分流	李习洪	武汉圣禹排水系统有限公司董事长
雨水排水口出流污染辨析和治理之道	唐建国	中国城镇供水排水协会科技发展战略咨询委员会委员、上海市城市建设设计研究总院(集团)有限公司总工程师
溢流污染控制方案设计痛点与思考	李远科	武汉圣禹排水系统有限公司设计院院长
精准控制溢流污染,提升水环境质量	李树苑	中国城镇供水排水协会科技发展战略咨询委员会委员、全国工程勘察设计大师、中国市政工程中南设计研究总院有限公司首席专家、顾问总工程师
以汤湖为例浅谈智慧排水在溢流污染控制中的实践	周超	武汉圣禹排水系统有限公司研究院院长

(9) 圆桌对话会：污泥处置与资源化利用

4月15日下午，该圆桌对话会由中国城镇供水排水协会科技发展战略咨询委员会委员、同济大学城市污染控制国家工程研究中心主任戴晓虎主持,共有5位对话嘉宾参与交流。对话嘉宾及对话嘉宾单位职务见表3-17。

污泥处置与资源化利用圆桌对话会 表3-17

对话嘉宾	单位及职务
张韵	中国城镇供水排水协会科技发展战略咨询委员会委员、北京市市政工程设计研究总院有限公司原总经理,全国工程勘察设计大师
陈同斌	中国科学院地理科学与资源研究所研究员
熊建军	北京城市排水集团有限责任公司污泥处置分公司副经理
陈广	上海城投污水处理有限公司执行董事、总经理
吴海斌	中国长江三峡集团有限公司总经济师

(10) 圆桌对话会:城镇排水发展模式探讨

4月15日下午,该圆桌对话会由北京城市排水集团有限责任公司副总经理蒋勇主持,共有5位对话嘉宾参与交流。对话嘉宾及对话嘉宾单位职务见表3-18。

城镇排水发展模式探讨圆桌对话会 表3-18

对话嘉宾	单位及职务
于丽昕	北京城市排水集团有限责任公司总经理助理、管网部部长、智慧水务中心主任
冀滨弘	深圳市环境水务集团有限公司副总裁
申石泉	广州市水务投资集团有限公司副总经理
代伟	重庆水务集团股份有限公司副总经理
许光明	常州市排水管理处处长

(11) 圆桌对话会:城镇水环境的发展愿景

4月15日下午,该圆桌对话会由中国城镇供水排水协会科技发展战略咨询委员会委员、中国市政工程华北设计研究总院有限公司总工程师郑兴灿主持,共有7位对话嘉宾参与交流。对话嘉宾及对话嘉宾单位职务见表3-19。

城镇水环境的发展愿景圆桌对话会 表3-19

对话嘉宾	单位及职务
唐建国	中国城镇供水排水协会科技发展战略咨询委员会委员、上海市城市建设设计研究总院(集团)有限公司总工程师
王海燕	中国环境科学研究院生态环境部环境标准研究所副所长、研究员
刘翔	中国城镇供水排水协会科技发展战略咨询委员会委员,中国城镇供水排水协会城镇水环境专业委员会副主任,清华大学教授、博士生导师

续表

对话嘉宾	单位及职务
孔彦鸿	中国城市规划设计研究院副总工程师
彭赤焰	德国汉诺威水有限公司总经理
兰邵华	福建省住房和城乡建设厅处长
李翀	中国长江三峡集团有限公司长江生态环境工程研究中心副主任

3. 智慧水务论坛

（1）技术交流论坛一：水务行业数字化建设

4月14日下午，该技术交流论坛由中国城镇供水排水协会智慧水务专业委员会秘书长、北控水务集团有限公司运营服务中心总经理汪力主持，共有12位行业专家作报告。具体报告题目及报告人见表3-20。

水务行业数字化建设报告　　　　表3-20

报告题目	报告人	单位及职务
水务行业落实《关于构建数据基础制度更好发挥数据要素作用的意见》的思考	王浩正	中国市政工程华北设计研究总院有限公司副总工程师、智慧水务分院院长
城镇水务行业智慧水务标准体系的构建	刘伟岩	中国城镇供水排水协会智慧水务专业委员会主任、北控水务集团有限公司副总裁
城镇排水管网监测设备布设要点与应用实践	罗志逢	中国电建集团华东勘测设计研究院有限公司生态环境智慧工程研究院产品部总经理
平台化——智慧水务建设的成功之道	倪志江	上海威派格智慧水务股份有限公司大数据与应用整合解决方案总监
水务数据资产管理体系建设探索与实践	许冬件	中国城镇供水排水协会智慧水务专业委员会及青年工作者委员会委员，珠海卓邦科技有限公司创始人
数字浪潮下，智慧水务探索与实践	赵立刚	浪潮城市服务科技公司总经理、浪潮首席专家
重庆水务智慧水务建设与数字化转型	张元禾	重庆水务集团股份有限公司环境数字信息专委会委员、重庆远通电子技术开发有限公司副总经理
多参数智能融合终端与智慧水务顶层应用技术	闫继民	浙江宁水水务科技有限公司技术总监
城市污水处理厂智慧化管理系统	万玉生	中国市政工程华北设计研究总院有限公司副总工程师
水务行业网络分区与智慧水务系统建设	李铭	长江生态环保集团有限公司数字化中心主任
城市水环境智慧化运营探索与实践	黄绵松	北京首创生态环保股份有限公司智慧环保事业部总经理
数字化创新与智慧水务应用实践	张辛平	中国市政工程中南设计研究总院有限公司IT技术总监

(2) 技术交流论坛二：水务行业智能化控制

4月15日上午，该技术交流论坛由中国城镇供水排水协会智慧水务专业委员会副主任、中国市政工程东北设计研究总院有限公司副总工程师高旭主持，共有8位行业专家作报告。具体报告题目及报告人见表3-21。

水务行业智能化控制报告　　　　　　　　　　　表3-21

报告题目	报告人	单位及职务
智慧水务大数据中心的研究与应用	段东滨	福州水务集团有限公司信息中心负责人、福州城建设计研究院有限公司信息总监、福州市城建数智科技有限公司总经理
高光谱技术在智慧水务中的应用	张立福	中国科学院空天信息创新研究院研究员
水司统管背景下的二次加压供水设施规范化和数字化改造的实践	王小鹏	浙江嘉源和达水务有限公司副总经理
智能国标化验室＋——"精准检测＋智慧决策"的龙江模式	李杰	哈尔滨跃渊环保智能装备有限责任公司总经理
基于机理的数学模型智能控制在水处理领域的应用	施宇震	昆明理工大学环境科学与工程学院副教授、硕士生导师
行业赋能助力供水智能化高质量发展	邵俊峰	上海锐铼水务科技有限公司总经理
践行智慧供排水一体化　构建水务治理新格局	吴学伟	中国城镇供水排水协会副会长、广州市水务投资集团有限公司副董事长、总经理
数据驱动的城市水系统智能控制与智慧调度实践	梁岩松	中国城镇供水排水协会智慧水务专业委员会常务委员、北京清控人居环境研究院有限公司副院长

(3) 技术交流论坛三：水务行业智慧化决策

4月15日下午，该技术交流论坛由中国市政工程中南设计研究总院有限公司总院副总工程师、智慧城市研究院院长范毅雄主持，共有5位行业专家作报告。具体报告题目及报告人见表3-22。

水务行业智慧化决策报告　　　　　　　　　　　表3-22

报告题目	报告人	单位及职务
基于多元数据挖掘的人口迁移背景下城镇人为污染排放、热点污染物和差异化策略	田禹	中国城镇供水排水协会智慧水务专业委员会副主任委员、哈尔滨工业大学教授
双碳背景下的污水系统智慧化运行管理	刘艳臣	清华大学环境学院研究员、博士生导师
以汤湖为例浅谈智慧排水在溢流污染控制中的实践	周超	武汉圣禹排水系统有限公司研究院院长
智慧水务的动力源泉——解析探讨与示例分享	陈文	DHL中国总工程师
元宇宙时代下的地下资产智慧管理	赵志伟	上海巡智科技有限公司副总经理

（4）圆桌对话会：水务企业数字化转型探讨

4月15日下午，该圆桌对话会由中国城镇供水排水协会智慧水务专业委员会主任、北控水务集团有限公司副总裁刘伟岩主持，共有7位对话嘉宾参与交流。对话嘉宾及对话嘉宾单位职务见表3-23。

水务企业数字化转型探讨圆桌对话会 表3-23

对话嘉宾	单位及职务
任南琪	中国工程院院士，哈尔滨工业大学教授、博士生导师，中国城镇供水排水协会科技发展战略咨询委员会副主任委员
刘毅	中国城镇供水排水协会副会长、清华大学环境学院教授
段东滨	福州水务集团有限公司信息中心负责人、福州城建设计研究院有限公司信息总监、福州市城建数智科技有限公司总经理
邱文心	中国城镇供水排水协会智慧水务专业委员会副主任、武汉市水务集团有限公司原总工程师、住房和城乡建设部市政给水排水标准化技术委员会委员
简德武	中国市政工程中南设计研究总院有限公司副院长、湖北省科学技术厅高端专家
张自力	河北建投水务投资有限公司总工程师，河北建设投资集团有限责任领军人才
李超	百度智能云水务业务部总经理

4. 城镇水务行业"双碳"与绿色低碳技术论坛

（1）技术交流论坛：城镇水务行业碳排放核算方法与绿色低碳技术

4月14日下午，该技术交流论坛由中国城镇供水排水协会科学技术委员会主任、中国城镇供水排水协会科技发展战略咨询委员会副主任委员、深圳市环境水务集团有限公司总工程师张金松主持，共有9位行业专家作报告。具体报告题目及报告人见表3-24。

城镇水务行业碳排放核算方法与绿色低碳技术报告 表3-24

报告题目	报告人	单位及职务
《城镇水务系统碳核算与减排路径技术指南》解读	郝晓地	北京建筑大学教授、国际水协（IWA）权威学术期刊《Water Research》区域主编
城镇污水处理厂碳排放核算方法与评估	王秀蘅	哈尔滨工业大学教授、博士生导师
城镇供水排水系统碳足迹核算及碳管理平台构建研究	李爽	中国城镇供水排水协会城镇水务市场发展专业委员会秘书长、北京首创生态环保股份有限公司协同创新研究院副院长
排水与污水处理行业减碳技术路径与潜力	王洪臣	中国城镇供水排水协会科技发展战略咨询委员会委员、中国人民大学教授
"双碳"背景下北京排水集团绿色低碳发展规划与实践	葛勇涛	北京城市排水集团有限责任公司生产部部长

续表

报告题目	报告人	单位及职务
"双碳"目标背景下城镇供水系统能效价值节能实践路径分享	邓帮华	上海凯泉泵业(集团)有限公司节能事业部副总经理
污水处理"碳中和"技术路径和规划	刘然彬	北京建筑大学副教授
"双碳"背景下污水处理厂提质增效方向与案例	魏彬	北控水务(中国)投资有限公司运营服务中心副总经理
好氧颗粒污泥技术研发实践与碳减排效果	吴远远	北京首创生态环保集团股份有限公司资深工程师

（2）圆桌对话会：城市水系统绿色低碳发展

4月15日上午，该圆桌对话会由北京建筑大学教授、国际水协（IWA）权威学术期刊《Water Research》区域主编郝晓地主持，共有7位对话嘉宾参与交流。对话嘉宾及对话嘉宾单位职务见表3-25。

城市水系统绿色低碳发展圆桌对话会　　表3-25

对话嘉宾	单位及职务
王洪臣	中国城镇供水排水协会科技发展战略咨询委员会委员、中国人民大学教授
葛勇涛	北京城市排水集团有限责任公司生产部部长
王秀蘅	哈尔滨工业大学教授、博士生导师
刘然彬	北京建筑大学副教授
魏彬	北控水务集团有限公司运营服务中心副总经理
陈先明	长江生态环保集团有限公司首席专业师、副总经理
蔡然	北京首创生态环保集团股份有限公司协同创新研究院执行院长

5. 乡镇水务论坛

（1）技术交流论坛：乡镇水务发展路径与技术

4月14日下午，该技术交流论坛由中国城镇供水排水协会副会长兼乡镇水务分会主任，安徽建筑大学副校长、教授蔡新立主持，共有10位行业专家作报告。具体报告题目及报告人见表3-26。

乡镇水务发展路径与技术报告　　表3-26

报告题目	报告人	单位及职务
乡镇水务相关报告	相关部委专家	相关部委
对构建我国乡镇生活污水治理标准体系的思考	刘俊新	中国科学院生态环境研究中心研究员

续表

报告题目	报告人	单位及职务
乡镇水务的未来——城乡一体化	单海泉	巢湖市水业有限公司副总经理
节能错峰助力"双碳"——人工智能在乡镇供水调度中的应用	姜帅	安徽舜禹水务股份有限公司智慧水务副院长
基于陶瓷膜的低碳农村高品质饮用水技术与装备研发及示范	陈锋	天健水务集团(杭州)有限公司董事长
农村生活污水治理与运维实践探索	徐国洋	绍兴柯桥排水有限公司总经理、高级经济师
村镇污水治理模式实践与探索	陈茂福	北控水务集团有限公司村镇事业部副总经理、总工程师
装配式一体化设备水厂技术介绍	池国正	浙江联池水务设备股份有限公司董事长
乡村水厂少人或无人化运管思路下平台建设实践分享	王振徐	南通派菲克水务技术有限公司水厂事业部解决方案总监
城乡一体化供水模式下水质安全保障及运行优化	林涛	河海大学环境学院副院长、教授、博导

(2) 圆桌对话会：乡镇水务发展模式探讨

4月15日上午，该圆桌对话会由中国城镇供水排水协会副会长兼乡镇水务分会主任，安徽建筑大学副校长、教授蔡新立主持，共有6位对话嘉宾参与交流。对话嘉宾及对话嘉宾单位职务见表3-27。

乡镇水务发展模式探讨圆桌对话会　　　　表3-27

对话嘉宾	单位及职务
朱曙光	中国城镇供排水协会乡镇水务分会秘书长,安徽省城镇供水协会副会长、安徽建筑大学节能研究院院长
何全	湖南省城乡建设行业协会副秘书长兼供水分会秘书长
吕永鹏	中国城镇供水排水协会海绵城市建设专业委员会副主任委员、上海市政工程设计研究总院(集团)有限公司研究院院长
吴东彪	安徽省城建设计研究总院股份有限公司总经理、总工程师
黄晓平	深圳市清时捷科技有限公司总经理兼董事长
倪志江	上海威派格智慧水务股份有限公司大数据与应用整合解决方案总监

6. 建筑给水排水技术交流论坛：建筑给水排水系统优化要求与技术

4月15日下午，该技术交流论坛由中国城镇供水排水协会建筑给水排水分会秘书长匡杰主持，共有7位行业专家作报告。具体报告题目及报告人见表3-28。

建筑给水排水系统优化要求与技术报告　　　　　　　　　　　　　　　表 3-28

报告题目	报告人	单位及职务
全文强制性工程建设规范《建筑给水排水与节水通用规范》GB 55020—2021 解读	赵锂	中国城镇供水排水协会科技发展战略咨询委员会委员、中国城镇供水排水协会建筑给水排水分会主任委员、全国工程勘察设计大师、中国建筑设计研究院有限公司总工程师
探究智慧建筑排水系统的发展趋势	高俊斌	北京泰宁科创雨水利用技术股份有限公司副总经理
智慧建筑水系统建设	林建德	中国建筑设计研究院有限公司高级工程师
疫情后医院排水系统设计思考	骆芳	中南建筑设计院股份有限公司机电三院给水排水总工程师
不锈钢是二次加压调蓄供水管道的理想选择	朱鹏	维格斯(上海)流体技术有限公司
建筑与小区雨水控制及利用工程的技术选择探讨	李传志	中信建筑设计研究总院有限公司副总工程师、给水排水专业总工程师
《绿色建筑评价标准》GB/T 50378—2019 中水专业的评审要点	曾捷	中国建筑科学研究院有限公司建筑设计院顾问总工程师

7. 城市节水发展论坛

（1）技术交流论坛：城市节水发展趋势及国家节水型城市建设经验

4月15日上午，该技术交流论坛由中国城镇供水排水协会节约用水专业委员会主任委员龚道孝主持，共有7位行业专家作报告。具体报告题目及报告人见表3-29。

城市节水发展趋势及国家节水型城市建设经验报告　　　　　　　　　　表 3-29

报告题目	报告人	单位及职务
新时期城镇节水发展思考与对策	许萍	北京建筑大学教授
节水先行　润泽羊城　促进城市节水工作高质量发展——广州市城市节水管理工作实践	谈勇	广州市水务局水资源与供水管理处处长
"四水四定"的和谐统一与水资源安全提升建议	隋铭皓	同济大学环境科学与工程学院教授
推进城市节水工作高质量发展——深圳市节水典范城市建设经验分享	周莹	深圳市水务局供水管理处(市节约用水办公室)副处长
新时代背景下城市居民生活水价体系研究	程小文	中国城市规划设计研究院城镇水务与工程研究分院所长
推进节水工作打造滨江滨湖美丽城市——武汉市城市节水管理工作经验分享	龚琼	武汉市计划用水节约用水办公室书记、主任
践行"四水四定"落实节水责任　加强漏损控制绩效指标提高节水效率	王志军	水联网技术服务中心(北京)有限公司总工程师

(2) 圆桌对话会：坚持"四水四定"原则，推动城市水资源节约集约利用

4月15日上午，该圆桌对话会由中国城镇供水排水协会节约用水专业委员会副主任委员兼秘书长姜立晖、中国城镇供水排水协会节约用水专业委员会副主任委员贺英主持，共有7位对话嘉宾参与交流。对话嘉宾及对话嘉宾单位职务见表3-30。

坚持"四水四定"原则，推动城市水资源节约集约利用圆桌对话会　　表3-30

对话嘉宾	单位及职务
江艳	福州市城乡建设局市政公用事业处处长
邓杰	山东省城镇供排水协会会长，山东省城乡规划设计研究院有限公司城市设计所所长
龚敏红	武汉市计划用水节约用水办公室副主任
陈军	舟山市节约用水管理中心主任
熊国志	昆明市水务局副局长兼昆明市计划供水节约用水办公室主任
石玉	陕西省宝鸡市城市节约用水办公室主任
张志果	中国城市规划设计研究院城镇水务与工程研究分院副院长、研究员

8. 水务市场发展论坛

(1) 技术交流论坛：城镇水务行业创新发展

4月15日上午，该技术交流论坛由中国城镇供水排水协会城镇水务市场发展专业委员会秘书长、北京首创生态环保股份有限公司协同创新研究院副院长李爽主持，共有7位行业专家作报告。具体报告题目及报告人见表3-31。

城镇水务行业创新发展报告　　表3-31

报告题目	报告人	单位及职务
城镇水务高质量发展实践	邢俊义	北京首创生态环保集团股份有限公司副总经理
水务行业技术产品化与解决方案化转型	冒建华	北控水务集团有限公司副总裁
绿色金融：城镇水务REITs的实践与展望	肖雪	中联前源不动产基金管理有限公司总监
如何发挥民营企业在水务高质量发展中的作用	金永祥	北京大岳咨询有限责任公司董事长
内外兼修——水价改革与公众预期管理	李宇英	上海市发展和改革委员会价格管理处副处长
城市地下空间与城市污水系统	熊红松	湖北省城镇供水排水协会秘书长、湖北省住房和城乡建设厅科技委员会委员
从世行宜商环境测评角度来理解公用事业服务升级路径（以供水为例）	鲍月全	上海城投水务（集团）有限公司客户中心市场业务总监

(2) 圆桌对话会：水务市场发展热点探讨

4月15日下午，该圆桌对话会由北京首创生态环保集团股份有限公司副总经理王征戍主持，共有7位对话嘉宾参与交流。对话嘉宾及对话嘉宾单位职务见表3-32。

水务市场发展热点探讨圆桌对话会　　　　　表3-32

对话嘉宾	单位及职务
吴学伟	中国城镇供水排水协会副会长，广州市水务投资集团有限公司副董事长、总经理
李力	中国城镇供水排水协会副会长、北控水务集团有限公司执行董事和执行总裁
唐玉才	重庆水务集团股份有限公司副总经济师，重庆中法水务投资有限公司董事长
朱向东	长江生态环保集团有限公司总经理
王冠平	中国光大水务有限公司副总裁
邢俊义	北京首创生态环保集团股份有限公司副总经理
张胜海	北京北排产业发展集团有限责任公司总经理、董事

9. 海绵城市建设论坛

(1) 技术交流论坛：海绵城市建设

4月15日上午，该技术交流论坛由中国城镇供水排水协会海绵城市建设专业委员会主任委员，中规院（北京）规划设计有限公司执行董事、总经理张全主持，共有8位行业专家作报告。具体报告题目及报告人见表3-33。

海绵城市建设报告　　　　　表3-33

报告题目	报告人	单位及职务
海绵城市建设理念——在市政项目的应用与实践	李艺	中国城镇供水排水协会科技发展战略咨询委员会副主任委员、全国工程勘察设计大师
海绵城市标准化与产业化建设	王文亮	北京建筑大学海绵城市研究院副院长、副教授
海绵城市建设施工验收和运维标准编制情况介绍	王岩松	中国建筑标准设计研究院有限公司标准化研究院总工程师
海绵城市建设中的蓝绿协同	白伟岚	中国城镇供水排水协会海绵城市建设专业委员会委员、中国城市建设研究院有限公司教授级高级工程师
镇江海绵城市建设的探索与实践	胡坚	江苏海绵城市技术研究院有限公司总工程师
不同气候带典型城市海绵城市建设技术体系研究	薛重华	北京建筑大学教授、科学技术发展研究院副处长，中国城镇供水排水协会青年工作者委员会委员
海绵城市建设专项规划与设计标准研究	吕永鹏	中国城镇供水排水协会海绵城市建设专业委员会副主任委员、上海市政工程设计研究总院（集团）有限公司研究院院长
海绵城市源头设施效能提升与布局优化关键技术研究与实践	贾海峰	中国城镇供水排水协会海绵城市建设专业委员会副主任委员、清华大学教授

(2) 圆桌对话会：系统化全域推进海绵城市建设

4月15日下午，该圆桌对话会由中国城镇供水排水协会海绵城市建设专业委员会主任委员，中规院（北京）规划设计有限公司执行董事、总经理张全主持，共有6位对话嘉宾参与交流。对话嘉宾及对话嘉宾单位职务见表3-34。

系统化全域推进海绵城市建设圆桌对话会　　　　　　　　　　　表3-34

对话嘉宾	单位及职务
陈耀武	武汉市城乡建设局二级调研员
黄林	泸州市住房和城乡建设局总工程师
范晓玲	昆山市住房和城乡建设局副局长
李俊奇	中国城镇供水排水协会科技发展战略咨询委员会委员，中国城镇供水排水协会海绵城市建设专业委员会副主任委员，北京建筑大学副校长、教授
任心欣	中国城镇供水排水协会海绵城市建设专业委员会副主任委员、深圳市城市规划设计研究院股份有限公司副总工程师
马洪涛	中国城镇供水排水协会海绵城市建设专业委员会副主任委员，中国市政工程华北设计研究总院有限公司副总工程师、水务咨询研究院院长

10. 城市内涝治理论坛

(1) 技术交流论坛：城市内涝治理

4月14日下午，该技术交流论坛由中国城镇供水排水协会海绵城市建设专业委员会秘书长、中国城市规划设计研究院副总工程师、中规院（北京）规划设计有限公司生态市政院院长王家卓主持，共有9位行业专家作报告。具体报告题目及报告人见表3-35。

城市内涝治理报告　　　　　　　　　　　表3-35

报告题目	报告人	单位及职务
内涝治理相关报告	相关部委专家	相关部委
安全韧性的城市排水防涝体系建设思考	王家卓	中国城镇供水排水协会海绵城市建设专业委员会秘书长、中国城市规划设计研究院副总工程师、中规院（北京）规划设计有限公司生态市政院院长
海绵城市的内涝防治体系	隋军	中国城镇供水排水协会科技发展战略咨询委员会委员、广东首汇蓝天工程科技有限公司技术总监
城市水文水动力机理与耦合模拟	刘家宏	中国城镇供水排水协会海绵城市建设专业委员会常务委员、中国水利水电科学研究院城市水文室主任
长江流域城市内涝特征与对策	刘广奇	中国城镇供水排水协会城镇水环境专业委员会副秘书长、中国城市规划设计研究院城镇水务与工程研究分院副院长

续表

报告题目	报告人	单位及职务
系统性治理城市排水防涝技术机理与关键	章卫军	宜水环境科技(上海)有限公司创始人
城镇内涝治理高效泵送解决方案	钱辉	上海凯泉泵业(集团)有限公司市政事业部副总经理
武汉市超标暴雨城市内涝风险分析及应对策略	李敏	武汉市水务科学研究院副院长
用海绵城市理念综合统筹推进城市排水防涝设施建设	马洪涛	中国城镇供水排水协会海绵城市建设专业委员会副主任委员、中国市政工程华北设计研究总院有限公司副总工程师、水务咨询研究院院长

(2) 圆桌对话会：城镇内涝治理

4月15日上午，该圆桌对话会由中国城镇供水排水协会科技发展战略咨询委员会委员、中国城镇供水排水协会规划设计专业委员会主任委员、上海市政工程设计研究总院（集团）有限公司总工程师张辰主持，共有5位对话嘉宾参与交流。对话嘉宾及对话嘉宾单位职务见表3-36。

城镇内涝治理圆桌对话会 表3-36

对话嘉宾	单位及职务
李树苑	中国城镇供水排水协会科技发展战略咨询委员会委员，全国工程勘察设计大师，中国市政工程中南设计研究总院有限公司首席专家、顾问总工程师
赵锂	中国城镇供水排水协会科技发展战略咨询委员会委员、中国城镇供水排水协会建筑给水排水分会主任委员、全国工程勘察设计大师、中国建筑设计研究院有限公司总工程师
贾海峰	中国城镇供水排水协会海绵城市建设专业委员会副主任委员、清华大学教授
何伶俊	江苏省住房和城乡建设厅设计处处长
王家卓	中国城镇供水排水协会海绵城市建设专业委员会秘书长、中国城市规划设计研究院副总工程师、中规院(北京)规划设计有限公司生态市政院院长

11. 城市更新与供水排水管道检测修复论坛

(1) 技术交流论坛：供水排水管道检测及修复技术

4月14日下午，该技术交流论坛由中国城镇供水排水协会设施更新与修复专业委员会秘书长，北京北排建设有限公司总经理、总工程师赵继成，天津科技大学教授、中欧联合非开挖技术研究中心主任曹井国，中国城镇供水排水协会设施更新与修复专业委员会副秘书长、长江生态环保集团有限公司技术中心副主任周小国主持，共有11位行业专家作报告。具体报告题目及报告人见表3-37。

供水排水管道检测及修复技术报告 表 3-37

报告题目	报告人	单位及职务
《城镇排水管道原位固化修复用 内衬软管》T/CUWA 60052—2021 解读	曹井国	天津科技大学教授、中欧联合非开挖技术研究中心主任
北美管道非开挖修复技术——聚合物纤维增强法（FRP）	严轩辰	高强度聚合物研发和加固公司 QuakeWrap 首席土木工程师
故宫古排水设施的检测与维护	杨福天	北京城市排水集团有限责任公司第一管网分公司副经理
管道非开挖修复应用案例分析及经验分享	马民	武汉市城市排水发展有限公司总工程师
管道检测与非开挖修复技术助力排水系统提质增效	陆学兴	北京北排建设有限公司总工办主任、北京非开挖行业协会副秘书长
新技术、新工艺、新材料——供水管道非开挖修复的颠覆式创新	刘林	上海管康技术有限公司总工程师
城市主干排水暗涵评估清淤修复关键技术研究与应用	吴志炎	中建三局绿色产业投资有限公司项目总工程师
城镇给水排水管道检测与非开挖修复技术	郑洪标	武汉中仪物联技术股份有限公司总经理、中国地质大学排水环境治理与装备技术创新中心主任
城镇供排水管网运维先进技术及实战应用	代毅	深圳市博铭维技术股份有限公司董事长
供水管网提质改造非开挖修复技术	马保松	中山大学土木工程学院教授；中美联合非开挖工程研究中心主任
球墨铸铁聚乙烯复合管（DIPE）产品介绍	宫景文	国铭铸管股份有限公司技术研发中心主任

（2）圆桌对话会：排水设施更新修复的技术探讨

4 月 15 日上午，该圆桌对话会由中国城镇供水排水协会设施更新与修复专业委员会秘书长，北京北排建设有限公司总经理、总工程师赵继成主持，共有 5 位对话嘉宾参与交流。对话嘉宾及对话嘉宾单位职务见表 3-38。

排水设施更新修复的技术探讨圆桌对话会 表 3-38

对话嘉宾	单位及职务
赵思东	昆明排水设施管理有限责任公司副总经理
马保松	中山大学土木工程学院教授、中美联合非开挖工程研究中心主任
刘雪平	中铁上海工程局集团有限公司副总工程师
樊雪莲	上海万朗水务科技集团有限公司董事长
黄满虎	中国城镇供水排水协会设施更新与修复专业委员会副主任委员、北京隆科兴科技集团股份有限公司董事长

12. 设备与材料论坛

技术交流论坛：国产设备在城镇税务中的发展和应用

4月14日下午，该技术交流论坛由中国城镇供水排水协会设备材料专业委员会执行主任汪红杰主持，共有9位行业专家作报告。具体报告题目及报告人见表3-39。

国产设备在城镇税务中的发展和应用报告 表3-39

报告题目	报告人	单位及职务
供水管网涉水多参数测量新技术	姚灵	中国计量协会水表工作委员会秘书长
智能水量计量助力供水企业产销差控制	赵红艳	深圳市水务(集团)有限公司水表计量检定中心水表检定部部长
DMA区域计量设计、实施和管理应用实践	闫继民	浙江宁水水务科技有限公司技术总监
超滤带来的工艺变革	沈裘昌	上海市政工程设计研究总院(集团)有限公司资深总工程师
基于安全风险管控下的城镇水务管道改造与管材优化	何相之	杭州市水务集团有限公司原副总经理
球墨铸铁管新产品应用及技术介绍	李华成	中国城镇供水排水协会科学技术委员会委员、新兴铸管股份有限公司技术总监
水箱变频设备运行对直供区和市政管道稳压优化的方案探讨	滕立勇	上海威派格智慧水务股份有限公司副总监
智慧调蓄泵站在城镇供水的应用	钱民主	上海凯泉泵业(集团)有限公司供水事业部供水模式研究所所长
郑州智慧水务建设之经验探索与思考	许月霞	郑州自来水投资控股有限公司智慧水务项目部副经理

13. 水务行业人才需求论坛

(1) 技术交流论坛：水务行业人才需求探讨

4月14日下午，该技术交流论坛由中国城镇供水排水协会工程教育专业委员会秘书长，重庆大学系主任、教授，教育部高等学校给排水科学与工程专业教学指导分委员会秘书长时文歆主持，共有8位行业专家作报告。具体报告题目及报告人见表3-40。

水务行业人才需求探讨报告 表3-40

报告题目	报告人	单位及职务
强化校企工程教育,加速水务人才培养,助推企业转型升级	李国洪	中国城镇供水排水协会工程教育专业委员会常务委员、中国市政工程中南设计研究总院有限公司副总经理兼总工程师
地方高校水行业产教融合协同育人探索与实践	张学洪	中国城镇供水排水协会工程教育专业委员会常务委员、桂林理工大学原校长

续表

报告题目	报告人	单位及职务
工科VS理科在黑龙江企业中的定位及岗位需求	朴庸健	中国城镇供水排水协会副会长、龙江环保集团股份有限公司总裁
水业人才成长的矛盾性思考	梁恒	中国城镇供水排水协会青年工作者委员会主任委员、哈尔滨工业大学人事处处长
产学研用基础、工程实现为导向打造"工科脸谱"	孙连鹏	中山大学环境科学与工程学院院长、教授
工科教育理科化源头探索与破解思考	卢金锁	中国城镇供水排水协会青年工作者委员会常务委员、西安建筑科技大学环境与市政工程学院院长
如何绘好工程师职业蓝图	王洋	中国城镇供水排水协会青年工作者委员会副主任委员、北京市市政工程设计研究总院有限公司水资源与环境院副院长
基于产业需求和场景驱动的水务企业创新与人才发展思考	李鑫玮	中国城镇供水排水协会青年工作者委员会委员、北控水务集团有限公司运营服务中心高级专业总监

（2）圆桌对话会：工科理科化现象的问题与思考

4月15日上午，该圆桌对话会由中国城镇供水排水协会青年工作者委员会主任委员、哈尔滨工业大学人事处处长梁恒主持，共有7位对话嘉宾参与交流。对话嘉宾及对话嘉宾单位职务见表3-41。

工科理科化现象的问题与思考圆桌对话会　　　　表3-41

对话嘉宾	单位及职务
崔福义	中国城镇供水排水协会工程教育专业委员会主任委员、重庆大学教授
李国洪	中国城镇供水排水协会工程教育专业委员会常务委员、中国市政工程中南设计研究总院有限公司副总经理兼总工程师
张学洪	中国城镇供水排水协会工程教育专业委员会常务委员、桂林理工大学原校长
朴庸健	中国城镇供水排水协会副会长、龙江环保集团股份有限公司总裁
孙连鹏	中山大学环境科学与工程学院院长、教授
卢金锁	中国城镇供水排水协会青年工作者委员会常务委员、西安建筑科技大学环境与市政工程学院院长
王洋	中国城镇供水排水协会青年工作者委员会副主任委员、北京市市政工程设计研究总院有限公司水资源与环境院副院长
李鑫玮	中国城镇供水排水协会青年工作者委员会委员、北控水务集团有限公司运营服务中心高级专业总监

14.区域城镇水务发展模式论坛

（1）技术交流论坛（一）

4月14日下午，该技术交流论坛由武汉市水务集团有限公司董事，武汉三镇实业控股股份有限公司董事长、总经理曹明主持,共有7位行业专家作报告。具体报告题目及报告人见表3-42。

区域城镇水务发展模式论坛(一)报告　　　　　　　　　　　表3-42

报告题目	报告人	单位及职务
"一体两翼"推进杭州水务高质量发展	朱奚冰	浙江省城市水业协会会长,杭州市水务集团有限公司首席技术官,千岛湖配水工程总工程师
推进公用产业区域一体化运营建设一流城乡综合服务商	李灿斌	山东公用控股有限公司副总经理
探索水务多元化转型,构建"水润万物、和谐共生"现代化"幸福水务"建设服务体系	范策	贵州省黔西南布依族苗族自治州兴义市水务有限责任公司董事长
适应发展要求完成经营机制转变　加快水务一体化进程展现新作为	闫晓涛	兰州城市供水(集团)有限公司总经理
面向大数据应用的智慧供水建设实践	朱波	合肥供水集团有限公司总经济师
建管并重夯实基础智慧水务高效运转	党万明	昌吉市清源水务有限责任公司总经理
标本兼治、建管统筹,营造美丽河湖、美丽海湾	蔡万强	厦门市政环境科技股份有限公司总经理

(2)技术交流论坛(二)

4月15日上午,该技术交流论坛由山东省城镇供排水协会会长,山东省城乡规划设计研究院有限公司城市设计所所长邓杰主持,共有8位行业专家作报告。具体报告题目及报告人见表3-43。

区域城镇水务发展模式论坛(二)报告　　　　　　　　　　　表3-43

报告题目	报告人	单位及职务
绿色为底、发展为要,无锡水务"十四五"高质量建设路径探索	张炜	无锡市水务集团有限公司董事长
数字赋能上海抗咸保供	顾晨	上海市供水调度监测中心主任
新时代环境下水司高质量发展必然之路	刘永	贵州省遵义市供水有限责任公司董事长
引黄供水系统新污染物分布特征与防控对策	贾瑞宝	济南市供排水监测中心(山东省城市供排水水质监测中心)主任、国家水专项饮用水专题组专家
创新"投建营"一体化模式,推动城乡污水绿色协同发展	陈博儒	湖南城乡环境水务有限公司总经理
城市水务全业态集控系统建设的实践与探索	李天智	长江生态环保集团有限公司副总经理

续表

报告题目	报告人	单位及职务
强化污水系统提质增效、实现源网厂河统筹治理——山东省城市排水"两个清零、一个提标"实践,以济南市为例	王韶晖	济南市市政工程设计研究院(集团)有限责任公司副院长
重庆城镇污泥资源化利用的实践与探索	程志鹏	重庆渝水环保科技有限公司副总经理

(3) 技术交流论坛（三）

4月15日下午,该技术交流论坛由中国城镇供水排水协会编辑出版委员会主任徐维浩主持,共有8位行业专家作报告。具体报告题目及报告人见表3-44。

区域城镇水务发展模式论坛（三）报告　　　　　表3-44

报告题目	报告人	单位及职务
供水融合服务探索和实践	张忻	南京水务集团有限公司副总经理
排水数字化转型——上海排水数字化转型工作的探索与思考	戴勇华	上海市城市排水有限公司
关于城市供水排水一体化管理的探索	沈峰	漳州市住房和城乡建设局城市建设科科长
战略引领,创新驱动,多措并举推动城乡水务产业链新发展模式	张南	中州水务控股有限公司董事长
哈尔滨市二次加压供水发展历程与做法	鲍春海	哈尔滨供水集团有限责任公司党委副书记
智慧引领　水润油城——智慧水务平台在克拉玛依管网漏损治理中的应用实践	李伟库	克拉玛依市水务有限责任公司生产运行部主任
强化运营管理服务民生保障	阎军基	酒泉市肃州区城市供排水服务中心主任
敢为善为、善作善成,奋力提升高质量发展新境界	张自力	河北建投水务投资有限公司总工程师,河北建设投资集团有限责任公司领军人才

3.4.7 城镇水务技术与产品展示

同期,还举办了"城镇水务技术与产品展示"（图3-16）,200余家国内优质水务企业参加交流展示,展出面积达3万余平方米,展示内容涉及城市水环境治理、智慧水务、水处理技术与装备、水质检测技术与装置、计量装置、水处理自控技术与装置、管道修复技术与材料装备、管网漏损控制技术、移动排水装备,以及新型节能管泵阀通用器材等10多种门类。展馆内还设有中国水协之家、产品推荐区,现场举办合作签约仪式5场,发布会2场（图3-17）,以及14场产品推介活动,吸引了逾5万人次参观交流和推广城镇水务新技术、新工艺、新材料、新设备。

图 3-16 开幕式

图 3-17 《城镇智慧水务技术指南》发布现场

3.4.8 专业参观交流

中国城镇供水排水协会 2022/2023 年会召开之际，来自全国各地的 500 多位水务专家、同行到武汉市水务集团有限公司宗关水厂、沌口水厂、北湖污水处理厂参观交流。

3.5 中国水协团体标准

2023 年，中国水协共批准发布 14 项团体标准，具体情况如下。

1. 上向流反硝化滤池设计标准（Standard for design of upflow denitrification filter）

主编单位：中国市政工程中南设计研究总院有限公司、深圳市清泉水业股份有限公司

公告文号：中水协标字〔2023〕第 1 号

公告时间：2023 年 1 月 13 日

为规范污水处理工程中上向流反硝化滤池的设计，做到安全可靠、技术先进、经济合理、管理方便，制定本标准。

本标准适用于新建、改建和扩建的污水处理工程中采用重质滤料的上向流反硝化滤池的设计，不适用于轻质滤料滤池的设计。

2. 城镇水务数据分类编码及主数据识别规则（Urban water data classification code and master data identification rules）

主编单位：福州水务集团有限公司、杭州市水务集团有限公司

公告文号：中水协标字〔2023〕第 2 号

公告时间：2023 年 2 月 24 日

本标准规定了城镇水务数据分类的原则和架构、分类编码的原则和规则、主数据识别规则，在此基础上识别出主数据，给出了城镇水务企业主数据的属性信息。

本标准适用于城镇水务行业数据架构的确立、数据编码标准的编制、主数据的识别和属性定义。

3. 臭氧水处理工程技术规程（Technical specification for ozone water treatment engineering）

主编单位：太通建设有限公司、清华大学

公告文号：中水协标字〔2023〕第 3 号

公告时间：2023 年 3 月 27 日

为规范臭氧水处理工程的设计、施工与验收、运行与维护，提高工程质量，做到技术先进、经济合理、管理方便和安全适用，制定本规程。

本规程适用于采用臭氧水处理工艺的新建、扩建和改建城镇给水、污水、再生水和工业区废水处理工程的设计、施工与验收、运行管理与维护。

4. 城市供水系统用户端可靠性评价规程（Specification for reliability evaluation of customer of urban water supply system）

主编单位：上海城投水务（集团）有限公司

公告文号：中水协标字〔2023〕第 4 号

公告时间：2023 年 3 月 30 日

为提升城市供水系统用户端可靠性，提高供水企业管理水平，规范城市供水系统用户端可靠性评价方法和流程，制定本规程。

本规程适用于由供水企业统一供水的城市供水系统用户端可靠性评价。

5. 排水管道工程自密实回填材料应用技术规程（Technical specification for application of self-compacting backfill materials in drainage pipeline engineering）

主编单位：上海市城市建设设计研究总院（集团）有限公司、北京市市政工程设计研究总院有限公司

公告文号：中水协标字〔2023〕第 5 号

公告时间：2023 年 5 月 22 日

为规范自密实回填材料在排水管道工程沟槽回填中的技术要求，实现管土一体，

提高排水管道工程质量，做到安全适用、技术先进、经济合理及绿色环保，制定本规程。

本规程适用于排水管道工程沟槽回填采用自密实回填材料的工程设计、施工及质量检验。

6. 钢结构装配式污水处理设施技术规程（Technical specification for fabricated sewage treatment facilities）

主编单位：中建三局绿色产业投资有限公司、中国市政工程中南设计研究总院有限公司

公告文号：中水协标字〔2023〕第 6 号

公告时间：2023 年 6 月 1 日

为规范装配式技术在污水处理设施工程建设应用，保障工程质量，做到安全适用、技术先进、快速高效、经济合理、施工便捷、易于管理，制定本规程。

本规程适用于城镇新建、改建与扩建钢结构装配式污水处理设施的工程设计、施工、验收和维护。

7. 饮用水纳滤阻垢剂性能试验方法（Test method for performance of nanofiltration scale inhibitor in drinking water）

主编单位：同济大学

公告文号：中水协标字〔2023〕第 7 号

公告时间：2023 年 6 月 19 日

本标准规定了采用产水率控制法测定饮用水纳滤阻垢剂性能的试验方法。

本标准适用于饮用水纳滤处理工艺中阻垢剂的比选和投加量的优化。

8. 城镇污水资源与能源回收利用技术规程（Technical specification for resource and energy recovery from municipal wastewater）

主编单位：中国市政工程华北设计研究总院有限公司、北京工业大学

公告文号：中水协标字〔2023〕第 8 号

公告时间：2023 年 7 月 5 日

为规范我国城镇污水资源与能源回收利用的技术要求，促进行业绿色低碳、资源循环、能源利用水平提高，做到安全适用、资源节约、环境友好、技术可行、经济合理，制定本规程。

本规程适用于新建、改建及扩建的污水处理厂资源能源回收工程的规划、建设和

运行管理。

本规程的资源回收利用包括碳源、磷酸盐、蛋白质及污泥处理产物的回收利用，能源回收利用包括热能、化学能及势能的回收利用。

9. 城镇排水管道螺旋缠绕内衬法修复用硬聚氯乙烯（PVC-U）带状型材［Municipal sewer pipelines rehabilitation using spiral wound-unplasticized polyvinyl chloride（PVC-U）strip profile］

主编单位：天津科技大学、天津倚通科技发展有限公司

公告文号：中水协标字〔2023〕第 9 号

公告时间：2023 年 10 月 25 日

本标准规定了城镇排水管道螺旋缠绕内衬法修复用硬聚氯乙烯（PVC-U）带状型材的分类、标记、材料、要求、试验方法、检验规则、标志、包装、运输及贮存。

本标准适用于城镇排水管道螺旋缠绕内衬法修复用硬聚氯乙烯（PVC-U）带状型材，以及密封材料和增强用钢带。

10. 二次加压与调蓄供水系统运行监控平台技术规程（Technical specification for operation monitoring platform of secondary pressurization and storage water supply system）

主编单位：天津市华澄供水工程技术有限公司、中国建筑设计研究院有限公司

公告文号：中水协标字〔2023〕第 10 号

公告时间：2023 年 11 月 3 日

为保障城镇供水安全，确保用户终端水量、水压，提升系统智能化水平，促进节水降耗，规范二次加压与调蓄供水系统运行监控平台的设计、施工、验收和运维管理等，制定本规程。

本规程适用于城镇新建、改建和扩建的民用与工业建筑生活饮用水二次加压与调蓄供水系统运行监控平台的设计、施工、验收和运维管理。

11. 城镇供水厂二氧化氯应用技术标准（Technical standard for application of chlorine dioxide oxidation in urban water supply plants）

主编单位：深圳市水务（集团）有限公司

公告文号：中水协标字〔2023〕第 11 号

公告时间：2023 年 11 月 28 日

为规范城镇供水厂中二氧化氯应用的技术要求，做到安全适用、技术先进、经济

合理，制定本标准。

本标准适用于城镇供水厂采用化学法制备二氧化氯的工艺设计、安装调试、运营维护与人员培训。

12. 城镇排水管道资产评估与管理技术规程（Technical specification for asset evaluation and management of urban drainage pipe）

主编单位：北京首创生态环保集团股份有限公司

公告文号：中水协标字〔2023〕第 12 号

公告时间：2023 年 12 月 5 日

为规范城镇排水管道资产评估与管理的技术要求，提高城镇排水管道全生命周期的资产管理水平，做到标准统一、分级合理、信息完整、内容准确，制定本规程。

本规程适用于县级及以上行政区城镇排水管道资产的分类与编码、信息采集与维护、评估、运维、数字化建设和相关管理工作。

13. 城镇污水处理厂碳减排评估标准（Standard for carbon reduction assessment of urban wastewater treatment plant）

主编单位：哈尔滨工业大学、龙江环保集团股份有限公司

公告文号：中水协标字〔2023〕第 13 号

公告时间：2023 年 12 月 21 日

为规范并指导污水处理厂的碳减排评估，制定本标准。

本标准适用于已投运城镇污水处理厂、新建和改扩建城镇污水处理厂的碳减排评估。

14. 城镇水务地理信息采集与质量控制技术规程（Technical specification for geographic information collection and quality control of urban water industry）

主编单位：哈尔滨工业大学、生态环境部信息中心

公告文号：中水协标字〔2023〕第 14 号

公告时间：2023 年 12 月 26 日

为规范城镇水务地理信息采集与质量控制技术与方法，制定本规程。

本规程适用于城镇水务在城镇供水、城镇排水防涝及城镇水环境保护等领域数字化、智慧化管理过程中对水源地、供水厂、供水管网、污水处理厂、排水管网、泵站、闸门、河（湖）等要素的地理信息采集。

3.6 2023年度中国水协科学技术奖获奖项目

中国城镇供水排水协会科学技术奖（以下简称城镇水科技奖）作为城镇供水排水行业具有权威性的奖项，旨在激励城镇供水排水行业科技进步中作出突出贡献的单位和个人，调动科技工作者的积极性和创造性，从而持续推动城镇供水排水行业科技创新与技术进步，加速科技成果转化。城镇水科技奖每年评审1次，设立一等奖、二等奖两个等级，对做出特别重大的科学发现、技术发明或创新性科学技术成果的，可以授予特等奖。

城镇水科技奖评审流程主要包括：形式审查、专业评审组初审、专家委员会评审、奖励委员会终审、公示、公告及授奖。2023年城镇水科技奖参评项目涵盖供水、排水与污水处理、排水防涝、水环境整治、海绵城市建设、智慧水务等供水排水领域，通过专业评审组、专家委员会、奖励委员会3轮评审，评出获奖项目10项，其中特等奖1项、一等奖3项、二等奖6项，见表3-45。

2023年度中国城镇供水排水协会科学技术奖获奖项目　　　　表3-45

序号	项目名称	完成单位	完成人	获奖等级
1	城镇河湖排口雨水径流控制技术装备研发与工程应用	清华大学、中建环能科技股份有限公司、上海市政工程设计研究总院（集团）有限公司、中国市政工程华北设计研究总院有限公司、青岛水务集团环境能源有限公司	贾海峰、佟庆远、张鹤清、马洪涛、于金旗、杨雪、陈正侠、刘浩、张潇月、吕志国、印定坤、王哲晓、东阳、黄光华、毕永伟	特等奖
2	基于DMA的大型城市复杂管网漏损监测预警控制关键技术研究与应用	广州市自来水有限公司、湖南大学	林立、吴学伟、刘晓飞、余健、何元春、王晓东、崔婷婷、许刚、陈凌洁、吴若希、刘偲嘉、甘育娇	一等奖
3	基于余氯调控的龙头水质保障技术与应用	清华大学、常州通用自来水有限公司、上海城投水务(集团)有限公司	刘书明、肖磊、吴雪、吴以朋、王圣、范晶璟、李中伟、胡玲、蒋瑜、郭冠呈、陈春芳、耿冰	一等奖
4	城镇供水系统关键材料设备评估验证与标准化	山东省城市供排水水质监测中心（济南市供排水监测中心）、深圳市水务(集团)有限公司、中国市政工程中南设计研究总院有限公司、青岛国林科技集团股份有限公司、海南立昇净水科技实业有限公司、聚光科技(杭州)股份有限公司	贾瑞宝、孙韶华、宋武昌、李桂芳、陈忱、王承宝、韩双来、易娟、陈才高、王明泉、潘章斌、陈发明	一等奖

续表

序号	项目名称	完成单位	完成人	获奖等级
5	基于胶囊机器人的排水管网快速检测与智慧排水动态运维	深圳市环境水务集团有限公司、深圳大学、深圳市利源水务设计咨询有限公司、深圳市智源空间创新科技有限公司、深圳市环水管网科技服务有限公司	李清泉、龚利民、朱家松、王丹、朱松、董以广、王锋、刘志	二等奖
6	智能水表关键技术研究与应用	深圳市水务(集团)有限公司	姜世博、蒋惠忠、冀滨弘、赵红艳、接婷、罗佳伟、付晓辉、张小晨	二等奖
7	昆山市排水管网养护智慧运营监管服务	昆山市水务局、上海启呈信息科技有限公司、昆山市水务学会	周莉芬、张大春、叶嘉、张坚、徐玉良、任霖	二等奖
8	城镇排水管网检测诊断与效能评估技术集成及应用	中国市政工程华北设计研究总院有限公司、天津大学、天津格瑞安环保科技有限公司	崔诺、胡馨月、刘龙志、刘绪为、赵鹏、顾毅杰、白永强、马梦醒	二等奖
9	寒冷地区流域污染物防控技术研究与应用	中国市政工程东北设计研究总院有限公司、吉林大学、北京碧水源膜科技有限公司、境和设计集团有限公司、吉林省环境科学研究院	闫钰、董艳红、李昭阳、刘学勇、张富国、孙广东、王雪松、林晓晟	二等奖
10	城市供水系统规划设计关键技术评估及标准化	中国市政工程中南设计研究总院有限公司、中国城市建设研究院有限公司、中国城市规划设计研究院、上海市政工程设计研究总院(集团)有限公司、北京市市政工程设计研究总院有限公司	杨书平、张怀宇、刘广奇、王蔚蔚、王广智、王亚宜、易娟、王胜军	二等奖

3.6.1 城镇河湖排口雨水径流控制技术装备研发与工程应用

1. 项目简介

城镇河湖雨季水环境污染是当前日益受到广泛关注的重要问题，严重影响了城市河湖水环境质量持续改善，其根源为雨季城镇面源及排水管网的溢流污染。系统推进降雨径流污染治理是进一步巩固城镇河湖水体治理成果、实现长治久清的必经之路，面源/溢流污染控制已成为我国当前重大需求。该项目构建了面向河湖水质目标的雨水径流控制方法与技术体系，进而针对排口雨水径流控制技术体系中精确截蓄、预处理和快速处理3个关键环节开展了关键技术攻关，最后完成整装成套技术装备的工程验证及生态安全评价，形成了适合国情的雨水径流污染控制方案，可高效消减雨季入河污染物总量。

2. 主要技术内容

（1）创新点

1）基于雨水截蓄和净化需求，耦合城市河湖生态健康、水环境容量、径流污染特征、管网排放压力、终端去向，构建了面向河湖水质目标的雨水径流控制方法与技术体系，包括河湖排口雨水径流控制方法学、面向不同应用场景的管网末端技术体系，以及径流控制设施的动态运维模式，实现了雨水径流污染快速净化及高品质长效运行。

2）发明了智能化雨水径流精准截蓄关键技术装备（图 3-18），提出了甄别不同河湖排口进水流量和污染浓度的 5 种控制逻辑，实现了短时间、强冲击、高负荷降雨条件下的精准截蓄；开发的系列化智能截流设备，有效提升设备土建适应性，延长密封结构寿命；创新提出的分仓稳蓄技术可以分仓室逐个启用，相较于固定仓调蓄，运维费用降低达 15%。

3）发明了雨水径流污染砂渣协同预处理关键技术装备，首次提出了"先砂后渣"工艺，解决了雨水径流中砂、渣含量高，除砂除渣难度大，对后续处理影响大的问题，显著提升细砂、栅渣去除率，延长设备使用寿命。

4）开发了易启停宽通量磁强化雨水径流污染快速净化关键技术装备（图 3-18），能满足流量、水质波动大的快速净化需求，HRT 4～6min，SS、TP 消减大于等于 80%，COD 消减大于等于 50%。

图 3-18 精准截蓄+快速净化技术装备

（2）应用推广情况

成果应用于北京、深圳、合肥、武汉、青岛、苏州、嘉兴和金华等 30 余城市地区，60 余项实际工程，日处理雨污水量达 63 万 m^3。代表性项目有合肥市南淝河初期雨水精准截蓄项目，采用智能截流井+雨水调蓄池（45000m^3）+快速净化处理站（15000m^3/d）主体工艺，使南淝河全年溢流频次由 70 次降低至 24 次，消减 COD

1397t/a，大幅提升各污染指标截流治理效率，为南淝河中游水质带来良好的环境效益，入选《水环境治理优秀案例》；武汉市机场河溢流污染控源截污项目（5万m^3/d），采用磁强化快速净化技术装备，快速高效缓解了武汉机场河明渠上游及上游周边市政管网多处溢流及下游处理能力不足的窘境。

（3）社会效益和经济效益情况

项目成果可有效实现城镇雨水径流的智能化精准截污和低碳、高效、快速净化，长效保持城镇黑臭水体整治成果，有效解决我国大部分城镇降雨期间合流制溢流污染入河导致的城镇水体雨后黑臭问题，解决雨污分流不彻底、管网错接混接导致的雨水管道污染问题，社会效益显著。项目成果近3年创造直接经济效益7.7亿元，利润0.7亿元以上，经济效益显著。

3.6.2 基于DMA的大型城市复杂管网漏损监测预警控制关键技术研究与应用

1. 项目简介

针对供水管网漏损控制中存在的难点和痛点问题，广州市自来水有限公司与湖南大学合作，通过产学研合作的方式，共同完成该项目研究。在产销差控制过程中，建立了供水企业产销差率影响因素定量分析模型，发明了水流量漏损预警、管网既有漏损定位、管网爆管定位方法，实现管网漏损监测点优化布置、管网爆管快速定位和DMA分区，开发了一套供水管网漏损监测—预警—控制管理系统，为供水管网漏损控制提供了一整套先进的分析应用方法，对于有效降低管网漏损率具有重要意义。

2. 主要研究内容

（1）技术创新点

针对当前国内外超大型城市供水管网漏损严重、产销差率偏高、检漏测漏难度大等问题，通过开展产销差模型分析，夜间合法用水量研究，漏损识别、控制、评价、定位，实现了产销差率的持续下降。

项目以管网压力驱动节点流量水力模型为基础，对模型进行了进一步的优化与改进，并通过开展产销差模型分析、夜间合法用水量研究、压力监测点优化布置、既有漏损定位识别、爆管定位及监测预警研究，应用于管网漏失预警与控制，取得了如下创新性成果：

1）发明了一种水流量漏损预警方法、系统、装置以及存储介质。获取时刻压力值、月售水量测量值、夜间居民合法用水量、生产用户夜间用水量、表观漏损水量以及期望产销差率等；计算出产销差水量标准值、漏损水量标准值及夜间最小流量标准值；将夜间最小流量测量值与标准值进行对比，再作出相应的预警。可高效且精确地检测水漏损情况，可广泛应用于水漏损预警领域中。

2）发明了一种基于压力驱动节点流量水力模型的漏损预警方法，提出了一种基于漏失定位的压力监测点优化布置方法，建立阈值求解模型，兼顾定位模型定位精度以及监测成本，可广泛应用于水漏损预警领域，有利于及时检修和维护。

3）发明了一种基于压力驱动节点流量水力模型的管网既有漏损定位方法，按照期望产销差率来确定并查找漏损点，有利于减少供水管网存量漏损率。

4）发明了一种基于压力驱动节点流量水力模型的管网爆管定位方法，通过提出压力驱动节点流量水力模型中漏失系数的算法来改进爆管定位模型，再构建各节点的背景漏损量以及用户用水量的计算公式，从而提高模型定位精度。

（2）应用推广情况

该项目应用于整个广州市中心城区供水管网漏损控制工作，已在广州市自来水有限公司、广州市花都自来水有限公司、广州市穗云自来水有限公司进行推广应用，对漏损监测预警、产销差分析控制成效明显，可广泛应用于供水行业的管网漏损监测预警和控制，对水务其他行业也有一定的借鉴意义，推广应用潜力较大。

（3）社会效益和经济效益情况

截至2023年，广州市中心城区供水产销差率持续5年下降，累计降低5.27%。研究成果既降低了无效供水，提升了管理效益，又对保障供水安全，推动节水城市建设具有重要意义，增强了市民用水获得感和幸福感。

3.6.3 基于余氯调控的龙头水质保障技术与应用

1. 项目简介

饮用水安全是重大民生问题，改善饮用水水质、提升供水系统运行效能是城市发展建设的重要保障。城市供水输配系统长期存在余氯不足及微生物浓度超标等问题，直接关乎居民龙头水的安全和品质。该项目以龙头水余氯浓度稳定达到 0.05mg/L 为前提，提出了以小区入口和二供水箱出口水质为控制点，构建了"优化投加、时空均衡、局部提升、精准控制"的龙头水质保障策略，形成了从龙头到源头的逆向水质分段监管与保障机制；开发了面向用户稳定达标的小区管网水质提升技术，实现了基于余氯和水龄控制的小区管网水质优化与提升；开发了基于厂网联动优化投氯的市政管网水质保障技术，实现了市政管网余氯稳定达标和时空分布均匀。

2. 主要技术内容

（1）创新点

1）厘清了从水厂到用户的管网水质变化过程，识别出制约龙头水稳定达标的关键指标为余氯。发现小区管网余氯衰减潜势为 0.2~0.3mg/L，阐明了小区入口、二供水箱出口为直供/无负压供水、水箱供水的关键水质控制点并明确了控制值。提出了从龙头到源头的逆向水质分段监管与保障策略（优化投加、时空均衡、局部提升、精准控制），创新了市政供水与二次供水协同的龙头水质保障模式。

2）研制出基于水动力学优化的二供水箱，解决了消毒剂混合效率低的问题；开发出基于后馈的水箱自动补氯技术，实现了二供水箱出水余氯精准调控。对于不具备补氯条件的二供水箱，提出了基于液位估算二供水箱水龄的方法，建立了水箱水龄—余氯关系方程，形成了基于液位控制的水箱出口消毒剂浓度调控技术。

3）针对市政管网余氯保障难题，构建了市政管网水质关键控制点与加氯点响应模型，开发出厂网联动优化投氯技术，同步实现了氯总投加量下降和余氯时空均匀度提升。对于错接等水质事故，建立了基于多参数互相关的污染响应表征方法，形成了基于多参数协同反馈的水质预警技术，提高了管线错接等水质风险预警的准确性。

（2）应用推广情况

研究成果应用于常州主城区的龙头水达标示范工程，保障了示范区 100 万人口龙头水的水质稳定达到国标地标，并编制《常州二次供水水质安全保障技术指南》和《常州二次供水泵房技术导则》。研究成果应用于上海黄浦区的高品质饮用水示范工程，对示范区 24 个低位水池和 106 个屋顶水箱进行水龄调控，保障了示范区 150 万人口龙头水的水质稳定达到国标地标，并编制《供水管网加氯技术指南》和《二供水箱水龄控制》。研究成果应用于《城市高品质饮用水技术指南》，为我国龙头水水质改善提供了借鉴和指导。

（3）社会效益和经济效益情况

研究成果有效保障了常州、上海示范区用户龙头水水质稳定达标，成效显著，直接影响的供水年度产值约 5.19 亿元。在常州、上海示范应用的基础上，应用于行业技术指南，为实现高品质供水提供技术支撑。此外，研究成果进一步提升了供水企业的饮用水应急处置管理水平，提高了工作效率，降低了人力成本，取得了显著的经济效益。

3.6.4 城镇供水系统关键材料设备评估验证与标准化

1. 项目简介

在总结凝练国家"水专项"实施以来的饮用水安全保障技术领域研究成果基础上，系统开展关键材料设备的行业调研、评估验证和标准化研究，明确关键材料设备性能指标体系和存在的技术短板，指导研制核心关键集成装备，提升相关产品技术成熟度，建立基于用户关注重点的关键材料设备指标构成和评价、选择、验收与使用的规范化验证程序和方法，建立适于我国供水行业特点的材料设备标准化技术体系。

经中国水协科技成果鉴定，由马军院士为组长的专家组一致认为项目成果引导、促进和完善了材料设备供给侧的产业化发展，形成很好的经济效果，为供水行业的高质量发展提供了支撑，整体上达到国际先进水平。

2. 主要技术内容

（1）创新点

1）研发了基于评价矩阵和权重向量的多目标模糊数学运算综合评估技术，开发了配套模型软件，明确了36种关键材料设备的技术就绪度、技术优劣势和发展方向，首次编制形成了第三方评估技术指南。

2）建立了多维度产品应用性能验证集成技术、模型方法、标准化流程及配套软件，首次建立了36种关键材料设备的标准化验证指标体系及其评估等级，编制了覆盖重点流域88个典型工程应用的验证评估报告。

3）研发了基于分类法和系统法的材料设备标准体系多维度构建方法，建立了4种类型5大类36种关键材料设备标准体系多元化构建方法与技术标准体系表（图3-19），新编27项技术标准、7项企业标准和1部应用指导手册。

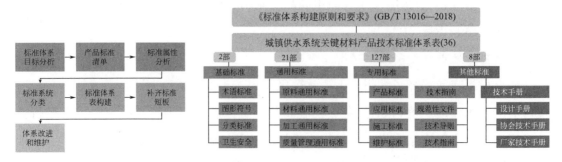

图3-19 关键材料设备标准体系多元化构建方法与技术标准体系表

4）指导研制了臭氧发生器系列成套化集成装备、超滤膜系列集成装备和移动式水质监测车集成装备（图3-20）。

图3-20 指导研制的核心成套化集成装备

（2）推广应用情况

核心成果纳入住房和城乡建设部《饮用水安全保障技术导则》和山东省政府规范性文件；研编的27项技术标准现均已发布实施；培育建立3个关键材料设备第三方测试评估基地，38个产品270项参数的检测评估能力获国家实验室CMA认证或CNAS认可。拉动18个产业化基地建设，其中大型臭氧发生器年产能15000kg/h，用于全国100多座深度处理工程，累计制水规模1100万 m^3/d；超滤膜年产能200万 m^2，用于21座万吨级以上规模和400余宗村镇水厂；便携式GC-MS、车载ICP-MS和水质移动监测车集成装备年产能100台（套），在杭州G20峰会、国家供水应急救援中心及八大应急救援基地等重大项目建设中发挥了重要作用。

（3）社会效益和经济效益情况

指导研制的核心装备攻克了"卡脖子"技术难题，分别获评2020年度山东省和浙江省首台（套）产品，近3年累计销售3490台套，销售额达20.94亿元，同时出口新加坡、柬埔寨、印尼等"一带一路"国家。核心装备成功实现国产化替代，打破了行业垄断，提升了国际竞争力。

项目授权专利30件（发明专利14项）、软件著作权11件，发表论文21篇。研编并发布各类标准27项，补齐了供水系统关键材料设备标准化短板，支撑了济南、武汉、深圳3处国家级第三方评估验证基地建设，推动了城镇供水关键材料设备的规范化和产业化良性发展。

3.6.5 基于胶囊机器人的排水管网快速检测与智慧排水动态运维

1. 项目简介

城市地下排水管道是城市雨污水排放的重要通道，是维持城市安全运行的生命线。我国城市建成区范围迅速扩张，经过多年市政基础设施建设发展，已建立了非常复杂的排水系统，但因负荷流量远超设计标准、管材及设施老旧、地铁等新建重大工程影响、隐蔽工程施工质量检测困难、地下探测手段不足等因素，导致城市内涝、河道污染、地面塌陷等重大社会问题频发。发明便携智能的排水管网内部病害检测装备和技术是实现快速普查的有效路径，项目组在科技部重点研发计划、深圳市水务科技项目等计划项目的资助下，在排水管网智能检测装备、受限空间内自主定位、管网病害自动识别的理论与技术方面取得了一系列新突破，国内外首创了排水管网检测胶囊机器人，提出基于流体驱动进行管道内部状态连续测量的新思路，突破视觉辅助定位、管网走向分析和破损特征提取等关键技术，首次实现城市排水管网大范围高效状态检测，解决地下管网无法连续直接检测的难题，为城市地下管网检修与地陷灾害防治提供全新手段（图3-21）。

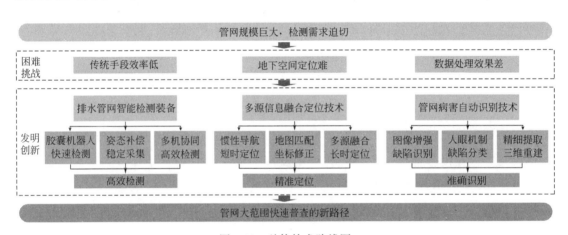

图 3-21　总体技术路线图

2. 主要技术内容

（1）创新点

1）漂流式多传感器集成的排水管网智能检测装备。发明了多传感器集成的排水管网智能检测新装备胶囊机器人，突破了多传感器低成本、小型化、集成化、模块化技术难题，解决了污水管网检测、复杂地下场景快速作业等难题，支持在加速度随机、抖动剧烈的漂流过程中获取清晰稳定的检测视频数据，图像视场角达到185°，分辨率达4K，帧率达60帧/秒，实现了200～5000mm管径的排水管网全场景快速检测。

2）地下受限空间（无GNSS信号、无后挂电缆线）内多源信息融合高精度自主定位技术。研发了结合场景建模的惯导/视觉/地图多源数据融合高精度定位技术，解决了 AHRS（航姿参考系）数据存在明显的零点漂移和温度漂移、机器视觉在特征纹理少或运动过快情况下定位效果不佳、地下复杂环境下特征检测精度低和鲁棒性不高等问题，突破了多源异构多尺度空间数据匹配融合的关键技术难题，将定位精度从米级提升至分米级，实现了胶囊机器人在长距离大范围地下管网检测中的高精度定位。

复杂环境下基于人眼视觉机制的管网缺陷自动识别技术。构建了基于人眼视觉机制的复杂环境管网缺陷自动识别技术体系，发明了"图像增强—病害检测—缺陷提取"系列技术，解决了低质量管网检测数据中运动模糊、噪声繁杂、亮度不匀、数据畸变等关键问题。管网病害自动识别率达96%以上，覆盖国标中16种病害类型，检测方法达国际领先水平。

（2）应用推广情况

应用上述创新，在我国广东、湖北、江苏、新疆等20余个省市进行了广泛的推广应用，直接带动经济效益超过1亿元，推动了我国排水管网检测理论、方法与技术的研究和发展。

（3）社会效益和环境效益情况

相关研究成果累计申请受理中国发明专利30余项（授权26项），授权美国发明专利1项，出版专著1部，编写技术规范1部。

3.6.6 智能水表关键技术研究与应用

1. 项目简介

以往智能水表存在数据采集精度低（m^3）、规模部署和维护难度大、数据传输安全保障差、数据深度挖掘弱等问题；国内水表检定机构、供水企业缺乏智能水表质量控制手段和经验。深圳市水务（集团）有限公司（以下简称深圳水务集团）开展了《智能水表关键技术研究与应用》项目攻关，在智能水表研发、质量控制、管理系统建设方面取得了一系列成果，有效促进了智能水表制造产业的发展，提升了供水企业的智能水表管理和应用水平。

2. 主要技术内容

（1）创新点

1）研发NB-IoT无磁传感智能水表。深圳水务集团联合华为技术有限公司、中国电信集团有限公司、宁波水表（集团）股份有限公司共同研发了全球首款NB-IoT无磁传感智能水表，在国内小口径智能水表中首次采用NB-IoT传输技术和无磁传感机电转换技术，充分保障了数据远程传输安全，解决了数据采集精度低、部署和维护困难等问题。

2) 制订智能水表功能、型式标准和通信协议。实现同类智能水表的互联互换和各类智能水表数据统一接入系统平台。

3) 开发智能水表质量检测装置和建设高标准质量控制实验室。结合智能水表首次强制检定工作，设计机电转换检测流程及与水表检定装置的通信协议，实现智能水表机电转换准确性批量检测；开发了水表断续流量误差检测装置，模拟水流量不稳定时对计量造成的影响；实验室升级采用双时间法水表检定装置开展智能水表检定工作。

4) 研发和完善智能水表相关信息化系统。水表检定系统优化了水表检定流程，检定水表时扫描条形码录入水表表码，将检定合格水表进行二次编箱；水表计量管理系统可调用水表检定系统中的水表基础信息，打通水表全生命周期的各环节；水计量仪表计量效率评估信息化系统利用智能水表采集的数据，结合首次强制检定数据和老化规律，评估智能水表当前计量效率；漏损管理系统充分利用智能水表采集的数据，实现计量分区日产销差率和日漏损率计算，及时预警潜在漏损风险。

（2）应用推广情况

1) 深圳水务集团应用推广情况。制定的相关标准已应用于智能水表招标采购和数据接入管理。智能水表质量检测方法、装置、系统等，已应用于智能水表安装前的质量把关和使用中的质量控制。制定的《远传水表管理规定》已应用于智能水表的日常运维管理，保障深圳水务集团智能水表数据上报成功率和采集准确率均高于98.5%。

2) 水务行业应用推广情况。基于深圳水务集团标准的 NB-IoT 无磁传感智能水表已在国内各大型供水企业中得到广泛应用；参编的智能水表行业、团体标准，有效促进了智能水表产品的品质提升；编写的《智能水计量仪表运营管理》可帮助供水企业提高对智能水表的认识和管理水平。

（3）社会效益和经济效益情况

该项目积极促进了智能水表制造行业的产品升级和迭代；助力 NB-IoT 通信技术产业的发展；助力产销差控制管理，深圳水务集团的产销差率从 2018 年 12% 降至 2022 年 9%，若向全国推广，按 2020 年全国 5812.9 亿 m^3 供水量以及中国城市公共供水管网漏损率由 13.39% 下降至 9% 测算，每年全国将减少漏损水量 255.19 亿 m^3。

3.6.7 昆山市排水管网养护智慧运营监管服务

1. 项目简介

该项目建设前,昆山市排水运营监管上存在的几个重要问题:一是管网数据更新不及时,缺少底层数据标准规范,导致管网数据不完整;二是巡查养护监管方式传统,缺乏专业化、智慧化监管技术和团队,管道养护不足或过度养护,养护成果没有系统化管理,普遍存在抢修式运维,养护效果难以评估;三是管网维修存在"治小病、留大病"的问题,导致投入大、见效少;四是智慧化管理程度不高,缺乏有效的管网状态评估和运行监测手段,不能及时掌握管网排水负荷和运行状况的变化。

2. 主要技术内容

(1) 创新点

1) 管网五位一体数字化管理(图 3-22):该软件把传统的数据更新模式由"线下提交+人工审核"变为"线上提交+智能审核",极大提高了数据更新的时效性和准确性。该软件在技术创新上有以下几点:通过软件固化底层数据标准规划,实现数据在线自动校验、智能判读、自动成图、一键上传等功能;在传统管网四位一体的基础上,加入专业的评估分析,使"静躺"的数据发挥价值;针对大量的管网检测视频,研发了视频智能判读算法,智能分析管网缺陷,解决了检测视频判读靠人工分析效率低下的问题。

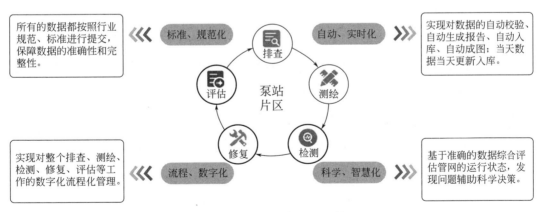

图 3-22 管网五位一体数字化管理图

2) 管网运行状态的分析:该项目结合自研的专业算法,实时分析管网的运行状态,包括冒溢分析、堵塞分析、混接分析等风险事故分析,实时预警并通过手机 App、短信等方式提醒,避免或减少重大事故的发生。

3）智慧监管分析：项目建成前，现场养护工作存在诸多问题，如养护质量不达标、养护工作量虚假上报、辅助作业无证下井等，监管工作开展难度极大。项目建成后，通过对养护作业的全流程数字化管理，软件后台通过专业的算法对养护数据实时进行大数据分析，实现了对养护工作"数量＋质量"的双复核监管，最终实现准确量化养护数量，有效提高养护质量，合理安排养护计划，确保养护作业高效和高质量完成，保障排水管网的通畅运行，也避免过度养护和养护不足，提升智慧化管理水平。

4）智慧维修分析：项目建成前，管网维修工作存在"治小病、留大病"的问题，导致投入大，见效少。项目建成后，利用自研的专业算法，计算出全市每个缺陷管段的维修指数，并进行从高到低的自动排序，维修指数越高需要维修的优先级越高，这样用准确的数据辅助制订科学的维修计划，使维修资金都能用在刀刃上，助力由"以治为主"向"以防为主"转变、"被动应付"向"主动监管"转变，提高对城市应急事件的快速反应和协同指挥能力，切实守护城市安全"生命线"。

（2）应用情况

昆山全市每天有 300 多人在线使用该项目搭建的排水管网智慧运管平台，实现对全市排水业务全链条数字化管理。

（3）项目建设效益

1）经济效益：项目通过创新服务模式，仅 2021 年一年时间，为中环内养护经费节省 6000 多万元（数据和 2020 年相比），大幅提升了管网养护管理效益，实现了数字管养、智慧管养。

2）社会效益：项目建成前，2020 年市民 12345 排水问题投诉热线数量为 1740 个，项目建成后，2021 年市民 12345 排水问题投诉热线数量为 859 个，市民投诉减少一半多。智慧平台上线之后，使雨污管网排水更顺畅，减少了事故发生次数，保障市民出行安全，减少公共财产损失，提升了市民对政府的满意度。

3）管理效益：建立标准、统一结构、底层数据规范化；深入业务、固化流程、管理工作数字化；精准施策、有的放矢、决策依据科学化；实时预警、防患于未然、事故问题预见化；精细运营、降耗提效、治水工作智慧化。

3.6.8　城镇排水管网检测诊断与效能评估技术集成及应用

1. 项目简介

在黑臭水体攻坚战与提质增效工作开展过程中，污水处理厂进水浓度低、排水管网运行效能低下是业内普遍面临的难题。目前国内对于污水系统的检测、诊断以及评估方面均缺少一套系统科学的理论方法，因此在实际建设工程中存在方向不明、效率低下以及结论不合理等问题。项目团队从管网智能化检测、管网问题识别及量化分析技术、管网系统分级诊断及评估技术3个方面开展城市排水管网检测诊断关键技术研究，形成了一系列排水管网检测诊断的设备产品，一套可推广、可复制、可借鉴的综合技术方案与评估方法（图3-23）。

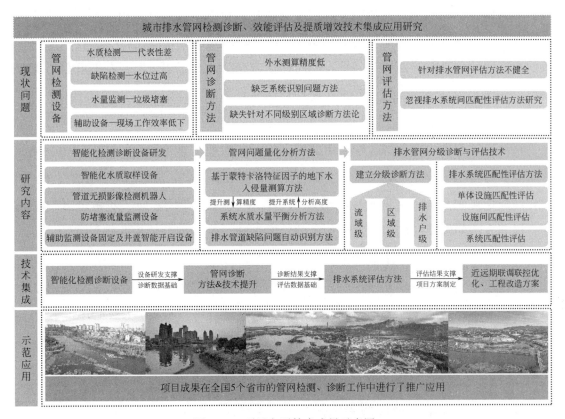

图3-23 项目主要技术成果示意图

2. 主要技术内容

（1）创新点

1）创新研发了一系列排水管网智能化检测诊断设备。针对瞬时水样代表性差、污水/合流管道流量计传感器易被垃圾堵塞、缺陷检测受管道水位限制等问题，创新研发了一系列检测诊断设备，包括智能化水质取样设备、便携式自动取样球、防堵塞流量监测设备和管道无损影像检测机器人等，提高了检测的高效性、灵活性与准确性。

2）创新研发了排水管网问题识别及量化分析技术，包括基于蒙特卡洛理论与特征因子法的地下水入侵量测算方法、基于水质水量的排水系统平衡测算及问题分析方法和基于深度学习图像管道识别模型研发。可以准确定性、定量判定排水管道外水入侵比例，为全面、深入、系统地排查诊断污水管网系统提供可靠依据，同时实现智能准确高效识别管道缺陷，识别准确度可达到97%。

3）构建排水管网分级诊断与评估技术并在实践中进行推广应用，包括基于特征因子结合仪器检测的综合方法的分级诊断方法和流域视角下匹配性指标体系、技术路线、评估内容与方法。该套诊断方法针对不同尺度范围提出相应诊断流程，可以高效、准确地诊断排水管网病症问题，同时评估方法为改造工程方案与联调联控方案提供科学依据，填补了国内排水系统匹配性评估研究领域的空白。

（2）应用推广情况

该项目关键技术在全国5个省市的管网检测、诊断工作中进行了推广应用。项目成果能够为排水工程系统化整治方案提供科学的数据支撑，进而治理、恢复、提升、优化和强化排水系统，逐步实现城镇排水系统由"规模增长"向"质量提升"的转变。该套方法能够适应国内大部分地区的管网诊断工作，具有较强的应用前景。

（3）社会效益和经济效益情况

通过该研究关键技术支撑，可高效率高质量地提高排水管网运行效能，有利于提高管网碳源利用效率，助力国家"双碳"目标的实现。该项目核心技术已获得授权实用新型专利11项、软件著作11项、发表核心期刊论文5篇，项目形成的关键技术在管网检测、诊断工作中进行了推广应用，取得了巨大的经济效益。

3.6.9 寒冷地区流域污染物防控技术研究与应用

1. 项目简介

我国北方寒冷地区流域水体存在着季节性变化大、自净能力差、河流岸边缓冲带污染物阻控能力弱等问题，同时针对流域的点源、面源、内源污染治理技术存在不系统细碎化治理问题，对流域水环境系统性梳理和分析不足，以点为基础的环境治理项目无法产生长期稳定的整体流域治理效果，且河道面源和内源治理技术匮乏，不能满足北方寒冷地区流域污染防控技术的需求。

项目组以寒冷地区流域水环境综合治理工程及省科技项目为依托进行研究，针对流域水环境综合治理过程中污染物防控的技术难点，系统梳理流域水环境污染全过程防控关键点,按照"控源减排—生态修复—工程管理"三步走的思路进行联合攻关,攻克了寒冷地区低温条件下污染物去除效率低的问题,研发了寒冷地区污水处理厂尾水深度处理水质提升技术,提出了基于生态修复的河岸缓冲带+底泥染物阻控技术,建立了流域综合治理工程建设管理方案模拟决策技术体系,攻克了流域水体自净能力差、岸边生态功能弱、水体易返黑返臭的难题,解决了北方寒冷地区长期存在的点源、面源、内源污染的碎片化治理问题,系统全面实现了北方流域水质整体提升和持续改善,实现了从源头消减、过程拦截修复及流域管理全过程污染物防控技术突破,为寒冷地区流域水环境综合治理树立典范。

2. 主要技术内容

(1) 创新点

1) 研究开发了适用于北方寒冷气候特征的污染物消减新材料和新技术。通过纳米尺度有机聚合物接枝改性,同时耦合臭氧氧化工艺,有效提升膜在北方寒冷地区水体的使用效果,实现城镇污水处理厂低温环境下出水总氮去除率提升20%,总磷去除率提升10%;针对村镇污水负荷变化大、冬季气温低、尾水保障率低等特点,开发了分段式活性污泥法处理装置,突破了村镇污水处理厂尾水污染物消减关键技术,实现北方低温条件下对氮、磷的去除率较常规工艺提高10%以上。

2) 构建了基于生态修复的河岸缓冲带+底泥污染物阻控技术。采用模拟法对各植物净化污染物能力及抗污能力进行了系统的研究,将植物污染阻抗与生态景观相耦合,综合截污、地形、景观、成本等多个功能与效益,设计出了适于各区段缓冲带特殊环境的污染物截留阻控技术模型。研发了复合型底泥原位修复功能毯,采用原位修复技术特点,可实现对底泥进行快速原位覆盖修复,投资运行成本低,实现经济高效的污染物源头消减。

3) 构建流域水环境综合治理理论与工程实践相结合的技术系统。结合了北方寒冷地区的气候特点,运用多种环境模拟的方法,构建流域综合治理工程建设管理方案模拟决策技术体系,在规划设计、建设修复与工程管理环节上突破流域水环境综合治理工程设计优化决策关键技术,大幅提升了寒冷地区流域水环境综合治理工程项目管理水平,支撑了寒冷地区流域水环境质量的持续改善。

(2) 应用推广情况

该项目在20多项工程建设中推广应用,示范引领和促进了行业的发展。项目成果已经成功推广应用到长春市伊通河流域水环境综合治理工程、长春北郊污水处理厂提标改造项目、芳草街全地埋式污水处理厂新建工程、长春市西部污水处理厂提标扩建工程、生态护岸建设工程、河岸带植被恢复工程、伊通河支流东新开河的底泥治理工程等多项重点工程，为北方寒冷地区流域水环境综合治理工程提供了经典范例。

（3）社会效益和经济效益情况

项目成功在北方寒冷地区的流域水环境综合治理多个项目中进行推广应用，累计产生直接经济效益约 16.7 亿元，经济效益显著。项目的研究与应用，面源污染截留率可达到 30% 以上，COD 消减 20%～30%，氨氮消减 30%～40%，很大程度上缓解流域水污染，使得流域逐步恢复原有生态功能，有效提升流域水体水质，生态环境得以改观，在流域水环境治理过程中起到了良好的支撑作用，项目的落地实施，推动了生态环保行业在北方寒冷地区水环境综合治理的科技进步，具有良好的社会效益和环境效益。

3.6.10　城市供水系统规划设计关键技术评估及标准化

1. 项目简介

该项目针对国家水专项实施以来技术成果未能及时纳入城镇供水系统规划设计标准规范，阻碍技术成果大规模推广应用的突出问题，系统性地梳理、凝练和总结饮用水安全保障技术的大量成果，构建了适合我国国情的城市供水系统规划设计关键技术的 5 阶段综合评估验证方法和指标体系，并展开技术验证。依托《标准化法》和现行标准工作，梳理安全饮用水技术标准体系，依托技术评估的成果和标准化体系的标准缺失分析，选择并完成一系列标准化文件，建设了"源头到龙头"的城市供水技术标准支撑平台，夯实我国饮用水安全多级保障技术基础和标准支撑，提高供水规划设计先进技术的工程应用水平。

该项目于 2023 年 8 月 21 日经中国水协组织专家鉴定，技术成果达到国际先进水平。

2. 主要技术内容

（1）创新点

1）在关键技术的评估验证方面，首创了供水行业规划和设计的技术评估方法和指标体系，该方法较国际增加了 2 项流程并强化了技术验证，并以科学和系统的方法，对"十一五"以来"水专项"的近 200 项技术成果进行全面筛选、归纳、梳理，对其中的 9 类 22 项关键技术在 19 个城市、40 个技术验证点开展了技术应用验证。

2) 在关键技术的标准化建设方面，首次构建了《我国饮用水安全保障技术标准体系》，相对于国际标准化组织 ISO 偏向检验方法和服务标准的架构、英国标准 BS 偏产品药剂等扁平设置、欧盟 EU 偏量值和监督的结构，以及我国 2006 年构建的现行的工程建设标准体系偏行政管理的模式，该标准体系具有层次性的框架，适用于政府监管与标准化管理、工程规划设计建造、产品制造与选用、运营服务等多个方面，可用于指导标准的应用和新标准的编制；编制了新的规划设计标准 11 项，其中 8 项填补相关标准的空白、3 项改进原有标准；开发了标准体系支撑平台，对标准文件的覆盖率达 95% 以上。

（2）应用推广情况

项目研发的技术助力设计单位打造核心技术，产生的标准化成果应用于多项给水规划设计项目，提升了复杂给水工程的技术应对能力。成果全文强制国家标准《城市给水工程项目规范》GB 55026—2022 研编报告明确了给水工程规范正式编制的必要性和可行性，确定了规范的定位、编制原则和内容要素构成。标准体系应用于住房和城乡建设部市政给水排水标准化技术委员会、中国城镇供水排水协会标准化工作委员会等的标准化工作，建立的城市供水系统技术标准支撑软件系统，与国家饮用水安全保障监管平台对接。

（3）社会效益和经济效益情况

标准体系为标准的立项和修订提供指导，对于推动饮用水安全保障相关标准的制修订进程及质量保障起到积极作用。相关标准化成果的应用，对饮用水安全保障的提高、饮用水水质的提升、工程建设和运行费用的降低起到重要的促进作用，因而具有显著的社会效益。

项目所筛选的关键技术多次应用于城镇供水系统的规划设计项目中，项目单位因而受益。近 3 年内承接的近 200 项供水工程项目，其中最大水厂规模 100 万 m^3/d，最大输水规模 200 万 m^3/d，受益（规划）设计产值合计 18.05 亿元。

3.7 中国水协科学技术成果鉴定

科学技术成果鉴定是指中国城镇供水排水协会聘请技术、经济专家，按照规定的形式和程序，对科学技术成果进行审查和评价，并作出相应的结论。科学技术成果鉴定是评价科学技术成果质量和水平的方法之一，对加速城镇水务行业科学技术成果转化具有重要作用。

2023年中国水协共组织开展了9项科学技术成果鉴定，见表3-46。

2023年中国水协科学技术成果鉴定项目名单　　　表3-46

序号	项目名称	主要完成单位	主要完成人
1	基于余氯调控的龙头水质保障技术与应用	清华大学、常州通用自来水有限公司、上海城投水务(集团)有限公司	刘书明、肖磊、吴雪、吴以朋、王圣、范晶璟、李中伟、胡玲、蒋瑜、郭冠呈、陈春芳、耿冰
2	城镇河湖排口雨水径流控制技术装备研发与工程应用	清华大学、中建环能科技股份有限公司、上海市政工程设计研究总院(集团)有限公司、中国市政工程华北设计研究总院有限公司	贾海峰、佟庆远、张鹤清、马洪涛、于金旗、杨雪、陈正侠、王哲晓、张潇月、吕志国、印定坤、东阳、佟斯翰、黄光华、毕永伟、孙磊、舒峰、汤杰、陈立、袁华洁、田彩星、杨童
3	城镇供水系统关键材料设备评估验证与标准化	山东省城市供排水水质监测中心(济南市供排水监测中心)、深圳市水务(集团)有限公司、中国市政工程中南设计研究总院有限公司、青岛国林科技集团股份有限公司、海南立昇净水科技实业有限公司、聚光科技(杭州)股份有限公司	贾瑞宝、孙韶华、宋武昌、李桂芳、王明泉、潘章斌、陈发明、易娟、陈才高、王承宝、陈忱、韩双来
4	城市供水系统规划设计关键技术评估及标准化	中国市政工程中南设计研究总院有限公司、中国城市建设研究院有限公司、中国城市规划设计研究院、上海市政工程设计研究总院(集团)有限公司、北京市市政工程设计研究总院有限公司、哈尔滨工业大学、同济大学、深圳市环境水务集团有限公司	杨书平、张怀宇、刘广奇、王蔚蔚、王广智、王亚宜、易娟、王胜军、张硕、邹磊、镇祥华、雷培树、李国洪、李树苑、万年红、陈燕波、鲍任兵、贺珊珊、高雪、张立、余琴芳、蔡世颜、周飞祥、雷木穗子、孔彦鸿、祁祖尧、黎艳、吕士健、吴彬杉、杨晶博、翟学东、时文歆、赵庆良、丁晶、于水利、邓慧萍、史俊、颜欣、薛广进、田萌、杨力、王如华、张晏晏
5	双碳背景下城镇污水处理厂强化脱氮除磷工艺技术研究及工程应用	中国市政工程中南设计研究总院有限公司、武汉市城市排水发展有限公司、中信清水入江(武汉)投资建设有限公司	万年红、陈燕波、鲍任兵、刘赛、陈鹏、余琴芳、徐健、刘佳、宋威、章诗璐、蔡世颜、汪博飞、雷培树、刘海燕、邹磊、马民、杜敬、夏娜、程珊
6	磁微滤生物膜法脱氮除磷污水处理技术	安徽普氏生态环境有限公司	张宁迁、方国锋、王余、金爽、侯松、张令、彭丹丹、张博涵、周元祥
7	广州智慧供水云平台系统关键技术研究与应用	广州市自来水有限公司、浪潮通用软件有限公司	吴学伟、王建平、申石泉、林立、罗斌、黄绍明、韩民、黄华、杨文昭、莫筠、刘晓飞、刘错、陈文海、肖力、袁永钦、黎锦秋、何元春、何立新、卢伟、李洪荣、罗伟军、区卓敏、陈冬雷、董玉莲、胡珊珊、王开心、赵立刚、陈真、赵强、周由甲、薛红伟、刘经国、许扬腾

续表

序号	项目名称	主要完成单位	主要完成人
8	排水管道多功能检测智能装备研制及示范应用	北京城市排水集团有限责任公司、中国矿业大学（北京）、北京北排建设有限公司、北京博安瑞达检测技术有限公司、中恒宏瑞建设集团有限公司	王增义、闫睿、蒋勇、张建新、于丽昕、李梵若、杨峰、徐茂轩、乔旭、李策、赵继成、王慧、祖伟业、陈珍开
9	高通量磁分离技术及在水生态修复中的应用研究	中建环能科技股份有限公司、中国电建集团华东勘测设计研究院有限公司、杭州水利水电勘测设计院有限公司	王哲晓、倪明亮、黄光华、肖波、张勤、马以超、李华斌、杨小林、李灿、张鹤清、易科浪、李祖荣、易洋、于金旗、吉青青、杨涛、周文彬、任钦毅

3.7.1 基于余氯调控的龙头水质保障技术与应用

该项目已获得 2023 年度中国城镇供水排水协会科学技术奖一等奖，具体内容详见 3.6.3 节。

3.7.2 城镇河湖排口雨水径流控制技术装备研发与工程应用

该项目已获得 2023 年度中国城镇供水排水协会科学技术奖特等奖，具体内容详见 3.6.1 节。

3.7.3 城镇供水系统关键材料设备评估验证与标准化

该项目已获得 2023 年度中国城镇供水排水协会科学技术奖一等奖，具体内容详见 3.6.4 节。

3.7.4 城市供水系统规划设计关键技术评估及标准化

该项目已获得 2023 年度中国城镇供水排水协会科学技术奖二等奖，具体内容详见 3.6.10 节。

3.7.5 双碳背景下城镇污水处理厂强化脱氮除磷工艺技术研究及工程应用

1. 项目简介

在日趋严格的排放标准下，由于进水碳氮比低的污水处理厂常常采用外加碳源和除磷药剂来实现氮磷达标，往往忽略工艺优化和技术改造。特别对于现有污水处理厂的提标，应重点关注挖掘生物处理潜能，减少无效曝气，优化碳源投加，促进节能碳减排。该研究针对南方污水处理厂的低碳氮比水质特点，结合武汉已建污水处理厂的实际需求，研究了改良 A^2O 工艺、五段 Bardenpho 工艺和多级 AO 工艺的优化调控策略，通过多点进水和微氧控制实现了节能降耗和水质提升，并通过比较多种碳源的脱氮效果、利用效率和药剂成本等，提出了反硝化滤池的碳源选择与运行优化建议。

该项目于 2023 年 8 月 22 日通过了中国水协组织专家鉴定。

2. 主要技术内容

（1）创新点

1）五段 Bardenpho 与多级 AO 工艺对比试验及优化运行

通过对比改良 A^2O 工艺、五段 Bardenpho 工艺和多级 AO 工艺的适用条件、处理性能及建设和运行成本，提出了针对不同进水水质条件和排放要求下的污水处理厂新建及提标改造工艺技术路线。

2）多点进水微氧控制强化脱氮除磷工艺技术

针对南方污水处理厂运行中普遍遇到的低碳氮比水质特点（COD/TN＝4～6），通过多点进水和微氧控制，增大了原水中的内碳源利用率，提高了反硝化脱氮效率，降低了曝气电耗，有效促进了污水处理厂的节能降碳。

3）基于效果、成本与安全的碳源优选技术

针对污水处理厂外加碳源可供选择种类繁多、适用条件有所不同、外加碳源选择或复配缺乏依据，研究比较了 6 种碳源（包括 3 种常用单一碳源和 3 类典型复合碳源）的效果、成本、运行管理要求，给出了碳源优选建议和基于提高碳源利用效率的碳源组分复配建议。

4）基于提高碳源利用效率的反硝化滤池运行优化技术

针对提标改造趋势下采用反硝化滤池工艺的污水处理厂外加碳源用量大，研究比较了 4 种碳源在两种脱氮负荷下（分别达到一级 A 标准和最严地方标准）的碳源利用效率及动力学规律，揭示了脱氮效率及动力学特征与脱氮负荷的关系，给出基于提高碳源利用效率的反硝化滤池运行参数优化建议，即通过增加滤池反硝化容积负荷提高碳源利用效率。

（2）应用推广情况

该成果在武汉江夏污水处理厂一期（15 万 m^3/d）、黄家湖污水处理厂三期（20

万 m^3/d）、南太子湖污水处理厂四期（15 万 m^3/d）等开展了工程应用，支撑了《城镇污水处理厂碳源投加技术规程》和《多级 AO 工艺污水处理技术规程》等标准的编制，为南方地区污水处理厂的建设运行提供了指导。

（3）社会效益和经济效益情况

该研究成果有助于降低曝气电耗和碳源药耗，从而降低污水处理厂间接碳排放量，促进节能减排，提高管理效果，可实现节约近 2%～6% 的运行电耗成本与近 20% 的外碳源，实现显著的经济效益，特别是南方地区污水处理能力和水平提升。为持续推进污水处理提质增效打好坚实的基础，实现生态效益、经济效益和社会效益的共赢，以不断满足人民群众日益增长的美好生态环境的需要。

3.7.6 磁微滤生物膜法脱氮除磷污水处理技术

1. 项目介绍

随着社会和经济的发展，我国对水环境治理的要求不断加强，国家在《国家发展改革委关于印发"十四五"重点流域水环境综合治理规划的通知》（发改地区〔2021〕1933 号）、《住房和城乡建设部 生态环境部 国家发展改革委 水利部关于印发深入打好城市黑臭水体治理攻坚战实施方案的通知》（建城〔2022〕29 号）等政策中都明确要求，到 2025 年，县级城市建成区黑臭水体消除比例达到 90%，污染严重水体基本消除，地表水劣Ⅴ类水体基本消除。磁微滤膜法脱氮除磷污水处理技术针对市政污水处理、水环境治理等领域，采用三维膜介质生物反应器以及磁微滤分离技术的应用，相对传统水处理工艺，具有停留时间短、占地面积小、处理效率高等优势。

2. 主要技术内容

（1）创新点

1）缺氧—好氧—缺氧—磁微滤水处理工艺

取消传统工艺的厌氧池与二沉池，并且采用快速磁混凝反应技术，整体工艺水力停留时间短、占地面积小；填料内微生物功能独立、流失少，并且污泥龄长，处理效率高；采用精准加药技术，仅采用一次提升，系统运行成本、能耗低。

2）缺氧—好氧—缺氧的耦合生物脱氮水处理工艺

在缺氧区添加高分子聚乙烯填料，在好氧区添加聚氨酯填料，以实现生物耦合脱氮的目的。减少外部碳源的投加量，摆脱传统生化工艺中脱氮功能受污泥龄的限制，提高污水处理负荷。

3）中进周出磁环主机设计技术

以小间距组合在一起的多个强磁力稀土环片组成转鼓格栅磁环，采用中进周出的流态设计，即中心进水、四周辐流式出水，以保证含有磁性絮团的水流最大量通过磁环表面并得到吸附，从而保证出水水质。同时采用无动力刮泥系统及常压式的高速剪切机，具有过水能力强、分离效率高的特点。

4）三维膜介质填料技术

采用穴居型固定式生物处理技术，运行时无需流化，有利于世代较长的微生物的富集和生长，对污水中污染物的利用效率更高，相对可减少外部碳源投加量，可有效利用污水中的硝态氮，并转换为氮气，达到去除总氮的目的。通过高填充率、灵活的填料运行工况及低阻力配水设计，具有生物量大、水头损失小、能耗低的特点。

5）智能精准加药技术

智能精准加药技术包括精准溶药技术、精准加药技术、自标定智能学习技术等。精准溶药、精准加药技术结合总工艺流量信号，根据进水量及进出水水质调节所需的溶药量、药剂投加量，从而保证整个加药系统的自动运行，加药量误差不大于±1%，节省药剂成本。

（2）应用推广情况

该成果已在市政污水处理、初期雨水治理、水环境治理等领域进行工程化应用，产品在全国50多个城市、百余项工程得到应用，日处理水量达到250万 m^3，取得良好的应用效果。

（3）社会效益和经济效益情况

现运行设备处理水量5亿 m^3/a，可实现消减COD约10万 t/a、NH_3-N约3万 t/a。在有效改善水环境的同时，该技术装备还带动上游机械加工、原材料、物料等行业，下游水环境治理工程项目投资，具有良好的社会效益和经济效益。

3.7.7 广州智慧供水云平台系统关键技术研究与应用

1. 项目简介

智慧供水云服务平台项目是一项具有前瞻性、战略性的项目，该项目采用新理念、新路径、新模式，通过构建全业务上云的数字底座，采用系统重构、流程再造、数据治理等手段，推动企业从自动化、信息化向数字化、智能化升级，实现企业"业务＋管理"一体化数字化转型，提升企业"服务创新、绿色运营、集约协调、共享开放"四大新型能力。通过项目建设和实施，形成了"搭平台、强终端、治数据、重应用、促变革"供水企业数字化转型的"五步法"，成为国内首家探索全面数字化转型的供水企业。

该项目建设内容是基于浪潮海岳企业数字化平台，通过集成云计算、大数据、物联网、人工智能等先进技术，搭建私有云平台，融合供水企业"产供销服、人财物事数"管理，在统一云平台搭建"从源头到龙头"的27大类全链条业务应用系统，基于大数据等中台构建智慧运营1991个数据模型，落地30个数字化应用场景，同时构建信息平台安全体系，以保障供水服务的稳定性和可靠性。该项目获评选为住房和城乡建设部2022年智慧供水典型案例，并于2023年9月6日通过了中国水协组织的科学技术成果鉴定。

2. 主要技术内容

（1）创新点

1）路径创新——以"五大举措"推动企业数字化转型。该项目在建设和落地实践中，形成了"搭平台、强终端、治数据、重应用、促变革"数字化转型路径5步法，为行业提供系统解决方案经验，在同行业中处于领先地位。

2）技术创新——以"云边端"的架构构建智慧供水云平台。该项目建设采用多层级云边协同管控技术路线，全面支持云边端一体化协同，通过云边协同通道实现资源、数据与服务的实时同步与交互，在水务运营产生的大量数据的实时处理与决策等核心环节发挥重要作用。是国内首家采用此技术路线的供水企业。

3）机制创新——以"数据与业务融合"治理机制助力实现数据资产价值管理。该项目通过自上而下的方法，建立数据治理融合在业务过程的落地机制，解决数据与业务两张皮的问题，将元数据管理、数据质量管理、数据生命周期管理与业务管理融合；利用数据管理平台对数据进行集中管理和统一调度，实现数据资产的有效管理。

4）模式创新——以云平台赋能企业管理变革。该项目以基于位置服务LBS与供水GIS构建物联网格平台，打造网格化管理新模式，全面落实管网、营业、客服三线业务入格，制定网格业务标准、考核激励机制以及人员配备标准等，实现公司由垂直管理向扁平网格化管理的转变，形成了可复制推广的网格化管理体系。

5）方法创新——以算法模型驱动供水业务降本增效。该项目利用云计算、大数据、物联网、人工智能等先进技术，研发多领域业务模型，包括多水源厂网联动调度模型、能耗模型、调度评价、供售水预测模型等多个模型，在生产调度、供水预测与规划和节能降耗等方面得到有效应用，实现生产运营智慧管控。

（2）应用情况

该项目于2022年在广州市自来水有限公司全面推广应用，27个业务子系统集建设、生产、管网、营业、服务、管理于一体，为企业5000多名员工提供统一工作平台，为全市约250万终端用户提供线上服务。平台业务流程上线率90%、用户服务网办率100%、接入物联设备约90万台，向政务平台共享数据量6万条/月，企业迈向"物在网、人在线、数在传、云上看"的新型工作形态。

该项目形成了智慧供水统一平台一体化建设模式的规划、设计、开发、实施的全过程行业解决方案成果，通过构筑业务中台与数据中台，形成供水企业的数据治理、流程治理成果及应用经验，可为同行提供借鉴。

（3）社会效益和经济效益情况

项目实施后实现社会效益和经济效益双提升：社会效益方面，实现"数据多跑路，用户少跑腿"的"零距离"服务，用户服务满意度、政务服务效能得到有效提升；经济效益方面，企业实现资源集约化、共享化管理，生产能耗、人工成本、IT综合成本下降，企业全流程实现数字化管理，提升公司组织间的沟通与管理效率。

3.7.8 排水管道多功能检测智能装备研制及示范应用

1. 项目简介

排水管道沿城市道路敷设，一般位于其他市政管线的下方，因而地下排水管道破损会引起地面塌陷、上浮管道断裂等事故，因此排水管道安全是保障城市地下空间安全的关键。中国大中城市（北京、上海、杭州等）地下空间灾害日益严重，究其原因如下：首先地下排水管道超期服役，年久失修，进入破损期；其次，地下空间大量开发利用，导致地下环境变化，诱发管道病害产生；再次，目前没有好的检测装备和技术。北京城市排水集团有限责任公司负责北京核心城区排水管道运维，近几年多次发现由于缺乏有效检测手段，出现排水管道破损致灾事件，例如学院桥重大抢险事件。基于上述因素，北京城市排水集团有限责任公司通过大量调研发现，研究开发基于雷达、视频和陀螺仪综合感知技术，可实现排水管道腐蚀、周围空洞、管体内部破损、管壁腐蚀深度、管节接口裂缝和管道坡度突变等多种病害检测。

自2017年以来，北京城市排水集团有限责任公司联合国内安全领域知名高校和相关企业，联合开展排水管道多功能检测智能装备研制和技术攻关，2019年得到北京科委重大项目支持，2022年得到科技部"十四五"重点研究计划支持。

2. 主要技术内容

主要成果：开发出排水管道多功能检测智能装备和智能识别技术，成果首次在北京等地开展实际应用，获取的核心成果和创新技术如下：(1) 研制了集雷达、视频、陀螺仪及测距信息的同步实时采集和数据传输装备。装备通过设计不同传感器的分级分时采集模式和乒乓高速缓存控制技术，确保在 5km/h 检测速度前提下，定位精度达到 0.33mm。(2) 研制一种具有自主越障功能的弧形天线系统，实现在爬行检测过程天线与管道壁平行贴靠，且垂直间隙小于 2cm，与平行天线相比，驻波干扰信号减少 30%。(3) 构建一种基于 LSTM 的管道探地雷达天线智能纠偏算法模型，针对排水管道内探地雷达爬行出现旋转偏离测线难题，基于最小纠偏轨迹条件下不同运动阻力、坡度和速度实验测试的导向轮纠偏角度作为参考向量构建该模型，实现实时预测纠偏角度和扭矩，提高了管道探地雷达的纠偏准确度和稳定度。(4) 研发一种基于管外病害电磁波响应特征和管内缺陷视频图像分区定位的智能识别算法，可实现病害和缺陷的全自动、智能化、高效精准判别，病害和缺陷识别率可达 92%，缺陷识别定位误差小于 1mm。

3. 应用和效益

先后开发出 4 代产品。其成果在多个城市开展应用。特别是在 2019 年北京国庆阅兵线路保障活动和 2021 年郑州洪水灾后重建等重大事件中发挥了重要作用。

仅仅在北京，北京城市排水集团有限责任公司利用该成果进行初步示范应用，实现经济效益 6738 万元。全国大中城市均面临地下排水管线安全排查和评估，市场前景广阔，随着成果在北京和全国全面应用，预期经济效益超过 100 亿元。

该成果为城市地下排水管道运维安全提供全套技术，减少城市地下空间灾害事件；该成果也为地下排水管道智能化管理和生命周期评估提供了重要理论和技术支撑。社会效益显著。

成果鉴定结论如下，该"装备"属国内外首创，填补了我国排水管道复杂运行工况下内外同步检测、智能识别及多要素综合评估的空白，达到国际领先水平。

3.7.9 高通量磁分离技术及在水生态修复中的应用研究

1. 项目简介

随着我国城镇水务行业目标的多元化和对目标要求的不断提高，以往单纯的"水污染防治"已不足以支撑新时期水生态环境保护工作，我国城镇水环境的关注重点已从"环境治理"逐渐转变为"生态修复"。水生态修复技术作为一项重要技术在微污染的河道、湖泊、水库等水体整治中得到大量应用，但单纯依赖水生态修复技术存在降解能力弱、占地面积大、见效慢等问题，常与其他技术耦合应用。该项目发明了高通量磁分离技术及装备，并将其应用于景观水体的水生态修复，形成了旁路高通量磁分离耦合水生态修复的创新工艺及方案，以弥补水生态自然净化能力不足的缺陷。该技术具有短期见效快、水力停留时间短、占地面积小、建设周期短和长期运行稳定等特点，可有效提升景观水体的透明度，增强水体水动力，并可快速恢复水生植物的自净能力，为水生态修复工程提供前置条件和长效维持水质提供保障措施。

项目研究成果通过了中国城镇供水排水协会于 2023 年 12 月 24 日组织的技术鉴定。

2. 主要技术内容

（1）创新点

1）发明了高通量磁分离水体净化关键技术及装备

针对水生态修复中存在的水体透明度低、水动力不足等问题，研发了高通量磁分离净化技术及装备，采用侧向进水中间出水的方式，提高了磁盘利用率，进水水流穿过磁盘间流道，缩短了停留时间，提高了处理水力负荷，单套设备处理能力由原先的 20000 m^3/d 提高至 30000 m^3/d。

2）研发了智能化磁分离药剂投加关键技术

针对磁分离系统运行中采用手动加药时存在的药剂过量与药剂残留等问题，研发了一种智能化磁分离药剂投加控制技术，具有结构简单，适应性强的特点，实现了磁分离药剂的智能连续精准投加，大幅减少了人工劳动强度，节省了药剂消耗量。

3）构建了景观水体快速提高透明度与长效保持的方法与技术体系

通过高通量磁分离耦合水生态修复技术，筛选适宜水生植物，构建河道水下森林体系，进一步去除氨氮、COD、TN 等污染指标，快速降浊后的水体透明度可长期维持在 1.0m 以上。该成果应用于景观水体治理，能显著消减磷负荷、快速提升水体透明度、增强水体水动力，为水生态修复提供必要保障措施。

（2）项目应用推广情况

成果应用于北京、杭州、苏州、嘉兴等全国 30 多个城市地区，累计景观、河道、湖泊等领域的水质净化项目 100 余个，水处理规模达 450 万 m^3/d 以上。代表性项目有嘉兴南湖水生态环境修复项目，采用 20 万 m^3/d 的高通量磁分离净化技术及装备，有效改善了南湖湖区水质，降低湖区悬浮物浓度，提高湖区水体透明度，并使南湖水生态系统得到初步恢复；该项目荣获"2020年水务行业优秀案例""'十四五'生态环境创新工程百佳案例""'十四五'生态环境创新工程百佳案例汇编（2021卷）"等。

（3）社会效益和经济效益情况

该项目已累计授权专利56项（发明5项），发表论文14篇（中文核心8篇），主/参编国家/行业/地方/团体标准12项，出版专著2项。项目成果入选《2020年绿色"一带一路"技术储备库入选技术名录》，可有效提升景观水体水质，增强水体流动性，以达到水质长效保持的目的，提高景观效果；同时，累计实现产值25亿元以上，社会、环境、经济效益显著。

3.8 中国水协典型工程项目案例

2023年，中国水协遴选出6项典型工程项目，见表3-47，具体项目介绍如下。

2023年中国水协典型工程项目案例名单　　　　表3-47

序号	项目名称	建设单位及项目负责人		设计单位及负责人		施工单位及负责人		运行单位及负责人	
1	上海白龙港污水处理厂提标改造工程项目	上海白龙港污水处理有限公司	孙斌	上海市政工程设计研究总院(集团)有限公司	杜炯 肖艳	上海建工二建集团有限公司	祁真	上海城投污水处理有限公司	裘湛
						上海建工四建集团有限公司	宋正晖		
2	孟加拉帕德玛水厂工程项目	中工国际工程股份有限公司	张朝阳	中国市政工程西北设计研究院有限公司	胡坤	中国机械工业建设集团有限公司	张跃	中工国际工程股份有限公司	张朝阳
						中铁二十四局集团有限公司	曹金鹏		
3	南京浦口区珠西支河恢复工程项目	南京浦口城乡水务发展有限公司	古寒冰	中国市政工程华北设计研究总院有限公司	王森 张明轩	雨发建设集团有限公司	张顺	南京浦口城乡水务发展有限公司	朱航
4	深圳埔地吓水质净化厂三期工程项目	深圳市环水启航水质净化有限公司	张宏	上海市政工程设计研究总院(集团)有限公司	司马勤	中铁一局集团有限公司	李文	深圳市环水启航水质净化有限公司	葛彦桦

续表

序号	项目名称	建设单位及项目负责人		设计单位及负责人		施工单位及负责人		运行单位及负责人	
5	烟台辛安河污水处理厂技术改造工程项目	烟台市辛安河污水处理有限公司	高彦博	中国市政工程华北设计研究总院有限公司	韩丽	青岛思普润水处理股份有限公司	王书波 刘宜龙	烟台市辛安河污水处理有限公司	高彦博
				青岛思普润水处理股份有限公司	宋平周				
6	杭州临安龙岗水厂配套输水管网建设工程项目	杭州临安自来水有限公司	徐肖杰	中国市政工程西南设计研究总院有限公司	李廷华	浙江联池水务设备股份有限公司	应雄毅	杭州临安自来水有限公司	徐肖杰

3.8.1 上海白龙港污水处理厂提标改造工程项目

1. 项目基本情况

白龙港污水处理厂（图 3-24）是亚洲最大、世界第三大的污水处理厂，总占地面积为 254.37 公顷，历经多次改扩建形成了 200 万 m^3/d 二级出水标准以及 80 万 m^3/d 一级 B 出水标准的处理设施，污水总处理能力为 280 万 m^3/d，服务面积约 $995km^2$，服务人口 900 多万人。该提标改造工程采用减负增容的方式将 280 万 m^3/d 出水提标至一级 A 标准。工程建成至今，每年新增减排量 COD 超 7 万 t，总氮约 8800t，总磷约 2700t，实现了上海市中心城区 1/3 污水处理量的提质增效，对上海市和长江流域的水环境质量改善起到重要作用。

图 3-24 白龙港污水处理厂全景图

该提标改造工程新建 120 万 m^3/d 的生物处理设施（其中 50 万 m^3/d 为全地下）、280 万 m^3/d 的深度处理设施、生物除臭设施、污泥液除磷池、初沉污泥杂质分离间（含自控间）、再生水制备间及清水池、蓄水池、配套附属建筑、总体配套设施等。

2. 技术先进性

工程开发利用了低碳氮比条件下碳源的分级梯度利用技术、超细砂高效分离技术、污泥中超细杂质分离技术，厂界嗅辨无臭味。地下空间无风管通风技术达到国际领先水平，实现了低碳低耗的建设目标。

总平面布局因地制宜提出"全地下、全覆盖、全加盖"建设形式，全面采用模块化布置。依托该工程开展的"大型污水处理厂污水污泥臭气高效处理工程技术体系与应用"获国家科技进步二等奖。

依托"上海市地下式污水处理厂工程设计及运行关键技术应用研究"科研基金项目，首创碳源梯度水位自适应多模式处理工艺，获国家科技进步奖，能耗指标达国际领先水平。

依托"大型污水处理厂配水创新技术研究"科研基金项目，首次设计超大规模处理构筑物组团布置形式和"太极式"配水设施，实现节地约 14 公顷（图 3-25）。

采用达到国际领先水平的地下厂新型绿色通风专利技术和达到国际先进水平的软土地区超大型超深基坑围护技术，节约投资近 1 亿元并缩短工期近 20%（图 3-26）。

图 3-25　三环偏心变截面比例配水池

图 3-26　西北地块地下厂无风管新风通道

依托"大型污水处理厂智能巡检机器人技术研究"科研基金项目，首创生物反应池巡检机器人系统。

依托"大规模地下污水处理设施快速绿色施工关键技术研究"科研基金项目，首次在地下厂采用装配整体式结构，缩短工期 3 个月。

项目采用国内首创的生物反应池巡检机器人系统，应用人工智能中的机器视觉识别技术，根据多光谱视频图像自动识别密闭反应池内曝气系统故障并实现智能报警、精确定位，经科技查新评价达到国际先进水平。厂内采用地下厂智能照明系统，根据不同运维模式自动控制，节省能耗；采用智能曝气系统，通过流线型低阻力调节阀实时调整曝气量，节省能耗；高度自动化检测控制设备，实时动态监测全厂运行数据。

3. 运行成效

白龙港污水处理厂（图3-27）提标改造工程服务面积约995km²，服务人口900多万人。采用减负增容方式将200万 m³/d二级出水标准和80万 m³/d一级B出水标准整体提标至一级A标准，实现水、气、泥、景四同步，为上海环境和COD减排贡献巨大。项目运行至今，每年新增减排量COD超7万t、总氮约8800t、总磷约2700t，对长江水质改善起到重要作用。

图3-27 白龙港污水处理厂全貌

3.8.2 孟加拉帕德玛水厂工程项目

1. 项目基本情况

孟加拉帕德玛水厂项目是为了解决孟加拉国首都达卡市居民生活饮用水安全而建设的孟加拉国重点工程，是中孟两国在"一带一路"建设中民心相通的工程，是中国政府向孟加拉国政府提供的"两优"贷款项目。

图3-28 孟加拉帕德玛水厂项目净水厂实景

项目供水规模为45万t/d，工程建设内容包括取水泵站（取水渠道规模为95万t/d）、净水厂（图3-28）、加压泵站、大口径长距离输水管线、高压输电线路、进厂道路及其他配套附属工程，为典型的全流程供水工程，工程总投资约人民币21亿元。

项目取水采用渠道式进水与挖泥船清淤方式，水处理工艺采用高效澄清池与气水反冲洗V型滤池，输水管道采用DN2000球墨铸铁管，水处理构筑物效率与顶管等技术在我国和孟加拉国均处于领先水平。

2020年项目正式建成移交后,受到了孟加拉国总理哈西娜、中国驻孟加拉大使馆、商会及媒体的高度关注。2020年,项目入选"一带一路"绿色发展国际联盟《"一带一路"绿色发展案例报告》。2021年,项目入选国务院国有资产监督管理委员会新闻中心平台中国企业国际形象建设案例,同年获评国有资产监督管理委员会《中央企业海外社会责任蓝皮书(2021)》优秀案例。2022年5月27日,《人民日报》发表"清洁水源改变了我们的生活"报道该项目。2023年项目获中国勘察设计协会行业优秀勘察设计奖市政公用工程设计一等奖。

2. 技术先进性

该项目在游荡性河道上建设取水设施(图3-29),充分考虑河道的主流游荡性、河岸稳定性、河道冲刷性等特点,设计方案对40年河道变迁、深泓变化和冲淤规律进行分析,并进行水工模型试验,因地制宜采用渠道式取水和挖泥船清淤技术。

图3-29 帕德玛河取水口

项目水处理充分考虑科学性、经济性、实用性,采用高效澄清池加V型滤池为核心的水处理工艺,具有占地面积小、工程投资省、运行灵活、抗冲击负荷能力强的特点。同时,设计采用了集约化、组团化的布置方式来节省占地面积,减少土建成本,单格处理能力达到国内领先水平。

长距离输水管线采用波特性法SURGE模型进行多工况瞬态模拟分析,根据模拟结果采用液控蝶阀、防水锤排气阀等措施有效解决长距离平坦地形大口径输水管线的负压、水柱分离和断流弥合水锤等重大问题。

输水管线线路复杂、管径大、实施难度大。管线直径为$DN2000$,总长度约33km,沿线场地复杂、地质条件差、地下水位高,需多次穿越坑塘、公路、河道,部分管段临近现状的桥梁、建筑,在抗浮计算、支墩设计、特殊排气井设计、施工支护、地基处理等方面提供了切实可行的设计成果,部分段落采用国内先进、孟加拉国首次使用的拖管或沉管施工技术,为通水奠定了重要基础。

顶管及沉井设计与实施难度大。管线穿越河流流槽深、冲刷严重、易产生流砂管涌、沉井距河岸较近,工作井深达32m,因地制宜确定采用变频调速精准控制与触变泥浆减阻技术、不排水法沉井等方案,实现成功穿越,在孟加拉国恒河流域复杂地质条件的大口径顶管尚属首次。

电气分析计算采用 ETAP 进行仿真模拟，为电气系统的规划、设计、分析、计算、运行、模拟提供全方位的分析平台和解决方案，采用中国标准的同时满足当地电气外部条件、国外相关标准与欧洲监理的严格要求，提升了电气系统的设计和运行质量。

项目的建设标准采用中国标准，经过严格的图纸审查与多轮的技术谈判，最终赢得欧洲监理的认可，为中国标准在海外应用提供了典型案例。

3. 运行成效

项目已稳定运行 3 年以上，在原水浊度高及变化大的情况下高效澄清池的出水浊度低于 1.0NTU，滤池出水浊度低于 0.3NTU。

项目的顺利建成通水，大幅提升了达卡市地表水源的供应能力，实现供水量 45 万 t/d，为达卡市 300 万居民提供了清洁安全的饮用水，提高了孟加拉国人民的生活质量，促进了孟加拉国经济的可持续发展，促进了中孟两国的友谊快速发展，具有显著的政治效应、社会效益、经济效益、环境效益。

项目提供了全流程给水系统的海外典型案例，促进了孟加拉国水务事业的快速发展，提升了中国公司在海外项目的技术服务水平和影响力，推动了中国的工程技术在南亚恒河流域的推广应用，促进了中孟的技术交流与进步。

项目为中国标准在海外应用提供了宝贵经验，促进了中国标准与建设目标及海外实际相融合，促进了中国工程师与外方监理的交流与合作，促进了中国标准与欧美标准的技术融合，为中国标准在海外应用提供了有价值和有意义的探索。

3.8.3 南京浦口区珠西支河恢复工程项目

1. 项目基本情况

浦口区珠西支河恢复工程，位于浦口区门户地区，是城南河二级支流，连接老山泄洪沟和长江的重要截洪排洪河道，该项目东起浦口大道，西至公园北路，全长约 1374m，是浦口区人民政府通过《关于下达二〇一九年国民经济和社会发展奋斗目标的通知》（浦政发〔2019〕1 号）下达的重点项目。

原河道为盖板沟形式，年代久远，部分侧向坍塌，存在安全隐患；箱涵段淤积、内源污染严重，管理维护困难；河道行洪能力不足，圩区常年受北侧山水威胁；河道整体连通性差，现状排口难以查明，无法检修；现存河道整体景观效果不佳、水质差、水体富营养化严重,对周边居民生活影响巨大。该项目是一项以防洪为主,兼顾城区景观功能的综合性工程。按照 50 年一遇标准重建河道,设计稳固的堤岸、畅通的河槽,提升水安全;通过河道打开增加水面率、13 个排口归并整治、水循环增氧、构建水下植物等措施,重新构建水生态系统,改善水环境;利用下游钢坝保水,水质净化后补水,同时引入景观喷泉、喷雾系统,充分利用原生水资源补水、增氧、净化,从而激活河道;通过书法文化植入、细节景观塑造、智慧场景体验设施引入,凸显区域水文化,成功打造了网红打卡点。

该项目是南京市乃至全国为数不多的河道打开成功案例,工程投资约 1.06 亿元。

2. 技术先进性

该项目从系统和全流域的角度,从区域规划着手,针对珠西支河特点完成了"龙须沟"的华丽蜕变。在城市建设密集区打开河道,主要理念如下:1)由"封闭"到"开放",由常规暗涵整治工程仅从内部清淤整治转变为环境融合,整体打造水环境整治系统工程。2)由"孤立"到"融合",从单一水环境整治转变为系统水安全、水环境、水生态、水资源、水文化五水共治,建成会呼吸、有活力的海绵河道,成为低碳韧性基础设施。3)由"沉默"到"生动",通过书法文化植入、分段景观塑造、智慧场景体验设施引入,水帘、雾化喷泉修饰,让原本隐藏的"龙须沟"重新展现成为生动的亲水河道,打造了网红景点,起到了良好的宣传作用。

(1)南京首例暗涵打开工程,"高目标"暗涵整治成功范例

浦口"门户"区域,人口建筑密集,通过集约利用空间,解决技术难题,化解群众矛盾,消除安全风险,提升环境品质,成功打开河道,为南京"高目标"暗涵整治首个范例,得到群众一致好评,各级媒体争相报道。

(2)"龙须沟"华丽蜕变,片区商业价值巨大提升

结合流域水质考核的目标要求,从区域规划着手,针对珠西支河特点完成了"龙须沟"的华丽蜕变;通过书法文化植入、分段景观塑造(图 3-30)、智慧场景体验设施引入,水帘、雾化喷泉修饰,高规格展示区域文化,打造"网红"景点(图 3-31),片区价值极大提升。

(3)采用新技术、新工艺、新设备、新材料、新结构

1)采用 PCSWMM 水力模型,MIDAS 软件对涉地铁段安全评价;2)自嵌式生态挡墙(局部半幅悬挑)结构形式;3)智慧场景体验设施引入,水帘景观、雾化喷泉、互动投影应用;4)水循环增氧、构建水下生态系统等措施,重建水生态。

图 3-30 特色定制栏杆及花箱　　　　图 3-31 网红商业街-悬挑观景台

（4）系统精细化设计，先进技术集成，化解结构功能矛盾

1）河道线位控制、河底、水位、挡墙标高精准确定；2）新建河道与保留段箱涵、跨河桥梁与两岸、悬挑平台与步行街等平顺连接；3）紧邻商铺、住宅，分段多种结构及支护形式，兼顾使用空间的同时最大限度打造河道景观；4）市政、国防光缆、用户数十根管线统筹处理；5）雕塑、小品、景桥、栏杆、苗木等各种景观巧妙布局；6）衔接全区域雨污分流，末端排口治理，确保污水不下河；7）补水＋净化＋"透析"相结合，恢复流域生态；8）采用 PCSWMM、MIDAS 等先进技术进行水力模型专项验证及涉地铁专项安全评估。

（5）"五水"共治海绵河道，构建低碳韧性基础保障设施

水安全、水环境、水生态、水资源、水文化五水共治，河道整体打开，提升水面率，保障水质，建成会呼吸的海绵河道，成为低碳韧性基础设施。

3. 运行成效

采用 EPC 模式，优化设计与施工，最终该工程投资约 1.1 亿元，相较设计概算 1.63 亿元节省约 30%。该项目充分考虑现状建设条件及周边环境，结合现状盖板沟（规划绿地）位置实现暗涵打开工程，不突破用地指标，具有显著的排涝效益，提高了项目区蓄水保土能力及植被覆盖率，同时也美化了周围环境（图 3-32）。

在设计过程中，尽量结合现状空间合理布置河道平面，运用高压旋喷桩支护桩直接作为河道挡墙结构一部分，不额外增加城市用地需求。充分利用现状钢坝、一体化净水尾水水源，采用球墨铸铁管等高质量管材，节约水资源。项目的整体设计采用先进的工艺，大量选用各种节能设备、节能材料等，综合能耗指标符合国家节约能源政策的要求，达到行业内领先水平。

该项目作为浦口区政府2019年1号文重点项目,是一项以防洪为主,兼顾城区景观功能的综合性工程,也是难度最大的一项工程,时间紧、任务重。项目完工后已纳入城南河流域监测系统,并入信息化平台,建成后制订养护办法、应急预案,由专业部门日常监测、养护。项目投入运营后,水质维持优于地表Ⅴ类,并成功经受了2020年汛期历史最高水位的考验,现已成为浦口区水生态良好、水景观优美、水文化丰富的亲水型宜居之城的重要名片,大力提升了居民的安全感、幸福感、获得感(图3-33)。

图3-32 补水活水与水雾喷泉　　　　　图3-33 客运站景观节点

3.8.4 深圳埔地吓水质净化厂三期工程项目

1. 项目基本情况

深圳埔地吓水质净化厂三期(图3-34)工程位于深圳市龙岗区南湾街道沙湾河畔,总占地面积约1.95公顷,服务范围9.6km^2,服务人口约40万。

图3-34 埔地吓水质净化厂三期景观效果图

项目为全地下式水质净化厂,规模为 5 万 m^3/d,污水处理采用"预处理＋三段式 AO＋磁混凝高效沉淀池＋精密过滤＋紫外消毒"工艺,出水达到《地表水环境质量标准》GB 3838—2002 准Ⅳ类标准(其中 SS≤8mg/L,TN≤10mg/L)。污泥处理采用"重力预浓缩＋机械浓缩＋板框压滤＋低温热干化"工艺,出厂污泥含水率不大于 40%。臭气处理采用生物除臭工艺,排放达到《城镇污水处理厂污染物排放标准》GB 18918—2002 一级标准。

项目上盖部分建设有集生态教育、净水文化展示、亲子休闲及健身运动于一体的对外开放生态公园。埔地吓水质净化厂三期不仅是一座具有城市功能的水质净化厂,更是人与自然和谐相处的生态综合体。

项目采用设计牵头的 EPC 建设模式,以 BIM 为手段提升设计质量,以 BIM 协同管理平台为抓手,紧抓施工进度、质量、安全及管理;以新型数字化技术构建数字底座,建设智慧高效运营平台,打造成深圳市首个 BIM 全生命周期落地应用的"智慧水质净化厂"示范工程;目前已经成为一个工艺流程数字化、控制系统智能化、少人管理、绿色、低碳的生态智慧型水质净化厂。

项目在工程建设过程中多次获得省市两级安全、质量方面大奖,取得省市两级优质工程荣誉称号;项目在 BIM 技术全生命周期应用方面获得广泛认可和好评,先后获得"市政杯""智水杯""新城建杯"等 BIM 赛事最高奖项,更是在行业内部代表 BIM 技术应用领域最高奖项"龙图杯""创新杯"的评比中荣获一等奖。

2. 技术先进性

该项目通过全生命周期低碳技术、数字化及智慧化技术、虚拟现实设计施工融合技术等手段,打造了一座集韧性、高效、低碳、绿色、开放、智慧为一体的现代化水质净化厂。

(1) 全生命周期低碳技术:项目通过采用多段 AO 工艺、精确曝气及加药技术,实现低碳高效脱氮除磷,占地仅为国家标准的 27%,能耗为传统工艺的 50%~70%,出水平均 TN 约 6.3mg/L。再结合预制拼装技术、智慧照明技术、智能建造技术及高效、科学、智慧的智能运维技术等,从设计、施工到运营,形成水质净化厂全生命周期的低碳节能技术。

(2) 全生命周期的智慧水务数字载体:项目提出"一套模型,一个数字底板"的工程数字孪生模型体系。模型从建设要素出发,包括设计及施工阶段,覆盖全专业、全体量,采用"智慧运维、工艺主导、设备先行"的模型搭建理念,奠定该工程迈向全生命周期的智慧水务数字载体。

(3) 虚拟现实设计施工深度融合：项目在 BIM 模型的基础上开发 VR 实景浏览工具，实现所见即所得的效果。在实际施工前即可确定施工方案的可行性及合理性。

(4) 全过程应用数字化与智慧化技术：通过 BIM 技术正向设计、工艺仿真、精确曝气、大数据、云计算等数字化技术，为"水、泥、气"三大核心处理系统及配套辅助系统服务。项目用多层面的信息感知、多维度的数据收集、多角度的图表展示，达到信息高度互通、生产实时掌控和风险主动预警，全面提升项目决策能力、沟通效率和精细化管理水平，具有智能控制、智慧诊断、科学决策等功能，实现高效稳定自动运行，建成能感知、会思考、有智慧的自进化的智能体(图 3-35)。

图 3-35 智慧化系统

(5) 全过程践行开放绿色理念：该工程秉持绿色开放的设计理念，通过海绵城市、绿色建筑、垂直绿化等多种手段，打造生态绿色的水质净化厂典范。除必要的生产管理区域外，其余区域设计成无边界的市民公园，在满足基本市政功能基础上，新增了生态教育、净水文化展示、亲子休闲及健身运动等城市服务功能，实现人与自然和谐共生。

3. 运行成效

埔地吓水质净化厂三期实现 BIM 全生命周期的应用，运营期运用大数据、云计算、物联网、BIM 等技术，打造智慧运营管控平台，实现对全厂运营管控。

埔地吓水质净化厂三期利用智慧型厂站优势，通过精确曝气、精准加药、智慧照明等多种控制方式实现节能降耗。在满负荷状态下电单耗约为 $0.30 kWh/m^3$，污水处理全流程的总碳排放量约为 $0.732 kg\ CO_2/m^3$，乙酸钠药剂单耗约为 2.33mg/L，PAC 药剂单耗约为 40mg/L，明显低于同类型、同出水标准的平均水平，减排效果明显。

中水回用于厂区绿化浇灌、道路冲洗、配药、设备反冲洗等，减少自来水的消耗，实现水资源的节约。

埔地吓水质净化厂三期上盖生态景观公园（图 3-36），为周边居民提供了休闲娱乐的好去处，深得周边居民喜爱。科普廊道、景观绿化、海绵理念、时代展馆、开放公园、碧道融合沙湾风景，凝结成一道靓丽的风景，成为深圳河上游的一颗生态明珠。

图 3-36　上盖生态景观公园同水厂的生态综合体

3.8.5　烟台辛安河污水处理厂技术改造工程项目

1. 项目基本情况

烟台市辛安河污水处理厂设计处理规模 12 万 m^3/d，出水执行《城镇污水处理厂污染物排放标准》GB 18918—2002 一级 A 标准。伴随城市高速发展，污水处理厂已满负荷甚至超负荷运行，影响出水稳定性。2021 年，实施烟台辛安河污水处理厂技术改造工程项目，新建 1 万 m^3/d 污水处理设施，以减轻现有污水线运行压力。新建设施面临缺地和 TN 处理标准高两大难题，最终采用自主研发的生物集效工艺（BFM）实施，以短流程连续流生物膜法实现了高标准处理效果。

新建设施占地 $1417m^2$，采用装配式方式建设，施工历时 29d 完成达到通水要求。该项目 BFM 系统停留时间仅为 10.75h，较同厂活性污泥工艺降低 50% 以上。生化段吨水占地仅为 $0.06m^2/m^3$，各构筑物布置灵活紧凑，实现了厂内土地资源的存量挖潜。BFM 出水无需其他深度处理单元，经紫外消毒后即可实现高标准外排，出水稳定优于设计排放标准。项目配套青岛思普润水处理股份有限公司自主研发的智水优控系统，实现短流程工艺智能控制和功能菌群定向调控，达到了节能降耗和智慧运维的目标。

2. 技术先进性

（1）集约高效：突破了微生物的富集与分离技术，构建了基于流化床生物膜法的高效脱氮除磷工艺系统，提升了污水处理生化效率，降低了污水处理设施用地，主体构筑物占地面积较传统活性污泥法节约 70% 以上，是城市建设用地从增量扩张到存量挖潜关键转变的核心所在。出水优于准Ⅳ类，氮磷接近极限去除，可耐受强负荷冲击，实现工艺稳定运行，助力水环境生态恢复；开发了新材料拦网，可将拦网技术寿命提升至 30 年以上；开发了载体专用搅拌器，提高流化效率，降低搅拌器和载体损耗；既可采用土建方式，也可采用装配式方式，建设方式灵活；

（2）绿色低碳：实现了功能菌定向筛选与高效富集，硝化菌相对丰度大于10%，是活性污泥系统的10倍以上，构建了"异养反硝化—自养厌氧氨氧化—同步硝化反硝化"多途径协同脱氮系统，厌氧氨氧化菌相对丰度达5%以上，是已有报道的10倍以上，厌氧氨氧化脱氮贡献率长期大于30%，同步硝化反硝化脱氮贡献率大于15%，降低了运行费用；建立了多种流化池型和流态控制方法，开发了高效流化装备，好氧能耗降低10%～20%，搅拌能耗降低50%～75%，同步实现了节能降耗。

（3）智慧智能：开发了基于"数据清洗—AI智能控制—全要素智慧管理"的智水优控智慧运维平台（图3-37），构建了仪表异常值检测及软测量模型，解决了污水处理厂仪表设备投资受限、准确度低等难题；研发了"前后馈＋AI智能算法引擎"的加药—曝气—回流全系统控制方法，实现了对于厌氧氨氧化过程的精准控制和短流程下调控的快速响应；开发了集水线智能控制、设备全生命周期维护、多渠道预警报警于一体的智慧运管平台，节约了运营人员人力投入。

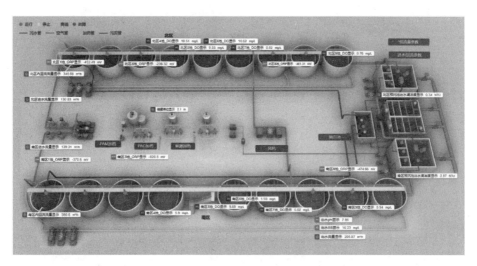

图3-37　BFM智水优控智慧运维平台

BFM工艺降低了70%的土地占用，30%的碳排放量，实现了100%的智慧管理，该工艺于2021年通过住房和城乡建设部科技与产业化发展中心组织的院士专家组鉴定达到"国际领先"水平，同年入选"科创中国"先导技术榜，获2022年度全国颠覆性技术创新大赛领域赛优秀奖，入选山东省首台（套）技术装备。

3. 运行成效

BFM按照AOAO方式布置，其中各缺氧区填充率均为55%，好氧区填充率为

60%～65%，后好氧区填充率为65%，实现了高填充率下悬浮载体的良好流化（图3-38）。项目已历经2个冬季，出水氨氮≤0.5mg/L、TN≤5mg/L、TP≤0.1mg/L，且出水TN均值≤2mg/L，稳定优于设计排放标准（图3-39）。该项目实现了多途径高效脱氮，吨水直接运行费用降低0.2元/m³以上。缺氧区高效富集厌氧氨氧化菌，接种自青岛镰湾河BFM项目，优势菌种为Candidatus Brocadia，相对丰度历经2个冬季，从最开始的1.5%稳定逐步增长至5.6%，厌氧氨氧化脱氮贡献率逐步提升，

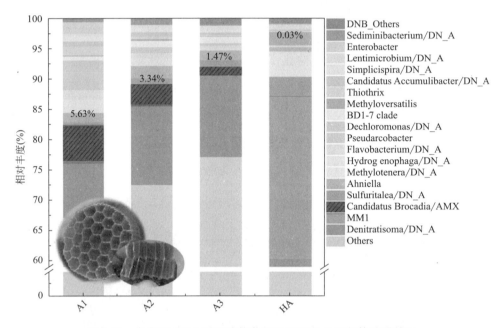

图3-38 辛安河BFM项目功能菌相对丰度及悬浮载体挂膜情况

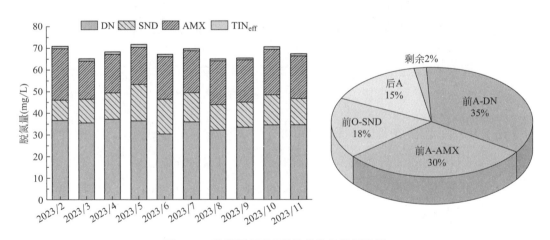

图3-39 辛安河BFM项目多途径脱氮效果

已超过30%；好氧区基于生物膜分层分布特点实现了稳定的同步硝化反硝化，SND脱氮贡献率达15%以上；后置缺氧区脱氮C/N仅为3。厌氧氨氧化消减了进水TN；SND将未完全利用的有机物进一步用于反硝化脱氮，提高了整体碳源利用率。智水优控系统的加载保障了短流程下运行调控的快速响应和厌氧氨氧化过程的精准控制，突破了主流自养脱氮工艺应用壁垒，在高标准基础上实现节能降碳。

3.8.6 杭州临安龙岗水厂配套输水管网建设工程项目

1. 项目基本情况

杭州临安中西部农饮水扩能工程的取供水点较为分散，缺乏具有安全保障的饮用水，根据《浙江省农村饮用水达标提标行动计划（2018—2020年）》，迫切需要集中制水、供水的水厂为居民提供优质饮用水；同时亟需为临安主城区创建"多水源多水厂"的供水体系以提高城市供水的安全性、可靠性。经过多次实地调查和研究论证，决定采用装配式一体化设备水厂替换原有土建形式的净水单元，在已经平整好的32亩场地内重新优化厂区布局，建设处理规模为15万 m^3/d 的龙岗水厂（图3-40），同时还为水厂预留了5万 m^3/d 的扩能余地。

图3-40 临安龙岗水厂全景

根据《生活饮用水卫生标准》GB 5749—2022要求，净水工艺经比选后决定采用装配式一体化设备水厂，采用叠加布置于清水池顶部形式（2组），另外厂区配套了原水配水井、加氯加药间、气水反冲洗泵房、配电间、综合楼、回用水及污泥处理等构筑物，用于解决该项目场地小、制供水规模大、建设工期紧张等难题。

该项目完成后，解决了龙岗至主城区沿线乡镇10多万农村人口的用水问题，同时具备向主城区每日供水10万 m^3 的能力，大大提高了城区的供水保障能力。

2. 技术先进性

该项目所应用的装配式一体化设备水厂技术已通过由国内水处理专家马军院士领衔的鉴定委员会认定，结论为技术达到国际先进水平，荣获"中国水协科学技术奖二等奖""浙江省科技进步奖三等奖""浙江制造精品"等荣誉，是新水质标准下先进可靠、节地节能、方便快捷的理想选择。

技术先进性主要表现在下列几个方面：

1）项目所应用的一体化设备水厂，在工艺组合上实现了模块化，在生产制造上对零部件实现标准化，在现场安装上实现装配化，较传统土建水厂，显著提升设备的加工精度。

2）装配式一体化设备水厂技术采用具有自主知识产权的微阻力管道混合技术、涡旋流混合反应技术、横向分流式斜板沉淀技术（图3-41）、装配式V型滤池等净水新技术，有效提升了水处理工艺效率。

3）该技术产品具有占地省、造价低、建设周期短、运维管理简单、提升产水量、出水水质稳定、可智能化运行等优势。

图3-41 横向分流式斜板

3. 运行成效

水厂在抗冲击负荷能力方面进行了单台设备的运行测试，当华光潭水源遭遇极端天气、原水浊度大于100NTU时，将流量超负荷10%运行，瞬时流量达到了3700m³/h，连续运行数小时，期间出水浊度仍稳定在0.2NTU以下。在运行成本方面，吨水投资成本节省18%以上，运行能耗降低20%以上，吨水生产成本降低40%。

3.9 第四届全国城镇供水排水行业职业技能竞赛

为全面贯彻落实党的二十大关于深入实施人才强国战略部署，大力弘扬劳模精神、劳动精神、工匠精神，激励更多劳动者特别是青年一代走技能成才、技能报国之路，培养更多大国工匠、高技能人才，人力资源和社会保障部下发了《人力资源和社会保障部关于组织开展2023年全国行业职业技能竞赛的通知》（人社部函〔2023〕80号），在全国范围内组织开展一类职业技能竞赛10项，二类职业技能竞赛44项。经中国城镇供水排水协会申报，人力资源和社会保障部批准，由中国城镇供水排水协会、中国就业培训技术指导中心、中国海员建设工会全国委员会共同主办的2023年全国行业职业技能竞赛第四届全国城镇供水排水行业职业技能竞赛被成功列入二类职业技能竞赛。

2023年8月，三家主办单位联合发布了《关于举办2023年全国行业职业技能竞赛第四届全国城镇供水排水行业职业技能竞赛的通知》（中水协〔2023〕17号），决定于2023年10月17～20日在安徽合肥召开决赛（图3-42），并明确了竞赛组织、竞赛工种和科目、赛制及参赛要求、奖项设置、竞赛总体安排等工作。

图3-42　开幕式现场

3.9.1　竞赛组织机构

主办单位：中国城镇供水排水协会、中国就业培训技术指导中心、中国海员建设工会全国委员会。

承办单位：中国城镇供水排水协会工程教育专业委员会、中国城镇供水排水协会城市供水分会、中国城镇供水排水协会城市排水分会、全国城镇排水行业工会联委会、合肥供水集团有限公司、安徽省城镇供水协会、安徽省市政工程协会、武汉中仪物联技术股份有限公司。

3.9.2　竞赛内容

（1）竞赛工种

供水管道工。供水管道工是水供应输排工L（6-28-03-02）的工种之一。水供应输排工指从事生活用水、工业用水、再生水供应以及城镇污水、雨水输排的人员。竞赛内容包括漏损检测、供水阀门拆解与组装（盲装）和供水管道安装。

化学检验员（污水处理方向）。化学检验员（6-31-03-01）指使用仪器、设备、器皿，检验，检测，化验，分析成品、半成品和原料、染料、材料等样品化学性能、成分的人员。竞赛内容包括氨氮检测（紫外分光光度法）、pH测定（仪器检测法）和氯化物测定（硝酸银滴定法）。

（2）竞赛科目及标准

竞赛为单人赛，竞赛科目包括理论知识考核和技能实操竞赛两部分。理论知识考核主要考察各个工种基本理论和专业知识水平，采用机考的方式进行；技能实操竞赛重点考察选手的动手、应变和解决实际问题的能力（具体内容以正式印发的技术文件为准）。

理论知识考核和技能实操竞赛均为百分制，按照15%：85%的权重计算总成绩。总成绩满分为100分，按不同工种总成绩分别排列名次。若总分相同以技能实操竞赛成绩高者为先；若仍相同，技能实操竞赛用时短者为先。

（3）赛制安排

第四届全国城镇供水排水行业职业技能竞赛分为地方预赛选拔和总决赛。参赛形式以省级地方水协会同当地工会组织，参赛选手单独完成理论知识和技能实操考试。

地方预赛选拔：各省（自治区、直辖市）城镇供水排水协会会同省级工会组织本辖区的预赛选拔后，组成省级代表队（供水与排水协会分立的省市，可与省级工会共同商定选拔赛牵头部门），报竞赛组委会进行资格审查。

总决赛：经资格审查并公示合格的参赛选手入围总决赛，经理论知识考核（闭卷笔试）、技能实操竞赛，确定选手个人的成绩与名次。

3.9.3　竞赛组织过程

（1）选手报名

该竞赛为全国性的行业竞赛，为全国约120万城镇供水排水行业从业人员提供了参与和展示的机会。竞赛预通知发布以来，各省（自治区、直辖市）水协积极组织，广泛动员，经过初赛选拔、资格审查等程序，最终来自26个省（市、自治区）的27支代表队（图3-43）

图3-43　27支代表队

共 54 名选手参加竞赛决赛并角逐最终奖项。

（2）裁判员推荐与培训

为了保障职业技能竞赛顺利开展，组委会在全国范围内组织了裁判员的推荐工作，每个报名参赛的省（市、自治区）推荐具有相关资质并符合竞赛相关要求的供水管道工或化学检验员（污水处理方向）项目裁判员人选各 1 名。组委会对各地方推荐的裁判员进行了资格审查并开展了培训，最终确定了由来自全国的 43 名裁判员、2 名工种裁判长及 1 名总裁判长担任该竞赛的执裁工作。

（3）赛事保障

为了顺利推进赛事的组织工作，协调各方筹备工作进度，在竞赛组委会的统一指挥协调下，各工作组明确工作机制和工作要求，落实竞赛场地、设施、设备和耗材，制订经费筹集方案与预算，修改讨论竞赛各类技术文件，安排竞赛日程与流程等，为竞赛顺利开展做好了充分的准备。

（4）决赛过程

2023 年 10 月 17 日，2023 年全国行业职业技能竞赛第四届全国城镇供水排水行业职业技能竞赛决赛开幕式在合肥供水集团有限公司培训中心举办，来自主办单位、承办单位及地方政府有关领导，各参赛队有关领导、领队、教练、参赛选手以及裁判等共计 300 余人参加。

竞赛过程中，通过对比赛场次现场抽签、理论竞赛、实操竞赛等环节进行全程摄录，双裁判全程监督、工种裁判长及总裁判长巡视监督等环节加强对比赛过程公开透明性监督，竞赛还组织了上百名志愿者参与竞赛秩序维护、紧急事项处理等工作，最大程度确保竞赛过程公平、公开、公正。

3.9.4 竞赛结果与奖励

中国城镇供水排水协会和中国海员建设工会全国委员会联合发文《关于表扬 2023 年全国行业职业技能竞赛第四届全国城镇供水排水行业职业技能竞赛成绩突出选手的通报》，对竞赛供水管道工决赛成绩突出的张杨等 15 名选手、化学检验员（污水处理方向）决赛成绩突出的张祥琼等 15 名选手进行通报表扬（图 3-44）。对获得通报表扬的选手将按照有关规定，报请国家相关部门核准，授予相应技术及荣誉称号。成绩突出选手名单见表 3-48、表 3-49。

图 3-44　颁奖现场

**2023 年全国行业职业技能竞赛第四届全国城镇供水排水行业
职业技能竞赛供水管道工成绩突出选手名单**　　表 3-48

名次	姓名	代表队	所在单位
第一名	张杨	安徽省代表队	合肥供水集团有限公司
第二名	李昀蔚	合肥市代表队	合肥供水集团有限公司
第三名	王蒙	陕西省代表队	西安市自来水有限公司
第四名	赵利博	河北省代表队	石家庄高新技术产业开发区供水排水公司
第五名	缪亚军	上海市代表队	上海水务建设工程有限公司
第六名	许灵通	福建省代表队	福建省安溪县自来水有限公司
第七名	吴疆	北京市代表队	北京市自来水集团有限责任公司
第八名	黄成伟	山东省代表队	临沂市水务集团有限公司
第九名	郑健	辽宁省代表队	鞍山市水务集团有限公司
第十名	王世华	广东省代表队	深圳市环境水务集团有限公司
第十一名	张玺	重庆市代表队	重庆水务集团股份有限公司
第十二名	周彬	湖北省代表队	恩施市自来水有限责任公司
第十三名	王双娇	湖南省代表队	长沙供水有限公司
第十四名	聂利生	山西省代表队	太原供水集团有限公司
第十五名	赵国瑞	河南省代表队	郑州水务集团有限公司

2023 年全国行业职业技能竞赛第四届全国城镇供水排水行业职业
技能竞赛化学检验员（污水处理方向）成绩突出选手名单　　表 3-49

名次	姓名	代表队	所在单位
第一名	张祥琼	广东省代表队	深圳市水务(集团)有限公司
第二名	侯新然	北京市代表队	北京北排水环境发展有限公司
第三名	季烨楠	上海市代表队	上海市城市排水监测站有限公司
第四名	陈陶静	陕西省代表队	西安净水处理有限责任公司
第五名	崔超	安徽省代表队	合肥朱砖井污水处理有限公司
第六名	岳艳	湖南省代表队	株洲市城市排水有限公司
第七名	王永安	海南省代表队	海口皓源检测技术有限公司
第八名	王养茎	河南省代表队	郑州市城市排水监测站有限公司
第九名	王蔚	四川省代表队	成都市排水有限责任公司
第十名	蔡海霞	河北省代表队	邯郸市市政排水管理处
第十一名	周莹	湖北省代表队	武汉长江现代水务发展有限公司
第十二名	周舒婷	福建省代表队	厦门水务中环污水处理有限公司
第十三名	钟成晨	合肥市代表队	合肥朱砖井污水处理有限公司
第十四名	张莹	辽宁省代表队	国能辽宁环保产业集团有限公司
第十五名	段艺	重庆市代表队	重庆水务集团股份有限公司

3.10　2023 年中国水协会员开放日活动

2021 年 7 月，中国水协第三届四次理事会审议通过并发布实施了《中国城镇供水排水协会会员开放日活动实施办法》（中水协〔2021〕17 号）。自活动设立以来，受到行业及会员企业广泛关注。

2023 年，秘书处根据申报单位的业务类型、特色特长以及具体承办方案，结合 2023 年度中国水协及分支机构各项活动安排，统筹召开了三次会员开放日活动，分别围绕"国内水司对水泵产品的需求及使用过程中存在的问题""智能国标化验室及智慧决策系统在水质检测端及工艺监测端的多项应用实例""设施更新和修复技术在供水排水领域应用中的设计要点、标准体系建设和实施中的质量控制等"进行探讨，旨在推广国内新技术、新方法、新成果在行业内的应用，为推动行业高质量发展出谋划策。

3.10.1 走进上海凯泉泵业

2023年2月21日,中国城镇供水排水协会会员开放日——"走进上海凯泉泵业"在上海举办。活动由中国城镇供水排水协会主办,上海市供水行业协会、上海市排水行业协会协办,上海凯泉泵业(集团)有限公司(以下简称凯泉泵业)承办。

中国城镇供水排水协会会长章林伟、中国城镇供水排水协会副秘书长高伟、上海市供水行业协会会长陈远鸣、上海市排水行业协会秘书长王梦江、凯泉泵业董事长兼总裁林凯文出席活动。中国城镇供水排水协会设备材料专业委员会秘书长张振杰主持,各省级地方水协秘书长、供水企业代表和技术人员共200余人参加了本次活动(图3-45)。

图 3-45 活动开幕现场

活动围绕城镇供水排水行业发展的重点及难点,探讨国内水司对于水泵产品的需求及使用过程中存在的问题。以凯泉泵业的系列产品为实例,深入研究国产泵及其成套设备的性能、功能、特点和使用寿命等。

活动期间,凯泉泵业的何敏博士、钱民主所长、董雪峰副总经理分别作"双吸泵在城镇供水系统应用的能效探讨""调蓄泵站在城镇供水中最佳应用模式的探讨""二次供水控制系统优化与安全可靠性研究"主题报告。各省级地方水协秘书长、与会企业代表和技术人员结合水司工作实践对国产泵及集成设备的应用场景、能效特征、性价比、运行安全性、运行数据监测与管理等展开热烈探讨,互相分享经验,将会议氛围推向高潮。

讨论后,与会代表分组参观了凯泉泵业工业园大泵测试中心、数控加工中心、调蓄泵站、不锈钢叶轮生产车间及单级泵生产车间,结合凯泉泵业技术人员的讲解和答疑，近距离了解各项设备的功能和特点。

3.10.2 走进哈尔滨跃渊智能

2023年8月14日至16日，中国城镇供水排水协会会员开放日——"走进哈尔滨跃渊智能"在黑龙江省哈尔滨市举办。活动由中国城镇供水排水协会主办，黑龙江省城镇供水排水协会、龙江环保集团股份有限公司（以下简称龙江环保）协办，哈尔滨跃渊环保智能装备有限责任公司（以下简称跃渊环保）承办。

中国城镇供水排水协会会长章林伟、黑龙江省住房和城乡建设厅副厅长刘晓东、中国城镇供水排水协会副会长林雪梅、中国城镇供水排水协会副会长及黑龙江省城镇供水排水协会会长朴庸健出席活动。中国城镇供水排水协会副秘书长高伟主持，省级地方水协秘书长、排水企业代表及技术人员共70余人参加了本次活动（图3-46）。

图3-46 活动开幕现场

活动围绕跃渊环保自主研发的"智能国标化验室及智慧决策系统"在水质检测端及工艺监测端的多项应用实例进行探讨，推动新成果在行业内的推广应用。该项研究成果通过中国城镇供水排水协会科技鉴定，鉴定专家委员会认为该成果整体上达到国家先进水平，部分技术居国际领先水平，设备安全、高效、实用，推广应用前景广阔。

活动期间，北京工业大学李军教授、北京城市排水集团有限责任公司科技研发中心常江副主任、跃渊环保李杰总经理、龙江环保刘浩江副总裁分别作"氧捕捉动态DO调控技术与装备""城市污水处理厂智能运行的实践与思考""智能国标化验室在水处理行业的场景应用""智能国标化验室及人工智能在龙江环保集团的应用"主题报告，嘉宾听取报告后分组参观了跃渊环保的产品展示区、智能运营中心以及龙江环保太平污水处理厂和大数据生产调度指挥中心，并就智能国标化验室的产品技术细节、实际应用、效益评估等话题展开充分交流，深入讨论。

李杰总经理介绍，"智能国标化验室及智慧决策系统"的服务体系由精准检测和智慧决策系统两部分核心技术组成。其中精准检测以国标方法为依据，融合人工智能、视觉识别和机器人技术，能够自主完成采样、试样预处理、消解、检测、药剂监管、废液管理、数据实时上传、报表管理等功能。检测指标包括化学需氧量、氨氮、总氮、总磷、硝酸盐、亚硝酸盐、正磷酸盐7项目检测指标，可根据用户需求增加pH、污泥浓度等指标。设备内置高精度柱塞泵、机械手臂、紫外分光光度计、石墨消解仪等精密单元，可特色化定制设定作业流程，拟定不同的检测方案以应对不同地域的水质差异。智慧决策系统依托精准检测，实现生化段关键指标的24h连续采集形成有效数据资产，引入深度学习神经网络预测模型，实时预测未来某一时段的出水指标并计算当前满足出水达标值所需的碳源投加量、除磷药剂投加量以及曝气量，解决由于污水处理厂进水碳源不足、制约脱氮的效率，从而导致出水总磷、总氮超标等问题。通过全面调节污水生产中的药耗和电耗输出，达到节能降耗、降低成本的目的。

3.10.3 走进普洛兰

2023年10月20~22日，会员开放日——"走进普洛兰"活动在安徽池州举办。活动由中国城镇供水排水协会指导，中国城镇供水排水协会设施更新与修复专业委员会、中国城镇供水排水协会城市供水分会、中国城镇供水排水协会城市排水分会主办，安徽省城镇供水协会、安徽省市政工程协会协办，安徽普洛兰管道修复技术有限公司、北京隆科兴科技集团股份有限公司联合承办。

中国城镇供水排水协会会长章林伟、安徽省住房和城乡建设厅二级巡视员汪恭文、住房和城乡建设部城市建设司二级调研员陈玮、池州市副市长胡军保出席活动。各省级地方水协、分支机构领导及相关工作人员、会员企业代表等共200余人参加了本次活动（图3-47）。

活动围绕"管道修复工程非开挖修复技术应用和未来发展趋势"进行探讨。行业专家分别作"践行韧性城市理念加大再生水资源化利用""深圳环水集团非开挖技术的应用实践""非开挖修复技术工法与标准体系""管道非开挖修复设计关键环节""管道紫外光原位固化修复技术质量控制关键环节""长江大保护污水管网系统量化诊

图 3-47 活动开幕现场

断与实践""非开挖修复工程检测常见问题及建议""非开挖修复在供水管道中的应用""螺旋缠绕施工技术及质量控制关键环节"主题报告,并对非开挖事业发表独到见解,内容涉及非开挖修复技术各个方面。与会代表们互相借鉴经验,交流心得,共同探讨提高行业的整体水平以及在实际施工中解决各种疑难问题的巧思妙解。会后,与会代表们一同参观了普洛兰生产车间,近距离了解管道修复智能化装备,探索普洛兰管道紫外光原位固化修复技术质量控制关键环节。此次活动对于促进非开挖修复技术的规范应用和健康发展具有重要意义。

3.10.4 小结

中国城镇供水排水协会坚持为会员单位搭建合作共赢的交流平台,充分展示会员单位的特色、特长,推动行业新技术、新设备、新材料、新产品的应用落地与推广,助力行业高质量发展。

会员开放日活动是双向的,不仅欢迎各供水企业走进材料设备企业,也期待各材料设备企业及第三方技术服务商走进供水企业,了解供水企业具体需求,以问题和结果为导向,挖掘行业间的难点、痛点及关注点,共同提高行业效率与质量,推进行业繁荣发展。希望更多会员企业加入会员开放日活动中来,为行业发展贡献更多的智慧和力量,也希望各会员单位对活动内容和形式多提建议,使活动更加契合会员需求。

中国城镇供水排水协会将继续做好会员开放日活动,丰富承办单位类型,搭建更加多元化的会员服务平台,增加地区之间多种形式的会员活动,促进会员单位之间更加密切的交流。

第3篇　地方工作经验交流

本部分选录了济南水务集团有限公司"小白热线"典型经验介绍——新时代　新小白　打造供水服务新标杆、新疆维吾尔自治区城镇供排水协会——充分发挥桥梁纽带作用　着力提升服务能力水平、浙江省城市水业协会——规范化净水厂认证"浙江经验"、山西省市政公用事业协会城镇供水分会——找准定位　搭好平台　自觉践行服务职责。

第 4 章 济南水务集团有限公司"小白热线"典型经验介绍
——新时代 新小白 打造供水服务新标杆

济南水务集团有限公司(以下简称济南水务集团)"小白热线"创立于 1996 年 6 月 21 日,以全国"五一劳动奖章"获得者、省级劳动模范"白维营"同志名字命名,热线开创了全国水务行业主动服务、全面服务先河,成为市政行业执政为民的范本。从"一人一机"到 28 部电话 24 小时守候;从每天几件工单到数千件;从单纯热线接听到视频客服、在线客服、网络客服、抖音客服"五位一体"的多元化、现代化、立体化的"小白热线"云服务平台;从单线到多线、从被动到主动、从平面到立体,构建自媒体与网络媒体"矩阵",展示"水务服务动态"。新时代的"小白热线"被赋予更多内涵,借助"智慧水务"管理理念,以满足用户诉求和服务管理需求为出发点,打造"小白热线"数智指挥中心,逐步织起一张城市供水服务的智慧之网。

4.1 "小白热线"发展简介

4.1.1 成立背景

20 世纪八九十年代,"自来水"通到了千家万户,但由于供水行业服务意识和百姓维权意识尚未觉醒,"水衙门"曾是自来水公司代名词,市民曾一度"离不开又惹不起",老百姓用水出现困难时,往往"找不到人、愁坏了人"。当时的济南市自来水公司为解决市民用水难问题,主动作为,开通了全国首条以劳动模范"白维营"同志名字命名的 24 小时供水维修服务热线——"小白热线"。这条顺应民意、顺应时代需求的热线一经推出,便引起强烈反响。济南市民用水不再是难题,出现问题不再投诉无门,主动作为的态度、抢修及时的行动以及热情周到的服务,让市民真切地看到了转变、得到了实惠，推动了供水行业作风转变，开创先河的"小白热线"成为服务连心线、市民民生线、政府放心线。

4.1.2 发展历程

1. 成立全国首家24小时供水服务热线

1996年6月21日，济南水务集团在全国率先创立以省级劳模"白维营"同志名字命名的"小白热线"（图4-1），设立82064410、82051190两部电话，4名工作人员（图4-2），24小时轮流值班，保证线路畅通，"有困难找小白"的劳模效应家喻户晓。"小白热线"先后与济南市公安"110"及"温暖热线""蓝光热线""长河热线"等多家热线联动，始终坚持"替政府分忧、为百姓解难、让用户满意"的工作宗旨，使广大市民享受到了"一要就通，一通百通，快速反应"的优质服务。

图4-1 1996年6月21日"小白热线"成立

图4-2 1996年"小白热线"接听室

2. 整合服务资源成立专业客户服务中心

以客户为中心，始于客户需求，终于客户满意。2006年，济南水务集团为适应现代化城市供水需求，推进服务标准化建设，将"小白热线"升级，建成集呼叫中心、业务报装、用户工程管理、服务督察于一体的客户服务中心（图4-3），每天8部电话全天候服务，建立"热线听评会"制度，提高热线人员的业务能力；结合服务管理要求，实施差异化和精准化的服务专项考核，全面提升服务

图4-3 2006年整合资源成立客户服务中心

水平。"小白热线"也先后被授予全国"五一劳动奖状"和全国"杰出青年文明号"等荣誉称号。

3. 热线升级全面推行优质化服务体系

坚持服务前移，尽最大努力满足用户需求一直是济南水务集团坚守的原则。2013年10月，济南水务集团启用燕子山路35号新客户服务中心，"小白热线"软硬件设施全面升级，高峰期提供16名座席同时接听客户电话，完善接听座席、回访座席、媒体联动及网络座席，并升级接听受理、语音导航、座席管理、数据统计、网络监控、信息公告六大平台。"小白热线"作为供水服务"总调度"，对涵盖城市供水中每个服务节点、服务岗位进行规范标准管理，全面推行《优质化服务体系》；探索完善"指尖水务"服务措施，提供"互联网＋供水服务"新模式，与市政府12345、市政12319热线无缝对接，快速传递群众诉求，为广大用水户提供更加便捷、周到、细致的供水服务，实现了从"保障民生"到"全过程服务民生"的转变。

4. 创建"新型和现代化客户关系"提升现代化服务水平

济南水务集团拓宽热线受理渠道，利用现代化技术提升小白服务手段，倾听市民诉求，增进双向感知。2016年进一步升级热线系统，以"工单移动化、现场可视化、工单自动升级、用户来电自动定位、大数据分析大屏实时展示"等"互联网＋"技术为支撑，形成"受理—办理—催办—办结—回访"的工单全过程闭环管理、"预约—出发—到场—抢修"的服务全流程可视化监管模式，"小白热线"升级成为供水服务热线指挥中心。逐步实现了"以企业为中心"向"以用户为中心"的转变，"坐等服务"向"上门服务"的转变，"被动服务"向"主动服务"的转变，"多次办理"向"一次办理"的转变，"粗放服务"向"精准服务"的转变，工作上的"简单对接"关系向热情周到的"亲情服务"关系的转变。

5. 守正创新智慧赋能　开创供水服务"润物细无声"新格局

济南水务集团通过"整合发展"，助力"城乡一体化供水格局"，实现城乡供水"同质、同网、同源、同服务"。供水面积由2015年的500km^2增加到2022年的2060km^2，日供水能力由2015年的101万m^3提高至2022年的230万m^3，服务人口从约300万人到450万人……亮眼的数据，记录着供水人实干奋进的脚步，"小白热线"华章日新。

（1）全国同行业首家"视频客服"

"小白热线"依托"智慧水务"建设，由原有16个座席增设为28个座席，可实现 36 条外线呼入，并不断拓展热线受理渠道。2022 年 8 月，推出全国供水行业首个"视频客服"，以微信小程序为用户界面，在市民与"小白热线"座席之间，建立一条"一触即得"的互联网视频服务纽带，实现市民与座席人员视频双向沟通；引导式服务精准记录定位，足不出户就可以体验面对面心连心，互动智享供水云服务；通过微信渠道主动推送服务进度信息与回访问卷，持续提供全方位、全透明的供水服务，充分展现新时代的新小白风采。

（2）"小白热线"移动式 IPTalk"云座席"

为有效应对紧急突发事件、极端天气等特殊情况的集中话务及供水应急服务，"小白热线"上线部署 11 条移动式 IPTalk"云座席"，实现用户来电应接尽接。在遇突发紧急等特殊情况下不受办公环境、座席地点限制，实现随时随地启动 IPTalk "云座席"接听，为突发情况期间热线受理渠道 24 小时畅通保驾护航。强化服务应急接听保障机制，确保应急突发状态下"应接尽接"。

（3）以问题为导向实施"360°服务风险管控"

"小白热线"以"热线不振铃 润物细无声"为服务目标，实施服务岗位规范化、服务流程标准化、分析考核系统化的"360°服务风险管控"。

对内强化培训监督，锤炼"看家本领"：全员覆盖开展热线月度听评会，对比改进提升服务质量，并创新以"跟班学习＋实践锻炼"形式拓展热线座席服务技能；出台《供水服务承诺》《服务管理规范汇编》，将规范标准内化于心、固化于行，接受社会监督；开展三方满意度调查工作，夯实服务基础管理；设立"服务曝光台"，对责任性投诉、服务标准执行不力问题进行曝光，责任到人，绩效兑现。

复盘分析逐个击破不满意风险：服务风险三级预警升级，及时响应、快速处理；按照日、周、月区间对服务数据精准汇总分析，措施整改，跟进调度；梳理近年来制约服务提升的热点、难点问题，分析原因，制定解决流程办法，汇编《供水服务典型案例》，以典型问题为引导，夯实服务管理体系落地；制订《精细管理提升服务配档表》，"挂牌督办"逐个击破不满意风险点，精准消除市民群众关注的服务痛点、堵点、难点；日常依据工单处理情况、现场检查评价以及服务岗位执行到位情况，每月度实施专项考核。

4.2 "小白热线"供水服务管理体系建设

4.2.1 升级"小白热线"服务系统

为满足百姓对供水服务日益增长的需求[1]，提高服务效率、强化内部协作，济南水务集团不断推进智慧水务系统的应用深度和广度，"小白热线"系统依据服务管理需求进一步优化升级（图4-4），目前系统内已完善座席监控、手机端操作、外勤轨迹、热词预警、大数据分析5大平台，2023年重点推进可视化供水服务调度系统的开发建设，全链条、全过程覆盖热线受理实时监控、工单精准定位轨迹随时掌握、服务动态可视化管控调度、服务风险把控分级预警、数据多维度钻取智慧化分析功能。

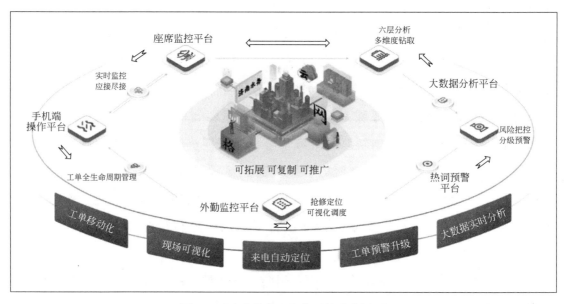

图4-4 "小白热线"服务系统功能展示

热线系统实现工单移动化、现场可视化、来电自动定位、工单预警升级、大数据实时分析。"小白热线"提升供水服务调度数字化、智能化管控能力，涉水事件预警处理能力，服务数据分析能力及服务信息对外发布能力，使供水服务更精准、更高效、更透明，数智赋能全民共享，打造从"水源头"到"水龙头"的智能化供水服务管理。

4.2.2 打造"1-2-3-4-5"客户服务管理体系

城市供水是重要的民生工程，事关人民群众身体健康和社会稳定。近年来，济南水务集团将群众满意作为第一标准。"小白热线"依托智慧水务平台建设，深化打造智慧、规范、高效的"1-2-3-4-5"客户服务管理体系。

1. 明确 1 个目标：开创"润物细无声"的供水服务新格局。

2. 围绕 2 条主线：

内强素质：打造智慧、规范、高效的管理体系，提高用户满意度；

外树形象：锻造、推广济南水务特色服务文化，增强社会美誉度。

3. 聚焦 3 个定位：管理精细化、服务精准化、党建精品化。

4. 强化 4 个"一"：

一是完善一个体系（服务管理体系）；二是拓展一个平台（"小白热线"云服务平台）；三是打造一个团队（新型架构的智慧服务团队）；四是创新一张网络（"云＋网＋格"全民共享服务网）。

5. 推行 5 步工作法：

5W（Why）：用户需求是什么、为什么、怎么办、谁来办、办到什么程度；

5D（Don't let go）：服务责任未查清不放过、责任人未处理不放过、其他人未受到教育不放过、未制定整改措施不放过、整改措施未落实不放过。

4.2.3 构建"小白热线"云服务平台

作为全国供水行业第一条服务热线、连续不间断运行时间最长的热线，"小白热线"是济南水务集团与广大用水户连接的纽带和桥梁，以"智慧水务全民共享"为主线，匠心打造"小白热线"云服务平台[2]。

1. 服务受理环节

满足百姓新期待与新需求，在传统接听基础上打造"热线接听、网络客服、视频客服、在线客服、抖音客服"的"五位一体"多元化、现代化、立体化服务，拓展升级服务管理系统功能，实现抢修维护可视化调度，让"新时代新'小白'"与市民面对面。

2. 主动推送环节

构建自媒体与网络媒体"矩阵"，充分利用微博、微信、官网、抖音号等自媒体，逐步进驻天下泉城、舜网、爱城市、百度等网络媒体，让"新时代新'小白'"与市民天天见，向社会展示全透明的供水企业形象[1]。

探索创新"互联网＋"供水服务新模式，采取迎进来、融进去的方式，主动邀请或加入管辖内的社区居委会、网格员、物业群、业主群等重点用户微信群，转发供水信息、倾听意见建议、解决涉水问题。

3. 智慧赋能供水服务

供水服务与 5G 梦网联合运用，通过移动、联通、电信三类手机用户全网通全覆盖，精准化推送 5G 梦网文字内容＋短视频的供水服务短信，在节前温馨提醒、涉水信息互动、供水抢修方面发挥了巨大作用，为市民提供了最便捷、最贴心的供水服务，进一步增进了与市民的双向感知。

4.3 供水服务文化与品牌建设

4.3.1 "四永"小白精神内涵

以用户满意为目标，为用户提供优质、专业的供水服务，是传承"小白"精神的一代代供水人的信念和执着，几代"小白"们一直在默默无闻、孜孜不倦的付出与努力。

1. "小白"精神：

永不停歇、永不疲倦、永无盲点、永无界限。

2. 内涵诠释：

永不停歇：24 小时不间断为百姓守候，随时随地为市民排忧解难。

永不疲倦："小白"退休了，"小白"精神却永远流传，每个水务人都是"小白"，只要能为百姓解决用水诉求，"小白"们就不会疲倦。

永无盲点：从纸笔记录到电脑输入，再到精准分析、智能定位、云计算，让供水大数据实现无盲点。

永无界限：承担社会责任没有分内分外，延伸服务打破"表内表外"。

4.3.2 "e小白 心服务"党建品牌

济南水务集团在"e点e滴"党建品牌的引领下，致力于让"党建领航"，用"智慧赋能"。在新时代用心向泉城百姓提供有温度的供水服务，打造"e小白 心服务"党建子品牌（图4-5）。

1. 品牌名称："e小白 心服务"。
2. 品牌口号："968133——党心民心e线牵"

旨在让"党建＋服务"润泽民生，进一步赓续传承"永不停歇，永不疲倦，永无盲点，永无界限"的"小白精神"。

3. 品牌内涵：四"e"与四"心"即：e心向党，对党忠心；e线为民，专业耐心；e点e滴，智慧精心；e心e意，百姓暖心。

"e"着重体现济南水务集团智慧水务建设，旨在传统"小白热线"不间断为民服务27年的基础上，匠心搭建"小白热线"云服务平台。

"心"取"新"谐音，体现新时代、新"小白"、新需求、新作为，象征"党心民心e线牵"，更体现在新时代以全新的"小白精神"用心为泉城百姓提供全链条、全天候、全方位、全透明的供水服务。

图4-5 "e小白 心服务"党建子品牌logo

4.3.3 微博矩阵及特色服务

广开言路、开门纳谏，将供水服务的触角延伸到机关、社区、学校、企业、百姓家中，做到服务"全覆盖"、问题"全处理"，志愿服务更精准，提高了社会各界对济南水务集团的认同感和美誉度（图4-6）。

图4-6 供水特色服务图集

1. 济南水务集团微博"矩阵"：以"智慧水务·全民共享"为主题，以制水到水龙头供水全生命周期为主线，设置"小白拉水事""小白微课堂""小白微讯""供水开放日""供水服务进社区 我为群众办实事"等模块，向市民介绍"智慧水厂、智慧水质、智慧管网、二供运行监控平台、智慧营销平台以及表内代维"等特色服务，同时，对于网友在微博上的留言，专人回复对接，解决诉求；增加途径，达到信息提供、宣传水务、服务公众的目的，拓展和丰富新时代"小白热线"服务内涵。

2. "五进"活动（进机关、社区、学校、企业、村居）：围绕"守正创新 智慧水务 全民共享"服务总基调，推进"直面问题、践行承诺、供水服务"的"五进"活动（进机关、社区、学校、企业、村居），多部门联合进驻社区，提供现场水质检测、表内听漏、水费收取、表内代维等服务，听取并梳理用户的意见建议。

3. "1＋N"供水开放日活动：通过供水服务云直播，拓展现代化客户关系，在线上互动活动，形成水务"微视圈"。邀请人大代表、政协委员、党代表、市民寻访团等参加"1＋N"供水开放日活动，以济南水务集团供水史馆为主阵地，围绕水质检测、现代化水厂、加压调度、智慧营销、小白热线，沉浸式体验城市供水的发展之路，全方位介绍供水服务的历史文化。

4. 定制专题特色活动"邮寄一封信"：向各县、区委、办、局以及各省、市直机关邮寄亮点工作及意见征求一封信，广泛征集评议主体对济南水务集团的意见建议。

5. 成立小白志愿者服务队：开展"线上＋线下"常态化走访、心系学子助力中高考等公益活动，锻造新型服务团队。

6. 学雷锋志愿服务站：提供临时休息、爱心救助、专家义诊、图书借阅等便民服务，及用水知识宣传、节水保泉等文明倡导服务，积极推动全市志愿服务事业健康发展。

7. 助力复学：护航开学季，开展水质"体检"进校园活动，使全市中小学水质检测、供水设施排查全覆盖。

8. 防冻普查：冬季前完成表井水表设施的防冻保温普查整治，确保广大市民冬季用水安全无忧。

9. 井室整治：闸门井室加装安全防坠网，保障百姓汛期"脚下"安全。

10. "双报到"活动：以"党建＋服务"形式推动企业与社区党建融合、业务融合、文化融合"三融合"。

4.4 荣誉与评价——政府放心 企业发展 百姓满意

将群众满意作为供水服务工作的出发点和落脚点，让泉城百姓供水服务的获得感与幸福感与日俱增,"小白热线"老典型在新时代有新作为。"做老百姓的'暖男'",是《人民日报》给予他的高度褒奖,热线也先后获得"五一劳动奖状""全国杰出青年文明号"等荣誉(图4-7)。近年来,"小白热线"以智慧水务建设为依托,从科技支撑、信息整合入手,构建涵盖微信、微博、App、网站等网络服务平台,市民动动手指就能完成线上缴费,通个电话就能叫来抢修人员,点点鼠标就能查询流程数据。各种智能化手段的运用,让"小白热线"的服务从窗口走向指尖。自2020年以来,"小白热线"获得共青团济南市委"青年志愿服务先进集体"、市委宣传部"十佳公益品牌""暖心服务"榜样和"微笑济南"榜样、市国资委"三牛"先锋集体等荣誉称号(图4-7)。

图 4-7 荣誉展示

4.4.1 评议整改"实打实"——精准施策优质服务成效显著

坚持以评促改、以评促建,把开展党风政风行风正风肃纪民主评议作为回应群众期盼、优化供水服务、改进工作作风、提升企业管理的重要抓手,确保以更高站位、更宽视野、更大责任、更实作风,扎实推进供水事业高质量发展。根据济南市评议办反馈问题,制定了5项承诺整改事项,同时纳入年度精细化管理提升服务配档表,将整改问题细化为接水需求、工程施工、运营服务、工单处理、规范执行、公众交流六大类39个问题，明确风险评估、责任部门、整改措施、反馈频次和完成时限，定期调度，实施"销号"管理；坚持整改事项、整改过程、整改结果"三公开"，接受社会监督。开展专项检查，围绕二供改造、营销业务、文明施工、水质水压、服务态度等问题开展专项检查58次，发现并纠正问题32个。对"小白热线"进行专题回访，对整改情况进行全面评价，群众对问题整改满意率100%。"小白热线"全年服务过程满意率[2] 99.07%，结果满意率98.40%，工单处结率、处结及时率、回访率均为100%，12345市民服务热线承办考核99.965分，位居公共服务企业第一名、市属服务行业第二名。

4.4.2 数智赋能全民共享——"小白热线"老品牌焕发新活力

群众对供水服务感受最直接，最有发言权。济南水务集团广开言路、开门纳谏，自2022年以来，邀请人大代表、政协委员、党代表等重点评议主体参加"1+N"供水开放日活动60余次，供水史馆先后接待社会各界近200批次参观，全方位介绍供水服务的历史文化；向各县、区委、办、局以及各省、市直机关邮寄亮点工作及意见征求表2400余封，广泛征集评议主体对济南水务集团的意见建议；"小白志愿者服务队"开展"线上+线下"常态化走访，锻造新型服务团队，开展"直面问题、践行承诺"供水服务"五进"活动70余次，征集意见建议500余条，开展"精准服务助力复工复产复学"活动，对接学校325所、餐饮单位44家、企事业单位13家。采取迎进来、融进去的方式，主动邀请或加入管辖内的社区居委会、网格员、物业群、业主群等重点用户微信群，转发供水信息10000余次，倾听意见建议200余条，解决涉水问题2000余件，做到服务"全覆盖"、问题"全处理"。

4.5 挑战与展望——立破并举与时俱进

1. 问题

在满足市民对供水服务新需求、新期待方面，仍有不满意的难点、堵点亟待解决，流程及标准规范执行上仍存在盲区和风险点，智慧水务建设成效需加快互通互联和应用。

2. 举措

服务无止境,满意无终点。济南水务集团树立"不停水就是最好的服务"目标。在提升服务质量、拓展服务手段的基础上,实现供水服务由解决问题向消除问题的转变。以评促改、以督促优,在服务态度好、服务手段多、服务效能高的基础上,向不停水、无来电、无工单和不打扰用户的"服务质量优"上要成效。分析行评民意调查的问题,明确部门、整改时限,并开展"回头看"全力打造新时代"既有温度,又有质量"的新"小白"。推广具有济南水务集团特色的"供水服务文化",让"小白热线"永不过时、"小白"文化口口相传。

3. 展望

发展未有穷期,初心从未改变,"小白精神"永远在路上。作为民生服务类企业,应以不断满足人民对美好生活的向往为己任,不断增强敢为善为的能力本领,紧跟城市发展步伐,不断延伸城市生命线,保障百姓高品质用水需求,砥砺奋进,展现国企担当。

主要参考文献

[1] 山东省市场监督管理局,山东省住房和城乡建设厅. 山东省城市公共供水服务规范:DB 37/T 940—2020[S/OL]. 2020-03-25.

[2] 中华人民共和国住房和建设部. 城镇供水服务:GB/T 32063—2015[S]. 北京:中国标准出版社,2016.

第 5 章　新疆维吾尔自治区城镇供排水协会
——充分发挥桥梁纽带作用　着力提升服务能力水平

5.1　概　况

习近平总书记指出，城市是人民的，城市建设要贯彻以人民为中心的发展思想，让人民群众生活更幸福。城市供水是最基本、最普惠的民生，事关人民群众身体健康和切身福祉，事关社会稳定和经济发展大局。近年来，新疆维吾尔自治区城镇供排水协会（以下简称新疆水协）认真落实习近平总书记的指示，深入学习贯彻党的二十大精神，为促进水务行业发展，提升服务管理水平，认真抓好服务基层工作落实，结合新疆水协和会员单位实际，充分发挥桥梁纽带作用，扎实开展"基层服务年"活动，秉承"搭建交流平台、提升服务水平、促进行业发展"的服务宗旨，全心全意为会员服务，着力提升服务管理水平，促进新疆城镇供水排水事业健康发展。

5.1.1　指导思想

以习近平新时代中国特色社会主义思想为指导，以服务水务行业高质量发展、服务员工技能提升、服务企业服务管理水平提高，确保供水排水运行安全为目的。新疆水协以"基层服务年"活动为契机，充分搭建服务平台，建立互帮互助"结对互帮"机制。

5.1.2　工作目标

通过开展"基层服务年"活动，使全疆供水排水企业广大党员干部服务意识进一步转变，企业管理水平进一步提高，新疆水协服务会员单位的功能进一步拓展延伸，服务会员单位的载体更加务实有效，协会的凝聚力、向心力进一步增强。

5.2 结 对 互 帮

5.2.1 具体措施

开展南北疆供水排水企业"结对互帮"活动。为了提高及改善南北疆供水排水企业在供水水质检测、智慧水务建设、管网漏损控制等企业经营管理方面存在的弱项和"短板",新疆水协对南北疆各县镇供水排水企业开展征询工作,了解掌握各供水排水企业的弱项"短板"需帮扶的意向后,落实南北疆"结对互帮"活动对象(以副会长单位、常务理事单位、理事单位为主),形成南北疆供水排水企业"结对互帮"关系,开展长期"结对互帮"活动,达到互相学习、共同提高的目的,确保供水排水安全。

"结对互帮"活动中,倡导和坚持互补互助互学和双方自愿参与的原则,并建立了南北疆供水企业互帮互助互学固定的"结对子",围绕企业经营经验、水质化验、管网漏损控制测漏、水费收费管理、水厂运行经验、智慧水务建设管理、二次供水建设管理等内容展开互帮互助。通过开展长期"结对帮扶"活动,达到互相学习、共同提高的目标,以确保供水排水安全。

5.2.2 结对互帮聚合力、共同学习促发展

"结对互帮"签约后,结对单位积极开展各项活动,达到互相学习、共同提高的目的。在新疆水协2023年年会上,木垒哈萨克自治县合盛水务集团有限责任公司与洛浦县玉都水务有限公司签订"结对互帮"战略合作框架协议(图5-1)。签订"结对互帮"协议后,新疆水协与洛浦县玉都水务有限公司领导一行人前往新疆木垒哈萨克自治县合盛水务集团有限责任公司开展"结对互帮"走访活动,相互介绍各自基本情况,就供水排水工作进行了深入的交流,并前往水厂、新建水厂、乡村文化产业园进行了实地观摩和学习。此次活动不仅搭起了南北疆供水排水公司友谊的桥梁,缩短了彼此的距离,还为双方提供了学习和交流的平台。双方表示将坚持初心,再接再厉,以结对共建为契机,加强交流学习,坚持"走出去,请回来",向先进同行取经问策,在学习交流中取长补短,把学习成果转化为实际行动和工作成效,推动供水排水事业稳定发展,以优质高效的供水排水服务助力公司高质量发展。

图 5-1 南北疆"结对互帮"单位现场签约

5.2.3 学习交流促发展 携手共进谱新篇

兵团单位也积极参与"结对互帮"活动，结对单位主动走访，开展学习考察和交流。签订"结对互帮"协议后，新疆天富水热产业石河子泽众水务有限公司一行 7 人来到阿拉尔市三五九水务（集团）有限公司开展南北疆"结对互帮"和学习考察交流活动（图 5-2）。双方就公司基本情况、企业水价与供水成本、供水收费经营管理、产销差管理、计量管理与智慧水务建设、用户服务开展等业务进行了深入交流，共同分享了企业经营管理经验。在实地参观阿拉尔水厂和阿拉尔生活污水处理厂中，了解其制水工艺和生活污水处理工艺。

图 5-2 石河子泽众水务有限公司和阿拉尔市三五九水务（集团）有限公司"结对互帮"交流座谈

在新疆水协的推动下，三五九水务（集团）有限公司与石河子泽众水务有限公司（新疆天富水热产业子公司）签订了《南北疆供排水及污水处理企业"结对互帮"战略合作协议书》。此次的交流考察活动是"结对互帮"迈出的第一步,双方共同学习了不同地区之间的优化营商环境工作措施,分享了供水业务工作经验,为持续做好安全优质供水业务提供了新的思路举措,打下了坚实的基础,对今后进一步加强双方结对互助、合作交流、提升发展空间起到了良好的推动作用。

三五九水务(集团)有限公司以此次交流学习为契机,抓重点、补短板、强弱项,持续提升自身业务水平,进一步加强与兄弟单位间的互访沟通交流,实现了业务互动、经验互享、发展互促。通过进一步开拓创新,争先争优,推动了一师阿拉尔市和六师石河子市两地水务事业更高质量发展。

5.3 加强调研

5.3.1 深入基层单位调研,开展精准服务活动

为了更好地了解会员单位需求,新疆水协深入会员各单位进行走访和实地调研,通过听取会员单位的意见建议,掌握第一手资料,为会员单位提供更精准的服务。另外,新疆水协还组织专家深入会员单位就供水水厂运行、水质检测、智慧水务建设等工作进行调研和服务。

2023年初,新疆水协与昌吉市清源水务有限责任公司组成调研组,先后赴南疆巴州西海水务有限责任公司、新疆开源供水有限公司、新疆宁源数字科技有限公司、阿拉尔市三五九水务(集团)有限公司等10余家会员单位开展工作调研交流,分别到各单位供水调度中心、水厂、污水处理厂、营业服务大厅、水质监测中心等现场实地考察调研和学习,了解了各相关会员单位的企业经营管理、智慧水务建设、水质化验检测、供水运行管理、污水处理厂运行及污泥处置等情况,同时征求了各供水排水企业对协会工作的意见建议和岗位培训需求等相关信息。

新疆水协充分利用节假日时间,深入会员单位进行走访和实地调研,倾听会员单位的意见建议,掌握第一手资料,以便更好地为会员单位提供精准服务的做法受到会员单位的广泛赞誉。

5.3.2 深入调研促提升,安全供水有保障

习近平总书记就保障饮水安全问题强调,要从全面建成小康社会、实现中华民族

永续发展的战略高度，重视解决好饮水安全问题。

新疆水协积极响应习近平总书记的号召，深入开展调研活动，保障供水安全。应奇台县城市供排水有限责任公司邀请，新疆水协组织水厂运行专家、水质专家等一行5人赴奇台县城市供排水有限责任公司第三水厂进行实地考察调研。

在调研过程中，专家组对水厂运行情况进行深入了解，重点查看了水质净化设备运行情况，详细了解水质净化和消毒工艺流程操作规则、消毒剂的投加使用情况，就加药、进水、配比、浊度、化验设备操作以及反冲洗工艺流程现场进行了深入交流。专家组针对水厂运行中存在的主要问题进行了把脉问诊，对水厂运行、水质提升等方面进行了现场指导，解决奇台县水厂运行中存在的具体问题。

5.3.3 开展调研走访，促进协会服务

新疆水协一直致力于为会员单位提供优质的服务，深入各会员单位进行调研走访是协会的一项重要工作。为了更好地了解会员单位的需求和发展状况，2023年6月，新疆水协专家一行3人到乌苏市供排水有限责任公司开展调研、技术指导和座谈交流活动（图5-3）。专家调研组认真听取乌苏市供排水有限责任公司企业运营情况、强化供水安全、供水建设等方面的汇报，并分享了各自的经验和看法。通过加强交流学习、促进内部沟通等途径共同努力加快乌苏城乡供水事业发展步伐，进一步规范供水管理、保障供水安全，推动乌苏市城乡供水一体化、规范化，提升群众用水安全感、获得感、幸福感。

图5-3 新疆水协与乌苏市供排水有限责任公司开展调研、技术指导和座谈交流

5.4 开展"三送"服务

新疆水协开展"三送"服务到基层活动,即"送技术、送安全、送智慧"到家门口活动。组织水质检测专家、智慧水务专家、水厂运行专家、安全专家等相关专家,到各地州市组织各辖区内主管部门、供水排水企业相关负责人和技术人员召开专题研讨会,共同探讨水务企业发展战略,助力企业高质量发展。

5.4.1 "送技术"到基层,解决供水水质提升难点

针对新疆维吾尔自治区内水务企业在供水水质提升遇到的难点问题,新疆水协组织专家进行实地考察和调研,并就水厂水质提升改造提出针对性的意见和建议。以玛纳斯县碧源供水有限责任公司为例:玛纳斯县塔西河供水一期工程水处理厂于2012年起实施,该工程主要任务是按照玛纳斯县塔西河经营煤电煤化工产业园供水量的要求,利用长距离的管道系统将工业用水输送至工业园区内,确保各用水企业的正常生产,并于2013年7月完工投入使用。该工程的主要问题是在经过多年的运行后,沉沙池淤积严重,输入管道中的水浊度较大,导致运行成本加大。玛纳斯县碧源供水有限责任公司请求新疆水协委派水厂运行专家给予帮助指导。新疆水协组织协调了5名水厂运行专家前往玛纳斯县塔西河水厂,在现场对塔西河水厂的水处理工艺进行全面了解(图5-4),就水厂运行工艺、沉淀处理、消毒处理和16台一体化全自动净水设备的运行等进行现场考察,详细了解了塔西河水厂工艺处理、全自动净化水设备运行情况以及存在的主要问题,并结合实地考察情况和存在的问题提出了具体解决意见和建议。

图5-4 新疆水协专家赴玛纳斯县碧源供水有限责任公司塔西河水厂进行实地考察调研

5.4.2 安全月上门"送安全",受到会员单位赞誉

2023年6月是第22个全国"安全生产月",主题是"人人讲安全、个个会应急"。

新疆水协为推动基层供水排水企业严格安全生产工作，重视安全管理责任，增强全体人员的安全防范意识，特别开展了"送安全"活动。

安全生产月期间，新疆水协携安全和污水处理专家一行6人，赴吐鲁番市大河沿镇自来水公司和鄯善县山河水务开发投资有限责任公司进行走访调研（图5-5），"送安全"到企业。通过对水厂和污水处理厂进行安全检查和提出污水处理厂提升改造建议的方式，将安全深入企业的每一个角落。此外，安全专家还为他们讲授《安全生产法》专题课，帮助员工们更深入地理解和重视安全生

图5-5　新疆水协专家对污水处理厂进行安全检查时情景

产的重要性。此次活动得到了新疆维吾尔自治区住房和城乡建设厅领导的高度评价，对受访单位强化职工安全生产责任意识、全面夯实公司安全生产主体责任、不断提高人员安全素质起到了积极的推动作用。

5.4.3　联合"送智慧"，提高智慧管理水平

为加快开展智慧市政系统建设部署工作落实，推进新疆维吾尔自治区智慧市政建设进程，提高市政行业精细化管理水平，做好智慧市政规划建设管理服务工作，努力降低城镇公共供水管网漏损，提高水资源利用效率，新疆水协开展"送智慧"活动。

2023年7月，新疆维吾尔自治区住房和城乡建设厅市政公用事业服务中心和新疆水协相关智慧水务专家们一同前往乌鲁木齐县南郊供排水有限公司联合观摩指导乌鲁木齐县智慧水务系统建设情况。乌鲁木齐县南郊供排水有限公司详细介绍了乌鲁木齐县智慧水务系统建设情况。目前，水西沟镇管网在线监测系统已完成调试并投入使用，实现了对水西沟镇辖区主要供水管道的压力、流量信息无人化远程实时监测，达到科学预警、降低管网漏损率、提高效率的目的，更好地进行供水调度工作。联合观摩指导组还参观检查了乌鲁木齐县南郊供排水有限公司供水水厂生产运行和化验室的日常水质检测情况。

5.5 服务政府

5.5.1 协助疫情防控调研工作，保障供水生命线

自 2020 年以来，为确保供水排水运行安全，新疆水协接受新疆维吾尔自治区住房和城乡建设厅委托（图 5-6），全面了解疫情防控期间供水排水企业基本情况、供水排水设施运行维护及安全状况，以及复工复产相关措施落实情况，并收集了各会员单位的意见和建议。乌鲁木齐水业投资发展有限公司、伊宁市自来水有限公司、吐鲁番市万泉水务有限公司、塔城市五弦河水务集团有限公司、库车昊源城市供水有限公司、库车泓澄水处理有限公司、乌苏市供排水有限公司 7 家供水排水企业及时提交了疫情防控期间工作开展情况的报告。新疆水协向新疆维吾尔自治区住房和城乡建设厅先后提交了 4 份自治区城镇供水排水企业抗疫情保供水工作的调研报告。在疫情防控工作期间，全疆各城镇供水排水公司提高政治站位和思想认识，坚决贯彻落实新疆维吾尔自治区人民政府统一部署，严格执行本地区、本单位疫情防控工作方案，成立领导小组、制订防控制度，落实防控职责，以务实的工作作风把各项工作抓实、抓细、抓落地，统筹做好疫情防控和生产服务工作，并采取多措并举的方式全力做好供水排水服务保障工作，展现了国有企业的责任担当和社会责任，为坚决打赢疫情防控阻击战提供了有力保证。

新疆维吾尔自治区城镇供排水协会：

你协会在 2020 年我区城镇供水行业各项现场技术指导服务、技术规程起草中，能够较好的发挥行业协会作用，主动担当作为，自觉承担社会责任，先后协助我处较好完成了 2020 年度水质督察、全面推行河湖长制工作和实行最严格水资源管理及水土保持目标责任考核、赴各地州开展饮用水水源保护区现场核查、全区城镇供水水质抽样检测、城镇供水突发事件应急演练等 5 项工作，共计委派供水专家 15 名，对自治区供水行业规范、有序发展贡献了力量。特别是你协会委派的专家，在实际工作中能够自觉克服个人及家庭困难，高标准完成工作，现对你协会今年参加工作的专家表示感谢，并提出表扬。

希望你协会再接再厉，在 2021 年度工作中能够继续发挥行业协会作用，充分调动和发挥好我区供水行业企业和专家作用，为我区城镇供水行业健康发展做出更大的贡献。

附件：专家名单

自治区住房和城乡建设厅城市建设处
2020 年 12 月 22 日

各地、州、市、县住房和城乡建设局城镇供排水主管部门、供排水企业：

按照自治区党委、人民政府关于统筹抓好新冠肺炎疫情防控和经济社会发展工作的部署和要求，我处在调度各地工作进展情况的基础上，进一步了解基层供排水企业在疫情防控期间运行情况、疫情防控措施落实情况，调查研究面临的困难和协调解决措施，加强对基层单位的服务，委托自治区城镇供排水协会对全区城镇供排水行业开展调研，全面了解供排水企业基本情况、供排水设施运行维护及安全状况、疫情防控措施落实情况、面临的困难、我厅层面需协调解决的问题，对城镇供排水行业发展和城建处做好行业指导工作有关意见建议等，请你单位给予配合和支持。

联系人：张俊林（自治区城镇供排水协会秘书长），联系电话：18099613780。

自治区住房和城乡建设厅城市建设处
2020 年 12 月 22 日

图 5-6　新疆维吾尔自治区住房和城乡建设厅委托协会函和感谢工作函

5.5.2 积极参与水质督察，确保供水水质安全

自 2020 年以来，根据新疆维吾尔自治区住房和城乡建设厅相关工作要求，新疆水协协助完成了对全疆的水质监察、全面推行河长制工作和实行最严格水资源管理及水土保持目标责任制考核、赴各地州开展饮用水水源保护区现场核查、全区城镇供水水质抽样检测、城镇供水突发事件应急演练 5 项重要工作，为新疆维吾尔自治区供水行业规范、有序发展贡献了力量。2021 年，新疆水协根据新疆维吾尔自治区住房和城乡建设厅的要求，抽调 5 名专家参加了对全疆城镇供水水质督察和现场检查。2023年，按照《新疆维吾尔自治区城镇供水水质督察管理办法》《住房和城乡建设部办公厅关于开展 2023 年度城市供水水质抽样检测工作的通知》要求，新疆维吾尔自治区住房和城乡建设厅开展 2023 年度自治区城镇供水水质安全保障暨城镇供水规范化管理和二次供水设施建设与管理现场指导服务工作，新疆水协抽调 3 名专家参与对和田地区、塔城地区、喀什地区、阿克苏地区的 8 个城市、县城进行现场指导服务。这些工作的开展和落实，为保障供水水质安全和促进水务行业的规范化管理做出了积极的贡献。

5.6 服务工作受表彰

近年来，新疆水协以崭新的精神面貌和昂扬的工作姿态，充分发挥协会的桥梁纽带作用，全力以赴做好"服务基层年"各项活动，全面提升服务管理能力和水平，持续开展为基层服务、为政府服务，凝聚力进一步增强，受到新疆维吾尔自治区住房和城乡建设厅领导和会员单位的表扬和称赞。2023 年，新疆水协荣获了新疆维吾尔自治区民政厅授予的社会组织"学党史，办实事"开展"南疆行"活动助力乡村振兴"爱心社会组织"荣誉称号，这是对新疆水协工作的肯定和鼓励。在 2023 年召开的协会工作汇报专题会上，新疆水协汇报了《着力提升服务能力和水平，引领水务行业高质量发展》——协会 2022 年度工作总结报告。新疆维吾尔自治区住房和城乡建设厅党组成员、副厅长木塔力甫·艾力同志对新疆水协开展的工作进行了评价：一是政治站位高、工作落实好。能够认真贯彻落实党的二十大精神和新疆维吾尔自治区十届六次全会精神，能够认真贯彻落实自治区住房和城乡建设厅党组安排的各项工作。二是责任心强、敢于担当作为。主动汇报并积极开展工作。三是思路清晰、措施有力。各

项工作有计划、有措施、有落实,工作有序,措施有力。并希望新疆水协继续做好行业服务工作,积极参与自治区水质督查、信用评价、政策法规和标准评定工作,推进供水排水信息化、智能化、智慧化建设,加强党建工作,开展党建活动,组织观摩学习,充分发挥行业协会作用,以党建引领行业发展。

今后,新疆水协将继续推进协会"服务政府、服务会员""双向服务"的工作机制,推进行业调研、信息化建设、标准化宣贯、技术培训等工作的落实,以学习贯彻党的二十大精神为指导,为促进全疆城镇供水排水事业的高质量发展,作出新疆水协应有的贡献。

附:新疆维吾尔自治区城镇供排水协会简介

新疆维吾尔自治区城镇供排水协会(英文译名:XinJiang Urban Water Association 缩写:XUWA)是地方性、行业性、非营利性的社团组织。由新疆建筑设计研究院股份有限公司、新疆大学、乌鲁木齐市自来水公司等单位发起,1985年由自治区民政厅批准成立新疆维吾尔自治区城镇供排水协会。业务主管部门为新疆维吾尔自治区住房和城乡建设厅,并接受新疆维吾尔自治区民政厅社会组织管理局的监督管理。

本会秉承"搭建交流平台,促进行业发展"的服务宗旨,全心全意为会员服务。坚持党对协会的绝对领导,严格遵守宪法、法律法规和国家政策,践行社会主义核心价值观,遵守社会道德风尚,推行行业自律、反映会员诉求、维护会员的合法权益;发挥桥梁纽带作用,加强与行业管理部门、会员单位的沟通联系,促进会员诚信经营;编辑出版行业刊物,开展行业调查、沟通掌握行业动态信息和基础资料,开展评估论证、培训、交流、咨询、展览等服务,研究、探讨会员共同关心的问题,参与为政府制定行业法规、政策、规划、计划和相关标准;完成政府相关部门委托交办的各项工作,推动新疆城镇供水排水事业健康有序发展。

第6章 浙江省城市水业协会
——规范化净水厂认证"浙江经验"

6.1 引　言

为响应新时代水厂高质量发展的战略要求，把握供水服务行业发展新机遇，用标准化手段规范净水厂，以"标准化"助力浙江省水厂高质量发展，根据浙江省住房和城乡建设厅《全省城市建设管理工作要点》中关于"加强城市供水安全保障，组织开展全省供水规范化检查、水质安全督查等工作，组织编制规范化水厂建设与管理有关标准，推动市政公用水厂规范化运行"的要求，在参照国际规范化净水厂管理经验和技术发展情况的基础上，经过深入调研，结合浙江省规范化净水厂运行实际，浙江省城市水业协会（以下简称浙江水协）制定了《规范化净水厂认证标准》T/ZJWIA 0003—2019 T/ZS 0036—2019。

6.2 目的与意义

长期以来，浙江水协一直深入学习贯彻习近平总书记关于标准化工作重要指示精神，认真领悟"标准决定质量，有什么样的标准就有什么样的质量，只有高标准才有高质量"的内涵，践行"以标准助推创新发展，标准引领行业进步"理念。希望通过各类标准和规范的制定与实施，推动浙江省水务行业的进步和发展。《规范化净水厂认证标准》T/ZJWIA 0003—2019 T/ZS 0036—2019 是基于浙江省不同行政区等级水厂现代化水平参差不齐的现实基础，结合企业自身运行实际，以"以评促建、以评促改，重在提升"为出发点而制定。

从社会角度，《规范化净水厂认证标准》T/ZJWIA 0003—2019 T/ZS 0036—2019

的实施有利于加强社会供水安全保障，促进产业发展，为社会提供更优质的服务。从行业角度，不同于《浙江省城市供水现代化水厂评价标准》，《规范化净水厂认证标准》T/ZJWIA 0003—2019 T/ZS 0036—2019 以促进城乡供水一体化发展为目标，服务范围更加广泛，有利于规范行业秩序，促进行业发展。从企业角度，《规范化净水厂认证标准》T/ZJWIA 0003—2019 T/ZS 0036—2019 有利于带动企业标准，推动企业不断改进，提升企业管理水平和服务能力，增强企业自身价值。

6.3 认证管理办法与标准

为开展规范化净水厂认证工作，由浙江水协牵头，联合浙江省产品与工程标准化协会、云南省城镇供水协会以及浙江水协常务理事会员单位成立了供水规范化认证联盟（以下简称联盟），并设立联盟秘书处。联盟以习近平新时代中国特色社会主义思想为指导，遵循党和国家的方针、政策、法律法规、社会道德规范，坚持面向水务行业及企业，推进浙江省供水规范化企业可持续标准化发展，并为之提供认证服务。联盟的成立响应了新时代水厂高质量发展的战略要求，为长三角地区乃至全国供水服务行业标准化发展提供"浙江经验"。

6.3.1 申报条件和要求

1. 申报条件

规范化净水厂的申报需满足以下条件：在上一年度内，净水厂不得发生责任性水质事故以及人身安全事故、影响供水以及造成较大的经济损失事件；净水厂管理规范内不得存在违章建筑；净水厂出水水质达到国家标准，年合格率不低于95%，其中浊度不得大于0.7NTU。

2. 申报程序及资料要求

每年年初，符合认证标准的净水厂将申报表以及相关资料集中后报秘书处。申报时需要准备申报表和自评报告。申报表包含净水厂的名称、规模、负责人、主要现状以及申报理由等信息。规范化净水厂自评报告要求"一厂一报告"，各净水厂根据《规范化净水厂认证标准》T/ZJWIA 0003—2019 T/ZS 0036—2019，结合本厂实际情况有针对性地进行自评、组织认证并向秘书处报备，秘书处将进行全程跟踪。

6.3.2 认证程序与要求

1. 认证程序

认证程序包含申报、审查、专家审核、认证推荐、颁发认证证书 5 个阶段（表 6-1）。未通过规范化净水厂认证的单位针对不符合项进行整改后，可以再次申请认证，直至通过认证。

认证程序及内容　　　　　　　　　　　　　　　　　　　表 6-1

认证程序		内容
申报		联盟常年受理规范化净水厂认证申报，符合认证标准的净水厂将申报材料集中后报联盟
审查		由联盟对申报材料的完整性、规范性进行审查。对通过审查的单位，统一安排专家审核；对未通过审查的单位，将原因告知申报单位
专家审核	技术审核	专家根据申报材料，按照评价指标，进行技术审核。对通过技术审核的申报单位安排现场审核
	现场审核	由联盟组建审核组。审核组由 5 名以上的单数专家组成，进行现场审核，并出具现场审核报告
认证推荐		①现场审核完成后，向申报单位反馈《规范化净水厂不符合项整改表》； ②申报单位应在 30d 内完成不符合的整改纠正和预防，并将经负责人签字和单位盖章后的整改表及证明材料反馈给审核组； ③审核组根据现场审核结果，向联盟提出推荐或向有关主管部门推荐
颁发认证证书		联盟对公示后无异议的单位颁布《规范化净水厂认证证书》

2. 认证要求

认证要求见表 6-2。

认证要求及内容　　　　　　　　　　　　　　　　　　　表 6-2

认证要求	内容
总的要求	规范化净水厂要充分体现社会参与，创建方案需对外公示，实施过程接受市民监督，并充分动用社会专家力量，从多方面规范净水厂的管理体制，进一步推动平安中国建设，维护人水和谐统一
方法要求	规范化净水厂认证采用现场检查和资料检查相结合的方式。认证组在现场检查净水厂和查阅资料时，申报单位对检查组和认证委要求的内容应予以满足，不能借故回避或拒绝，否则不予认证
资料要求	①规范化净水厂申报表，包括净水厂名称、规模、负责人、主要现状、申报理由等； ②净水厂自我评价报告书及相关材料； ③影像资料(4~8 张净水厂内部设施照片、工作管理日常照片、8min 以内净水厂视频)； ④申报单位对于认证资料的真实性承诺书； ⑤汇报 PPT 电子文档一份(含上述所有内容)； ⑥上述所有资料，需统一刻录成光盘一份，与书面认证资料一并提交

申报单位所提供的材料应真实，不得弄虚作假，在认证过程中不得请客送礼，对违反者视情节轻重给予批评、警告、撤销申报和认证资格。

评委、工作人员要秉公办事,严守纪律,如实反映情况,自觉抵制不正之风,对违反者视情节轻重给予批评、警告或撤销其认证资格。

6.3.3 认证标准

认证内容主要包括组织管理、原水、净水工艺、水质、水压、电气与机械设备、自动化及信息化、运行管理、改进9个方面(表6-3)。

认证标准　　　　　　　　　表6-3

		认证内容
组织管理	机构与场所	1. 管理机构:水厂管理机构设置应合理,职责清晰。岗位设置合理,人员配备满足要求。 2. 工作场所:应具备独立水质化验、生产调度、行政办公、物资设备储存、档案保管等场所,满足基本的生产管理需要
	制度建设	安全生产、水质、消防、供配电、物资设备、安防设施等管理制度应齐全、规范
原水	水源保护	1. 水源保护:应收集水源保护相关文件及保护告示牌图片等资料,定期开展水源巡查工作,发现异常及时向有关政府部门报告,妥善处置。 2. 水源水质调查:每年应不少于2次,且应符合下列规定: (1)水源水质监测的采样布点符合国家或省级相关监测技术规范的要求; (2)水源水质调查检测项目符合《地表水环境质量标准》GB 3838的相关要求,检测项目符合国家和省级的相关规定,包括基本项目、补充项目和特定项目; (3)水源水质调查形成水源水质评价报告,报告内容全面,涵盖水质、水量评价、污染因子、污染源及有关防治对策等
	原水监测	1. 原水水质要求:原水应符合《生活饮用水卫生标准》GB 5749对生活饮用水水源水质的要求,原水水质按《地表水环境质量标准》GB 3838评价,且应符合下列规定: (1)基本项目不超过Ⅲ类指标限值(总磷、总氮、粪大肠菌群除外); (2)补充项目、特定项目不超过指标限值; (3)当水源水质不符合要求,而限于条件限制需加以利用时,采用相应的净化工艺处理措施。 2. 原水监测应符合下列规定: (1)采样点为原水取水口或净水厂进水口(管)。对于同时取用2个以上不同水源,且水质差异较大的,监测各水源水质或混合后原水水质; (2)原水监测项目和频率应符合以下要求:浑浊度、pH、色度、嗅和味、耗氧量5项每日至少检测一次。《地表水环境质量标准》GB 3838中有关水质检验基本项目和补充项目共29项每月至少检测一次; (3)原水水质波动较大或遭受污染时,增加原水检测频率和特征污染物的检测
净水工艺	生产工艺设施	1. 工艺设施配置:根据原水水质情况,配置必要的工艺设施(包括混凝、沉淀、过滤、消毒、污泥处理等工艺)。 2. 工艺设施的运行与维护:工艺设施完好,维护保养到位,且应符合下列规定: (1)构筑物破损、老化与沉降等及时处理; (2)构筑物池内定期清洗,无明显水垢、滋生物; (3)工艺管路无破损、老化、堵塞

续表

		认证内容
净水工艺	混凝、沉淀	混凝、沉淀应符合下列规定： (1)开展需矾量、需碱量试验，且做好实际投加量与试验数据对比、分析； (2)沉淀池出水浊度符合内控标准； (3)积泥定期排放； (4)每年对反应池、沉淀池进行清洗
	过滤	过滤应符合下列规定： (1)滤后水浊度符合内控标准，水质取样点合理，反冲洗周期合理； (2)每年开展一次技术参数测定并与设计参数比对； (3)每年对滤池刮砂、加砂
	消毒	消毒间设置应合理，防护及应急设施应齐全，投加应混合充分，消毒指标应符合内控标准
	清水池	清水池安全防护措施应完善，水位控制应合理，消毒接触时间应足够，应定期清洗，且符合下列规定： (1)清水池检测孔、通气孔和人孔等防护措施到位； (2)清水池排空、溢流管道有防污染（倒灌）措施，清水池的排空、溢流管道等有防倒虹吸措施； (3)液位仪能正常使用； (4)清水池内无杂质和生物滋生，水池无渗漏； (5)有清水池定期清洗记录
	污泥处理	有排泥水处理设施，污泥处置应科学合理，满足环境保护要求
	生产废水回收利用	生产废水宜合理回收利用，回收池容量应满足使用要求，应定期开展回收水水质检测
	药剂使用与储存	1. 药剂选择、储存、使用应符合下列规定： (1)原水水源水质调查分析资料，配备药剂符合《生活饮用水卫生标准》GB 5749 要求； (2)开展多种药剂试验或对水质突发污染时的药剂投加试验，并根据试验效果和经济分析，择优选择； (3)一般药剂储存合理； (4)液体药剂设置回流池或相当容量的围堰； (5)危化品堆放、使用场所设置警示牌、周知卡以及防护用品； (6)药剂储存间、使用场所有通风、防潮等设施； (7)每批次药剂入库及领用记录、账物相符，一般药剂储存使用不超有效期； (8)加药间及储藏间布局合理； (9)药剂具有涉水卫生批件
	预处理	2. 生物预处理应符合下列规定： (1)每年进行一次相关技术参数测定； (2)出水氨氮不大于水厂内控标准； (3)每组或每格生物预处理出水溶解氧(DO)在 2.0mg/L 以上； (4)每年至少对生物预处理池清洗、检修一次，并有清洗、检修记录。 预氧化处理应符合下列规定： (1)氧化剂主要采用液氯、臭氧、高锰酸钾、二氧化氯等； (2)所有与氧化剂或溶解氧化剂的水体接触的材料必须耐氧化腐蚀； (3)预氧化处理过程中氧化剂的投加点和加注量根据原水水质状况并结合试验确定，但必须保证有足够的接触时间

续表

		认证内容
净水工艺	臭氧—生物活性炭处理	臭氧—生物活性炭处理应符合下列规定： (1)保持接触池出水中余臭氧浓度 0.05~0.20mg/L； (2)活性炭滤池出水浊度、COD_{Mn} 不大于水厂内控标准； (3)每年对活性炭是否失效进行评估； (4)每年至少进行一次技术参数测定，并进行分析评估； (5)定时观察臭氧浓度监测仪，尾气排放浓度不大于 0.1mg/L
	膜处理	膜处理应符合下列规定： (1)每年进行一次膜通量、跨膜压差、断丝率、出水水质等主要技术参数的分析，并对系统运行情况进行评估； (2)对膜出水浊度、颗粒数，膜瞬时过滤水量、跨膜压差(TMP)进行在线检测，并正点记录。且膜出水浊度、颗粒数不大于水厂内控标准； (3)化学清洗药剂具有符合食品添加剂证明材料。膜的维护性化学清洗和恢复性化学清洗有清洗记录； (4)每月至少进行一次完整性检测，并进行记录； (5)化学清洗废液处理合格后排放，排放标准按照《污水综合排放标准》GB 8978 执行。排放水每年至少应检测一次，检测内容包括 SS、pH、COD_{Cr}、BOD_5 等指标
水质	化验室管理	1. 人员及检测能力：应配置与生产规模、需求相适应的检验人员，并具备相应的理论及操作技能。 仪器设备配置应符合下列规定： (1)化验室仪器设备配置符合《规范化净水厂认证标准》T/ZJWIA 0003—2019 T/ZS 0036—2019 中附录 A 要求； (2)检查实验室具备不少于 10 项水质指标检测能力，具备检测铁、锰、氨氮、总碱度能力。 2. 化验室药品使用、存储以及三废处置应符合相关规范要求，且应符合下列规定： (1)药品在有效期内，摆放规范整齐； (2)药品使用管理台账资料翔实准确，落实专人管理，危化、易制毒药品保存实行"五双"管理； (3)三废处置规范，对特定的、环境危害较大的三废处置做好相应记录。 水质分析：每年应至少开展一次水质突变情况下的模拟净水试验，并指导生产
	出厂水水质	1. 出厂水质不低于出厂水 10 项指标要求。浑浊度不应大于 0.70NTU，消毒剂余量、pH、色度、嗅和味、肉眼可见物、菌落总数、总大肠菌群、耐热大肠菌群、耗氧量 9 项指标应符合《生活饮用水卫生标准》GB 5749 的限值要求，且应符合下列规定： (1)有全年水质报表，统计浑浊度、消毒剂余量(视消毒剂选择)、pH、色度、嗅和味、肉眼可见物、菌落总数、总大肠菌群、耐热大肠菌群、耗氧量 10 项指标的年合格率； (2)检测频率至少每日一次，当出厂水水质波动较大时，增加检测频率； (3)当出现水质超标时有情况说明及处理措施。 2. 常规检测项目及非常规检测项目应符合《生活饮用水卫生标准》GB 5749 要求，且应符合下列规定： (1)有全年水质报表，统计常规项的年合格率以及非常规项的年合格率； (2)供水能力在 1 万 m^3/d 以下的净水厂，出厂水检测频率常规指标项每季度检测不得少于一次，非常规指标项每年检测不得少于 1 次；供水能力在 1 万 m^3/d(含)以上的净水厂，出厂水检测频率要求常规指标项每月检测不得少于 1 次，非常规指标项每年检测不得少于 2 次； (3)毒理指标有检出的，应查明原因，并寻求有效的解决措施
	供水水质公布	出水厂浑浊度、余氯和 pH 3 项检测结果向社会公布，每月应不少于一次

续表

		认证内容
水压	—	出厂水服务压力及合格率应按国家和行业等规定执行
	—	净水厂由于工程施工、设备维修等原因需计划性停水或降低水压时,应提前24h通知受影响的相关方
电气与机械设备	总体要求	1. 设备管理:应有设备管理台账,现场主要岗位和重要设备应有操作、检修、调试、保养、巡检规范,且应符合下列规定: (1)设备管理台账应完善,包含所有设备管理总台账,设备的保养、检修台账; (2)制订主要设备维护保养和检修规程,规程应包含条件、步骤、要求及责任人等; (3)制订针对主要设备的巡查规程,且巡查记录规范、完整; (4)具有健全的操作规程,至少含有中控调度、加氯(或其他消毒)、加药、滤池反冲洗、机泵操作、高低配倒闸操作等。 2. 设备完好率:电气设备、机械设备完好率A_1应大于99%,A_2应大于98%,且应符合下列规定: (1)设备完好率A_1,是以"台日"为计算单位,以全厂取水、送水泵房的水泵机组作为统计对象。计算结果应大于99%; (2)检查设备完好率A_2,是以设备加权台数为计算单位,以水厂所有设备为统计对象。计算结果应大于98%。 3. 配水电耗:净水厂应提供考核期内的配水电耗计算值,经确认合格后进行现场实测,"统计配水电耗"和"实测配水电耗"检查标准相同,水厂规模a(万 m³/d)与配水电耗 b [kWh/(km³·MPa)]的关系应符合以下规定: $a \leqslant 5, b = 420; 5 < a \leqslant 10, b = 400; 11 \leqslant a \leqslant 30, b = 395; 31 \leqslant a \leqslant 60, b = 390; a > 60, b = 385$
	电气设备	1. 电源:现场应有可靠的电源,应有与电力供电单位签订的"供用电协议"。 2. 配电系统:配电设备运行应可靠,保护功能应满足安全要求,且应符合下列规定: (1)所有高低压配电设备完好,设备完好要求参见《规范化净水厂认证标准》T/ZJWIA 0003—2019 T/ZS 0036—2019 中附录B; (2)配电设备按规定做好定期试验、检修、维护和保养; (3)配电设备配置必要保护功能,宜配置电力监控系统; (4)不使用国家明令禁止使用的淘汰设备。 3. 电气安全:建立安全用电规章制度,严格执行《电业安全工作规程(发电厂和变电所电气部分)》DL 408 的有关规定,且应符合下列规定: (1)安全用电规章制度有效实施; (2)高配一、二次系统接线图,继保整定值,试验报告等技术文件齐全; (3)高压配电操作票、工作票执行情况符合要求; (4)高压配电操作模拟图符合实际情况,能进行模拟预操作; (5)高压电气设备进行双重命名,在模拟图及设备上有醒目标识; (6)按规定开展防雷检测并提供检测报告; (7)全厂所有电气设备外壳均可靠接地,接地装置定期检查和测量,接地电阻值符合相关规定; (8)安全用具、防火用具、防小动物设施齐全完好; (9)室内电缆沟内无积水,电缆沟排水井配置的排水泵完好; (10)临时用电线路符合安全规定;手携式电动工具配有触电保护措施
	机械设备	1. 投药设备:投药设备应运行良好,并可实现自动控制投加,包括混凝剂、碱液、助凝剂及应急投加设备,且应符合下列规定: (1)检查计量泵组有定期维护保养记录; (2)各类投加设备完好,可实现按需投加。 2. 混凝、沉淀设备:应完好并有定期维护保养记录,排泥设备应能实现自动控制。

续表

		认证内容
电气与机械设备	机械设备	3. 过滤及配套设备：过滤及配套设备工作良好并有定期维护保养记录，能实现自动控制运行。 4. 泵房设备：水泵机组及配套设备完好，运行工况良好，且符合下列规定： (1)检查泵房设备有定期维护保养记录； (2)有水泵机组振动、噪声、同轴度、效率的检测记录。 5. 消毒设备：消毒设备运行应良好并有定期维护保养记录，可实现自动控制投加。 6. 污泥处理设备：污泥处理设备应完好并有定期维护保养记录，能正常高效运行，运行过程中产生的噪声应符合《工业企业厂界环境噪声排放标准》GB 12348 的规定。 7. 预处理及深度处理设备：预处理及深度处理设备完好且有定期维护保养记录，能自动控制。臭氧发生间须配置泄漏检测、报警及保护装置。 8. 特种设备：特种设备应有检验合格证书且在有效期内，并有定期维护保养记录
自动化及信息化	仪表配置	1. 在线水质检测仪表：应配置完善的在线水质检测仪表，精度满足要求，取样合理，运行完好。 2. 过程控制监测仪表：应配备满足生产自动化控制要求的过程控制监测仪表，精度满足要求，安装合理，运行完好
	PLC 系统	1. 数据采集与监控：监控范围应齐全，数据采集精确，且应符合下列规定： (1)数据采集齐全，满足自动化监控要求； (2)PLC 系统与实际生产工艺相匹配，PLC 系统至少覆盖进水、加药、絮凝、沉淀、过滤、出水、污泥处理等主要水处理工艺。 2. 生产自动化：应实现生产自动控制，且应符合下列规定： (1)具有就地手动控制、现场控制(含 PLC 控制、成套系统独立控制系统)、中控远程控制组成的三级控制功能； (2)具有自动加药、滤池恒水位控制及自动反冲洗、出厂水恒压或恒流控制等功能。 硬件配置：系统硬件配置应齐全，安装规范
	SCADA 系统	1. 软硬件配置：软硬件系统满足自动化集中控制管理要求。 2. 系统功能：软件基本功能满足自动化集中控制管理要求
	信息化系统	1. 办公自动化：应建成并应用办公自动化系统，能满足水厂正常行政管理需求(含水厂概况、信息发布、流程处理、文档管理、档案管理、计划管理、交流互动等功能模块)。 2. 设备管理信息化：应建成并应用设备管理系统，能满足水厂设备全生命周期管理需求(含设备前期管理、设备台账管理、设备动态管理、设备维养管理、报表管理等)
	防雷与接地系统	防雷与等电位共用接地系统涵盖水厂所有建筑物、供配电、自动化与信息化系统。 建筑物防雷宜达二类建筑物标准，电子信息系统防雷宜达 B 级防护要求
	自控专业管理	1. 自控专业管理：实现规范的自控专业技术管理，且应符合下列规定： (1)建立完善的自控系统维护管理制度，并有效实施； (2)开展备份管理：建立软件和数据备份清单，对开发运行环境、源程序、操作系统、历史数据、系统配置、数据库配置和网络设备配置等进行文件备份，其中历史数据须每月备份，其他在首次备份后发生变更时备份； (3)建立自控系统(包括 PLC、在线仪表、关键受控设备等)备品备件库，并保持合理的数量； (4)每月点检自动化系统设备(包括 PLC 运行状态、UPS 状态、开关电源、内部元器件状态、自控网络设备、上位机设备和软件状态等)； (5)对自动化及信息系统进行有效的信息安全管理，并记录。 2. 自控技术检测：定期开展自动化系统各类技术检测。

续表

认证内容		
自动化及信息化	自控专业管理	3. 自控设备维护：开展自动化系统设备维护工作，且应符合下列规定： (1) 定期开展在线水质仪表精度比对和维护工作，且应符合下列规定： 1) 出水水质仪表每日与化验室数据比对一次，其他水质仪表至少每半月与化验室数据比对一次； 2) 在线水质仪表每周维护1次，校正周期应满足仪表自身规定要求，仪表比对误差不满足要求时及时进行校正； 3) 水质检测仪表比对误差表，化验室检测值和在线仪表检测值误差满足下表： 水质检测仪表比对误差表 | 仪表参数	原水	沉淀水	滤后水	出厂水
---	---	---	---	---
pH	±0.2	/	/	±0.2
低量程浊度仪	实际度数±10%	±0.5	±0.1	±0.1
余(总)氯(mg/L)	/	/	±0.1	±0.1	 (2) 每年开展不少于2次的UPS维护工作（包括除尘、检查紧固电池接线端子、充放电等）； (3) 定期开展PLC控制柜的维护工作（包括除尘、CPU内置电池检测与更换、接线端子紧固等）； (4) 定期开展自控系统计算机的维护工作（包括除尘、内存释放、系统补丁升级、安全软件升级、计算机软件清理等工作）
运行管理	安全管理	1. 安全生产责任制管理：应建立安全生产责任制并不断完善，且应符合下列规定： (1) 建立安全生产责任制，并明确单位主要负责人、分管领导及下属各部门职责；逐级签订安全生产责任书； (2) 安排年度安全生产工作计划，并根据计划开展安全生产管理工作； (3) 实施相关方管理。 2. 应急管理：编制应急预案、建立相应的应急队伍、储备应急物资，且应急预案需符合下列规定： (1) 应急预案内容完善； (2) 应急队伍健全，应急人员联络方式有效、人员调动及时更新，做到响应及时； (3) 定期检查和维护应急设施、装备和物资； (4) 应急预案每年至少演练1次，相关人员参与率应达80%以上，演练有实施方案、记录、照片、总结等。 3. 应急供水：净水厂应具有应急备用水源或相邻区域（不同源）供水联网联供等应急供水保障措施，并有一定应急能力。 4. 安防管理： (1) 安全保卫：应配置安保人员、安防设备设施，相关台账记录应保持完整、规范，并且应符合下列规定： 1) 门卫或安保人员配置合理； 2) 门卫室设置24h值班电话，配置应急安保用品，主要出入口设置防止车辆冲撞的设施； 3) 重要部位设置防盗安全门，危化品仓库实行双人双锁； 4) 来访人员凭有效证件实名登记； 5) 门卫或安保人员对厂区重要部位进行巡视检查，并有安保巡检记录。

续表

认证内容		
运行管理	安全管理	(2) 安防设施：应配置必要的安防设施，且应符合下列规定： 1) 各主要工艺环节及重要部位设置视频监控，视频监控24h运作，并设置专人值班管理； 2) 出入口设置门禁系统； 3) 防区、周界系统或者电子围栏设置合理，报警功能正常运行。 5. 劳动保护：员工劳动保护、职业卫生管理制度应健全，且应符合下列规定： (1) 作业场所和设备设施安全防护措施到位； (2) 车间人员穿戴工作服及劳动防护用品，生产车间工作人员统一着装； (3) 定期对从事职业健康风险岗位职工组织职业健康体检。 6. 消防安全：消防安全管理规范、尽量消除安全隐患，且应符合下列规定： (1) 各功能场所配备足够有效的消防设施设备； (2) 消防设施设备摆放合理，防火安全门、消防通道禁止占用和阻塞，安全指示灯工作正常。消防设施设备摆放在门口附近或重点防护设备附近，位置明显、方便取用； (3) 有专人定期巡检，并有巡检记录。 7. 排水设施：应定期开展排水设施巡查及疏通，保存厂区排水系统图，建立台账，排除水质或洪涝灾害隐患
	考核管理	1. 绩效考核：建立切实有效的员工考核绩效机制，并付诸实施。 2. 培训与持证上岗：员工培训与持证上岗符合要求，且应符合下列规定： (1) 定期开展岗位培训，特殊岗位需持证上岗。开展新员工岗前培训与试用培训，试用期满后组织上岗考核；特殊岗位有效持证率达到100%； (2) 涉水人员及食堂工作人员健康证的持有率达到100%
	厂区环境	1. 厂区环境及绿化：厂区功能区划分明确，环境整洁优美，且应符合下列规定： (1) 设置厂区平面布置图、导向牌； (2) 厂区环境整洁、卫生，物品摆放应整齐、车辆停放有序； (3) 绿化维养良好，有绿化检查记录。 2. 标识标牌：构筑物、管道设备标识、巡视路线、警示标识等清晰醒目
改进	持续改进	净水厂应通过方针、目标、审核结果、数据分析、纠正措施和预防措施以及管理评审，持续改进净水厂运行服务体系的有效性
	纠正措施	1. 净水厂应采取措施，以避免不符合项的再发生。纠正措施应与所遇到不符合项的影响程度相适应。应编制形成文件的程序，以规定以下方面的要求： (1) 评审不符合； (2) 确定不符合的原因； (3) 评价确保不符合不再发生的措施的需求； (4) 确定和实施所需的措施； (5) 记录所采取措施的结果； (6) 评审所采取的纠正措施的有效性。 2. 预防措施：净水厂应确定措施，以消除潜在不符合的原因，避免不符合项的再发生。预防措施应与潜在问题的影响程度相适应。应编制形成文件的程序，以规定以下方面的要求： (1) 确定潜在不符合及其原因； (2) 评价防止不符合发生的措施的需求； (3) 确定并实施所需的措施； (4) 记录所采取措施的结果； (5) 评审所采取的预防措施的有效性

6.3.4 复核

复核每三年进行一次。规范化净水厂有效期满前三个月，供水规范化认证联盟邀请 5 名以上的单数专家对所评规范化净水厂进行复核。复核采用重点抽查、定期明查和不定期暗访等方式，主要检查《规范化净水厂认证标准》T/ZJWIA 0003—2019 T/ZS 0036—2019 中控制项内容。符合要求的规范化净水厂可延续 3 年。不符合或有效期前未完成复核的，取消当年的资格。对发生责任性水质事故以及人身安全事故的、影响供水并造成重大损失的、存在违规设施的、连续三个月水质不达标的、被国家或省级主流媒体负面曝光的，经过调查后情况属实，予以取消规范化净水厂的称号。

6.4 认证案例与成效

自 2019 年以来，供水规范化认证联盟已接收到 10 余家水司规范化认证培育申请。在 2021 年授予瑞安市公用事业投资集团有限公司凤山水厂、绍兴市上虞区供水有限公司永和水厂《供水规范化净水厂》证书。以永和水厂为例，介绍该水厂认证过程与成效。

6.4.1 认证过程

永和水厂于 2019 年底提出创建规范化水厂的目标，并将其纳入水厂年度工作计划。为确保创建工作多出实效，成立了规范化水厂创建领导小组及规范化水厂创建工作组，明确了创建责任主体，并根据创建内容划分工作板块，由专业人员分工负责。以保证水质的稳定安全为目标，对照《规范化净水厂认证标准》T/ZJWIA 0003—2019 T/ZS 0036—2019，在工艺技术、自控运行、安防系统等方面逐步完善并加大硬件投入；同时，在水厂、设备、信息、安全等方面健全管理制度，提升管理层次。并于 2021 年向秘书处提交申报资料。

经联盟对申报材料的完整性、规范性审查后，浙江水协于 2021 年 9 月组织供水规范化认证联盟专家对永和水厂进行认证评审（图 6-1）。评审组听取了永和水厂的"创规"过程及自查自评报告，观看了水厂"创规"宣传片。专家分水质、工艺、机电设备、自控、管理 5 个专业组进行了资料审查、现场检查及质询，最终提出了 30 余条整改意见。

图 6-1　绍兴市上虞区供水有限公司永和水厂专家认证现场

水厂随即召开整改落实会议,并根据供水规范化认证联盟评审组提出的整改意见与建议,按照能改即改,需时间的限时改原则,逐项制订了整改计划,并在 30 天内向秘书处提交了整改报告。经联盟审查通过,且公示后无异议后授予绍兴市上虞区供水有限公司永和水厂《规范化净水厂》证书(图 6-2)。

6.4.2　取得成效

1. 保证出水质量,提升社会服务能力

经过认真整改,水厂在原有石英砂层滤料的基础上添加活性炭层用以吸附去除水中嗅类物质,并加装了二氧化碳投加系统,进一步提

图 6-2　绍兴市上虞区供水有限公司永和水厂专家规范化净水厂证书

升了水厂工艺运行的稳定性。在以水库水为原水的条件下,进一步降低了出厂水嗅味物质浓度水平,出厂水 pH 更加稳定。水厂对石灰投加系统、滤池的反冲洗系统、次氯酸钠投加系统等进行了优化整合,做到实时显示、实时控制。有效提升了出厂水水质的安全性和可靠性,加强了社会供水安全保障,为社会需求提供更加优质的产品与服务。

2. 提升供水效率,促进城乡供水一体化发展

经过整改,水厂更换安装了 160kW 流量 $1100m^3/h$ 和 75kW 流量 $600m^3/h$ 两台送水泵组,并进一步加强了各类设备检测仪表配置,提高了对设备振动、速度、温度、

噪声等技术参数测定频率，有效提高了供水效率、增强了供水可靠性。通过增加各类岗位职工内部培训、外派培训次数，职工持证上岗率上升到100%，员工素质整体提升，保障了生产安全。永和、丰惠、小越等虞东乡镇8万余人口的生活生产用水水量和品质得到更高保障，缩小了城乡供水差距，提升了行业能力水平。

3. 提升管理水平，促进企业自我提升

永和水厂在现有规章制度的基础上，进一步完善和修订了各项安全制度和规范，如《管理标准》《技术标准》《应急处理手册》等，提高了企业自身管理能力层次。增加视频监控配置，优化电子巡更巡检系统、设备管理信息系统和OA办公管理系统，提升了信息化管理水平；在加强城市供水安全保障的同时，极大地提高了工作效率。对照规范标准不断整改，不断完善，不断加强自身建设，提升自身服务能力和水平。

附：浙江省城市水业协会简介

浙江省城市水业协会前身为1985年10月成立的"中国城镇供水协会浙江省分会"；1991年6月根据国家的有关规定曾更名为"浙江省城镇供水协会"；2003年1月业务范围扩大至供水、污水处理（排水）和节约用水，更名为"浙江省城市水业协会"。会员主要是浙江省境内的城市供水、排水、污水处理以及节水等城镇水务方面的企事业单位，相关科研、设计施工单位，大专院校及城镇供水、排水设备材料供应商等，现有会员单位176家。浙江水协始终深刻践行"政治立会、规范治会、服务兴会"的办会理念，牢牢把握"支撑政府，让政府有认同感；赋能会员，让会员有获得感；引领行业，让行业有自豪感"的使命定位，着力打造"五五体系"工作规划（五个平台：政企桥梁平台、标准引领平台、信息交流平台、创先争优平台、培训比武平台；五个支撑：健全的专家智库、规范的治理结构、完备的制度流程、高效的组织架构、多维的信息体系），扎实推进本会工作开展，力求开创新面貌、新气象，展现新担当、新作为。

第7章 山西省市政公用事业协会城镇供水分会
——找准定位 搭好平台 自觉践行服务职责

7.1 引 言

行业协会是联系行业单位、社会用户及政府部门的桥梁和纽带,在实际工作中,既要广泛了解行业单位、社会用户的需求及发展中存在的问题,为政府的决策提供依据,又要及时向行业单位及社会用户宣贯政府的有关方针政策,努力践行好服务于行业、服务于社会、服务于政府的职责。山西省市政公用事业协会城镇供水分会(以下简称"山西水协"),以习近平新时代中国特色社会主义思想为指引,认真学习贯彻党的二十大精神,找准定位,搭好平台,自觉践行服务职责,努力促进全省城镇公共供水行业的安全和可持续发展。

7.2 调研摸底背景

供水安全是城镇公共供水行业发展的生命线,其中,水质安全更是重中之重。山西水协于2023年3月至5月期间在全省城镇公共供水行业开展水厂、水源、水处理工艺等情况的调研摸底工作。

7.2.1 《生活饮用水卫生标准》GB 5749—2022 实施

2022年3月15日,《生活饮用水卫生标准》GB 5749—2022正式发布,并自2023年4月1日起正式实施。在此期间,山西省住房和城乡建设厅、山西水协、国家城市供水水质监测网太原监测站等部门和单位,通过不同方式多次组织开展了新版标准的宣贯和人员技术培训。但同时,对于行业单位实施新版标准的准备工作是否充分,还存在哪些困难和问题等，也需要同等地了解和掌握。

7.2.2 中国城镇供水排水协会2023年度工作安排

2023年2月，中国城镇供水排水协会在上海市召开了全国省级地方水协秘书长工作会，在2023年度工作安排中，专门强调要抓好《生活饮用水卫生标准》GB 5749—2022的实施工作，重点指出：水质检测指标由106项调整为97项，其中新增加了2-甲基异莰醇（2-MIB）（10ng/L）、土臭素（10ng/L）等指标。落实中国城镇供水排水协会的工作安排，地方水协责无旁贷。

7.3 调研摸底目的

7.3.1 积极作为，发挥行业协会的服务职能

"服务于行业、服务于社会、服务于政府"是行业协会的基本职责，在全省城镇公共供水单位开展水厂、水源、水处理工艺等情况的调研摸底工作，就是要紧扣全省城镇公共供水行业工作的热点和难点，把"服务"理念融入实际工作中，落实在具体行动上。

7.3.2 查漏补缺，保障城镇公共供水水质安全

《生活饮用水卫生标准》GB 5749—2022的发布实施，新增加了2-甲基异莰醇（2-MIB）（10ng/L）、土臭素（10ng/L）等指标，对水处理工艺及水质检测设备、检测技术等都提出了新的要求，适时开展调研摸底，就是为了督促全省城镇公共供水企业（单位）查漏补缺，进一步加强水质检测技术力量，完善水质检测设施设备及水处理工艺，切实做好水质管理和供水安全工作。

7.4 调研摸底实施

7.4.1 前期准备

为了保证此次调研摸底工作的针对性和有效性，山西水协邀请有关水质专家，专

题讨论调研摸底的思路、范围、内容及项目等，确定从供水源头入手，围绕水源情况、水厂情况、净水工艺、是否存在水质超标的指标、需要协助解决的问题等方面，由各个供水企业按照一座水厂填写一张表的要求，希望全省各供水企业（单位）以本次调研摸底为契机，高度重视水质管理和供水安全工作，实事求是，如实填报，以期找准问题，查漏补缺，针对性解决。

山西水协于 2023 年 3 月下发《关于实施国家新版〈生活饮用水卫生标准〉GB 5749—2022 的调研摸底通知》（晋市政公用协供水字〔2023〕第 3 号），对全省各城镇公共供水企业（单位）的水厂、水源、水处理工艺以及存在的问题等情况进行专项调研摸底。

7.4.2 统计汇总

全省各地的城镇公共供水企业（单位）对于此次调研摸底工作高度重视，给予了积极的配合与支持。山西水协对收回的调研摸底表格进行了逐项核查，并认真地进行了汇总整理，编制了《会员单位水厂情况调研摸底汇总表》和《会员单位水厂情况调研摸底存在问题汇总》。

其中，《会员单位水厂情况调研摸底汇总表》包含了 40 余家单位、80 余座供水厂的基本情况，包括水源情况、生产能力、年供水量、总服务人口、净水工艺等。《会员单位水厂情况调研摸底存在问题汇总》则记录了 12 家单位所面临的 17 个具体问题。山西水协将以上两份汇总材料提前发送给各位专家，并针对梳理的问题，召集专家进行集中讨论（图 7-1），寻求解决措施。

图 7-1　组织专家座谈交流指导工作

7.4.3 情况通报

2023 年 5 月 15 日，山西水协发布了《关于城镇公共供水行业水厂水源水处理工艺等调研摸底情况的通报》（晋市政公用协供水字〔2023〕第 5 号）（以下简称《通报》），对此次调研情况进行了说明。

1. 基本情况

此次调研摸底，山西水协向全省城镇公共供水行业各企业（单位）下发了调研摸底通知，从各供水企业（单位）填报的调研摸底表来看，整体情况良好。此次参加调研共80余座水厂，每日生产能力共计171.98余万立方米，年供水量近52124.95万 m^2，总服务人口达1514.57余万人。梳理此次调研情况，调研水厂的水源地以地下水源为主；水处理工艺以简易处理和常规处理为主，个别水厂有深度处理工艺；消毒剂以次氯酸钠、二氧化氯占多数，少部分使用液氯。具体见表7-1。

山西水协会员单位水厂调研基本情况梳理　　　　　表7-1

项目	分类	水厂数量占比
水源类型	地表水	16.25%
	地下水	73.75%
	地表水与地下水混合	10.00%
水处理工艺	简易处理	75.00%
	常规处理	15.00%
	深度处理	2.50%
	简易处理＋常规处理	2.50%
	常规处理＋深度处理	5.00%
消毒剂类型	次氯酸钠	57.69%
	二氧化氯	38.46%
	液氯	3.85%

2. 存在问题

调研摸底中，有12家供水企业（单位）提出了共计17个需要协助解决的问题，可归纳为以下7类：

① 深度水处理工艺和相关设备选型。

② 现有水处理工艺条件下在地表水水质发生异常时无法处理水中异味。

③ 因原水输送或季节变化等原因，造成滤后水浊度高的问题。

④ 水质检测专业技术人才不足，需要加强业务培训。

⑤ 因检测设备不足，无法满足《生活饮用水卫生标准》GB 5749—2022 要求的水质检测项目。

⑥ 供水管道老化及老城区用户管道老化问题。

⑦ 从供水企业（单位）报送的摸底表看，个别供水单位没有建造清水池，水处理工艺不完善，造成消毒剂投加混合不规范、接触时间不足，存在水质安全隐患。

3. 解决措施

针对 12 家供水企业提出的 17 个问题，山西水协召集有关水质专家、工艺设计专家及专业单位人员，逐单位、逐问题进行了认真研究和讨论，提出以下解决措施：

(1) 对于存在上述第①②③⑦类问题，需要完善水处理工艺，制订相关方案和资金预算，山西水协已联系有关水质专家、工艺设计专家，提供问题咨询、实地考察（图 7-2）、业务指导和技术支持。

图 7-2　山西水协组织专家赴水厂实地考察

(2) 对于存在上述第④类问题的供水企业（单位），山西省住房和城乡建设厅已组织开展全省供水企业水质检测人员专业技能培训，各单位应积极选派岗位人员参加；同时，国家城市供水水质监测网太原监测站（以下简称太原监测站）将常年提供专业技术人员业务培训，可请太原监测站的专家去该单位开展授课和现场指导，也可选派相关人员到太原监测站跟班学习，具体方式由双方协商确定。

(3) 对于存在上述第⑤类问题的供水企业（单位），可向太原监测站咨询水质检测设备的配备、选型等。同时，在设备未配齐之前，对于《生活饮用水卫生标准》GB 5749—2022 要求的水质检测项目，该单位不能检测的，可采样后委托太原监测站检测。

(4) 对于存在上述第⑥类问题的供水企业（单位），如有老旧管网改造意愿，山西水协可协助向山西省发展和改革委员会、住房和城乡建设厅等部门争取预算内投资，支持开展公共供水管网漏损治理。需要申请企业（单位）制订公共供水管网漏损治理实施方案，明确目标任务、项目清单和时间表。

7.5　后续追踪情况

7.5.1　寻求政府部门支持

上述《通报》，山西水协已同步上报山西省发展和改革委员会、山西省住房和城乡建设厅、中国城镇供水排水协会，并就存在的问题及解决措施专门向山西省发展和改革委员会、山西省住房和城乡建设厅有关部门做了汇报，希望给予政策和资金支持。

7.5.2　落实问题解决情况

《通报》发布后，山西水协采取一系列后续追踪措施，以确保所提出的问题得到有效解决。2023年6月，山西水协与12家提出问题的单位逐一进行了联系，了解问题解决的进展情况，确认解决措施的可行性，收集需要进一步提供支持的方面等。整体来看，各单位都在有序推进，部分问题已得到落实和解决，但个别单位在水质检测设备配备方面仍受限于资金的落实。

7.5.3　持续跟进善始善终

山西水协持续跟进问题的解决情况，尽已所能持续促进问题的有效解决，确保各项措施能够取得实效。2023年7月，山西水协配合山西省住房和城乡建设厅组织了"2022年度全省城镇供水规范化管理考核及二次供水专项检查"工作，其中将国家新水质标准的实施作为一项重点内容，对于在调研摸底中反映的问题，有关水质专家进行了现场指导和面对面的讨论交流。

7.6　思考和启示

如何发挥好行业协会的服务职能，是协会工作的出发点和落脚点，也是我们经常思考的问题，回顾此次调研摸底工作，可以给予我们以下启示。

7.6.1　贴近行业单位需要

城镇公共供水行业属于"公益"性质，既承载着政府的任务，又关乎广大用户的需求。行业单位的安全和可持续发展对于社会的和谐稳定至关重要，但同时，行业单位绝大多数是企业性质或实行企业化管理，发展中难免会存在各种各样自身难以解决的共性困难和问题，需要政府部门的政策支持和社会用户的正确理解。

山西水协关注供水行业相关重要政策的发布与实施。回望近年来开展的一系列活动，诸如老旧管网改造、二次供水管理、供水管网漏损治理、智慧水务建设、水资源税改革、供水价格调整等，所组织或参与组织的相关调研、摸底、讨论等，也明显地反映出，只有贴近行业单位的需要，真正能够反映和解决行业单位存在的困难和问题，才会得到大家的积极响应和支持。

7.6.2 贴近政府部门关注

党的宗旨是"全心全意为人民服务"，落实到政府管理部门，就体现在对政策的有效落实、行业的健康发展、社会的和谐稳定的关注。如前所述，国家新版《生活饮用水卫生标准》GB 5749—2022 发布后，作为行业主管部门，山西省住房和城乡建设厅非常关注新标准的顺利实施，当此之时，山西水协组织了此次调研摸底工作，完善了工作环节，也为政府有关部门提供了有效的行业状况信息。

7.6.3 贴近社会用户关切

"水是生命之源"，保障从"源头"到"水龙头"的城镇公共供水安全，是供水人的神圣职责，也是广大社会用户的心中关切。山西水协组织此次调研摸底，表面看是一件普普通通的日常工作，实际上始终牵念的是供水安全，特别是水质安全。山西水协希望通过这种形式，在切实帮助行业单位解决问题的同时，号召行业单位始终贯彻"以人民为中心"的发展思想，真正做到"为民服务"。

附：山西省市政公用事业协会城镇供水分会简介

山西省市政公用事业协会城镇供水分会成立于 2016 年 6 月，其前身是成立于 1986 年的山西省城镇供水协会。目前下设企业管理、科技信息、职业技能培训、企业文化等 9 个工作部，现有常务理事单位 13 个，理事单位 72 个、会员单位 140 余个，基本实现了对山西省内城镇公共供水企业（单位）的全覆盖。

山西省市政公用事业协会城镇供水分会以习近平新时代中国特色社会主义思想为指引，认真学习贯彻党的路线、方针、政策，依托会员资源和人才优势，忠实履行"服务于行业、服务于社会、服务于政府"的职责，找准定位，搭好平台，在聚合资源、深化应用、促进创新等方面发挥了重要作用，努力促进山西省城镇公共供水行业的规范、健康和可持续发展。

第4篇　水务行业调查与研究

　　本部分聚焦2023年度行业发展热点、难点和痛点。以城镇排水高质量发展为主线，收录了"我国海绵城市建设10周年的回顾与展望""'源—网—厂—河'一体化模式""分流制污水系统化粪池技术改造""城镇排水管网运行维护及成本调研分析"4篇研究报告；同时收录了业内关注的"构建智慧水务标准体系""城市供水行业反垄断现状及对策研究"2篇研究报告。

第 8 章 我国海绵城市建设 10 周年的回顾与展望

8.1 海绵城市建设背景

8.1.1 海绵城市建设需求

城市是人口高度聚集、社会经济也高度发达的地区,是资源环境承载力矛盾最为突出的地方。改革开放以来,我国进入了城镇化快速发展阶段,城镇化率从 1979 年的不到 20%,发展到当今的 65% 左右。在传统城市建设理念的影响下,城市开发建设带来的城市下垫面过度硬化,割裂了山水林田湖草的生态系统,改变了原有的自然生态本底和水文特征,切断了水的自然循环过程,破坏了城市水文径流特征的原真性;同时,城市建设高强度开发、填湖(塘)造地、伐林减绿,忽略或任意调整竖向关系等粗放做法,在加快降水产汇流的同时,也加大了降雨径流量和汇流峰值(图 8-1)。

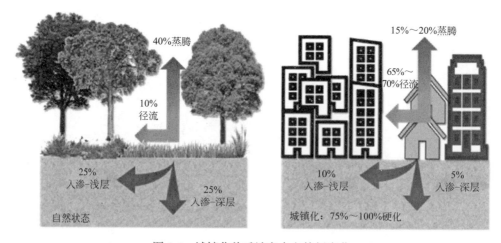

图 8-1 城镇化前后城市水文特征变化

天然下垫面本身就是一个巨大的自然海绵体,对降雨具有吸纳、渗透和滞蓄的"海绵"效应,从而对雨水径流能起到一定的控制作用,得到涵养地下水、维系水生态等功效。当降雨通过下垫面的吸纳、渗透、滞蓄等作用达到饱和后，会通过地表径流自然排泄，即"满则溢"。以中国北方城市为例，城市开发建设前，在自然地形地貌的下垫面状况下，70%～80%的降雨可以通过自然下垫面滞渗到地下，涵养了本地的水资源和生态，只有20%～30%的雨水形成径流外排。而城市开发建设后，由于屋面、道路、广场等设施建设导致下垫面硬化，70%～80%的降雨形成了地表快速径流，仅有20%～30%的雨水能够渗入地下，呈现了与自然相反的水文现象，不仅破坏了自然生态本底，也使自然海绵体丧失了"海绵效应"，导致所谓的"逢雨必涝、雨后即旱"；同时，也带来了水生态恶化、水资源紧缺、水环境污染、内涝灾害频发等一系列问题。

针对上述城市建设现状，我国提出了海绵城市建设这种现代城市发展理念。海绵城市是通过加强城市规划建设管理，充分发挥建筑、道路和绿地、水系等生态系统对雨水的吸纳、蓄渗和缓释作用，有效控制雨水径流，实现自然积存、自然渗透、自然净化的城市发展方式。建设海绵城市就是统筹发挥自然生态功能和人工干预功能，突出灰绿结合、蓝绿融合，有利于修复城市水生态、涵养水资源、改善水环境、增强城市排水防涝能力，提升城市基础设施建设的系统性，提高新型城镇化质量，增强人民群众的获得感、幸福感。

8.1.2 国外经验借鉴

国际上具有一定代表性和影响力的现代雨洪管理体系有美国低影响开发（Low Impact Development，简称 LID）、英国可持续城市排水系统（Sustainable Urban Drainage System，简称 SUDS）、澳大利亚水敏感性城市设计（Water Sensitive Urban Design，简称 WSUD）、新加坡 ABC 水计划（Active，Beautiful，Clean Waters Programme，简称 ABC 水计划）等，大多通过控制雨水径流来治理城市内涝、水环境污染等，为我国推进海绵城市建设提供了参考。

1. 美国低影响开发

美国 LID 的理念，旨在从源头避免城市化或场地开发对水环境的负面影响，强调利用小型、分散的生态技术措施来维持或恢复场地开发前水文循环。实践证明，LID 主要为针对高频次、小降雨事件所采取的分散型措施，具有较好的环境和经济效益，弥补了传统灰色措施在径流减排、利用和污染控制方面的不足。

2. 英国可持续城市排水系统

英国可持续城市排水系统的突出特征是在"排"的过程中体现可持续性，通过源头、传输和末端处理3类措施，对雨水径流全过程进行分级消减和控制。SUDS能够减少城市化加剧带来的水循环系统问题，改善市民生活质量，还能更加高效地利用城市可用空间，成本只有传统地下管道系统的1/3左右。

3. 澳大利亚水敏感性城市设计

澳大利亚水敏感性城市设计以雨水系统为核心，通过与供水、污水等其他子系统衔接，构建城市良性水循环系统，将雨水水量、水质、水资源、水生态及水景观整合设计，减少降雨产生的雨水径流，提高进入河道的水体质量，从而保护河道及水环境，提升城市宜居程度。

4. 新加坡ABC水计划

新加坡ABC水计划旨在将城市社会经济发展、景观与水环境治理有机结合，丰富与完善城市排水系统，充分利用自然生态系统滞留雨水，减少城市排水管渠的峰值径流，降低城市洪涝风险，并在径流过程中净化和提升雨水水质。ABC水计划改变了典型土地利用规划方式，最大限度地释放出排水管渠及其沿线的土地价值。

8.2 海绵城市建设进展

习近平总书记在关于海绵城市的讲话中提出的"两个优先""四个自然"，充分体现了敬畏自然、尊重自然、顺应自然、保护自然的生态观，也体现了综合治理、源头治理、系统治理的系统观。推进海绵城市建设是贯彻落实习近平生态文明思想的重要内容，是推动我国城乡绿色发展的重要途径，是提升我国城市建设品质的重要抓手，也是我国建设生态、安全、健康、可持续的城市水循环系统的必由之路。

8.2.1 中央政府高位推动

2015年，《国务院办公厅关于推进海绵城市建设的指导意见》（国办发〔2015〕75号）印发，对我国推进海绵城市建设做出了总体部署，明确要通过海绵城市建设，最大限度地减少城市开发建设对生态环境的影响，将70%的降雨就地消纳和利用。到2020年，城市建成区20%以上的面积达到目标要求；到2030年，城市建成区80%以上的面积达到目标要求。

2016年,《中共中央 国务院关于进一步加强城市规划建设管理工作的若干意见》(中发〔2016〕6号)印发,要求营造城市宜居环境,推进海绵城市建设;《国务院关于深入推进新型城镇化建设的若干意见》(国发〔2016〕8号),要求全面提升城市功能,在城市新区、各类园区、成片开发区全面推进海绵城市建设。2020年,《中共中央关于制定国民经济和社会发展第十四个五年规划和二〇三五年远景目标的建议》明确提出增强城市防洪排涝能力,建设海绵城市、韧性城市。

通过国家政策支持和带动,海绵城市的理念在我国得到快速推广和普及,很多城市在新区建设和城市更新中融入海绵城市的理念,海绵城市建设取得了积极进展。然而,海绵城市毕竟是新生事物,在具体实践中,不少城市还存在对海绵城市建设的必要性认识不到位,对海绵城市概念理念理解不到位,规划编制和项目谋划不系统,工程设计和建设方式方法未及时调整等问题,导致海绵城市建设的效果打了折扣。2022年,针对海绵城市建设中存在的问题,住房和城乡建设部及时印发了《住房和城乡建设部办公厅关于进一步明确海绵城市建设工作有关要求的通知》(建办城〔2022〕17号),进一步明确了海绵城市的内涵和实施路径,并对规划编制、项目设计、建设运维和长效机制等方面提出了清晰的要求,尤其是明确提出了32个"正面清单"和23个"负面清单",对科学稳妥推进我国海绵城市建设十分必要,意义重大。

1. 海绵城市建设试点

2015年起,财政部、住房和城乡建设部、水利部联合发文组织开展海绵城市建设试点工作,探索符合中国国情的海绵城市建设模式,得到了地方政府的高度重视和积极响应。根据中国地理气候的特点,针对不同的降雨分布和城市社会经济发展规模,2015年、2016年先后分两批在30个城市(自治区)开展了国家海绵城市建设试点工作(表8-1)。30个海绵城市建设试点城市类型涵盖南北方、东中西、大中小城市,具有独特的自然和经济条件,有很强的典型性和代表性,具体见表8-1。经过"十三五"期间各地的探索,海绵城市建设工作取得了较好的成绩并积累了一定经验和成功做法。

"十三五"海绵城市建设试点分布情况   表8-1

序号	省份(直辖市、自治区)	试点城市	所在地区	城市规模	行政级别
1	北京	北京	华北	超大城市	直辖市
2	天津	天津	华北	超大城市	直辖市
3	河北	迁安	华北	小城市	县级市

续表

序号	省份(直辖市、自治区)	试点城市	所在地区	城市规模	行政级别
4	辽宁	庄河	东北	小城市	县级市
5	吉林	白城	东北	小城市	地级市
6	上海	上海	华东	超大城市	直辖市
7	江苏	镇江	华东	中等城市	地级市
8	浙江	宁波	华东	大城市	计划单列市、副省级城市
9	浙江	嘉兴	华东	中等城市	地级市
10	安徽	池州	华东	小城市	地级市
11	福建	福州	华南	大城市	省会城市
12	福建	厦门	华南	大城市	计划单列市、副省级城市
13	江西	萍乡	华东	中等城市	地级市
14	山东	济南	华东	大城市	省会城市、副省级城市
15	山东	青岛	华东	大城市	计划单列市、副省级城市
16	河南	鹤壁	华北	小城市	地级市
17	湖北	武汉	华中	特大城市	省会城市、副省级城市
18	湖南	常德	华中	中等城市	地级市
19	广东	深圳	华南	超大城市	计划单列市、副省级城市
20	广东	珠海	华南	大城市	地级市
21	广西	南宁	西南	大城市	省会城市
22	海南	三亚	华南	小城市	地级市
23	重庆	重庆	西南	超大城市	直辖市
24	四川	遂宁	西南	中等城市	地级市
25	贵州	贵安新区	西南	小城市	国家级新区
26	云南	玉溪	西南	小城市	地级市
27	陕西	西咸新区	西北	小城市	国家级新区
28	甘肃	庆阳	西北	小城市	地级市
29	青海	西宁	西北	大城市	省会城市
30	宁夏	固原	西北	小城市	地级市

(1) 技术指导

为加强海绵城市建设技术指导，充分发挥专家在海绵城市建设领域中的重要作用，不断提高我国海绵城市建设管理水平，2015年9月住房和城乡建设部成立了由37人组成的海绵城市建设技术指导专家委员会，为海绵城市建设提供包括标准、规划、工程技术、投融资、建设运营模式等方面的专业指导，带动城市建设发展方式转型，创新城市建设运营机制，建立新的业态发展模式，推动实现海绵城市建设目标。

2016年3月11日，《住房城乡建设部关于印发海绵城市专项规划编制暂行规定的通知》（建规〔2016〕50号）印发，要求设市城市编制海绵城市专项规划，与城市道路、排水防涝、绿地、水系统等相关规划做好衔接，并将批准后的海绵城市专项规划内容，在城市总体规划、控制性详细规划中予以落实。为进一步提高海绵城市专项规划编制的科学性、系统性和可落地性，提升海绵城市规划建设水平，2017年～2018年，住房和城乡建设部组织专家赴多地开展海绵城市专项规划编制工作专题辅导，召开多次海绵城市技术培训会。

（2）标准规范

海绵城市理念提出后，住房和城乡建设部及时对城市规划、水务、道路、建筑小区、园林绿化等相关专业的国家标准或行业标准中不适应海绵城市建设技术要求的内容进行了修改，铲除不利于海绵城市建设的障碍，提出了构建海绵城市建设标准体系的工作要求，启动了海绵城市建设规划与设计、施工验收与运维、监测等方面国家标准编制工作，以保障海绵城市能够系统、科学、有效地规划实施。

为了能够更科学地评价海绵城市建设效果、提升海绵城市建设的系统性，住房和城乡建设部发布了《海绵城市建设评价标准》GB/T 51345—2018，并自2019年8月1日起实施。该标准首次系统地构建了海绵城市建设评价体系，并逐项地提出了切实可行的评价方法。标准实施后，在海绵城市试点工作验收中起到了有效指导作用。

（3）年度评估

住房和城乡建设部为掌握《国务院办公厅关于推进海绵城市建设的指导意见》（国办发〔2015〕75号）提出的"到2020年，城市建成区20％以上的面积达到目标要求"的第一阶段目标完成，自2019年起连续组织开展海绵城市建设年度评估工作，评估与跟踪海绵城市建设进展及成效，研究规范化海绵城市评价指标的体系和方法，以评促建。评估范围约680个设市城市，各设市城市以排水分区为单元，对照《海绵城市建设评价标准》GB/T 51345—2018从水生态保护、水安全保障、水资源涵养、水环境改善等方面对海绵城市建设成效自评（表8-2）。

在指导地方进行自评估的基础上，对于海绵城市建设国家试点城市、系统化全域推进海绵城市建设示范城市、省级试点等典型城市建设成效开展第三方评估。通过现场调研、监测评估、模型验证等方式，对全国、各省、典型城市海绵工作进行评价，最终形成全国海绵城市建设评价总报告、各省海绵城市建设评价报告、各典型城市监测评估报告。

海绵城市建设评估指标及评分体系　　　　　表 8-2

一级指标	分值	二级指标	分值	三级指标	分值
效果指标	60	内涝防治	42	内涝防治标准达标情况	10
				海绵城市建设以来历史易涝积水点消除比例	10
				市政雨水管渠达标比例	8
				海绵城市建设以来天然水域面积变化率	8
				城市可渗透地面面积比例	6
		雨水收集与利用	8	雨水资源化利用率	6
				海绵城市建设以来地下水（潜水）平均埋深变化	2
		其他	10	年径流总量控制率	4
				再生水利用率	3
				黑臭水体消除比例	3
项目指标	20	项目	20	海绵城市建设项目完成度	8
				海绵城市建设项目相关度与支撑度	12
制度指标	20	立法	2	法规制定	2
		规建管全流程管控制度	10	规划编制	2
				制度制定与落实	8
		绩效考核	3	绩效考核及激励制度的制订与落实	3
		投融资机制	2	投融资与产业发展制度的制订与落实	2
		标准规范	2	标准规范编制	2
		培训宣传	1	海绵城市建设培训、宣传	1

2. 系统化全域推进海绵城市建设

在"十三五"试点城市经验的基础上，住房和城乡建设部为进一步推动海绵城市建设，及时提出了系统化全域推进海绵城市建设要求。"十四五"期间，财政部、住房和城乡建设部、水利部通过竞争性选拔，分3批确定了60个基础条件好、积极性高、特色突出的城市开展典型示范（表8-3），系统化全域推进海绵城市建设，中央财政对示范城市给予定额补助。各示范城市充分运用国家海绵城市试点工作经验和成果，制订全域开展海绵城市建设工作方案，建立与系统化全域推进海绵城市建设相适应的长效机制，统筹使用中央和地方资金，完善法规制度、规划标准投融资机制及相关配套政策，结合城市防洪排涝设施建设、地下空间建设、城市更新等，系统化全域建设海绵城市。

"十四五"海绵城市示范城市分布情况　　　　表8-3

序号	省份(自治区)	数量	第一批	第二批	第三批
1	黑龙江	1		大庆市	
2	吉林	2	四平市	松原市	
3	辽宁	2		沈阳市	葫芦岛市
4	内蒙古	1		呼和浩特市	
5	河北	3	唐山市	秦皇岛市	衡水市
6	新疆	1	乌鲁木齐市		
7	甘肃	2	天水市	平凉市	
8	青海	1		格尔木市	
9	陕西	3	铜川市	渭南市	延安市
10	宁夏	2		银川市	吴忠市
11	河南	3	信阳市	开封市	安阳市
12	山东	3	潍坊市	烟台市	临沂市
13	山西	2	长治市	晋城市	
14	安徽	3	马鞍山市	芜湖市	六安市
15	湖北	3	孝感市	宜昌市	襄阳市
16	湖南	2	岳阳市	株洲市	
17	江苏	4	无锡市、宿迁市	昆山市	扬州市
18	四川	4	泸州市	广元市、广安市	绵阳市
19	贵州	1		安顺市	
20	云南	1		昆明市	
21	广西	1		桂林市	
22	西藏	1			拉萨市
23	浙江	3	杭州市	金华市	衢州市
24	江西	3	鹰潭市	南昌市	九江市
25	广东	4	广州市、汕头市	中山市	佛山市
26	福建	4	龙岩市、南平市	漳州市	三明市
合计		60			

8.2.2　省市层面积极推进

1. 组织编制专项规划

海绵城市专项规划是在城市层面落实生态文明建设的涉水顶层设计，是对海绵城市建设项目和内容及建设时序做出统筹安排的重要文件，是各地海绵城市规划建设管理的重要依据和指导方针。

（1）试点城市规划编制情况

从海绵城市规划编制历程来看，各地海绵城市专项规划经历了"从无到有"至"从有到优"两个阶段。《住房城乡建设部关于印发海绵城市专项规划编制暂行规定的通知》（建规〔2016〕50号）明确了海绵城市专项规划编制内容及各设市城市完成海绵城市专项规划的时间。截至2017年初，已有370个城市启动规划编制工作，30个国家试点城市更是率先完成规划编制，指导试点区海绵城市建设。随着海绵城市建设逐步推进，国家层面对海绵城市规划的要求不断提高。2017年12月，住房和城乡建设部组织开展第二批国家海绵城市建设试点工作专项督导，对14个试点城市的海绵城市专项规划提出了修改意见，试点城市进一步优化完善了市区两级海绵城市专项规划体系。

从规划指标落实情况来看，试点城市主要通过编制海绵城市详细规划或在详细规划中落实指标等形式，将年径流总量控制率等指标纳入国土空间规划体系。青岛、宁波、上海等在控制性详细规划中纳入了年径流总量控制率等指标，或编制了专门的海绵城市详细规划。鹤壁、遂宁、庆阳等除年径流总量控制率外，还将雨水资源化利用等指标纳入了详细规划。

（2）示范城市规划编制情况

随着系统化全域推进海绵城市建设的不断深入，《住房和城乡建设部办公厅关于进一步明确海绵城市建设工作有关要求的通知》（建办城〔2022〕17号）对科学编制海绵城市专项规划，提出目标指标、排水分区、技术路线等方面的具体要求。第一批、第二批海绵城市建设示范城市陆续启动规划修编，截至2022年底，共有16个已完成修编，14个已启动修编工作。唐山、汕头、龙岩等已完成修编并批复实施，紧密结合了国家要求和地方海绵城市建设实践经验，强化了蓄排平衡、海绵城市管控指标等内容。

示范城市主要通过在控制性详细规划中落实指标或编制海绵城市专篇，将年径流总量控制率等纳入国土空间规划体系，修建性详细规划已批复的则编制专门的片区海绵城市详细规划明确地块指标，充分发挥海绵城市专项规划承上启下的作用，目标和指标传导更具刚性，为海绵城市建设、管控提供了有力抓手。

2. 开展省级试点示范

我国开展海绵城市建设以来，国家、省、城市上下联动，共同推进，逐步形成"以国家试点示范为龙头、省级试点示范为支点、其他市县统筹推进"的工作格局。

(1) 省级海绵城市建设试点

2015年~2017年，为推进各省海绵城市建设工作，多省组织召开省级海绵城市建设推进会，邀请有关领导和专家对海绵城市建设政策、规划管控、建设管理、投融资模式等进行详细解读。为带动全省海绵城市建设，多省组织开展了省级海绵城市建设试点。

2016年，河南省开展海绵城市省级试点工作，确定郑州、洛阳、平顶山、安阳、焦作、濮阳、许昌、商丘8个城市为省级海绵城市试点。江苏省确定徐州、南京、常州、苏州、宜兴、武进、昆山、如皋、句容9个城市入围省级海绵城市建设试点城市，要求试点城市积极探索可复制、可推广、可操作的经验。湖南省确定岳阳市、津市市、望城区、凤凰县为试点城市（区、县），要求试点城市抓好示范项目建设，充分发挥榜样引领作用。江西省确定南昌、吉安、抚州为省级海绵城市建设试点城市，积极推动法规制度、规划标准、投融资机制及相关配套政策等方面研究。四川省确定成都、泸州、自贡、绵阳、广安5个地级城市和崇州等10个县级城市为省级海绵城市建设试点城市，截至2017年6月底，试点市（区、县）完工项目408个。

(2) 省级海绵城市建设示范

2020年以来，多省（自治区）在海绵城市试点基础上，组织开展省级海绵城市建设示范工作，将海绵城市建设作为推动建设安全城市、韧性城市的重要举措。部分地区总结推广符合当地实际的建设经验，加深省内其他地区对海绵城市建设的理解认识，加快推动海绵理念在建设工程中推广和落实。

2022年，四川省确定成都、德阳、南充等10个省级系统化全域推进海绵城市建设示范市（县），并下达补助资金2.67亿元，支持与海绵城市相关的项目建设。江西省确定赣州、新余、宜春、共青城、井冈山5个城市为江西省海绵城市建设示范城市，要求因地制宜、系统谋划，打造一批可复制可推广的海绵城市建设示范项目。湖北省明确宜昌、咸宁、荆州、襄阳、黄石5个城市为省级海绵城市示范城市，强调示范城市内新区、各类园区、成片开发区以及有条件实施的新开工项目要全面落实海绵城市建设要求。贵州省评选六盘水市、铜仁市为省级示范城市，重点聚焦缓解城市内涝问题。广东省确定东莞、中山、梅州为省级海绵城市建设示范城市，示范城市从区域流域、城市、设施、社区4个层级系统实施海绵城市建设项目，不断提升城市韧性。山西省为解决城市内涝、改善城市水环境质量、提升雨水资源利用，确定太原、晋中、晋城、运城作为省级海绵城市建设示范城市，把推进海绵城市建设作为服务助力中部城市群建设的重要支撑。湖南省确定湘潭、娄底、祁阳、汨罗为省级海绵城市建设示范城市，为建设宜居、绿色、韧性、智慧、人文城市创造条件。内蒙古自治区确定包头、赤峰、鄂尔多斯为自治区海绵城市建设示范城市，全力打造北方缺水地区海绵城市建设的典范。

3. 制定地方技术标准

随着海绵城市建设经验的持续积累，各地及时发布地方标准或主管部门技术指导性文件，对于系统化全域推进海绵城市建设具有重要意义。截至2023年，试点城市和部分示范城市在不同程度上总结经验，制定并发布了海绵城市建设地方标准或文件，内容涵盖了规划、设计、施工、验收、运行维护、监测，能够较为有效地指导海绵城市建设全过程。

在标准表现形式上，部分城市对海绵城市建设的各个环节分别制定了独立的标准或文件，如深圳、福州、青岛、重庆、三亚、沈阳、南平、南昌、孝感、泸州、漳州、昆山等；部分城市为打通规划和设计、施工验收和运行维护等环节，制定了较为综合性的标准或文件，如上海、萍乡、汕头、六安、宜昌、昆山等。为了能够更有针对性地为技术人员提供指导，部分城市出台了海绵城市建设标准图集，内容主要包括典型项目平面布局、典型设施构造、关键节点竖向衔接等，如上海、汕头、天津、武汉、深圳、南平、宜昌、泸州、漳州等。

在标准制定深度上，各城市从本底条件出发，因地制宜地提出了海绵城市建设目标和指标。其中，普遍关注的指标为年径流总量控制率、年径流污染消减率、可透水地面面积比例、内涝防治设计重现期标准、生态岸线率、雨水利用率。此外，各城市以蓝绿灰结合、绿色优先为原则，因地制宜地提出了典型设施选取建议和相应的技术要求。针对海绵城市设施对于植物有耐水淹、耐干旱、耐盐碱等较高要求，部分城市还进一步制定了植物选配的设计导则或推荐目录，如鹤壁、庄河、常德、南宁、白城、青岛、固原、信阳、昆山等。

在标准实施方面，各城市制定的标准或文件均能在发布后有效指导项目建设，效果显著。部分城市在技术标准基础上还制定了设计文件编制深度和技术审查要点等文件，以便行业主管部门科学监管，如三亚、青岛、珠海、宁波、福州、厦门、迁安、泸州、漳州、昆山等。

4. 建立工作推进制度

在组织协调模式方面，各城市工作推进机制具体可归结为设立专职（专班）机构组织协调或指定牵头部门组织协调两种类型。设立专职（专班）机构是指成立海绵城市建设推进办公室（以下简称"海绵办"），作为专职（专班）机构来统筹协调海绵城市建设工作，海绵办负责海绵城市建设的综合调度、规划编制、工程推进、制度建设、资金管理、绩效考核等工作。指定牵头部门是指一些城市不改变部门原有职责分工，在推进海绵城市建设时，明确一个部门牵头、其他部门配合，由牵头部门负责总体协调，一般由领导小组牵头建立海绵城市建设决策部署、协同落实的工作机制，以及协调会议、工作例会、信息沟通等工作制度。

在海绵城市建设推进方面，分为集中实施型（城投实施、PPP实施）和分工实施型（分解任务）两种类型。集中实施型是指一些国家级新区、高新区、开发区，管理主体是新区管理委员会（以下简称"管委会"），开发建设主体是城投公司，直接由城投公司负责实施，管委会内部相关部门予以支持，统筹开发建设。分工实施型是指海绵城市建设工作领导小组，逐年制订海绵城市建设任务分解表，将年度的规划编制、标准制定、机制建立、建设项目推进、重点区域推进等各项任务分配到各成员单位，并明确完成时限；各单位根据任务分解表的任务清单，结合本单位职责分工，制订具体的工作方案和计划并组织实施；市海绵城市建设领导小组或其下属办公机构负责对各单位落实任务分解表的情况进行跟踪检查及考核。集中实施型在试点阶段具有一定的优势，转入运行维护阶段后的工作机制还需要进一步探索；分工实施型任务职责清晰，可以将海绵城市建设工作切实融入各部门日常工作中，持续性较好。

5. 推动海绵城市立法

2015年3月，十二届全国人大三次会议修改立法法，赋予所有设区的市、自治州和4个不设区的地级市地方立法权。2021年，财政部、住房和城乡建设部、水利部组织"十四五"系统化全域推进海绵城市建设示范，要求"有立法权的城市，制定本市海绵城市建设相关要求的法规；尚未制定的，应有明确的立法计划"，体现了国家鼓励各地推进海绵城市地方立法的决心。建立海绵城市专项地方性法规有利于把海绵城市建设中行之有效的经验、举措规范化、系统化、法定化，有利于持续推进各地海绵城市建设管理工作。

2019年11月29日，安徽省十三届人大常委会第十三次会议审查批准了《池州市海绵城市建设和管理条例》，这是全国海绵城市建设首部综合性地方法规。之后太原、遂宁、镇江等市先后起草制定了地方性法规，在海绵城市地方立法方面做了大量有益尝试。截至2023年，30个试点城市中有14个、60个示范城市中有20个完成了海绵城市立法,此外,晋中、南充、内江等非国家试点示范城市也完成了海绵城市立法。各城市推进海绵城市立法工作的方式主要有两种:一是在已出台的条例等地方性法规中纳入海绵城市相关内容,二是出台专门的海绵城市条例等地方性法规。海绵城市立法工作的不断推进,标志着我国海绵城市逐步迈入法治时代,对规范我国海绵城市建设和管理,保护和改善城市生态环境等各方面都起到了积极作用。

(1)在地方性法规纳入海绵城市内容

我国30个试点城市中,有10个城市在已出台的地方性法规中纳入海绵城市相关内容,主要包括深圳、青岛、珠海等城市。60个示范城市中,广州、汕头、唐山、中山等15个城市在已出台的地方性法规中落实海绵城市相关内容。

(2)海绵城市专项立法

我国30个试点城市中,池州、深圳、遂宁、镇江4个城市已正式出台海绵城市专项地方性法规,西咸新区无立法权,但是其所属的西安市正在推进海绵城市立法工作,并已完成草案征求意见。60个示范城市中,四平、宿迁、南充等5个城市已正式出台海绵城市建设管理条例;中山、唐山、秦皇岛、长治、汕头等城市正式启动海绵城市相关地方法规的立法程序。

6. 带动地方产业发展

随着30个海绵城市试点城市及60个系统化全域推进海绵示范城市建设的开展,海绵城市试点、示范区域覆盖了全国31个省(自治区、直辖市)。随着海绵城市建设的快速推进,海绵城市产业也得到了快速发展,如今已经产生了一系列的海绵城市技术、材料和设备,初步形成了涵盖科研、咨询设计、投资融资、建设管理、运营维护的海绵城市产业链。

许多省市在开展海绵城市试点和示范建设的同时,陆续出台了一系列支持海绵城市建设和产业发展的政策措施,包括政府补贴、奖励税收、土地使用优惠、创新基金支持等,以吸引企业和投资者参与海绵城市产业的发展。但区域的气候特征、地理地貌、城市规模与发展阶段等有诸多不同,地方性的产业类别和产业化模式均有不同。

(1)试点城市产业发展

北京市作为第二批海绵试点城市,更加注重高端产业和创新产业的发展,北京市经济和信息化局批复中关村海绵城市工程研究院有限公司组建北京海绵城市应用集成产业创新中心,重点推进海绵城市前沿技术、关键共性技术与其产品的研发及产业化,掌握核心专利技术,实现不同典型地区海绵城市研发、设计、成果转化、产业化、应用推广等关键环节良性互动的产业体系；建立第三方检验检测认可及研发资源共享的公共服务平台，加快不同领域海绵城市建设技术规模化应用。北京市还组建了城市水循环与海绵城市技术北京市重点实验室，投资建设海绵零碳产业园等，采取了一系列海绵城市全产业链措施。

（2）示范城市产业发展

江苏省海绵城市建设工作起步较早，先后有镇江、无锡、宿迁、昆山入选了国家海绵城市试点和系统化全域推进海绵城市建设示范城市。江苏省住房和城乡建设厅成立了江苏省海绵城市建设工作推进小组，组建了江苏省海绵城市技术中心，建立了江苏省海绵城市联盟，统筹推进海绵城市建设工作，各城市政府根据自身产业特点，推出富有特色的海绵城市产业类型。无锡市依托环保产业和物联网产业优势，加大产业扶持力度，支持重点海绵城市企业发展，大力推广适合本地的海绵城市新材料，打造海绵城市上下游产业链，推动海绵企业上市，塑造"无锡品牌"；常州市推行绿色建筑与海绵城市建设产业协同发展，建立长三角绿色建筑与韧性城市产业技术联合创新中心，通过政、用、产、学、研的发展模式，促进海绵城市产业的发展。

按照《国务院办公厅关于推进海绵城市建设的指导意见》（国办发〔2015〕75号），到2030年，城市建成区80%以上的面积达到目标要求。据预测，到2030年，中国海绵城市相关产业规模将达到1.5万亿元。随着政策、资金等方面的支持不断加强，以及技术创新和市场需求的不断推进，未来中国海绵城市产业规模仍有很大的空间和潜力。

8.3 海绵城市建设成效

8.3.1 水安全保障

在海绵城市建设开展过程中，各地结合城市更新、排水防涝、污水提质增效、设施补短板、公园建设等开展系列工作，采取了编制（修订）暴雨强度公式、探索和建设蓝绿灰相结合的雨水蓄排体系、推进排水信息化工作、统筹洪涝治理、洪涝联合调度等措施，历史易涝积水点已消除80%以上，城市内涝防治水平稳步提高。

1. 编制（修订）暴雨强度公式

《住房和城乡建设部办公厅　国家发展改革委办公厅　中国气象局办公室关于进

一步规范城市内涝防治信息发布等有关工作的通知》（建办城〔2022〕30号）明确提出各地气象部门按照《室外排水设计标准》GB 50014—2021等有关标准，根据每隔5年修订一次的原则，及时编制（修订）暴雨强度公式，由所在地排水防涝主管部门会同气象部门审定，并报当地人民政府批准后实施，同时报上级排水防涝主管部门、气象部门备案。近年来，各地陆续开展了暴雨强度公式的制修订工作。

2. 探索和建设蓝绿灰相结合的雨水蓄排体系

（1）加大雨水管网建设力度

截至2022年底，我国693个设市城市（含新区）共有雨水管网41.1万km，雨污合流制管网8.6万km。2013年～2022年，全国城市雨水管道总长度增加23.7万km，增幅为139%。

（2）重视涝水行泄通道建设

住房和城乡建设部印发的《城市排水（雨水）防涝综合规划编制大纲》明确提出涝水行泄通道的规划设计要求。各地在新编城市排水（雨水）防涝综合规划时，充分发挥蓝色、绿色设施生态排水的功能，利用水系、河道、沟渠及部分道路作为超管网设计标准雨水的排泄通道。

（3）推广蓄排结合技术

在《室外排水设计标准》GB 50014—2021、《城市排水工程规划规范》GB 50318—2017及一些地方标准中，明确提出要充分利用自然蓄排条件，考虑蓄排能力与治涝的平衡关系，推动蓄排结合技术的发展。2015年以来，一些城市陆续建成一批用于消减径流峰值、灰绿结合的雨水调蓄设施，在解决内涝问题中发挥了重要作用，明显提高了排水防涝能力。

（4）注重蓝绿灰融合

充分利用公园绿地、街头绿地等块状绿地，道路红线内和红线外等线性绿地，以及城市水系，与周边硬化路面、排水管渠等灰色设施有效衔接，发挥雨水调蓄、净化、排放等综合作用，蓝绿灰融合，治理城市内涝积水（相关案例见专栏8-1）。

> **专栏8-1　蓝绿灰融合案例——上海和平公园**
>
> 　　上海和平公园通过公园内海绵设施、湖体等调蓄空间和周边排水系统衔接，实现蓝绿灰融合，以及"提标+控污"双重效益。通过植被截流净化及湖体自净消纳，实现11mm以上初期降雨截流及消纳。同时，园外道路积水在纵坡低点进入园区，通过园内地势形成的入流通道排入湖内，通过湖体和废弃民防调蓄，可有效提高所在排水系统的排水防涝能力，实现蓝绿灰有效融合（图8-2）。调

蓄设计如下：(1) 湖体调蓄。5 年一遇设计降雨下，湖面常水位 2.5m，降雨来临时，抬高湖面溢流水位至 2.8m，新增湖体调蓄容积 8700m^3（其中客水容纳量 4900m^3），服务范围相当于 2 个公园面积；极端气候下，公园关闭，抬高湖面溢流水位至 3.1m，新增湖体调蓄容积 17400m^3。(2) 公园内民防通道经加固、防水改造为调蓄管，与湖体相连通，新增调蓄容积 150m^3。

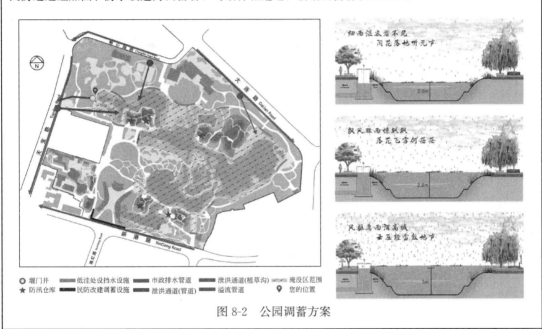

图 8-2 公园调蓄方案

3. 加大设施建设力度

海绵城市建设试点和示范城市指标体系中明确提出内涝防治标准、防洪标准、易涝积水点消除比例等关键指标，指导水安全相关工程建设。根据海绵城市试点示范城市的项目类型，海绵城市建设项目主要分成七大类项目，包括居住社区海绵城市改造、海绵型道路广场、海绵型公园绿地、城区水系治理、雨水调蓄设施或自然调蓄空间建设、雨水管网及泵站改造与建设、管网排查与修复项目，通过大力实施相关工程项目，实现源头消减径流，持续提高城市应对强降雨的能力。

4. 推进洪涝统筹治理

(1) 统筹洪涝治理空间分配和竖向衔接

在规划层面统筹空间分配和竖向衔接是城市排水防涝和流域防洪的重要内容。以流域为单位编制防洪规划，确定流域防洪标准和相应的洪水位，合理分配流域上下游城市的外排水量，并科学布局滞洪区域，为流域洪水留出足够的空间。以城市为单位编制排水防涝规划，首先要为城市"留白"，最大限度保护山水林田湖草的基本生态格局，最大限度适应地形地貌，对沿江沿河岸线留出一定距离、不予开发；确定城排水防涝标准，科学划分排水分区，规划各类排水设施的布局和规模，做好竖向衔接，包括源头减排设施、雨水管渠和排涝除险设施的衔接，以及排涝除险设施和外河设计洪水位的衔接。

（2）加强信息共享，建立联防联控机制

共享降雨统计、气象预报、降雨产汇流、河湖水位等重要水文特征和数据信息，共建数据感知体系和预警预报系统。针对不同范围和程度的降雨，多部门联合编制应急预案，加强应急装备和物资储备，建立流域层面和城市层面的联防联控机制。

目前，我国大部分城市统筹现有资源，利用先进的信息技术，建立完善城市综合管理信息平台，整合设施系统普查信息、历史信息、监测信息、运行信息、决策信息等各部门防洪、排水防涝相关信息，实现跨部门、跨区域的信息交流与共享，综合管理信息平台满足排水防涝的日常管理、运行调度、灾情预判、预警预报、防汛调度、应急抢险等功能需要。为了实现"联防联控"和"联排联调"的管理策略，内涝综合管理信息平台还与城市的自然灾害应急管理系统联动，实现多灾种灾害的监测资料和灾情数据的采集、分析和实时共享，推动解决多灾叠加的问题。

8.3.2 水环境改善

为治理城市水环境，各地统筹推进海绵城市建设和城市更新、污水处理提质增效等工作，按照"源头减排—过程控制—系统治理"的理念，构建污染控制体系，强化点源污染、面源污染和内源污染控制。开展混错接改造，排水管网、沟渠改造和建设，清理河道底泥，建设生态岸线等，利用再生水和雨水回补河道，有效改善城市水环境。截至 2023 年底，全国地级及以上城市黑臭水体基本消除。城市雨天溢流情况得到明显改善，面源污染负荷有效消减，水生态环境明显改善。

老城区海绵城市建设采取灰绿结合的雨水基础设施改造方式，通过建设源头海绵设施，降低河道水位，排查、检测、评估与修复管网，末端调蓄处理等，控制合流制溢流污染、减少外水倒灌与客水入渗，不仅减少了入河污染物，城市水环境质量明显改善，黑臭水体得到有效治理，而且污水处理厂进水浓度也得到了提升，达到了提质增效的目的（相关案例见专栏 8-2）。

专栏 8-2　水环境改善案例——池州市清溪河

池州市老城区分流改造难度大，雨污合流或混流现象突出，针对水环境质量较差、合流制溢流污染问题，制定以减少老城区雨水径流污染物排放量、降低合流制溢流频率的目标。池州市清溪河流域水环境综合整治项目包括住宅小区海绵城市改造、管网改造、清溪河截污干管改造、清溪污水处理厂提标改造、湿地公园综合利用等工程，实现源头到末端的全过程把控（图 8-3）。

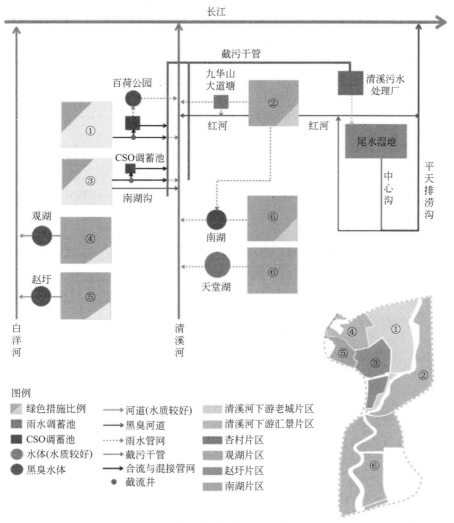

图 8-3　池州水系统多目标协同方案

清溪河流域的百荷公园是黑臭水体治理及合流制溢流污染控制的典型项目，治理前百荷公园北园湖体常年为劣 V 类水，雨天从百荷公园溢出的受污染的水体会随雨水流入清溪河，进而流入长江。2015 年，池州市被纳入全国 16 个海绵城市建设试点城市，全市范围内的黑臭水体治理和清溪河治理被提速。百荷公园改造方案主要是通过合流制溢流调蓄设施协同截污干管工程，避免雨水携带的污染物直接排放至清溪河，保障清溪河水体水质。通过对老城东片区合流制区域合流排放口来水进行收集，暴雨期间超过截污干管输送能力的雨水和污水首先进入调蓄池调蓄，雨后部分雨水进入湿地系统自然净化，部分合流水提升至污水处理厂进行处理，减少了老城东片区溢流对清溪河水质的污染。

> 百荷公园海绵城市综合改造工程通过源头低影响开发改造与末端调蓄相结合,黑臭水体治理效果显著,水体生态系统得以恢复,并大幅消减排入清溪河的污染负荷,降低清溪河雨季水质频繁恶化的风险,取得的主要环境效益有5个方面,一是通过构建"调蓄池—人工湿地—旱溪—湖体—清溪河"合流制溢流控制系统,每年向清溪河溢流次数从平均110次降低到12.7次,溢流总量消减83%;二是湖体水质显著提升,水质从劣Ⅴ类到稳定Ⅳ类;三是湖体底泥清淤量达3.0万m^3,补种水生植物1.2ha、投放水生动物1.8t、修整驳岸1.5km,重新打造水体生态系统,恢复水生态平衡;四是作为合流制溢流调蓄水池的溢流受纳水体,可提供1.5万m^3的调蓄空间;五是通过恢复湖体生态环境,提高植物群落和动物多样性,该湖体已成为野鸭、白鹭等野生鸟类栖息的重要场所。
>
> 通过场地更新和片区水环境整治目标的协调,将黑臭水体整治、合流制溢流污染控制、景观环境提升及海绵城市科普教育统筹规划设计,达到环境效益、生态效益及社会效益的最大化。项目改善120ha汇水区域水环境问题,而末端集中的灰色设施和良好的生态环境营造都可降低该项目的后期运行维护成本;公园更新可直接惠及100ha范围内居民的休憩活动需求,并为生态教育工作提供场地。

随着黑臭水体方面相关法规政策、标准体系的逐步建立,对城市建成区水环境的要求也愈加严格,公众对亲水、宜居生活环境的要求越来越迫切,各地在海绵城市建设中有效控制雨水径流污染,推动城市水环境质量不断改善,逐步实现"清水绿岸、鱼翔浅底"的目标。

8.3.3 水资源利用

海绵城市建设强化雨水、再生水等非常规水资源的利用,提升水源涵养能力,10年来,海绵城市建设与"以水定城"的指导思想相结合,城市水资源综合利用逐步树立"全域"和"系统化"的思想,着眼于流域谋划,把握水资源、人口、经济、城市选址与城市规模等区域—城市的宏观关系,有效缓解城市缺水问题,在促进地下水水位回升方面发挥了积极作用。通过开展海绵城市建设,各地提高了非常规水资源利用水平,实现水资源循序利用,节约了城市运行成本。海绵城市建设理念逐步融入城市规划建设管理各个环节,截至2020年底,全国已建成落实海绵城市建设理念的项目达到4万多项,雨水资源涵养能力和综合利用水平显著提升,通过建设调蓄水体、雨水模块、调蓄池、雨水桶等雨水调蓄利用设施,雨水资源化利用量达3.5亿t/年[①]。

海绵城市试点、示范城市建设的成功实践和明显成效证明了海绵城市是系统解决城市雨洪管理问题和重构人水和谐关系的有效途径,可实现节约和涵养城市水资源。

---

① 央视网. 全国城市节约用水宣传周[Z/OL]. 2021-05-09.

通过海绵城市建设，有效提高建筑与小区的雨水积存和蓄滞能力，在缺水城市推行道路与广场雨水的收集、净化和利用，鼓励将收集和处理后的雨水、城市污水处理厂再生水、分散污水处理设施尾水用于河道生态补水。生态补水及低影响开发设施增加自然渗透回补城市地下水源，有效遏制地下水下降趋势，北京、济南、鹤壁等多个城市地下水位稳步回升（相关案例见专栏 8-3、专栏 8-4）。

专栏 8-3　水资源利用案例——济南

济南是著名的泉城，近年来，趵突泉等泉群曾多次停喷，保泉与用泉的呼声十分强烈。济南海绵城市试点区位于大明湖兴隆区域，是众多泉眼等水系的源头，分布多个渗漏带，是渗透补给地下水、保证下游泉水的重要地区。通过海绵城市建设，促渗保泉能力增强，有效涵养地下水源，确保了泉水的持续喷涌。随着试点区内海绵工程的建设，年雨水收集利用量达 33 万 m^3，年均雨水收集利用率达 13.06%，中水日处理量达 1.9 万 m^3，出水回用率接近 100%，全面提高非常规水资源利用率。

专栏 8-4　水资源利用案例——萍乡

萍乡针对"晴时旱、雨时涝"的问题，试点期间建设雨水桶、雨水模块、调蓄池、调蓄水体等雨水利用设施 52 处，雨水资源广泛用于市政杂用水、绿化灌溉、景观水体补水等，试点区全年雨水资源使用量 642 万 m^3，雨水资源化利用率为 12.2%。

8.3.4　水生态修复

1. 技术措施

（1）构建区域流域生态保护修复格局，保障城市生态安全

区域流域的海绵城市建设，紧密衔接城市国土空间规划构建的生态空间格局，统筹考虑山水林田湖草沙等生态本底全要素，结合自然地理单元完整性、地域分异特征、主导生态功能和关键生态问题，形成城市生态修复总体格局，强化全域生态保护和修复，提高生态环境质量和维护生物多样性，提高水源涵养和水土保持功能，通过山体、湖泊和矿山的自然生态恢复，重要生态功能保护区、重点资源开发区和生态良好地区生态保育，河湖水系保护与联通，重点流域和小流域综合治理，实现"三类"空间的整体保护、系统修复、区域统筹和综合治理，塑造山水相融、人城共生的绿色国土空间。

（2）新旧城区分类施策，构建生态海绵城市

新城区（含新建区域）以目标为导向，加强对天然调蓄水面和低洼地的保护，合

理控制竖向，尽可能保护雨水行泄通道，同时，通过海绵城市规划建设管控，达到恢复自然降雨径流特征的目的。老城区（已建城区）以问题为导向，结合城市更新、老旧小区改造、设施补短板等，在缓解城市内涝、雨水收集利用、黑臭水体治理的同时，提出径流控制要求，达到修复水生态的目的。具体项目实施时，根据不同用地性质、功能特征和海绵城市建设需求，因地制宜建设屋顶绿化、植草沟、干湿塘、旱溪、下沉式绿地等设施，推广城市透水铺装，建设雨水下渗设施，不断扩大城市透水面积，整体提升城市对雨水的蓄滞、净化能力。

（3）加强河流水生态修复，构建生态河湖水体

强化土地利用与管控，防止现有湖泊、湿地面积减少，提高蓄水能力，增加水环境容量。针对新建区域，将生态红线范围内的湖泊、湿地划分管控等级进行严格管理。针对已建成区，结合水环境综合整治和排水系统提升，在河湖水体周边设置生态净化设施，消减入水体的污染物，对于生态系统受损的湖泊和湿地，加快实施生态修复工程，进行岸线生态化改造和修复，恢复河流的植被缓冲带，尽可能恢复河道的自然形态，利用水生植物修复技术、微生物菌剂投加技术等，重建并恢复水生态系统，恢复城市内外河湖水系的自然连通（图8-4）。

图8-4 河道综合整治示意图

2. 建设成效

（1）生态格局管控机制逐步完善，城市开发建设模式显著转变

随着试点探索到示范阶段的系统化全域推进，各地城市将山水林田湖草沙作为一个生命共同体，重视自然生态格局保护和修复，尤其是试点和示范城市基本建立从国土空间规划体系到政府行政规章制度或法律法规等生态格局管控的长效机制，明显加

强生态格局管控,取得显著成效,据统计,全国233个城市10年来天然水域面积未减少。

由试点向全域推进的10年,是城市开发建设模式显著转变的10年,城市开发建设由过去的粗放式、破坏式、硬化式逐步转变为"自然积水、自然渗透、自然净化"的海绵城市开发建设新模式,避免出现传统开发建设模式下所面临的水生态问题。

(2) 优质生态产品供给明显增加,城市生态宜居环境显著改善

提升老百姓获得感和幸福感,是海绵城市建设最根本的目标。结合海绵城市建设,在城市更新和新区开发中有效提升了市政基础配套设施、小区环境及配套设施、建筑物、公共服务设施的功能和品质,优质生态产品供给明显增加,城市更加生态宜居,老百姓获得感、幸福感显著提升(相关案例见专栏8-5)。

专栏8-5 水生态修复案例——厦门

在厦门翔安南部新城试点区开发建设中,坚持以目标为导向,合理控制开发强度,保护自然生态格局,统筹精细化的源头减排海绵设施与高品质的公共海绵空间,实现先梳山理水、再造地营城的新城开发模式。让城市在绿水青山中自然生长,实现了"小雨不积水、大雨不内涝、水体不黑臭、热岛有缓解"的海绵城市建设目标,大幅提升了新城人居环境品质。同时,通过多年的海绵城市建设实践,翔安南部新城逐步建立一套完善的、具有中国特色的城市新区海绵城市规划方法与管控体系,形成了可复制、可推广的厦门翔安新城海绵规划管控模式,成为中国东南沿海山地丘陵地区海绵城市建设创新典范。

2016年~2019年,厦门市已累计完成162个老旧小区改造,结合海绵城市理念的改造老旧小区达到151个,受到广大市民的一致好评。厦门大力推进公园建设,全市公园面积已达4893ha,人均公园绿地14.09m²,不断扩大城市休闲游乐空间,满足居民日常休闲需求,提升城市内涵,广大市民对政府和城市环境状况的满意度大幅度提高。

8.4 总结与展望

8.4.1 总结

海绵城市历经10年时间的创新实践与探索,在系统化推进模式、制度建设、规划引领、建设成效、标准制定、技术推广等方面初显成效。

1. 创新系统化推进模式,全方位统筹谋划海绵城市建设

为治理城市内涝、水环境污染、水资源紧缺、水生态退化等一系列问题,我国在

借鉴国外现代雨洪管理经验的基础上，结合各城市地理位置特征、经济发展水平等因素，在全国 31 个省（自治区、直辖市）选择 90 个典型城市，分层、分批进行海绵城市试点示范，从水资源保护、水污染治理、水安全保障、水生态健康等方面全方位统筹谋划海绵城市建设，最大限度减少城市开发建设对生态环境的影响。

2. 完善组织机制与制度建设，多层级保障建设管理常态化

党中央、国务院多次在有关文件和会议中提出了海绵城市建设要求，财政部、住房和城乡建设部、水利部认真贯彻落实相关部署，积极开展国家海绵城市试点示范，发布相关政策，组织开展培训辅导，提高海绵城市专项规划的科学性、系统性和可落地性，提升海绵城市规划建设水平；建立常态化、标准化的评估机制，对海绵城市建设已开展工作总体情况进行摸排，评估海绵城市建设、城市防洪、城市排水防涝规划等相关专项规划编制和实施情况；初步搭建了海绵城市建设管理信息平台，实时跟踪重点城市建设进展，为海绵城市建设效果评估和示范推广奠定了基础。河南、江苏、湖南、江西、四川等多省组织开展省级海绵城市建设试点示范，全面指导全省海绵城市建设，成效显著。

3. 发挥规划引领作用，以点带面扩大试点全域推进

为充分发挥规划引领作用，各试点、示范城市在《国务院办公厅关于推进海绵城市建设的指导意见》（国办发〔2015〕75 号）和《住房城乡建设部关于印发海绵城市专项规划编制暂行规定的通知》（建规〔2016〕50 号）等国家政策驱动下，经过 4～5 年的探索实践，结合城市总体规划编制工作，积极探索符合各自特点的海绵城市专项规划体系，在海绵城市建设过程中获得了显著的成果，形成了一批典型案例和可推广、可复制的海绵城市建设经验，在各地起到了以点带面的示范效应和作用。

4. 突出问题与目标双导向，治理城市内涝与水环境问题

针对不同区域自然、经济特征和海绵城市建设目标，我国海绵城市建设实施过程中逐步形成"问题与目标双导向"特点：老城区以问题为导向，结合棚户区改造、老旧小区有机更新等项目，加大既有公园、绿地、道路、广场、建筑、市政排水设施等改造力度，因地制宜采取微地形处理、屋顶绿化、透水铺装、增加排水管道等措施推进城市内涝与水环境治理；城市新建区则以目标为导向，通过海绵城市规划建设管控，严格落实海绵城市规划建设指标体系和技术方法，全面推进海绵型建筑与小区、道路与广场、公园绿地等项目建设，确保雨水径流特征在开发建设前后基本一致，达到海绵城市建设的目标要求。

5. 完善各级标准规范，指引精细化全过程实施

随着海绵城市建设经验的逐渐积累，为系统指导海绵城市建设规划、设计、施工、验收和运行维护全过程，使海绵城市建设目标能够贯彻始终，国家、省、市相关部门及时地开展标准制定工作。2014年以来，住房和城乡建设部印发了《海绵城市建设评价标准》GB/T 51345—2018，组织多家单位开展了《海绵城市建设专项规划与设计标准》《海绵城市建设工程施工验收与运行维护标准》和《海绵城市建设监测技术标准》等国家标准编制工作。各省市积极响应国家政策，充分衔接国家相关标准，编制地方标准、技术指南等技术指导性文件，指导海绵城市项目建设实施。

6. 因地制宜创新突破，适应性技术产业化推广

在海绵城市建设的快速推进过程中，海绵城市产业得到了快速发展。根据不同试点、示范城市自身地理位置和经济发展特征，各地因地制宜形成了山地丘陵海绵、东北寒冷地区海绵、湿陷性黄土高原海绵等多种模式的海绵城市技术、材料和设备，初步形成了涵盖科研、咨询设计、投资融资、运营维护的海绵城市产业链。通过海绵城市标准制定、第三方检验检测认可及研发资源共享的公共服务平台等措施，部分技术已在其他相似地区得到了广泛的推广，从不同领域拓展海绵城市产业链条，加快不同领域海绵城市建设技术规模化应用，推动海绵城市产业持续发展。

7. 广泛动员各方参与，形成共建共享格局

多个城市以系统化全域推进海绵城市建设为契机，积极贯彻海绵城市建设理念，组织相关部门单位、社会组织、市民志愿者等，不断加大海绵进校园、海绵进社区、海绵进商圈、海绵进公园等教育活动力度，以共商、共建、共治、共享等方式，广泛发动社会各个单元全程参与、共同缔造，让海绵理念深入人心，不断提升群众幸福感、满意度。通过向居民发放宣传册、摆放宣传咨询台、现场咨询等方式，向群众普及海绵城市基本概念、发展进程及建设意义，不仅提高了广大居民群众对海绵城市的理论认识，倡导了海绵设施共建共享理念，也营造了全民积极参与建设海绵城市的良好氛围。

8.4.2 展望

在过去10年我国海绵城市建设的基础上，通过进一步推动制度建设、强化督导、技术支撑、统筹谋划和加强管控，新的10年，海绵城市建设将迈上新的台阶、创造更大的辉煌。

1. 制度建设

当前我国海绵城市建设已进入常态化阶段，迫切需要相应的规章制度加以保障和引导，以实现海绵城市建设的高效性与可持续性。围绕责任落实、规划建设、绩效考核、资金保障、运行维护等方面，完善有利于持续推进海绵城市建设的规章制度，健全相应的体制机制。

在责任落实制度方面，海绵城市是城市的一项系统工程，涉及城市水务、管网、土地利用、道路、住建、园林等诸多方面，需要多部门协调合作。因此，应将海绵城市建设的主要责任落实到有权力调配的各相关部门分管负责人，使海绵城市建设工作顺利开展。

在规划建设制度方面，已有研究表明海绵城市设施的布局点位是海绵城市整体效果实现的关键，应加强对海绵城市设施布局多目标优化的科学研究，基于科学理论进行海绵城市规划建设，完善相应海绵城市规划建设标准。

在绩效考核制度方面，海绵城市建设应根据全国各区域城市特点，以最优化海绵城市效益为目标，因地制宜设置绩效考核方式。

在资金保障制度方面，海绵城市建设需要大量的资金投入以保障建设效果，目前资金主要来源于中央和地方政府，海绵城市建设资金保障存在单一化的问题。因此，应开展海绵城市建设成果转化，研究推动政府出资转向与受益企业出资相结合的转变，以实现海绵城市建设的多元化资金保障。

在运行维护制度方面，海绵城市设施运行维护是海绵城市建设长效化的重要保障，应建立海绵城市设施运行维护的职责、分工、方法要求等相关制度。

2. 强化督导

开展海绵城市项目实施完成情况督导检查、绩效考核和总体评估是海绵城市建设稳步推进的重要保障。推进海绵城市建设领域的相关政策和法规建设，制订年度建设目标计划，坚持问题与目标双导向，注重督查考核，创新工作举措，压实工作责任，是确保海绵城市建设项目快速高效推进的重要手段。

针对建设项目，突出强化海绵专项督导；针对部门履职情况，强化纪检监察督导；针对建设过程和建设效果，强化人大、政协监督督导及社会舆论和群众督导。对不同类型的海绵项目实施分类考核、综合评价，进一步加快系统化全域推进海绵城市建设步伐。对海绵城市建设相关单位，严格对照评测指标，建立健全各单位考核体系，结合督导检查，量化打分标准，定期通报排名，做到有部署、有督查、有考评。

加强对海绵城市建设的总体性评估，从水资源、水环境、水生态和水安全等多角度出发，结合自然本底、机制体制、实施成效、产业发展等方面对海绵城市建设情况进行系统性评测，综合分析海绵城市建设产生的社会效益、经济效益与环境效益，为海绵城市建设提供全面的顶层设计建议，从宏观的角度指导海绵城市建设系统化全域性的工作部署。通过常态督导、量化考核和多角度评估，强化规划管控，全面落实海绵化措施，加速推进城市基础设施海绵化标准建设，真正将海绵城市建设理念融入城市建设管理。

3. 技术支撑

自2014年住房和城乡建设部发布《海绵城市建设技术指南——低影响开发雨水系统构建（试行）》以来，一系列标准规范的出台促进了海绵城市建设规范化，也为系统化全域推进海绵城市建设提供了科技保障。

海绵城市建设涉及城市规划、水文、排水、园林等专业，需要推动多专业交融，加快培养交叉型人才。《住房和城乡建设部办公厅关于进一步明确海绵城市建设工作有关要求的通知》（建办城〔2022〕17号）中也强调要加强海绵城市建设管理和技术人员的培训，保证海绵城市建设"不走样"。

目前有关海绵城市建设中的填料配比和植物选择、绿色基础设施结构参数优化、海绵设施施工技术、运维管理、全生命周期优化设计等方面的研究正在逐步完善，国内外学者的研究成果为海绵城市建设提供理论依据。海绵城市作为实现可持续城市水循环系统的有力措施，应加强海绵城市建设的系统化模拟和评估，科学量化其对提高城市应对气候变化等方面"韧性"的作用；加强绿—灰—蓝耦合措施模拟与评估，辨析海绵城市系统化建设的关键问题，制订解决策略；加强城市水污染溯源分析，夯实水污染治理的科学基础，全面辨析城市水环境的污染源，准确定位城市水污染源，精准治理城市水污染。

4. 统筹谋划

海绵城市建设是自上而下与自下而上结合推进的过程，一方面，海绵城市要从宏观流域尺度布局，构建良好的山水林田湖草沙生态系统，将城市建设纳入流域自然循环的过程中，保证流域水安全、水资源、水环境、水生态的要求；另一方面，海绵城市的落脚点是城市建设，要统筹城市园林、交通、市政、规划等部门，统筹推进海绵城市建设，具体落实到各个海绵项目，在保证实现水质水量控制目标的同时，实现景观、城市功能等多重目标。

海绵城市建设应因地制宜、统筹谋划，针对道路、新建小区、老旧小区、公园、广场、学校等多类型项目的不同特点和设计要求，在不同区域制订不同设计策略，在新建区实现"海绵＋"，将海绵城市的理念融入城市建设中；在老旧区域完成"＋海绵"，以改造为主，在改造过程中新增海绵，增强雨水径流控制能力。

综合应用"蓄、滞、渗、净、用、排"的技术手段，统筹谋划海绵城市建设目标，首先实现"小雨不积水，大雨不内涝"的水安全目标，保障城市区域居民的生命财产安全；其次面对城市面源污染、黑臭水体等多方面的环境问题，实现消减合流制溢流污染和降雨径流污染物、保护水环境的目标；在干旱缺水区域，通过净水蓄水手段，蓄存雨水，作为补给水源。整体来看，无论是流域尺度还是城市尺度，均应根据当地实际情况，统筹宏观规划与项目设计，才能实现海绵城市建设目标。

5. 加强管控

随着海绵城市建设常态化、全域化推进，标准化、产业化成为高质量建设海绵城市的重要保障，加强海绵城市建设相关设施在方案设计、施工许可、验收环节的审查和管控尤为重要。

以生物滞留设施为例，主要设计内容主要包括设施布置与选型、规模计算与效果校核。从项目整体看，设施与汇水面之间、各类设施之间的竖向、规模衔接设计，是一种精细的工作；施工环节更需要精细化，特别是隐蔽工程施工、分层回填、边坡施工和各个构造之间的竖向关系；验收环节中，除对竖向径流组织进行验收外，还应对表层滞蓄容积、表层土壤介质结构稳定性、底部排水管淤堵情况进行验收；生物滞留设施在投入运行后需进行日常维护和定期检查，同时要制定详尽的维护和检查标准。因此，加强海绵城市建设各个环节的审查和管控，是提高海绵城市建设质量的关键。

第 9 章 "源—网—厂—河"一体化模式

进入新发展阶段，随着美丽中国建设的全面推进以及人与自然和谐共生的现代化的加快建设，城镇水务面临新的高质量的发展要求。但当前存在的排水设施系统性不足、排水管理"碎片化"、城市水环境脆弱等痛点难点问题依然困扰着很多城市，对新时期的高质量发展构成巨大挑战。

如何落实《城镇水务 2035 年行业发展规划纲要》提出的总体目标和任务要求，通过建立和实施"源—网—厂—河"一体化模式真正克服城镇排水管理的短板和薄弱环节，是行业关心的热点问题。本章旨在围绕这个热点问题，结合行业内多年积累的研究成果与实践经验，全面阐述"源—网—厂—河"一体化模式的理念内涵和实施方法，以凝聚行业共识，引发创新思考，为各城市建立和实施"源—网—厂—河"一体化模式提供实操指导，推动"源—网—厂—河"一体化模式在全国推广、复制，助力我国城镇水务高质量发展。

9.1 "源—网—厂—河"一体化背景

9.1.1 城镇排水管理"碎片化"制约行业发展

由于我国城镇排水事业发展及排水系统建设、管理等方面的历史原因，我国城镇"厂、网"等排水设施通常分属在不同的单位和部门进行运营与监管，缺乏系统性的规划、建设、运营、发展目标和监管考核体系，城镇排水管理处于"碎片化"的状态，雨污水收集、处理、回用等设施难以形成紧密联动和系统化管理，这也是引发城镇水体黑臭、内涝等问题的重要原因。

(1) 多层级多部门管理，缺乏统筹

目前，在城市排水行政管理方面，多数城市呈现出"多龙治水""多头管理"的局面，主要存在行政管理层级不统一和主管部门不统一两个方面的问题。城市排水行政管理层级不统一的问题主要体现在同一区域内的不同排水设施分属于两级或两级以上政府管辖。城市排水主管部门不统一的问题主要体现在同一区域内的不同排水设施分属于不同的行政主管部门管辖。

同一区域内城市排水"多头管理"的问题易使得整个排水系统在规划、建设、运营、监管等各个环节缺乏良好的系统统筹，导致城市排水系统出现各类缺陷和问题，制约排水系统的建设完善、优化布局和能力提升，是造成城市水环境问题的重要因素。

（2）多单位运营，协调困难

在城市排水设施运营方面，目前，多数城市为"多方运营"，即同一区域内的污水处理厂、排水管网、泵站、河道等由多家单位分别运营。在"多方运营"模式下，不同的运营单位运营的设施类型及规模不同、运营目标及标准不同、商业模式及利益导向不同、运管水平不同……这些不同和差异，使得不同的运营单位之间难以高效协调运营，整个排水系统无法发挥最大功效，这是城市排水系统效率不高、保障度不足、城市水环境脆弱和城市内涝频发等诸多城市排水问题的重要原因。

9.1.2 行业多年探索形成"源—网—厂—河"一体化的"武汉共识"

"源—网—厂—河"一体化理念是在我国水污染防治和水环境治理的发展进程中产生萌芽、发展而逐渐形成的。最初我国水污染防治工作中"重水厂、轻管网"，21世纪以来，我国污水处理事业快速发展，污水处理厂总规模达到了全球第一。但是水体污染的问题并没有随之解决，水体黑臭是人民群众反映最强烈的环境问题之一。2015年4月，国务院发布的《水污染防治行动计划》提出了"到2020年，地级及以上城市建成区黑臭水体均控制在10%以内；到2030年，城市建成区黑臭水体总体得到消除"的目标。2015年9月，住房和城乡建设部等四部委印发《城市黑臭水体整治工作指南》，提出了"控源截污"是城市黑臭水体治理的根本措施。2016年9月，《住房城乡建设部关于印发城市黑臭水体整治——排水口、管道及检查井治理技术指南（试行）的通知》（建城函〔2016〕198号）印发，提出"黑臭在水里、根源在岸上、关键在排口、核心是管网"，进一步明确了"控源截污"的技术要求，也突出强调了管网对于黑臭水体治理的重要性。由于管网系统不完善或管网缺陷等原因造成水污染物收集效率低下、污水处理厂进水浓度低是水体黑臭的重要原因。黑臭水体治理的核心是抓好管网的建设、改造和运行维护,成为行业共识,污水收集管网的建设力度大幅增强,建设资金投入持续加大。

"十三五"期间,各地强化控源截污,并综合采取清淤、补水、生态修复等多种措施,城市建成区黑臭水体整治取得了明显的成绩,但是城市黑臭水体整治依然存在着治理效果不稳定、黑臭易反弹、雨后黑臭等诸多问题。管网、污水处理厂等设施建设缺乏统筹、运行管理缺乏协调调度等问题造成的排水系统综合效能低下是制约黑臭水体治理成效的关键因素,厂网设施"多头管理、多方运营"的"碎片化"管理模式的弊端逐渐得到行业的重视。围绕解决排水管理"碎片化"的问题,提高排水设施规划、建设、运营、管理的系统性,行业内进行了大量的探索。在黑臭水体治理攻坚和污水处理提质增效等丰富实践中,行业又拓展了对源头污染负荷控制和水量负荷消减的重要性的认识。

一些城市采取了排水管理体制机制方面的一系列创新举措,开展了"源—网—厂—河"一体化的相关探索,取得了良好的效果,积累了成功经验。北京市、重庆市、广州市、深圳市、苏州市政府成立市级排水公司,结合污水处理厂服务范围设置分(子)公司,或以行政区为单位成立区级排水公司,统一管理服务范围内的污水处理厂、排水管网等设施,统筹拨付污水处理运营服务费和污水管网运维费用。九江市、芜湖市政府将既有污水处理厂、污水管网与新建项目打包委托具备条件的企业进行统一建设和运维,实现"厂网一体"运维。各地开展的"源—网—厂—河"一体化相关探索,均在城市黑臭水体治理及水环境持续改善方面发挥了突出的作用,取得了良好且显著的效果。

多地的成功探索使"源—网—厂—河"一体化理念受到日益广泛的认可,行业对"源—网—厂—河"一体化达成了共识。2021年5月,中国城镇供水排水协会城市排水分会在武汉召开主题为"全力推进厂网一体化,提高排水及污水处理系统提质增效"的技术交流座谈会,与会专家及来自全国重点城市的排水管网及污水处理管理运行单位的代表,共同探讨了如何全面提升现有污水设施效能的技术措施和管理经验,讨论提出了我国排水及污水处理系统提质增效的行业发展方向,达成了"武汉共识"(专栏9-1),提出要"坚持理念、制度创新,推动构建主体统一的'源—网—厂—河'一体化治理体系,明确排水设施规划、建设、运营、管理实施主体,形成责权利统一的工作机制"。《城乡排水工程项目规范》GB 55027—2022也明确要求,"城镇污水处理厂及其配套污水管网应一体化、专业化运行管理,并应保障污水收集处理的系统性和完整性"。

> **专栏 9-1：武汉共识**
>
> 第一，坚持理念、制度创新，推动构建主体统一的"源—网—厂—河"一体化治理体系，明确排水设施规划、建设、运营、管理实施主体，形成责权利统一的工作机制。
>
> 第二，排水及污水处理系统提质增效工作面临的主要问题表明，源头治理是当务之急。要充分认识源头治理在"源—网—厂—河"一体化治理体系中的重要作用，强化源头污染负荷消减和水量负荷消减，提高排水系统运行效率。推动排水管理与服务向源头延伸，强化排水接入管理，实现源头清污分流。
>
> 第三，提质增效实施主体要积极有为，敢于攻坚克难，努力推进技术与管理创新突破，加大新技术研发应用，探索适合于我国排水及污水处理系统提质增效的技术体系和管理模式，如以错时雨污分流技术为代表的清污分流技术理念。
>
> 第四，抓住国家深化价格机制改革工作的契机，为进一步完善污水处理收费机制，在行业内加快制定涵盖全要素、全成本、全生命周期的污水处理运营服务费价格机制。加快研究编制排水管网更新改造、修复及养护的定额体系，为行业企业健康可持续发展提供有力支撑。
>
> 第五，要以不断改善水环境质量为目标，以消减污染物负荷为核心，统筹旱、雨季治理策略，推动管理模式改革创新，研究建立雨水径流污染控制措施及排放标准体系。鼓励有条件的城市，积极按照《城镇居民生活污水污染物产生量测定》T/CUWA 10101—2021 标准，开展人均排放当量测定工作。
>
> 第六，中国城镇供水排水协会城市排水分会尽快研究制订提质增效三年工作方案，坚持从源头到末端统筹谋划、综合施策、系统治理，以问题和目标为导向，全面推进排水及污水处理系统提质增效工作取得明显成效。

9.1.3 政策背景

一些城市多年来围绕"源—网—厂—河"一体化的成功探索得到了国家层面政府相关部门的认可；行业针对"源—网—厂—河"一体化逐渐凝聚的共识，也对政府的政策导向产生了积极的影响。近年来，国家发展和改革委员会、住房和城乡建设部、生态环境部等发布的一系列政策文件，均提出了鼓励和支持实施"源—网—厂—河"一体化模式相关的要求。

2018 年 9 月，《住房城乡建设部 生态环境部关于印发城市黑臭水体治理攻坚战实施方案的通知》（建城〔2018〕104 号）印发，要求推进城市排水企业实施"厂—网—河湖"一体化运营管理机制。

2019 年 4 月，《住房和城乡建设部 生态环境部 发展改革委关于印发城镇污水处理提质增效三年行动方案（2019—2021 年）的通知》（建城〔2019〕52 号）印发，明确要求积极推行污水处理厂、管网与河湖水体联动"厂—网—河（湖）"一体化、专业化运行维护,保障污水收集处理设施的系统性和完整性。

2020年7月,《国家发展改革委 住房城乡建设部关于印发〈城镇生活污水处理设施补短板强弱项实施方案〉的通知》(发改环资〔2020〕1234号)印发,要求积极推广"厂网一体化",落实建设管养实施主体,建立常态化建设管养机制。

2021年4月,《国务院办公厅关于加强城市内涝治理的实施意见》(国办发〔2021〕11号)印发,要求各级城市政府要建立健全有利于城市排水防涝设施系统化管理的各项工作制度,明确职责分工,加强部门协调联动;统筹规划建设管理,因地制宜推广"厂网河(湖)一体化"运营管理模式。

2021年6月,《国家发展改革委、住房城乡建设部关于印发〈"十四五"城镇污水处理及资源化利用发展规划〉的通知》(发改环资〔2021〕827号)印发,要求推广厂网一体、泥水并重、建管并举,提升运行管理水平,实现设施稳定可靠运行,提升设施整体效能;推广实施"厂—网—河(湖)"一体化专业化运行维护,保障污水收集处理设施的系统性和完整性;鼓励居住社区将内部管网养护工作委托市政排水管网运行维护单位实施。

2022年3月,《住房和城乡建设部 生态环境部 国家发展改革委 水利部关于印发深入打好城市黑臭水体治理攻坚战实施方案的通知》(建城〔2022〕29号)印发,要求推广实施"厂—网"一体化专业化运行维护,保障污水收集处理设施系统性和完整性。鼓励建立排水管网专业养护企业,对管网等污水收集处理设施统一运营维护。鼓励有条件的地区在明晰责权和费用分担机制的基础上将排水管网养护工作延伸到居民社区内部。

2023年5月,《住房和城乡建设部办公厅关于印发城市黑臭水体治理及生活污水处理提质增效长效机制建设工作经验的通知》(建办城函〔2023〕118号)印发,将"推行污水处理'厂网一体'运行维护"列为"创新运行维护工作机制"的一项主要举措。

9.2 "源—网—厂—河"一体化理念

9.2.1 "源—网—厂—河"一体化内涵

城镇排水系统是保障城镇正常运行和健康发展、防治水污染和内涝灾害、资源再生利用和节能减排的重要基础设施，也是一个由排水管网/再生水管网、污水处理厂/再生水厂、城镇河湖/受纳水体等组成的复杂、开放式线性系统，其输入端（污水、雨水的排入）涉及所有社会单元，水质与水量复杂多变且具有强烈的上下游系统性。"源—网—厂—河"一体化是着眼于解决城镇水安全、水环境、水生态、水资源方面突出的水系统问题，坚持系统性思维，立足于遵循城镇排水系统"上下游、左右岸、干支流"的内在系统特性，经大量研究、探索、实践，总结出来的源头、过程、末端系统化城镇水环境综合治理模式。"源—网—厂—河"一体化理念的核心要义在于遵循排水的系统性，从顶层设计层面，通过排水设施统筹规划、系统建设和一体化运维，强化排水系统的系统性，实现全生命周期系统控制水污染。

"源—网—厂—河"一体化模式以提升城镇水环境质量和有效控制城市内涝等目标为导向，通过梳理整合各类排水资源，创新改革现有排水规划、建设、运营体系，在全流域、全系统或全区域确立一个一体化专业运营主体，构建以城镇水安全、水环境、水资源统筹保障为中心的"源—网—厂—河"一体化体制机制，形成责、权、利统一的排水规划、建设、运营新体系，融合"厂、网、河湖"运营管理界面，捋顺管理链条，对组成城镇排水系统的排水管网/再生水管网、污水处理厂/再生水厂、城镇河湖/受纳水体进行统筹规划建设，并通过对源头、过程、末端界面工艺要素的监测与管控，实现协同调度运行，保证城镇排水系统安全、高效运行，实现全流域、全系统或全区域排水设施整体综合效能最大化，提高排水系统统筹保障能力和服务水平，提高水安全保障度，提升水环境质量，加大水资源保护力度。

"源—网—厂—河"一体化理念主要聚焦为由统一的排水运营管理实施主体，参与排水设施统筹规划，实施排水设施系统建设和一体化运维的水环境系统化治理模式。这也是本章所述"源—网—厂—河"一体化模式的主要含义。

9.2.2 "源—网—厂—河"一体化优势

实施"源—网—厂—河"一体化更符合城镇排水系统的内在特性，以及作为城镇基础设施的服务定位，更有利于充分发挥其水环境保障功能。系统地解决水体黑臭和内涝频发等城镇排水问题，既涉及规划、建设，也涉及调度、运行，既涉及技术、投资，也涉及机制、体制。城市排水系统内在的"上下游、左右岸、干支流"的系统性逻辑关系决定了"源—网—厂—河"一体化是综合治理、系统解决城镇排水问题的必然要求。相较于传统的"九龙治水""分而管之"模式，"源—网—厂—河"一体化模式可为城市排水系统安全高效运转和水生态安全提供更加科学、系统、协调、绿色、智慧的运营管理保障，并在区域性水污染综合治理中实现环境效益、经济效益和社会效益最大化。

"源—网—厂—河"一体化的优势主要包括以下3个方面：

1. 利于排水系统统筹规划、建设

在"源—网—厂—河"一体化体制机制下，城市排水系统设施投资建设和资产管理主体统一，能够高效实施排水设施统筹建设，协调建设时序和建设条件，使各类排水设施配套建设，有利于整个排水系统建设的完善，可避免出现因各类设施规模能力不匹配而影响城市排水系统功能实现的情况。

2. 利于排水系统协调联动运行

在"源—网—厂—河"一体化体制机制下，城市排水系统设施运行主体统一，责任明确，有效防止厂、网、河运营单位相互推诿扯皮，能够高效实施厂、网、河协调运行，通过各类设施联调联动，提升整个排水系统的整体运行效能，可以提高整个排水系统应对汛期运行、突发事故、设备检修、违规排水等特殊运行工况的能力，提升排水系统的抗冲击能力和运行稳定性。

3. 利于激发企业动能，实现政府水环境管理目标

在"源—网—厂—河"一体化体制机制下，河道考核断面达标责任主体统一，有利于压实责任，便于追责；设施权属统一，运营责任明确，可以防止推诿；运营目标和考核标准统一，能够避免权责不清，利于监管。

"源—网—厂—河"一体化有利于激励排水企业承担运营主体责任，释放政府排水及水环境管理压力，让政府有更多的精力统筹规划部署方向性、指导性顶层设计工作，有利于政府目标得到充分实现，使城市水生态安全处于持续良好受控状态。

9.3 "源—网—厂—河"一体化实施方法

9.3.1 确立主体

在全流域、全系统或全区域范围内由一家责任主体提供运营服务，充分参与规划统筹和各类设施的系统建设，统一实施排水系统专业运维、智慧管控和一体化调度等，是城镇排水"源—网—厂—河"一体化的基本要求。责任主体明确，可以避免

厂、网、河运营单位相互推诿扯皮；政府按委托运营或特许经营协议监管考核，责、权、利清晰，符合市场化发展规律，有利于提升城镇排水运营服务质量与效率。因此，需要政府在全流域、全系统或一个适度尺度的区域内确立一个"源—网—厂—河"一体化专业运营主体。

行业内开展"源—网—厂—河"一体化探索的过程中，各城市均以不尽相同的形式确立了主体。2010年，北京市实施中心城区涉水业务重组，将多头管理的排水管网设施资产及运营权集中移交北京排水集团，实现了中心城区排水设施集中统一管理，形成厂网设施一体化管理格局。2015年，深圳成立由分管治水的副市长担任总指挥的市水污染治理指挥部，全面统筹协调全市水污染治理工作，探索构建了"厂网河一体化全要素"治水体系。1993年，常州市成立排水管理处，承担全市污水处理、雨污水设施规划、建设、运行、管理、污水处理费征收、接入城市管网工业排污企业源头监管、全市排水行业指导等职责，形成"规—建—管—养"一体化、"源—网—厂—河"一体化协同管理机制。

9.3.2 统筹规划

城镇排水与污水处理设施布局的空间属性和运行的系统属性，决定了必须坚持先规划后建设的原则。城镇排水与污水处理规划是城镇排水系统的顶层设计，统筹规划是城镇排水系统充分发挥其公共安全、卫生防疫、环境保护、资源再生、节水减排等功能的基本前提。实施城镇排水与污水处理规划评估和现状排水设施全面排查，摸清现行规划和现状排水设施家底，可为统筹规划提供翔实、准确的必要基础资料，是统筹规划的必要条件。

城镇排水与污水处理规划评估重点是评估城镇排水与污水处理规划与相关专项规划的衔接和在城镇总体规划中的落实等规划的统筹情况，包括：

1. 评估规划确定的城镇排水与污水处理目标与标准、排水量与排水模式、污水处理与再生利用、污泥处理处置要求，以及排涝措施等，是否符合水环境质量改善、经济及社会发展的需要，特别是降雨重现期、暴雨强度公式、污泥出路及工业废水是否排入城镇污水系统等；

2. 评估规划确定的城镇排水与污水处理设施的规模与布局、建设时序和建设用地，以及保障措施等，是否与城镇开发建设、海绵城市建设、道路交通、园林绿地、河湖水系等专项规划相衔接；

3. 评估规划明确的内容是否已经完整纳入城乡规划、土地利用总体规划、防洪规划等相关总体规划中，以及城镇排水与污水处理规划在实施中的主要问题，特别是城镇排水与污水处理设施的建设用地、防汛抢险基点用地等。

现状排水设施排查重点是查清流域或区域内"厂、网、河湖"等各类设施的属性、运行、隐患等基本情况，系统掌握设施的建设和管理状况，建立健全排水设施基础数据库。

根据城镇排水与污水处理规划评估和现状排水设施全面排查成果，以城镇内涝防治、水环境质量等目标为导向，结合污水系统提质增效、海绵城市建设、黑臭水体整治、城镇排水系统的现状和问题，按照补齐短板、控制风险、强化保障、优化运行的原则，在排水系统运营主体充分参与下，前瞻性地对规划进行系统修编，可确保规划的系统性、科学性、可实施性，真正实现规划引领作用。

9.3.3 系统建设

完善的"厂、网、河湖"等各类设施是实施"源—网—厂—河"一体化运营的基础条件和必要支撑，应按照规划，系统完善排水设施建设，优化设施布局，提升设施能力，为实施"源—网—厂—河"一体化运营奠定坚实基础。在城镇排水系统统筹规划的基础上，应坚持规划引领，分析现状、识别问题，按照补齐短板、控制风险、强化保障、优化运行的原则，在排水系统运营主体充分参与下，统筹谋划，组织"厂、网、河湖"等各类排水设施均衡系统建设。排水设施系统建设，应厘清污水系统和雨水系统的组成和各自功能。污水系统包括污水管网、污水处理、再生水处理利用以及污泥处理处置，实现污水的有效收集、输送、处理、处置和资源化利用。雨水系统包括源头减排、雨水管网和排涝除险设施等工程性措施和应急管理等非工程性措施，实现内涝防治和径流污染控制的目标。

应结合现状排水设施全面排查和排水系统统筹规划成果，进行城镇排水与污水处理设施建设、改造、修复、更新项目库；近远结合，突出重点，制订年度实施计划，保证城镇污水系统、雨水系统落实城镇排水与污水处理规划的设施配套和能力匹配：污水收集输送（含截流的初期雨水、入渗的地下水）与污水处理能力相匹配，污水处理能力与污水处理程度和受纳水体水环境要求相匹配，再生水生产供应与再生水资源需求（含河湖生态景观用水等）相匹配，污泥处理处置能力与污水处理能力相匹配。

1. 各环节系统建设策略

（1）"源"

加强源头治理，着眼于产污排污源头，通过完善源头收集管网、避免污水进入雨水系统等措施，保证污水应收尽收，实现污染物的全收集、全处理，避免污染物直排、散排至水环境。同时，通过强化源头污染负荷控制和水量负荷消减，从源头避免超量污染负荷和水量负荷对排水系统稳定运行和水体水质的影响，提高排水系统运行效率和水环境质量保障度。实施源头清污分流，推进小区、单位等排水源头雨污分流，采用海绵城市技术源头蓄滞雨水径流，避免或减少雨水、河水、施工降水等外水进入污水系统。

（2）"网"

系统完善排水管网建设，应强化系统理念，推进实现规划确定的排水体制，厘清雨水管渠和污水管网，使雨水、污水各行其道，恢复雨水管渠、污水管网各自应有的功能。"源—网—厂—河"一体化中"网"的重心是污水管网。在设施统筹规划与系统建设方面，对于"网"，要着眼于污水的有效收集与输送，明确污水收集系统的服务范围、服务人口，加强污水收集管网系统性，完善污水收集与截污管网系统能力建设，力求管网运行效率最大化，提升污水收集功效，衔接污染源全控制与污染物全收集的需求，大力消减排入水环境的污染负荷。应改变雨水管网与污水管网之间的错误连接，避免或减少因雨水进入污水系统所造成的对污水输送、处理效率的影响。因地制宜采取雨污分流、截污纳管、调蓄等管网设施建设、改造措施，避免采用"大截排"等易对污水系统造成水量冲击的方式，高效控制合流制溢流污染。治理管网结构性与功能性缺陷，减少污水外溢或外水侵占管道空间，实现污水高效收集与输送，保证"污水进厂、外水离管"。建设污水调水管线，实现不同污水处理厂之间的水量调配功能，为"源—网—厂—河"一体化运维创造硬件设施条件。

（3）"厂"

污水处理厂是污染负荷最终处理消减的设施，满足需求的污水处理能力是"源—网—厂—河"一体化治理的关键。在设施统筹规划与系统建设方面，"厂"应坚持"雨旱统筹、远近结合、规模适度"的原则，完善污水处理能力建设，污水处理规模应与污水管网对污染物的收集、输送能力相衔接，满足点源污染治理、合流制溢流污染控制等多种需求。要明确污水处理厂的服务范围、服务人口，污水处理厂处理能力既要满足旱季设计流量的达标排放要求，还要满足雨季溢流污染控制的设计流量处理要求，超过雨季设计流量，要采取其他措施，如调蓄、末端处理等。

(4)"河"

河湖水体位于污水系统下游末端，是"源—网—厂—河"一体化治理的终极目标。应坚持系统理念，着眼治水之本，在确保水体环境目标的前提下，聚焦各途径入河污染物的控制与消减，通过"源""网""厂"等设施统筹规划与系统建设，强化系统能力建设与系统效能的提升，还清城市水体。要强化治理排河口，杜绝旱天污水直排；完善截流设施建设与改造，提高截流效率，最大限度控制溢流污染；可建设末端快速处理装置，大力消减入河污染负荷。对于缺水河道，可利用再生水进行生态补水，保持生态基流，解决水动力不足的问题，提高水体自净能力和水环境容量，恢复水生态；有条件时，可建设再生水补水湿地，利用人工湿地进一步净化污水处理厂尾水水质，将湿地优质出水作为河道生态补水。

2. 基于水环境系统治理的排水设施系统建设要点

(1) 污水管网新建扩建

点源截流。除了新区开发应同步建设排水管网之外，城镇建成区中排水管网未覆盖的地区，特别是城中村和城乡接合部等，也应按照城镇排水与污水处理规划推进排水管网的建设，排污全部纳管，污水应收尽收。

(2) 合流管线分流改造

按照城镇排水与污水处理规划，旧城改造应结合市政道路新建、改建、扩建工程对合流管线逐步进行雨污分流改造，雨污分流宜从源头开始进行。对于暂时不具备改造条件的区域，应设置可调式截流井。下游污水管线应考虑相应的截流倍数，或采取调蓄、就地处理等措施控制合流制溢流，可在沿河绿化带、城市广场、公园等敞开空间地下以及截流泵站内部设置调蓄池，在雨停后将调蓄水提升至污水系统集中处理。

(3) 错接混接排查治理

分流制地区，宜从下游（排水口）向上游（出户井）进行错接、混接排查。污水管道或未截流合流管道接入雨水管网，应在旱天检查雨水管道水量（水质）；雨水管道或合流管道未截流接入污水管网，宜在雨天检查污水管道水量（水质）并与旱天进行比对。确定错接混接点后，采取封堵、连通、截流等分流措施，从源头到末端严格实施雨污分流，消除排水口旱天排污，控制雨天污水处理负荷。

(4) 排水管道修复更新

应建立排水管渠周期性普查制度，功能状况检查的普查周期应为1~2年进行一次，结构状况检查的普查周期应为5～10年进行一次，流砂易发地区、湿陷性黄土地区等地质结构不稳定地区的管道、管龄30年以上的管道及施工质量差的管道普查周期可缩短。根据排水管网结构状况检测和评估等普查结果，按照排水管道修复指数的优先级，制定修复更新计划，确保管线完好率，消除安全隐患，控制管网渗漏。

（5）污水处理能力提升

点源控制。按照城镇排水与污水处理规划明确的污水处理目标和标准，坚持"规模适度"原则，实施城镇污水处理厂的规模扩建和提标改造，特别应考虑满足由于污水收集提质增效、合流污水截流和初期雨水截流造成新增加的污染负荷的处理需求。有条件的排水系统，宜通过调蓄避免规划目标条件下的溢流，做到收集全部处理，处理全部达标。

（6）雨水径流污染控制

面源控制。除了新区开发、旧城改造以及新、改、扩建市政基础设施工程应同步配套实施海绵城市建设项目之外，其他暂不具备海绵城市建设条件的分流制地区，宜进行初期雨水截流和处理，可因地制宜进行垃圾拦截、简易沉砂、高速过滤、沉淀、人工湿地等末端处理。

（7）河湖水体清淤疏浚

内源治理。河湖水体清淤疏浚兼具排水防涝和避免底泥污染物向水体释放的双重作用。应提前做好水体底泥污染调查，明确疏浚范围和疏浚深度，合理选择清淤方式和清淤季节，并按规定安全处理处置清疏底泥。

（8）再生水补水

生态基流。再生水补水应采取适宜的净化措施以满足补水水质的要求，补水能力宜留有适当的余量以满足雨后水体快速还清的景观要求，适用于自然补给水源不足或存在滞流、缓流的城镇水体，提高流动性，改善水动力，增加环境容量，维持自净能力。

（9）智慧管控

智慧排水系统是在智慧城市架构下的基础设施运营（环境保护、卫生防疫、防灾减灾、应急处置等）专业（子）系统。智慧排水系统应包括城镇排水与污水处理设施运行状况的实时监测、预报预警等智能感知功能，模拟分析、统筹优化、应急调控等智慧调度功能，以及排水泵站、截流堰闸、污水处理、污泥处理等现场单元的精准控制功能等基本功能体系。可构建"一体化调度"管理平台，在面临不同气象、时节、城市用水变化等状况和设施设备故障、工艺运行故障、偷排污染等应急条件下，综合考虑并满足相应的防汛排涝、工程施工、设备更换、抢维修及工艺调试、运营水量调配控制、系统性检测试验等多元场景需要，利用厂网设施滞、蓄、输、转等能力，按照控制约束条件和优化目标实施运行调度控制。

9.3.4 一体化运维

在城镇排水系统统筹规划和系统建设的基础上，应由一体化运营主体立足当地排水特点与实际，以保障城镇水安全、水环境、水生态为目标，践行"源—网—厂—河"一体化运营理念，实施城镇排水系统专业运维、智慧管控、一体化调度，实行"厂、网、河湖"等各类排水设施全要素统筹调度、联调联动、系统化协调运行。"源—网—厂—河"一体化运营示意图如图9-1所示。中国城镇供水排水协会发布的团体标准《城镇排水管网系统化运行与质量评价标准》T/CUWA 40053—2022对"系统化运行"作出定义，即"综合考虑源头减排、过程控制、末端处理、退水排放和再生利用，统筹完善设施，协同调度运行，以提高城镇排水系统的运行效能与保障能力的运营模式"。通过一体化运维与系统化运行，实现水质保障、水量均衡、水位预调等目标，实现排水系统综合效能最大化，以全面提升城镇排水设施在城市安全运行、防洪排涝、水环境治理等方面的系统化服务保障能力。

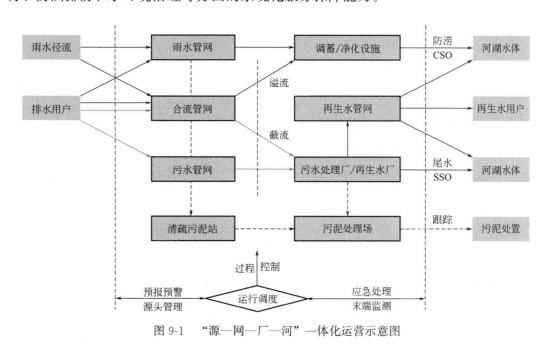

图9-1 "源—网—厂—河"一体化运营示意图

1. 各环节一体化运维策略

(1) "源"

有条件的地区可推动排水管理与服务向源头延伸，实施"排水管理进小区"，对小区排水管网进行专业化养护，解决小区管网失管失养问题，保障源头清污分流，从源头提高污水系统运行效能。通过设置重点排水户排水监测装置、强化排水接入管理和水行政执法等措施，管控排水户超标排水、违规排水、私排偷排等行为。

(2) "网"

在排水系统一体化运维方面，"网"作为污水处理厂的上游设施，应对进厂污水水量、水质发挥调节控制与预报预警作用，以保障下游污水处理厂安全稳定运行。如通过在排水户排水接入口及污水管网的重要节点布置水量、水质监测装置，为污水处理厂进水水质大幅波动提供预报预警和超标排污溯源；通过调水管线实施不同污水处理厂之间水量调度控制，根据不同运行工况，合理分配各污水处理厂进水水量，避免或减少因汛期、设施停产检修及应急抢险事件等造成水环境影响事件。

(3) "厂"

在排水系统一体化运维方面，"厂"不仅要以出水达标为目标，还要着眼于最大限度消减入河污染物、保障水体水质，要配合不同工况下"网"的运行，保障"网"的运行安全与效率。如污水处理厂应合理控制进水泵站液位，降低污水干管运行水位，减少管道淤积；污水管网计划性维护或故障抢险抢修时，污水处理厂应短期加大污水抽升（处理）量，降低管网水位，为管网维护或抢修作业创造有利条件。

(4) "河"

充分掌握河湖水体的水环境容量变化规律和状况，通过排水系统一体化运维实现不同工况下排水系统高效系统化运行，最大限度收集、处理入河污染物，减少入河污染负荷，改善河湖水体水质，修复水生态。

2. 城镇排水系统一体化运行模式

对城镇排水系统厂、网、河各界面水质、水量、水位等工艺要素的监测检测、预报预警和调度控制，是"源—网—厂—河"一体化运营的核心内容。行业经过多年探索、实践与总结，逐渐形成了"水质保障、水量均衡、水位预调"3种基本的城镇排水系统一体化协同调度运行模式。

(1) 水质保障

排水管网的运营，应对其下游河湖起到"合流污水溢流控制、雨水径流污染控制"的控源截污作用，对污水处理厂/再生水厂起到"排入污水源头监控、水质水量预报预警、超标排水追溯管控、无机杂质厂前去除"的进水水质保障作用。

1）合流污水溢流控制

根据天气预报和雷达云图等气象资料，通过对截流井上游合流制区域降雨径流的模拟，预判合流污水的水质及其变化趋势作为前馈控制因素，结合下游污水管道的截流能力来综合制订截流井溢流的实时控制策略，最大限度地减少合流制溢流污染。

厂、网设施应联动调度，污水处理厂在雨前提前加大污水抽升量，降低管网运行水位，腾出调蓄空间；雨中应以最大能力处理来水，最大限度减少溢流污染入河。

2）雨水径流污染控制

对于配套实施海绵城市建设项目的区域，应监督海绵设施的运行维护，保证其源头减排功能的正常发挥；对于其他暂不具备海绵城市建设条件的分流制区域，应通过前端分散截流（初期雨水）或末端集中处理（如垃圾拦截、旋流沉砂、高速过滤、人工湿地等）措施控制雨水径流污染。

可采取的具体措施包括：对小区雨水接户井进行改造，在井内加装自动截流装置（大雨自动关闭），将初期雨水截至污水接户井；在餐饮比较集中的部分街道，更换可遥控启闭二层封板的雨水箅子，以防倾倒、沉积垃圾；末端排河口加装垃圾拦截装置，控制垃圾、漂浮物入河。

3）排入污水源头监控

在排水户分类、分级管理的基础上，对可能超标排放污水的排水户，通过在接户井内设置在线监测装置或定期采样检测，监测排入污水的水质、水量。发现超标情况及时配合水政执法进行管控处理，并预判对污水处理厂/再生水厂运行安全的影响（尤其是有毒重金属类和难降解有机物），及时发出预警；而对于排放污水含有优质碳源（$BOD/COD \geqslant 0.7$）的排水户，通过签订排水协议可适当放宽浓度限制，以有利于污水处理脱氮除磷，降低污水处理（包括排水户的预处理）成本。

4）水质水量预报预警

在管网的适当位置安装水质、水量在线监测装置，并通过建立污水在排水管网中的水量叠加模型和水质传递模型，为污水处理提供进厂水量、水质的预报、预警，以便及时进行工艺调控，保障其高效、稳定运行。

排水管网中在线监测装置的安装位置，可通过管网水力模型模拟计算并经实地校核绘制污水进厂流行时间的等时线图，结合各厂对水质水量预报要求的提前时间进行选择确定。某再生水厂管网污水进厂等时线图如图 9-2 所示。

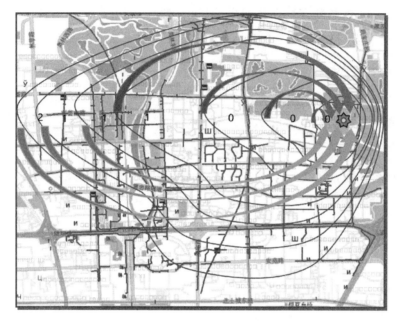

图 9-2　某再生水厂管网污水进厂等时线图

污水中特种有机物和有毒重金属类的预警，应当注重对重点排水户排入管网污水的源头监控。从污水处理厂/再生水厂的工艺调控考虑，主要关注的是污水中常规污染物的预报、预警，如 pH、悬浮物、化学需氧量、生化需氧量、氨氮、总氮、总磷等控制项目，可根据实际情况进行选择监测。另外，对于排水管网中特定的（重力流）管道而言，其水位与流量可建立起一定的对应关系，实践中一般采用水位监测来代替流量监测，以降低投资和成本。

5）超标排水追溯管控

当污水处理厂/再生水厂检测发现或推算（某时段）进厂污水中某（几）项污染物浓度超标时，由上游排水管网负责追溯排入源头并及时进行管控，以保障其运行安全。

6）无机杂质厂前去除

在排水管网的排水分区管线末端、干管末端、主干管末端等适当位置设置多功能检查井，将污水中无机泥砂沉淀拦截下来，以减少污水处理厂/再生水厂的固体处理负担和设备设施磨损，保障运行安全，同时也为排水管网的清疏作业提供了便利条件。

（2）水量均衡

排水管网的运营，应充分利用其内部调蓄空间和不同排水系统之间的水量调配设施,发挥其"均衡进厂污水流量、调整各厂运行负荷"的水量均衡作用,保障污水处理厂/再生水厂的高效、稳定运行。

1) 均衡进厂污水流量

在保证排水管网运行于安全水位的前提下,充分利用管网内部的调蓄空间,尽可能满足进厂污水流量的均衡要求。

目前我国大多数污水处理厂的运行是仅考虑自身调控方便,不考虑排水管网的运行安全,使管网长期运行在超高水位甚至是部分满流状态,导致部分管道特别是进厂总干管淤积严重。

2) 调整各厂运行负荷

当污水处理厂/再生水厂的关键设备(设施)进行计划性维护或故障抢修时,或处于改扩建尚未完成投产、上游管网新建截污截流设施等超负荷运行状态时,或考虑处理水质保障、处理成本最优时,通过排水管网的污水调配设施,在不同排水系统之间调整各厂的运行负荷(处理水量)。

实现污水处理厂之间的互联互通,能够根据需要调整各污水处理厂的运行负荷,确保不同污水系统之间的安全、高效调度,是一个城市排水系统运行调度现代化的重要体现,对于提高系统保障度、提升城市韧性具有重要作用,但需要在排水管网的适当位置新建污水在不同排水系统之间进行水量调配的设施,包括枢纽泵站(闸井)和联通管线,投资巨大且实施困难,需要政府的大力支持和社会的积极配合。

(3) 水位预调

污水处理厂/再生水厂、城市河湖水体的运营、管理,应能在"管网维护抢险配合、防汛预警系统联动"等需要时预先调整管网、河湖的运行水位,有效提高城市运行安全的保障度。

1) 管网维护抢险配合

当排水管网(特别是主干管)进行计划性维护或故障抢险抢修期间,污水处理厂/再生水厂及时加大污水抽升(处理)量,控制界面水位使排水管网在低水位下运行,为管网维护或抢险抢修创造有利条件。

2) 防汛预警系统联动

当接到防汛预警时,厂、网、河联动,河湖及时降低运行水位以免产生顶托,污水处理厂/再生水厂及时加大污水抽升(处理)量,以控制界面水位使排水管网在低水位下运行,预留排水管网(包括调蓄设施)的内部空间,特别是对于有合流管道的排水管网，保证截流倍数，实现内涝防治和溢流污染控制的双重目标。

9.4 "源—网—厂—河"一体化实践

9.4.1 北京市中心城区"源—网—厂—河"一体化实践做法

北京市中心城区排水事业发展坚持系统理念，持续建设系统工程，充分发挥政府主导作用，精心培育市场主体，持续完善城市排水管理机制和规划建设，北京城市排水集团有限责任公司（以下简称北京排水集团）作为中心城区污水处理和再生水利用特许经营企业，根据职责任务、市场规律和系统化治水要求，充分发挥市场主体作用，打造完整、安全、高效的城市雨污水收集、处理、回用系统，在"源—网—厂—河"一体化方面取得了丰富的探索实践成果。由专业化水平高、技术积淀深厚、创新能力强、产业链完整并深耕本地的统一的市场化主体参与排水系统统筹规划，实施排水设施系统建设和一体化运维，是北京市中心城区"源—网—厂—河"一体化实践的突出特点。

1. 发展历程及现状情况

2010年以前，北京市中心城区排水管理呈现"厂、网设施多头管理、分散管理"的格局，中心城区约95%的污水处理设施及少量的污水主干管网的投资、建设、运营由北京排水集团负责，绝大部分排水管网权属于市政工程管理处、各区政府等。

2010年，按照北京市政府部署，北京排水集团组织实施中心城区涉水业务重组，将多头管理的排水管网设施资产及运营权集中移交北京排水集团，实现了中心城区排水设施集中统一管理，形成厂网设施一体化管理格局。北京排水集团按照北京市中心城区四大水系流域范围分别成立清河、坝河、通惠河、凉水河4个流域分公司，建立了"四大流域"治理体系，由流域分公司统筹调度流域内各再生水厂；同时，成立了4个管网分公司，分区负责排水管网运维，以流域化为基础，实施厂网统筹调度与协调运行。2019年，为进一步深入厂网一体运营管理的探索，充分挖掘系统性运营管理的优势和潜力，北京排水集团成立坝河流域分公司，统一负责区域内排水管网、泵站、再生水厂及污泥处置中心运营管理。坝河流域厂网一体运行管理模式将厂网联动深入厂网班组级，大大提高了厂网一体化运营水平。

2. 确立主体

继 2010 年北京市中心城区完成涉水业务重组，北京排水集团对中心城区厂、网等排水设施实施集中统一管理和一体化运营之后，2013 年，北京市政府制定《北京市加快污水处理和再生水利用设施建设三年行动方案（2013—2015 年）》，北京市水务局代表北京市政府与北京排水集团签署《北京市中心城区污水处理和再生水利用特许经营服务协议》，授权北京排水集团作为中心城区排水和再生水设施的投融资、建设、运营主体，全面确定了政府和企业之间的契约关系和各自的权利义务。由北京排水集团对中心城区主要排水设施进行统一投资、统一建设、统一管养，政府统筹制定规划目标、考核标准、付费标准、建设标准和管养标准，根据考核结果由市财政统一支付服务费。特许经营机制使北京污水收集处理系统管理体制和运行模式产生了深刻变化，充分发挥市场主体和行业骨干企业作用，由过去政府直接投资转变为政府购买排水和再生水公共服务，激发了企业积极性和主动性。

3. 统筹规划的做法

北京市中心城区确立排水一体化运营主体后，在一体化运营主体的积极促进下，排水系统统筹规划取得良好成效。

作为北京市中心城区排水和再生水设施的投融资、建设、运营主体，北京排水集团肩负明确的责任，明确的责任也赋予北京排水集团主体地位和行动动力。着眼于建设完善排水系统，科学调度排水设施运行，提高排水系统运行功效，保证运行安全，增强首都水环境、水安全保障力度，推进排水系统运行降本增效，实现生态效益、社会效益与经济效益统一等目标要求，北京排水集团坚持"源—网—厂—河"一体化理念，从专业化运维视角，深度参与规划，立足一体化运营实践，梳理系统性运行需求，为系统性统筹排水系统的建设规划提供支撑与助力。

北京排水集团始终致力于构建"源—网—厂—河"一体化联动联调硬件设施系统。在排水系统大规模集中建设阶段，北京排水集团参与雨污水管网、再生水厂、各再生水厂之间调水设施等规划布局，提出专业化规划思路与建议。在排水系统完善和更新改造阶段，北京排水集团围绕政府制订的水环境治理、内涝防治等目标任务，针对雨污水收集、转输、处理、排除等节点问题与建设项目，依托"源—网—厂—河"系统化运维数据与边界条件信息等资源，与规划主管部门共同研究规划方案，确保规划的系统性、科学性与可实施性。

4. 系统建设的做法

为全面加强排水设施系统建设，自2013年起，北京市政府部署了多个"三年行动方案"。

2013年～2015年，北京市实施《北京市加快污水处理和再生水利用设施建设三年行动方案（2013—2015年）》，着力全面提升污水处理系统厂网设施能力，适度超前扩容处理设施规模，将再生水厂出水水质提标到满足地表准Ⅳ类标准。建设调水管线、泵站等设施，实现了不同再生水厂之间水量的合理调配。

2016年～2019年，北京市实施《北京市进一步加快推进污水治理和再生水利用工作三年行动方案（2016年7月—2019年6月）》，以实现水环境还清为目标，以污水收集与截污管网系统完善建设为重点，提升污水收集功效，大力消减排入水环境的污染负荷，新建再生水补水管线，向河道进行生态补水，全面完成了中心城区黑臭水体治理任务。

2019年～2022年，北京市实施《北京市进一步加快推进城乡水环境治理工作三年行动方案（2019年7月—2022年6月）》，以合流制溢流污染和面源污染治理、小微水体整治为重点，有效巩固黑臭水体治理成效，全面推进城乡水环境治理工作。

2023年，北京市启动实施《北京市全面打赢城乡水环境治理歼灭战三年行动方案（2023年—2025年）》，以城市溢流污染控制、面源污染防治和再生水扩大利用为重点，强化源头治理、系统治理，补强城市污水治理弱项。

5. 一体化运维的做法

（1）水质保障

1）排入污水源头监控

北京排水集团将各再生水厂的上游管网按照集水区域和上下游连通关系，划分为不同级别的管线逻辑关系，共建立了210个排水"小流域"，形成了网格化运行管理格局，以便于排入污水的源头监控和超标溯源。

2）水质水量预报预警

北京排水集团在再生水厂上游管网的主干管末端及部分"小流域"管线末端安装了水位/流量、化学需氧量、氨氮等集成式在线监测装置（图9-3），并初步建立了相应的水量叠加模型和水质传递模型，基本可实现提前1h左右对进厂污水的水质和水量进行预报、预警。

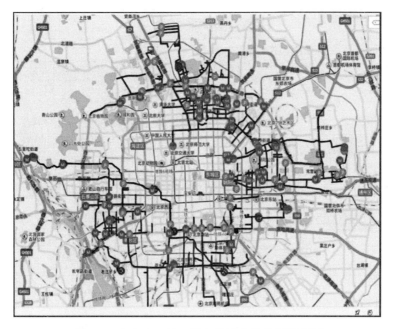

图 9-3 北京中心城区排水管网在线监测设置图

3) 超标排水追溯管控

对于超标排水没有规律的排水户,因无法同步取样进行检测,快速追溯比较困难,如垃圾转运站/处理站/填埋场、粪便消纳场和城建施工工地等。经小规模试点,在排水管网各"小流域"管线的末端安装自动留样装置可以很好地解决同步取证问题。

(2) 水量均衡

北京排水集团利用调水管线、闸门等设施实施污水跨厂调配,以平衡各再生水厂的处理水量负荷率,提高整体运行效率。北京中心城区污水跨厂调配能力示意图如图 9-4 所示。

(3) 水位预调

2012 年 6 月底,北京中心城区南部某处的地下工程施工导致周边给水、排水管线断裂,施工断面大量进水,周边道路出现坍塌。事故地点位于北京排水集团所属 X 厂上游区域,事故发生后,北京排水集团立即调集泵车截流泄漏污水并抽升至下游污水干线,同时调度 X 厂提高抽升(处理)量,保证管网低水位运行。由于厂网联合处置及时、得当,该起突发应急事件得到了迅速控制,有效降低了事故对水环境安全的影响,保障了城市的正常运行。

6. 实施成效

北京市中心城区在城市排水和再生水设施厂网一体化运营管理、厂网河综合治理

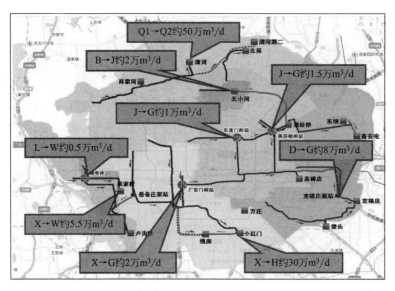

图 9-4　北京中心城区污水跨厂调配能力示意图

模式下，系统化加强排水和再生水设施建设、运营，实现了污水全处理、污泥全处理，中心城区4条主要河道全部还清（图9-5）；再生水成为北京市稳定的第二水源，提高了北京市水资源保障度。政府治水目标得到充分实现，百姓的获得感进一步提升，同时，排水企业主体——北京排水集团获得了快速的成长和发展。

图 9-5　北京市中心城区主要河道还清实景图

"源—网—厂—河"一体化显著提升了北京市中心城区污水处理系统运行效能，同时，也获得了良好的经济效益。以坝河流域为例，通过一体化运行管理，大幅减少了河道溢流污染总量，实现了同等降雨情况下流域年度溢流水量减少约60%，改善了坝河流域汛期水环境质量；减少了流域内整体能耗、物耗，坝河流域各再生水厂年度平均电耗下降5%，年节约运行成本约700万元，吨水节约成本约0.04元。

9.4.2 深圳市"源—网—厂—河"一体化实践做法

深圳在治水之初同样存在排水管理"碎片化"等问题，同时还面临城区建设密度高、水环境容量极小等特点。为此，深圳坚持"源—网—厂—河"一体化理念，结合深圳特点，创建了适合特大城市高密度建成区的治水之路。成立由市政府分管领导牵头负责的组织健全、运转高效的专项工作机构，统筹协调全市水污染治理工作，是深圳市"源—网—厂—河"一体化管理实践的突出特点。

1. 发展历程及现状情况

1984年6月，深圳市第一座水质净化厂滨河水质净化厂正式建成，拉开了深圳市治水序幕。在城市建设推进过程中，尤其自1990年至2003年，深圳市高速发展，建成区规模由120km²增长到358km²，人口规模从202万人增加到500万人。发展加快的同时，生态环境问题突出，河流水质恶化现象严重，地表水逐步恶化。2003年开始，深圳市提出了"正本清源、截污限排、污水回用、生态补水"16字治污方针，水污染治理基础设施建设步伐也大大加快，原特区内建立了比较完善的处理和排放系统，原特区外干管和污水系统也逐步形成。

2015年4月，随着国务院印发《水污染防治行动计划》，引领全国上下掀起治水新高潮。深圳市政府审议通过了《深圳市治水提质工作计划（2015—2020年）》，明确"一年初见成效、三年消除黑臭、五年基本达标、八年让碧水和蓝天共同成为深圳靓丽的城市名片"这一"1、3、5、8"的目标体系。同时，根据水的自然循环和社会循环的运行规律，将源（城）—厂—网—河（湖）—海看作一个有机整体，打破原有的分区、分级的治理方式，以全流域为视角，坚持"全流域统筹、全要素治理、全周期管控"的理念，通过做好五大统筹：即治水与治城的统筹、污水与雨水的统筹、污水与污泥的统筹、河道防洪排涝与景观生态的统筹、陆域与海域的统筹，实现源—厂—网—河（湖）—海一体化全要素综合治理。

2. 确立主体

2015年，深圳成立由分管治水的副市长担任总指挥的市水污染治理指挥部，下设1个指挥部办公室、8个专项工作组、12家责任单位的"1+8+12"组织架构，形成分工明确、权责清晰、条块协同、运转高效的运行机制。

市水污染治理指挥部全面统筹协调全市水污染治理工作，审议重点流域、专题实施方案等重大事项，研究解决水污染治理工作存在的重大问题，建立问题快速协调处理机制，做到问题实时流转，限时协调解决。指挥部的专职办公室设在市水务局，作为日常办事机构，负责全市治水工作的综合统筹。8个专项工作组，包括宣传引导组、资金保障组、规划土地组、项目环评组、交通协调组、审计监督组、技术方案及流域协调组、五大流域下沉督办协调组等，由相关职能部门安排人员组成，负责协调处理全市治水提质工作中与其单位职能相关事宜。12家承担具体建设任务的责任单位，包括市水务集团、市前海管理局和10个区（新区管委会）。各区政府（新区管委会）比照市级工作机构模式，成立区级治水提质指挥部及其办公室，分管治水的区领导任指挥长，积极协调解决人员、政策、资金、用地等方面的问题。

3. 统筹规划的做法

2019年深圳发布了《深圳市污水系统专项规划修编》，在总结历次规划实施效果的基础上，立足深圳排水系统的实际，提出了"建设安全可靠、韧性高效、环境友好、灰绿融合的城市污水系统，在适应城市高密度发展和水环境持续改善上先行先试，为超大城市可持续污水系统建设提供深圳范式"的规划目标。

（1）综合协调，统筹规划

以适应城市空间规划调整和高密度发展为基础，统筹协调污水系统布局与城市空间发展的关系，统筹安排水质净化厂和污水干管网布局，统筹协调污水系统规划与再生水、管廊等相关工程规划的关系。

（2）韧性规划，系统治理

以提升污水系统弹性与韧性为目标，强调系统规划和弹性预控，倡导污水及初期雨水污染的源头消减与控制、实施污水源头—过程—末端的全过程规划并因地制宜建立水质净化厂间应急调配机制。

（3）灰绿融合，环境友好

提出污水资源化利用及生态湿地规划指引，多手段改善水环境质量；强调集约利用污水设施用地，并尽量降低水质净化厂站设施对周边环境的影响。

(4) 远近结合，规管并重

规划既要立足远景，又要兼顾近期城市发展需求，充分协调近期重点工程，统筹基础设施实施。提出相关规划保障措施和管理建议，多手段保障规划实施。

4. 系统建设的做法

(1) 分流域明确设施建设时序

根据各流域评估结论，对照目标要求，明确了各流域设施的建设时序。其中，对于污水收集系统效率不高、能力匹配度不足、水质标准需进一步提高的区域，优先扩大水质净化厂规模，加快管网修复和水质净化厂提标，强化互联互通，提高区域安全度。对于能力匹配度不高，水质需进一步提高的区域，优先开展水质净化厂拓能和提标、强化系统调蓄能力及已有污水干管的完善修复。对于流域污水收集系统不完善的区域，进一步完善雨污分流、正本清源，对已有污水管道完善修复。

(2) 多目标统筹，建设高韧性水质净化厂

按实现污水处理多目标、拓展城市融合多功能、厂网一体化协同的要求，建设高韧性水质净化厂。高韧性水质净化厂是指可高效切换运行模式应对不同负荷进水冲击，可灵活调度应对单条工艺线故障，可适度备用，尽量避免设备或设施损坏导致的减停产。

从厂网协同层面，水质净化厂应建设厂站网一体化调度平台，通过同步建设感知系统、分析系统、工单系统，确保运行时可实现厂站网一体化闭环管理。

从工艺参数选择层面，根据污水处理不同工艺段影响设计参数的因素不同，针对旱雨季不同的进水水量、水质特点，生化系统采用污染物总量、预处理系统及二沉池采用处理水量作为主要设计工艺参数，在节约建设成本的同时，实现旱雨季不同运行工况的快速切换。

(3) 制度支撑，以修订河道管理、物业管理、排水三条例为基础推行依法治水

为实现从用户排水出户口到河道排口涉水设施全链条管理，深圳充分运用"两个立法权"的优势，修订《深圳经济特区河道管理条例》《深圳经济特区物业管理条例》和《深圳经济特区排水条例》，明确责任主体及付费机制，为推行"专业排水进小区""物业管理进河道""全流域大兵团包干"等提供法制保障。同时，以"台账化、项目化、数字化、责任化"和"红、黄、绿"颜色预警方式倒逼进度推进，创新建立全方位、立体式的监督考评体系，确保各项措施落实到位，真正实现水污染治理的长治久清。

5. 一体化运维的做法

积极探索构建"1235""厂—网—河一体化全要素"治水体系,以深圳河流域治理为例,具体含义如下:

(1)"1"是指构建统一指挥调度中心,实现流域权责统一。

围绕"流域统筹是基础、设施建设是根本、高效联动是关键",对流域涉水事务进行统一管理和精准调度,发挥设施效能最大化。深圳河流域厂—网—河一体化调度指挥平台示意图如图9-6所示。

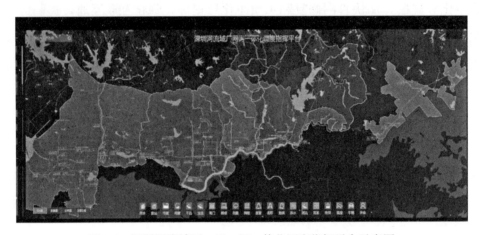

图9-6 深圳河流域厂—网—河一体化调度指挥平台示意图

(2)"2"是指绘制"厂网河"全要素信息图、GIS信息图,实现设施效能最大化。

紧盯深圳河断面水质达标要求,全面梳理"厂网河"全要素运行工况,列出河口达标总目标与各要素(水质净化厂、管网、泵站、闸坝)的拓扑关系,绘制了治水治污设施的逻辑关系图,明确各要素运行液位、处理量、水质、闸门状态等控制目标,实现流域全要素一张网实时监控。实施厂网联动、河网联动、上下游联动、市政水务设施联动等,实现全流域治污源头管控、过程同步、结果可控的全要素治理。

(3)"3"是指监控系统、分析系统、调度系统,打造感知—决策—实施的智慧化管控系统。

指挥调度中心引入300余个在线监测信号,实时掌握流域气象、水质、液位、流量等信息,通过深圳河流域厂网河水力水质模型提前预判相关信息,及时有针对性地制定相关措施,并通过外业系统将措施发送给相关人员落实。

(4)"5"是指挖潜能、减外水、调水量、控溢流、保安全五大行动,减少入河污染量。

挖潜能是对无法提标改造的水质净化厂深挖潜能，实现水质净化厂量、质双提升；减外水是通过排水管理进小区、市政管网提质增效、排口暗涵整治，废除点截污及高位溢流点，实现市政污水系统、雨水系统的分离；调水量是利用管网互联互通，实现污水处理的厂间互调；控溢流是在水质净化厂处理量满负荷的情况下，科学管控上游泵站，确保污染物浓度较高的污水优先入厂，全力提高污染物消减量；保安全是梳理与闸门关联易淹点，通过闸前及易淹点安装液位计的方式，双因素确定阀门启闭状态，确保城市安全。

6. 实施成效

"十三五"时期，水环境质量实现历史性、根本性、整体性好转。2018年，深圳因"环境治理工程项目推进快，重点区域大气、重点流域水环境质量明显改善"获国务院督查激励。2019年，深圳被国务院办公厅评为重点流域水环境质量改善明显的5个城市之一，获评国家黑臭水体治理示范城市。2020年，深圳获评国家生态文明建设示范市，是目前全国唯一全域创建成功的副省级城市；同年，深圳因"河长制湖长制工作推进力度大，河湖管理保护成效明显"，再次获得国务院督查激励。2020年6月20日，央视《焦点访谈》专题报道深圳治水成效和经验。

9.4.3 常州市主城区"源—网—厂—河"一体化实践做法

1. 发展历程及现状情况

1993年成立常州市排水管理处，同年成立常州市排水公司，是常州市住房和城乡建设局下属事业单位。实施"两块牌子、一套班子"管理，形成"规—建—管—养"一体化、"源—网—厂—河"一体化协同管理机制。2022年，成立供水管理处，增加供水行业监管职能，实施"三块牌子、一套班子"管理。

多年来，管理职能不断细化完善，从单一排水至雨污共管，然后增加河道管理职能，直至雨水、污水、河水、中水、供水的综合管理。目前，常州市排水管理处负责全市生活污水（含部分工业废水）处理，雨污水设施规划、建设、运行、管理，污水处理费征收，接入城市管网工业排污企业源头监管，全市供水、排水行业监管指导等，承担着常州市中心城区的防汛、排水保障、抢险等任务。构建了"两网同管、百站联动、千源管控、万户受益"的管理格局。

2. 确立主体

1993年，常州市编办"三定"方案，明确了常州市排水管理处的"十字职能"——规划、建设、运行、养护、收费,授权常州市排水管理处统一管理常州市主城区排水系统具体事务,2022年,成立供水管理处,增加供水行业监管职能,实施"三块牌子、一套班子"管理。使常州市排水管理处形成"规—建—管—养一体""厂—站—网一体""雨污共管"和"泥水并重"的管理模式,实现权责清晰、管理统一、系统高效,为排水系统提质增效提供了良好的基础。

由事业单位——常州市排水管理处统一管理排水系统规划、建设、运行、养护、收费等全部事务,兼顾政府管理职能与实施主体职责,是常州市主城区"源—网—厂—河"一体化管理实践的突出特点。

3. 统筹规划的做法

常州市排水管理处作为常州市主城区排水和再生水设施一体化建设、运营主体,积极开展"以我为主、统筹规划"。坚持"规划引领、一次征地、分期建设、动态评估、保有冗余"的规划思路;坚持"安全优先、系统治理""统筹谋划、近远结合""绿色循环、环境友好""因地制宜、务实可行""建管并举、创新机制"原则。坚持系统治理水环境的理念,突出污水系统运行的安全性。从源头收集、过程输送、到末端处理全流程,覆盖污水、污泥、再生利用等各个方面,确保污水系统安全高效。

以水环境功能区划为目标,根据太湖流域水环境治理要求,大力推进城镇污水处理、污泥及再生利用设施建设,城镇建成区实现污水管网全覆盖,污水全收集、全处理;进一步提高污水处理率及出水水质,大力推进径流污染控制和污水、污泥资源化利用,全面构筑安全、高效、绿色的污水处理系统。

4. 系统建设的做法

常州市排水管理处依托"源—网—厂—河"一体化体制机制,坚持"以我为主,统筹规划"。围绕政府制定的水环境治理、内涝防治等目标任务,依托"源—网—厂—河"系统化运维数据与边界条件信息等资源,针对雨、污水管网,污水处理厂,再生水利用,污水处理厂污泥处置,通沟污泥处置等开展规划布局,提出科学性、专业性、超前性、适用性系统建设原则。

(1) 建立多项管理机制

1) 建立了体现专业优势的规划管理机制,强化规划的前瞻性、系统性和全面性,规划审查全覆盖至小区、企业、公建和道路。

2) 对小区及企事业单位内部管道工程质量进行全过程监督,包括管线规划审查、施工图审查、管材抽检、闭水试验以及竣工验收。

3）推行高标准管材,对直径 600mm(含 600mm)以下的雨污水管道全面推行排水专用的球墨铸铁管;更新管道验收检测流程,在管道覆土前,采用 CCTV 进行预检,提前发现问题,及时纠正。

4）新建住宅小区探索"三统一"管理模式,将小区管道纳入排水系统统一管理。2023 年启动实施排水管道养护进小区,打通排水管理"最后一百米"。

5）确保多项能力保障。常州排水系统建设资金由政府债来筹措解决,污水处理运行费用由污水处理费和地方财政补贴来全额保障,同步建立了完善的调价机制。

(2) 确保污水收集处理设施能力

着力全面提升污水系统厂网设施能力,设置常州污水处理厂出水水质内控指标,内控标准优于地表水类Ⅳ类标准。

基础设施作为城市韧性之源,坚持"最小管径、最小埋深制、管径放大两级"原则建设。

(3) 加强河道水环境管理,实现水环境提升

2006 年~2008 年实施清水工程。市政府组织、住房和城乡建设委员会主体、常州市排水管理处牵头,多部门联动,开展源头治理、末端截流,过程中"住建截污、环保控污、水利活水、城管监督",各司其职。

2009 年~2010 年实施活水工程。重点解决断流支浜水动力不足问题。2014 年~2020 年实施人工湿地建设(图 9-7),利用土地资源实现工程水向生态水的转变。

图 9-7 江边污水处理厂四期人工湿地

2018年～2021年实施生态补水，解决中心城区、断头浜支浜的水生态问题。2020年至今，常州市实施老城厢改造（图9-8），以实现水环境还清为目标，建成3座总规模11万 m^3/d 的超磁净水泵站，大力消减排入水环境的污染负荷。实现利用再生水向河道补水0.4亿 m^3/年。

图9-8 老城厢清水工程整治效果

5. 一体化运维的做法

常州市排水管理处多年来始终将"源—网—厂—河"视为有机统一体，突出污水收集处理的系统性特点，围绕"一体"（源—网—厂—河一体）、"两全"（污水全收集、全处理）、"三水"（水环境、水生态、水安全）、"四增"（增绩效、增冗余、增安全、增寿命）、"五防"（防溢流、防渗出、防外水、防积水、防内涝）等系统性提质增效目标，统筹协调日常运行相关水质达标、水量调度、检修养护、采样监测等运行需求，通过提升监测水平和数据信息收集分析能力全面掌握厂站网运行工况和系统规律，实施全系统预警预判，充分发挥30年来在设施能力建设、互联互通、低水位运行等方面取得的积极成果和有益经验，开展科学运行调度。打造形成"点面结合、综合决策、联调联动、提质增效"的"源—网—厂—河"一体化运行管理常州模式。

常州市以厂站网互联互通、各类设施冗余为鲜明特点的排水设施系统，为一体化运维提供了运行调度空间和操作控制能力硬件基础。

（1）强化制度保障，制定管理办法

制订《接入管网及源头管理办法》《厂、站、网各科室部门职责规定》《厂、站、网运行维护管理办法》《管网水位控制和调度管理办法》等管理办法，保障一体化运维。

(2) 加强排水户源头管理

根据《常州市市区排水许可管理暂行规定》（常政发〔2002〕230号），常州采取合同管理、排水许可的并行管理方式，在排水户内部雨污分流、排放口规范化设置、污水接管管理、日常监管、超标处罚等方面形成了一整套规范有效的管理机制。

对排入市政管网的工业企业等排水户实施"双轨制"管理，即排水许可管理和合同管理，形成常州的独有特色。建设了源头监管系统，通过建立智能化排水户全过程监管体系，打造业务标准或创新管理模式，实现对排水户的全流程管理。该系统2021年入选住房和城乡建设部智慧水务优秀案例。

(3) 实施低水位运行管理

建立水位控制管理制度。根据管网、泵站和污水处理厂的能力制订水位控制方案，方案应结合长期运行规律并根据实际运行工况进行优化调整。各单位按控制水位要求实施日常运行管理工作。实施污水管网（泵站）清淤、检（抢）修、拆除封头和通沟等作业时，实施单位应提前申报。

2005年，常州市排水管理处对城北污水处理厂（BOT）委托合同规定了2h的高水位时限条款，开启主城区污水处理厂低水位运行要求。

2011年开始对部分片区污水泵站实施低水位试运行，并逐步在主城区全面实施低水位运行，实现"厂（站）保网、网（站）促厂"良性运行效果。管网、泵站低水位运行实景情况如图9-9所示。

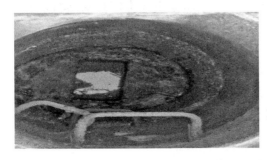

图 9-9 管网、泵站低水位运行实景情况

6. 实施成效

实现了排水设施的高水平建设管理，污水处理厂、泵站、管网等设施规模与能力具有安全冗余，城市韧性不断提升；注重工程建设绩效，设施建设工程屡获质量大奖。积极为百姓解决排水与污水收集问题，百姓获得感不断提升。常州市区水环境质量良好，政府水污染防治与水环境治理目标得到充分实现，取得了良好的环境效益、

社会效益、经济效益。

9.5 趋势展望与改进方向

9.5.1 面临的困难、问题及改进的方向

"源—网—厂—河"一体化对于水污染系统控制与水环境系统治理方面有显而易见的优势，已经在政府、行业层面取得了相对广泛的共识，但是在实际推广方面却不是非常顺利，各地具体推进实施的进程差距很大，已实现或基本实现"源—网—厂—河"一体化的城市数量还比较少。究其原因，主要是"源—网—厂—河"一体化的实施仍然面临着一些困难与问题。

1. 建立明确的动力驱动机制

虽然国家层面发布的很多政策文件均包含了推广"源—网—厂—河"一体化模式的相关条款，但这些条款在性质上均属于指导性、鼓励性、倡导性的内容，并非强制性要求。政策文件中也没有提出在全国推广"源—网—厂—河"一体化模式的统一目标、时间表、路线图等，各地没有受到来自政策方面的实际压力和动力。虽然"源—网—厂—河"一体化模式的优势得到了较普遍的认可，但建立"源—网—厂—河"一体化模式必然涉及固有体制机制的较大变革，牵涉的利益相关方多，工作纷繁复杂，工作阻力大。动力机制的欠缺是"源—网—厂—河"一体化模式推广相对缓慢的重要原因。未来，有必要研究建立明确的动力驱动机制，以加快推动"源—网—厂—河"一体化模式的推广实施。

2. 突破固有的机制制约

很多城市的污水处理厂站等存量排水设施多采用PPP、BOT等模式投资建设，由社会资本方负责运营管理，项目运营期普遍较长，一般为10～30年。一座城市的排水设施往往归属于多个PPP或BOT项目，由多个社会资本方负责投资、建设和运营，存在多个排水设施建设、运营责任主体，各项目设施建设与运营管理目标和标准、项目运营期限取决于各自项目协议的约定，由于历史的原因，各项目协议的具体约定内容往往存在不小的差异，各项目"各自为政"，各项目主体缺少为排水系统统筹规划提供支撑的动机和动力，排水设施亦无法实现系统建设与一体化运维。此种既有机制是造成排水管理"碎片化"的重要原因，同时，既有PPP或BOT项目协议的

存续，阻碍了排水设施所有权或运营权的统一，政府难以在全流域、全系统或一个适度尺度的区域内确立一个"源—网—厂—河"一体化专业运营主体，制约了"源—网—厂—河"一体化体系的建立。未来，有必要坚定深化机制创新，努力突破固有的机制制约，研究探索建立"源—网—厂—河"一体化体系的可行路径。

3. 完善价格机制

根据现行的相关政策法规，"污水处理费"征收标准是按照"覆盖污水处理设施正常运营和污泥处理处置成本并合理盈利"的原则确定，而对于城镇排水管网设施的建设和运行维护等污水收集环节的成本，并没有包含在"污水处理费"中。现阶段污水收集与处理的费价分割的问题也是城镇排水管理缺少系统思维的一个表象，不完整的污水价格无法为实施"源—网—厂—河"一体化模式提供长期可靠的资金保障，是导致排水管理"碎片化"的一个重要原因。未来，有必要加快完善价格机制，建立全系统、全成本、全寿命的城镇污水价格机制，为加快推广实施"源—网—厂—河"一体化模式提供强大的动力保障。

4. 统思想，全认知

各地政府、行业主管部门、企业等对于"源—网—厂—河"一体化模式的理解与认知并未实现高度统一，一些地方还存在认知不够全面、不尽准确的问题。有的地方可能认为把所有的排水设施都归属到一个政府部门负责管理就算实现了"源—网—厂—河"一体化模式；还有的城市认为只要把所有的排水设施都交给一家企业运营管理就算实现了"源—网—厂—河"一体化模式。认知上的不统一也是拖慢"源—网—厂—河"一体化模式推广实施进程的重要因素。未来，政府、行业组织、企业等有必要在"源—网—厂—河"一体化模式的理念、重要性与实施方法等方面进一步统一思想，健全认知。

9.5.2 发展趋势展望

2023 年 7 月，在全国生态环境保护大会上，习近平总书记强调，今后 5 年是美丽中国建设的重要时期，要把建设美丽中国摆在强国建设、民族复兴的突出位置，推动城乡人居环境明显改善、美丽中国建设取得显著成效，以高品质生态环境支撑高质量发展。城镇水环境持续改善和高质量发展作为关系人民福祉的重要发展任务，未来面临更高的目标和标准要求。

党的十八大以来，我国城镇水环境治理虽取得了显著的成绩，但目前仍存在水环境质量不稳定，排水设施系统性差、运行效率低，城市生活污水集中收集率低等问题。为不断满足人民群众优美生态环境需要，"十四五"期间，迫切需要推动城市黑臭水体治理向深度延伸，向构建长效管理机制方向深化。传统的"碎片化"排水管理模式显然难以适应城镇水环境未来高质量发展的要求，"源—网—厂—河"一体化模式推广发展面临广阔的现实需求。"武汉共识"的形成统一了推广发展"源—网—厂—河"一体化模式的思想认识。全国多地"源—网—厂—河"一体化相关探索的先进做法和成功经验，为"源—网—厂—河"一体化模式推广发展提供了丰富的借鉴范例。近年来不断出台的相关文件，为"源—网—厂—河"一体化模式推广发展提供了明确的政策导向和推进的动力。综上，"源—网—厂—河"一体化模式面临"天时""地利""人和"的良好发展环境，进一步推广发展的前景广阔。

第10章 分流制污水系统化粪池技术改造

在污水系统尚不完善的城市建设早期，化粪池曾发挥了减少污水对环境污染的重要作用。随着我国社会经济的不断发展，城市已基本建成了较为完善的污水系统，能够妥善地收集和处理生活污水。目前，随着化粪池碳排放量高、建设质量不过关、运行维护不到位等问题的暴露，分流制污水系统化粪池技术改造已成为行业内热议问题之一。

10.1 化粪池发展历程和功能类型

10.1.1 化粪池发展历程

化粪池最早可以追溯到19世纪的欧洲，已有160多年历史。1860年，法国人建造了世界上最早的单格化粪池。由于池内产生的气体对底泥的扰动性较大，导致出水中悬浮固体浓度较高，影响其后续利用，人们开始研究如何有效地分离污水中的液体和固体。直至1883年，美国研究人员进一步提出了双格化粪池，从此多格式化粪池开始普及和广泛使用[1]。

我国于20世纪初引入化粪池，以解决城市因人口集中而出现的卫生问题。此时，我国污水系统建设不完善，污水管网覆盖率低、污水处理设施缺乏，很多污水管道末端尚未建设污水处理厂，化粪池在一定程度上减少了污水对环境的污染。伴随着经济增长和城镇化水平提升，化粪池在城市、乡镇和农村都得到了较为广泛的应用。

10.1.2 化粪池功能类型

化粪池是生活污水的预处理设施，利用了厌氧发酵和静置分离的原理，通过截留、沉淀、厌氧分解等作用去除生活污水中污染物。在重力作用下，生活污水中相对密度轻的物质（油类）或夹带气泡的絮团向上悬浮形成浮渣，相对密度较大的固体沉淀在底层形成沉渣，污水在化粪池内逐渐分离为浮渣层、中间层和沉渣层，该过程可去除污水中50%~60%的悬浮物。同时，在兼性厌氧菌和厌氧菌的作用下，污水中的污染物质通过厌氧发酵作用部分降解，产生CH_4、CO_2和H_2S等气体。上层浮渣和底层沉渣需定期清掏，以免影响化粪池的处理效果，清掏出的固体经充分稳定化后可以用作肥料。然而，化粪池并不能使污染物彻底矿化，污水处理效果有限。

对于我国和国外的水务系统，化粪池设置位置和功能定位有所不同。目前，我国城市区域内的化粪池多设置在城市的小区内，服务小区的生活污水；也可设置在农村地区，作为户用污水收集和处理设施。美国等则是将化粪池与其他简易污水处理设施联合，作为一种分散式处理系统使用，主要设置在污水管网不能延伸到的郊区或农村地区。

目前，化粪池分为传统化粪池和强化型化粪池两类。

传统化粪池大多采用隔墙或隔板进行间隔，构成多格化粪池。目前广泛应用的是三格化粪池，如图10-1所示。生活污水由第1格进入，污水中粪渣、虫卵、大颗粒等物质被截留沉淀，同时有机物质开始发酵分解。经过一段时间的发酵和静置分离，污水经过连接管进入第2格，进行进一步发酵和固液分离。经第2格处理后，污水已基本腐熟，病原菌、虫卵得到有效去除，最后进入第3格进行储存、沉淀。

随着污水排放要求的提高和厌氧污水处理技术的发展，传统化粪池逐渐不能满足处理需求。为提高化粪池的处理效果，通过改变化粪池的结构和运行方式，提出了UASB型化粪池（图10-2）、填料型化粪池（图10-3）、折板型化粪池（图10-4）等强化型化粪池。UASB型化粪池在常规化粪池顶部设置气/液/固三相分离器，并采用上

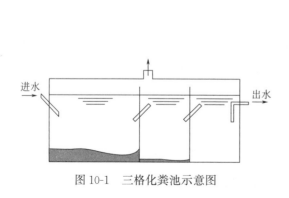

图10-1 三格化粪池示意图

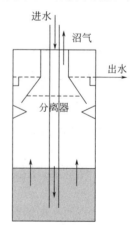

图10-2 UASB型化粪池示意图

升流式进料，以提高悬浮固体和溶解性组分的去除率。填料型化粪池在传统化粪池单元后设置填料单元，利用填料的过滤作用和附着微生物的降解作用提高化粪池对污染物的去除效果。折板型化粪池在传统化粪池内安装折流板，将其分为几个单独的反应室，污水经折板形成自下而上的水流，通过提高污水和微生物之间的传质效率，提高污水处理效果。

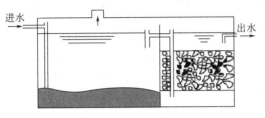
图 10-3　填料型化粪池构造示意图

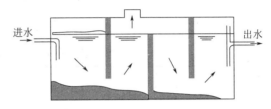
图 10-4　折板型化粪池构造示意图

10.2　国内外关于化粪池设置的规定和技术要求

10.2.1　现行标准和规范的有关规定

政策制度方面，我国国家层面政策主要对化粪池检查和清掏工作进行了规定，如《住房和城乡建设部办公厅关于进一步推进住房和城乡建设系统涉及危险化学品安全综合治理工作的通知》（建办质〔2019〕13号）提出规范化粪池清掏作业，严格化粪池检查和清淤作业。《住房和城乡建设部办公厅关于进一步做好城市环境卫生工作的通知》提出做好化粪池日常维护、加强化粪池巡查监管。此外，各地方政策文件中也提出了化粪池管理的相关要求，包括化粪池管理专项办法或方案，如重庆市永川区发布了《重庆市永川区城镇化粪池长效管理办法（试行）》，永川区青峰镇发布了《重庆市永川区青峰镇人民政府关于印发化粪池清掏专项整治实施方案的通知》（青峰府发〔2020〕50号），重庆市荣昌区发布了《重庆市荣昌区人民政府办公室关于加强化粪池设施安全管理工作的通知》；为提升城镇污水处理水平提出的工作要求，如福建省住房和城乡建设厅提出居民小区等非市政排水设施的化粪池和排水管网每半年清淤一次，南昌市对老旧小区开展化粪池和排水管网专项清掏、重点清掏；为推进农村"厕所革命"发布各类政策文件等。

标准规范方面，我国多部国家标准和行业标准对化粪池的生产、设计、建造、运行维护提出了相关要求，包括：《建筑给水排水设计标准》GB 50015—2019、《农村生活污水处理工程技术标准》GB/T 51347—2019、《农村户厕卫生规范》GB 19379—2012、《农村三格式户厕建设技术规范》GB/T 38836—2020、《农村三格式户厕运行维护规范》GB/T 38837—2020、《玻璃钢化粪池技术要求》CJ/T 409—2012、《塑料化粪池》CJ/T 489—2016、《预制钢筋混凝土化粪池》JC/T 2460—2018、《粪便无害化卫生要求》GB 7959—2012、《下水道及化粪池气体监测技术要求》GB/T 28888—2012 等，见表10-1。

现行国家、行业、地方标准关于化粪池的技术要求 表10-1

序号	名称	编号	适用范围
国家标准（技术类）			
1	室外排水设计标准	GB 50014—2021	适用于新建、扩建和改建的城镇、工业区和居住区的永久性室外排水工程设计
2	建筑给水排水设计标准	GB 50015—2019	适用于民用建筑、工业建筑与小区的生活给水排水以及小区的雨水排水工程设计
3	农村生活污水处理工程技术标准	GB/T 51347—2019	适用于行政村、自然村以及分散农户新建、扩建和改建的生活污水处理工程以及分户的改厕与厕所污水处理工程
4	给水排水工程构筑物结构设计规范	GB 50069—2002	适用于城镇公用设施和工业企业中一般给水排水工程构筑物的结构设计
5	粪便无害化卫生要求	GB 7959—2012	适用于城乡户厕、粪便处理厂（场）和小型粪便无害化处理设施处理效果的监督检测和卫生学评价
6	农村户厕卫生规范	GB 19379—2012	适用于农村户厕的规划、设计、建筑、管理和卫生监督、监测
7	农村三格式户厕建设技术规范	GB/T 38836—2020	适用于农村三格式户厕的新建或改建
8	农村三格式户厕运行维护规范	GB/T 38837—2020	适用于农村三格式户厕的运行维护
行业标准（产品类）			
9	玻璃钢化粪池技术要求	CJ/T 409—2012	适用于以玻璃纤维和不饱和聚酯树脂为主要原材料制作成型的化粪池
10	户用生活污水处理装置	CJ/T 441—2013	适用于单套处理能力不超过 $2.0 m^3/d$ 的用户生活污水处理装置
11	塑料化粪池	CJ/T 489—2016	适用于化粪池池顶覆土不大于 2m，以聚乙烯（PE）、聚丙烯（PP）或硬聚氯乙烯（PVC-U）为主要原材料制作成型的化粪池
12	预制钢筋混凝土化粪池	JC/T 2460—2018	适用于各种预制钢筋混凝土化粪池

续表

序号	名称	编号	适用范围
地方标准			
13	北京市:农村公厕、户厕建设基本要求	DB11/T 597—2018	适用于农村地区公厕和户厕的新建及改扩建
14	吉林省:农村户厕改造技术标准	DB22/T 5001—2017	适用于农村户厕改造、新建和扩建的农村户厕设计、施工、验收、运行与维护
15	浙江省:农村厕所建设和服务规范 第1部分:农村改厕管理规范	DB33/T 3004.1—2015	适用于农村改厕的全过程管理
16	浙江省:农村厕所建设和服务规范 第2部分:农村三格式卫生户厕技术规范	DB33/T 3004.2—2015	适用于农村三格式户厕的运行维护
17	浙江省:农村厕所建设和服务规范 第3部分:农村公共厕所服务管理规范	DB33/T 3004.3—2015	适用于农村公共厕所的服务管理
18	山东省:一体式三格化粪池(聚乙烯、共聚聚丙烯、玻璃纤维增强复合材料)	DB37/T 2792—2016	适用于分别以聚乙烯、共聚聚丙烯、玻璃纤维增强复合材料为主要原料加工制作的一体式三格化粪池
19	山东省:农村无害化卫生厕所使用与维护规范	DB37/T 2867—2016	适用于山东省农村无害化卫生厕所的使用与维护
20	江苏省:农村无害化卫生户厕技术规范	DB32/950—2006	适用于江苏省农村新建或改建无害化卫生户厕
21	湖北省:农村无害化厕所建造技术指南	DB42/T 1495—2022	适用于湖北省农村无害化厕所新建、改建及验收
22	湖南省:湖南省农村厕所建设技术导则(试行)	—	科学指导湖南省各地开展农村改厕
23	黑龙江省农村室内户厕改造技术导则(试行)	—	适用于指导黑龙江省新建及改建农村室内户厕的设计、施工、运行与维护
24	安徽省农村改厕技术导则	—	用于安徽省内不能纳入污水集中收集处理系统的自然村常住农户以及零散农户的非卫生厕所改造工作
25	江西省农村三格化粪池式无害化卫生户厕建设技术规范	—	适用于江西省农村地区户厕的新建或改建工作
26	宁夏农村厕所建设技术指导意见	—	适用于宁夏农村户用厕所和公共厕所的新建、改建工作

10.2.2　各地关于化粪池设置的规定

1. 上海

上海在"十五"规划中表示,利用合流污水的纳污能力,将设置粪便预处理厂作为过渡阶段采取的主要措施,将市区粪便预处理后排入合流管道。规划建设粪便预处理厂 6 座,基本解决市区大部分地区的粪便出路问题。"十五"期间,将通过取消化粪池和建设粪便预处理设施,大力开展粪便纳管工作,将城市粪便污水逐步纳入城市污水处理系统。

2020 年《上海市排水与污水处理条例》中第十七条规定:新建地区应当实行雨水、污水分流。在雨水、污水分流地区,雨水管道和污水管道不得相互混接。雨水、污水合流地区,应当按照排水与污水处理规划要求,进行雨水、污水分流改造;在旧城区改建和道路建设时,应当统筹雨水、污水分流改造。为了进一步指导上海市住宅小区雨污混接改造工作,2018 年上海市水务局和上海市房屋管理局联合发布了《上海市住宅小区雨污混接改造技术导则》SSH/Z 10015—2018,导则第 4.1.7 条规定:对于市政完全实现了雨污分流的区域,应根据排水管理部门相关规定,取消化粪池。

上海市排水户检测井通常设置在接入污水管网前的最后一个井中,为满足监测需求,检测井通常设置沉泥槽、格栅或球形拦截器,能够截留较大的悬浮物或漂浮物。上海市水务局标准化指导性技术文件《上海市排水检测井技术规程》DB 31 SW/Z 016—2021 第 4.2.4～4.2.5 条分别规定:排水检测井内,宜设置沉泥槽,落底深度宜为 0.5～1.0m。排水检测井内应设置人工格栅或球形拦截器。人工格栅栅条间隙宽度为 30mm,不锈钢栅条厚度宜采用 10mm。污水过栅流速宜采用 0.6～1.0m/s。格栅安装角度宜为 30°～60°。球形拦截器的尺寸以管道内径+50mm、过水孔率不低于70%、孔径应满足不大于 20mm。排水检测井需定期巡查(建议每月 1 次),当格栅前后水位差超过 100mm 时开展清理,日常维护由产权单位负责,并由排水管理部门监督。

2. 杭州

杭州是我国较早一批提出取消化粪池的城市之一。1999 年,杭州市印发了《关于市区部分新建住宅小区污水排放中实行不设化粪池试点的暂行规定》(杭建城〔1999〕237 号),明确了在杭州市新建小区申请无化粪池的批文后,可实行污水直排入二级处理的污水处理厂集中处理。

2006年杭州市发布了《杭州市无化粪池污水管道设计与养护技术规程》HZCG 06—2006，率先明确了取消化粪池的建设项目应同时具备下列3个条件：

(1) 建设项目室外排水管道系统严格执行雨污分流；

(2) 建设项目室外生活污水管道能与市政污水管道接通，且排出管管径不大于市政污水管管径；

(3) 接纳建设项目生活污水的市政污水管道属于雨污分流的市政排水系统并连通至城市二级污水处理厂。

为了减少取消化粪池后可能形成的管道淤堵风险，规程中对无化粪池污水管道设计从源头到市政污水管网多方面作出了具体的规定，包括：

(1) 采用无化粪池生活污水管道排水的建筑物，其粪便污水、洗涤废水应在建筑物外合流排放。

(2) 采用无化粪池生活污水管道排水的建筑物，应采用内置存水弯的便器，公用便器应按照自动冲水装置或延时自闭式冲洗阀，卫生器具的材质和技术要求应符合现行有关产品标准的规定。

(3) 生活污水排水量定额应取生活给水定额的90%，生活用水（平均日）定额宜取180～210L/(cap·d)，生活用水（最高日）定额宜取260～340L/(cap·d)，生活污水量变化系数按照《室外排水设计规范》计取。最大设计充满度应按表10-2采用。

最大设计充满度　　　　表10-2

管径(mm)	最大设计充满度
<400	0.55
400～600	0.65
>600	0.70

(4) 粪便污水出户管应采用工程塑料管，管径应不小于100mm，坡度应不小于0.02。建设项目生活污水管应采用埋地工程塑料管，管径应不小于225mm，坡度应不小于0.004，设计充满度下管内流速应不小于0.6m/s。

(5) 建设项目污水干管应采用埋地工程塑料管，管径不小于300mm，坡度应不小于0.003，管内流速应不小于0.6m/s。

(6) 生活污水检查井井底必须设置流槽，流槽深度应不小于井内下游管道内径的0.85倍，检查井内径应不小于0.7m。其他管线与污水管道交会井内径应不小于

1.0m，交会井内其他横穿管管底与井内流槽顶之间应有不小于 0.3m 净空，其他横穿管管外壁与井内壁水平方向净距应不小于 0.5m。

杭州市未提倡污水管道增设格栅等拦污设施的做法，对于是否设置拦污设施需满足如下条件：

存在下述情况之一的，应设置机械式粉碎装置或格栅，或设置化粪池：排水工程设计无法符合本设计规程前述条款规定；建筑室内未全部设置内置（或附带）存水弯的卫生器具。

经机械式粉碎装置或格栅处理后，污水中夹带的不溶性杂质尺寸应不大于：片状 30mm×30mm×5mm；块状 20mm×20mm×20mm。

最后，规程对无化粪池排水管道的养护提出了具体要求：管道、检查井全面检查周期宜为 4 个月；管道最大淤积深度不应大于管径的 1/5，检查井流槽最大淤积深度与管道相同。

3. 福建

2010 年，福建省住房和城乡建设厅发布的《福建省化粪池设置技术管理暂行规定》（闽建科〔2010〕47 号）第七条规定：同时具备下列情况的，可不设化粪池：（1）市政排水体制为严格的雨污分流制；（2）市政污水管网末端已建成污水集中处理厂；（3）市政污水管道应完好，接驳口管径、标高及坡度均满足建筑室外污水管道接入的要求。第八条进一步规定：不设化粪池的项目业主，应在排入市政管网接驳点前设置拦污设施，并负责拦污设施的维护管理工作。

文件进一步对取消化粪池的污水管道设置提出了详细的规定，具体包括：

（1）不设化粪池的建筑或居住小区，其各类生活污水管道应在建筑物外合流排放。

（2）建筑或居住小区室外污水管道应符合表 10-3 要求，市政污水管道设计参照相关规范执行。

建筑或居住小区室外污水管道参数要求　　　　表 10-3

管径	最小坡度	设计充满度
DN200	0.0060	0.50
DN300	0.0035	0.55
DN400	0.0025	0.65

注：表中最小坡度是对应粗糙系数 $n=0.009$ 的管道。

(3) 排水管道转弯和交接处，接入角度宜大于 135°，不宜采用等于或小于 90°，当管径小于等于 300mm 且跌落差大于 0.3m 时，可不受此限制。

(4) 室外排水管应采用检查井连接，检查井流槽的构造应严格按国家标准要求设置；除有水流跌落差外，宜采用管顶平接；在最小管径管段处，当有适当冲洗水源时，可考虑设置冲洗井。

(5) 生活污水检查井井底必须设置流槽，流槽深度应不小于井内下游管道内径的 0.85 倍，检查井内径宜不小于 0.7m。

4. 广州

2005 年，广州市在广州大学城开展取消化粪池试点工作，并逐步推广到市中心等其他区域。2009 年修订的《广州市城乡规划技术规定》中第四十九条规定：在已建成的污水处理厂的收集范围内，有完善雨污分流管网的地区，新建、改建、扩建的项目不得设化粪池，现有化粪池应当逐步取消。

5. 深圳

2021 年，深圳市开始施行《深圳经济特区排水条例》，其中第十三条规定：在污水处理设施服务范围内，已经实现雨污分流的区域，具备条件的可以不设化粪池。同时，深圳市水务管理突破了小区红线制约，实施建筑管理进小区制度，由专业的排水公司接管全市 20952 个建筑小区排水设施，以便及时、科学地对污水管道实施养护，提高了污水系统的管理水平。

深圳市选取了 5 个小区作为改造试点，对比无化粪池、A 型拦渣格栅（带沉砂区）、B 型拦渣格栅（不带沉砂区）3 种改造方案实行后的水质变化和管道淤积情况。试点小区排水管普遍采用 HDPE 或 PVC、管径为 $DN300$、坡度在 $0.003\sim0.006$ 之间。试点结果表示，取消化粪池在 70d 测试期内均未产生淤堵；小区出水中 BOD_5 等污染物浓度有所提高；A 型拦渣格栅（带沉砂区）对 BOD_5 的去除率为 28.1%，B 型拦渣格栅（不带沉砂区）对 BOD_5 的去除率为 6.1%[2]。

6. 四川

2009 年，四川省基于化粪池建设造成的成本浪费和降低污水处理厂进厂浓度等弊端，在发布的《四川省城市排水管理条例》第九条中规定：城市污水集中处理设施及配套管网已覆盖的区域内，不得新建化粪池及相关活性污泥截污池、塘。未被城市污水集中处理设施及配套管网覆盖的城市生活服务区，应当按规定配置格栅井、沉淀池或化粪池等污水处理设施。随后，四川省逐步开展新建区取消化粪池的工作，但在实际执行过程中，部分污水管道会出现堵塞问题。为解决该问题，四川省排水管理部门提出采用格栅沉砂池代替化粪池。格栅沉砂池的容积计算参考了《建筑给水排水设计标准》GB 50015—2019 中化粪池容积的计算公式，根据格栅沉砂池的特殊要求，对其中的部分参数进行了调整，包括：将污水停留时间由 12～24h 缩短至 0.5～2h，污泥清掏周期由 3～12 个月缩短至 30d。其次，由于格栅沉砂池的作用只是清除大的杂物和沉砂，不需要原化粪池存粪和厌氧酸化的步骤，故在对应选型需要 6 号～13 号化粪池大小时，可在施工说明中注明取消第 2、3 格，并将第 1 格作格栅室，格栅间隙为 100mm，安装角度为 30°～60°。

2019 年发布的《四川省城镇排水与污水处理条例》第十条中仍规定：城镇污水集中处理设施及配套管网已覆盖的区域内，不得新建化粪池及相关活性污泥截污池、塘，原有已失去功能作用的化粪池，应当在老旧小区改造中拆除；未被城镇排水与污水处理设施覆盖的居民聚居区、风景名胜区、旅游景点、度假区、机场、铁路车站等排放生活污水的区域和经济开发区、独立工矿区等排放污水、废水的单位应当按照国家或者地方标准建立中、小型污水处理设施进行污水处理，确保其排放的污水符合污染物排放标准。为了能够更好地支持和指导取消化粪池工作的实施，同年四川省即发布了《四川省住房和城乡建设厅 四川省生态环境厅 四川省发展和改革委员会关于印发〈四川省城镇污水处理提质增效三年行动实施方案（2019—2021 年）〉的通知》（川建发〔2019〕15 号）和《四川省人民政府办公厅关于印发〈四川省城镇生活污水和城乡生活垃圾处理设施建设三年推进总体方案（2021—2023 年）〉的通知》（川办发〔2020〕86 号）等，加快补齐污水处理设施短板，切实提升城市污水收集处理效能。管道质量提升和管网管理手段的加强为取消化粪池提供了必要条件。

专栏 10-1：香港村屋区域取消化粪池计划

香港在没有污水管网统一收集的乡村地区，通常使用化粪池系统处理污水。随着香港村屋密度逐渐提高，化粪池数目及污水排放量不断增加，加之缺乏定时清理导致化粪池满负荷运行，污水溢出排渠导致污染频发。为改善乡村地区的卫生环境及附近河流和海港的水质，政府正逐步计划取消香港村屋区域化粪池，产生的污水接入公共污水收集系统集中处理。工作方式如图 10-5 所示。政府把公用污水管网接入村内私人地界附近的位置，与建成后的终端沙井连接。终端沙井、村屋至终端沙井的管道需户主自费建造，并承担后续维修责任；公用污水管网敷设、终端沙井至公用污水管网的接驳由政府承担费用。

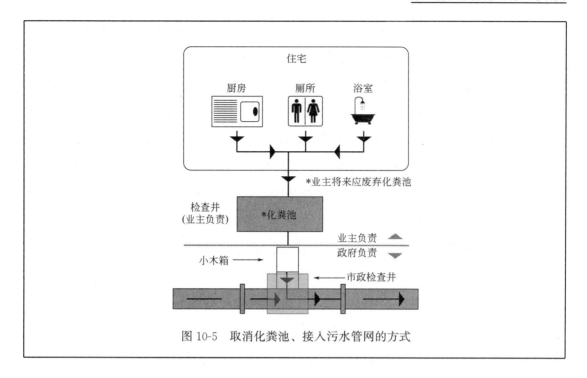
图 10-5 取消化粪池、接入污水管网的方式

10.2.3 国外关于化粪池设置的规定

1. 美国建筑管道设备规范

为约束管道系统的建设、安装、改建、维修、搬迁、更换、增加、使用或维护，美国制定了 3 部管道设备规范，包括：阿拉巴马等 33 个州共同使用的"国际建筑管道设备规范"(International Plumbing Code，IPC)、阿拉斯加等 9 个州共同使用的"统一建筑管道设备规范"(Uniform Plumbing Code，UPC)、马萨诸塞和新泽西州共同使用"国家标准建筑管道设备规范"(National Standard Plumbing Code，NSPC)、加利福尼亚等其余 8 州则根据以上 3 部规范自行制定了各州规范。3 部建筑管道设备规范均提出了管道系统满足最低要求时所需做到的设计、功能和性能等技术规则。

有关建筑物污水管道与市政污水管道连接的有关要求列举如下：

(1)《国际建筑管道设备规范》(International Plumbing Code，IPC) 第 701.2 条提出[3]：建筑物内或某场所的污水管道应连接到市政污水管道；如无市政污水管道，应连接到符合国家或地方要求的私人污水处理设施；如国家或地方没有相应要求，则应排放到符合国际私人污水处理规范的污水处理设施中。

(2)《统一建筑管道设备规范》(Uniform Plumbing Code，UPC) 第 713.0 节提出[4]：①安装有水暖设备的建筑物和安装有污水管道的房舍，均应与市政污水管道或私人污水处理设施相连接；②建筑所处地段或相邻道路未规划建设市政污水管道时，建筑物或建设工程的污水管道应连接至经批准的私人污水处理设施；③在第 713.4 条规定的范围内，如因其他需要将市政污水管道服务地块重新划分为小型地块的，不应视为允许建造私人污水处理设施的理由，经分化后的较小地块仍需连接到市政污水管道；④市政污水管道与建筑污水排放末端相距超过 200 英尺（60.96m）时，可将该市政污水管道视为不可用。

(3)《国家标准建筑管道设备规范》(National Standard Plumbing Code，NSPC) 基本原则第 6 条提出[5]：凡设有管道设备系统并拟供人居住、占用或使用的建筑物，且位于市政污水管道合理距离内时，都应与市政污水管道相连。第 8 条提出：排水系统的设计、建设和维护应能防止淤积和堵塞，并设置足够的清理口以便于管道清洗。第 17 条提出：如在合理距离内没有市政污水管道但水暖设施存在污水排放需求的，应设单独的私人污水处理设施（包括化粪池或采用其他机械处理方式的设施）或采用其他经批准的污水处理方式。同时，在术语"建筑排水管道"(building sewer) 的解释中给出了图 10-6 的示例，以辅助说明建筑雨、污水管道与市政雨、污水管道的连接方式。

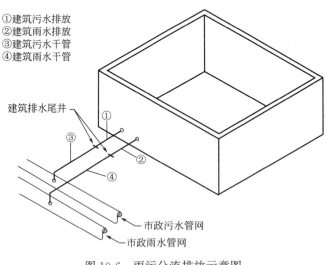

图 10-6　雨污分流排放示意图

IPC、UPC、NSPC 3 部规范提出了一致的污水管对应最小设计坡度的要求，见表 10-4。

不同管径对应的最小坡度要求　　　　　　　　　　　　　　　表 10-4

管径	最小坡度
$2\frac{1}{2}$ 英寸及以下	0.02
3～6 英寸	0.01
8 英寸及以上	0.005

专栏 10-2：美国取消化粪池计划（STEP）

1997 年，EPA 向国会提交了关于分散处理设施的报告，提出了化粪池系统对于人民健康和水环境保护的有效意义，以及其低投入、低维护的优势，自此由化粪池与不同形式初级处理设施组成的分散处理系统得以推行。根据家庭规模、土壤类型、场地坡度、地块大小、水环境质量要求、气候条件、地方法规等差异形成了 10 种形式化粪池系统（图 10-7），包括化粪池、化粪池＋沟渠、化粪池＋管道、化粪池＋滴水分配系统、化粪池＋丘状系统、化粪池＋循环砂滤系统、化粪池＋蒸发蒸腾系统、化粪池＋人工湿地系统、化粪池＋社区系统、好氧处理单元。

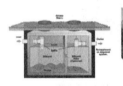
化粪池　　　化粪池+沟渠　　　化粪池+管道　　化粪池+滴水分配系统　　化粪池+丘状系统

   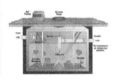
化粪池+循环砂滤系统　化粪池+蒸发蒸腾系统　化粪池+人工湿地系统　化粪池+社区系统　好氧处理单元

图 10-7　美国较为常用的 10 种化粪池系统

美国对于化粪池系统的建设和运行都有相关要求。对于新建化粪池而言，在建设前需开展土壤环境分析，取得管理部门许可后方可建设；对于黑土等土壤条件受限的地区，则要求不得建设化粪池。对既有化粪池运行维护要求包括：(1) 每 3 年至少进行 1 次整体检查；(2) 每年对化粪池内的电动元件至少检查 1 次；(3) 至少每 3～5 年清空 1 次；(4) 当浮渣层底部至出口底部小于 6 英寸，污泥层至顶部出口小于 12 英寸，或污泥和浮渣已超过 25% 池容时，需清理化粪池。

化粪池由于使用年限过长、管理不佳等问题产生了诸多环境风险，已引起美国各地方的关注。据 EPA 统计，目前至少有 10%～20% 已不能有效处理污水，濒临失效，部分洲市的居民也因此受到了蠕虫（helminths）感染。

俄亥俄州自 2014 年，由主管部门签署行政令，开始实施 STEP 计划，计划优先解决化粪池故障率在 30%～40% 的区域；新建污水管道、设置必要的污水泵站，以解决污水收集问题。STEP 计划在美国哥伦布市、马里昂县、卡柳梅特县等多地得以成功推行，已为 26000 户家庭提供了服务。取消化粪池后，通过低压输送系统将污水泵送至市政管网，废弃化粪池需填充沙子、砾石或其他材料后密封，要求委托具有资质的公司或团队进行。

STEP 计划在取消化粪池的做法方面有两个主要的选择，其一为停用后，填充沙子、砾石或其他材料并密封；其二是通过低压输送系统（Low-pressure system，LPS）将污水泵送至市政管网（图10-8）。各州政府均要求用户委托有资质的单位开展取消化粪池工作，清除的废物要送到污水处理厂进行处理和处置。

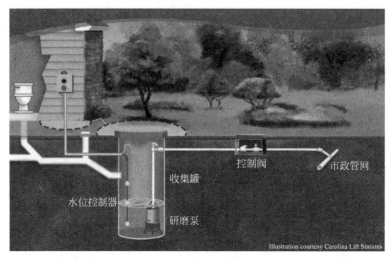

图 10-8　低压输送系统（LPS）示意图

2. 英国建筑条例和设计标准

根据 1993 年 Payne 等人调查结果[6]，超过 95％的英国民众直接向市政管网排放污水，现有的化粪池主要服务于城市远郊或农村地区。同时，在规划通告 03/99（新建项目中使用包含化粪池的非水管污水系统的规划要求）中还提出在高地下水位或易涝区不得设置化粪池的要求。

英国建筑条例（Building regulations）中提出[7]：应提供适当的排水系统，将建筑物排出的污水按下列顺序排放：①市政污水管道，如不可行时排放至②与市政污水管道相连的私人污水处理设施，如不可行时排放至③具有适当二级处理程度的化粪池或其他分散污水处理设施；如不可行时排放至④污水池。

为实现上述要求，针对污水系统性能，条例补充提出了如下要求：①污水应能被输送到一个污水排放口（包括：污水管道、合流污水管道、污水池或化粪池）；②尽量避免堵塞或渗漏；③在工作条件下，应能够防止排水系统中的臭气进入建筑物内；④能够实现通风；⑤具备清理堵塞物的条件；⑥不增加建筑物遭受洪涝灾害的风险。

英国通过建筑物外排水系统（Drain and sewer systems outside buildings，BS EN 752）规定了建筑物外雨水系统和污水系统的规划、设计、施工、运行维护等内容，适用于以重力排水为主的排水系统,从污水离开建筑物、屋顶排水系统或铺砌区域的收集点到污水处理厂等。

标准提出排放粪便污水的管道最小管径应为 DN100,超过 10 户接入时最小管径应为 DN150。当无粪便污水排入时,最小管径可为 DN75。

标准分别提出了小管径(DN300 及以下)和大管径(DN300 及以上)的设计要求和参数选取建议。对小管径污水管道而言,标准给出了最小坡度的设计指导(表 10-5),如 DN150 的最小坡度为 0.006,当不能满足该设计坡度要求时,应采取措施以满足自清流速 0.7m/s 的要求。对大管径污水管道而言,标准灵活地提出了每日至少一次在设计流量条件下达到自清流速 0.7m/s 的要求,未给出具体的设计坡度建议值。

推荐的小管径污水管道最小坡度　　　　表 10-5

峰值流量(L/s)	管径	最小坡度	最大排放能力(L/s)
<1	75	0.025	4.1
	100	0.025	9.2
>1	75	0.0125	2.8
	100	0.0125*	6.3
	150	0.006**	15.0

注:* DN100 需至少连接 1 个厕所;** DN150 需至少连接 5 个厕所。

3. 日本建筑基准法

日本主要污水处理方式包括下水道处理、农业村落排水设施和净化槽 3 种。农业村落排水设施是指用于农村地区的小型集中式生活污水处理系统(规模以 $5m^3/d$ 到 $500m^3/d$ 为主),通过下水管网收集农业村落各个家庭排放的污水,进行集中处理。净化槽主要指以家庭为单位的小型一体化污水处理设施(规模以 $5m^3/d$ 以下为主),对难以接入管网的偏远农户进行污水分散处理。净化槽外观与化粪池类似,但功能有差异、内部结构复杂,且粪便等家用污水经其处理后可直接排河。日本城市污水处理需符合下水道法的规定,农业村落排水集中处理设施和净化槽分散处理则遵循净化槽法的要求。

日本建筑基准法对建筑污水排放提出具体要求,其中第 19 条规定:建筑必须设置合适的管道排出污水和雨水。第 31 条规定:建筑排出的污水需连接符合下水道法的设有污水处理厂的公共下水道,除此需排放至净化槽。据统计,目前日本 100 万人口以上的城市,使用污水管道的人数达 99.2%。日本下水道设计指南提出,污水管道最小设计流速应为 0.6m/s,最大设计流速应为 3.0m/s;雨水管道和合流管道最小设计流速应为 0.8m/s,最大设计流速应为 3.0m/s。

10.3 化粪池存在的问题

10.3.1 碳排放水平高

根据《2006年IPCC国家温室气体清单指南》和《2006年IPCC国家温室气体清单指南（2019修订版）》，单个污水处理系统CH_4排放量计算公式为：

$$CH_{4\text{-Emissions}j} = [(TOW_j - S_j) \cdot EF_j - R_j]$$

式中 $CH_{4\text{-Emissions}j}$——处理/排放途径或系统年CH_4排放量，kg CH_4/a；

TOW_j——处理/排放途径或系统中的有机物，kg BOD_5/a；

S_j——污水中去除的有机物，kg BOD_5/a，化粪池该值计算方法为 $S_{septic} = TOW_{septic} \cdot F \times 0.5$，其中 TOW_{septic} 为化粪池总有机物，F 为按照要求清理化粪池污泥时管理人口的比例，0.5为按照要求清理化粪池污泥时污水中有机质去除的比例；

j——单个处理/排放途径或系统；

EF_j——处理/排放途径或系统的排放因子，kg CH_4/kg BOD_5，$EF_j = B_0 \cdot MCF_j$，其中 B_0 为最大CH_4产量，kg CH_4/kg BOD_5，MCF_j 为甲烷校正系数；

R_j——从处理/排放途径或系统中回收或燃烧的甲烷量，kg CH_4/a，默认值为0。

在IPCC框架下，《城镇水务系统碳核算与减排路径技术指南》[8] 对化粪池碳排放强度提出两种核算方法：其一，可获取化粪池进水COD浓度时，推荐使用排放因子法进行碳排放核算，计算结果精确度高；其二，难以获取水质数据时，可采用服务人口进行估算，计算结果精确度较差。

根据文献测算结果[1]，以2015年普查数据计算得到，我国城镇化粪池产生的CH_4总量为3153万t CO_2当量/a，已接近了集中式污水处理厂的总碳排放量3985万t CO_2当量/a（其中CH_4和N_2O直接碳排放量为2514万t CO_2当量/a）。除此之外，有文献比较了美国等7个国家的非集中收集处理的污水系统（Non-sewered sanitation systems，简称NSSS）和城镇污水处理厂的碳排放水平（表10-6），其中非集中收集处理的污水系统指旱厕和化粪池。研究结果表明，美国NSSS的碳排放量已接近污水处理厂的碳排放量,加拿大 NSSS 的碳排放量已超过污水处理厂碳排放量,阿根廷等 4 个国家 NSSS 的碳排放量约为污水处理厂碳排放量的 54%～62%。

非集中收集处理的污水系统(NSSS)和城镇污水处理厂(WWTPs)碳排放量比较(单位:万 t CO_2 当量/a) 表 10-6

国家	非污水处理系统	污水处理厂	二者比例[1]	数据来源
美国	1290	1340	96.3%	[9]
加拿大	110	70	157.1%	[10]
阿根廷	220	360	61.1%	[11]
越南	1060	1710	62.0%	[12]
尼日利亚	1140	2130	53.5%	[13]
波兰	250	360	69.4%	[14]

注:[1] 二者比例=非集中收集处理的污水系统碳排放量/污水处理厂碳排放量,以百分数计。

10.3.2 影响生活污水处理水质

生活污水在化粪池内的设计停留时间为 12～24h,其中的易降解有机质会在池内被厌氧分解,生成小分子挥发酸、氨、二氧化碳和硫化氢等,使得污水中 COD 和 BOD_5 进一步降低。为了进一步明确化粪池对生活污水处理水质影响,2017 年选取其中 25 个设有化粪池的小区进行调研分析,分布在珠海、广州、深圳、大连、北京、杭州、合肥、昆明、厦门、石家庄、太原、无锡、武汉和天津共 14 个城市。本次分析指标包括 COD_{Cr}、BOD_5、SS、NH_4^+-N、TN、TP 6 项,结果如图 10-9 所示。调

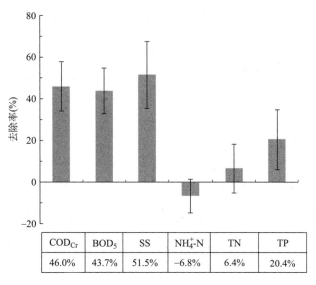

图 10-9 经化粪池初级处理后污染物平均去除率

研显示，25个小区化粪池对污水中COD_{Cr}、BOD_5、SS、TN、TP的平均消减率分别为46.0%、43.7%、51.5%、6.4%、20.4%，然而化粪池出水中NH_4^+-N较进水提升6.8%，主要是源于生活污水中蛋白质的降解，这就加剧了城镇污水处理厂进厂水质C/N失衡，污水处理厂为保障脱氮除磷效率而补充投加碳源，不仅增加了运行成本，也增加了间接碳排放量。

根据测定的化粪池进出水浓度、服务人口数、日污水流量，计算得到各小区化粪池进水和出水对应的人均污染当量，并与《室外排水设计标准》GB 50014—2021 第4.2.1条规定的设计水质、国外其他国家的水质进行对比，见表10-7。

化粪池进出水各污染物的平均人均当量[g/(人·d)]　　　　　表10-7

数据来源	BOD_5	SS	TN	TP
本研究——进水	63.12	73.74	15.15	1.47
本研究——出水	32.31	25.62	11.39	1.02
GB 50014—2021	40~60	40~70	8~12	0.9~2.5
日本	58±17	45±16	11±3	1.3±0.4
美国	50~120	60~150	9~22	2.7~4.5
德国	55~68	82~96	11~16	1.2~1.6
英国南方水务	60	80	11	2.5

经比较，化粪池出水的BOD_5未能达到标准下限值，而化粪池进水的BOD_5水平能够达到标准上限值。随着污水流经污水管网，有机质降解后，将进一步拉大实际进厂BOD_5浓度与标准要求的差距，影响污水处理厂工艺处理效率。同时，基于前期调研结果，日本、美国、英国等国家在建有集中污水处理设施的地方已基本取消化粪池，研究中未经化粪池处理的水质与其设计水质能够吻合，也表明取消化粪池对污水处理厂进水水质提升具有积极意义。

10.3.3 增加建设和运行成本

化粪池占地面积大，维修难度大，使用年限短，设置困难等。对于有几十幢住宅的小区，化粪池占地面积及埋设深度都比较大，往往严重影响各地下管线的敷设及地下空间的使用。若设置化粪池，根据化粪池消化沉淀周期要求，每人约需0.08~0.1m³的容量，造价约100~175元。我国多地在取消化粪池的相关文件中提到，取消化粪池所节省的资金，80%可用于污水管网建设。

10.3.4 建设质量问题造成渗漏

化粪池常用材质包括钢筋混凝土和玻璃钢两种,设计使用年限一般不低于 50 年,且安全等级不低于 2 级。目前,有两部国家图集《钢筋混凝土化粪池》22S702 和《玻璃钢化粪池选用与埋设》14SS706 对化粪池的结构设计、防渗要求和施工提出了详细的指导。然而,在项目实施过程中,可能会出现未按设计要求施工或施工质量不过关等问题,出现渗漏甚至坍塌等现象,造成污水外溢影响周边环境。

10.3.5 缺少妥善的运行维护

化粪池设计一般要求 3~12 个月清掏一次,但实际运行过程中往往很难做到。若未清掏一方面使得污水直接过流,化粪池失去了初级处理功能,另一方面则可能会导致小区排水出现溢流或管道堵塞的情况。同时,化粪池内污染物降解过程会产生恶臭气体,在清掏和运输过程中易产生二次污染,影响周边的空气质量。

化粪池未定期清掏,或居民随意将废水或废物倒入,会使得化粪池内积聚沼气,遇到火源或火花,则会引起爆炸。此类事故在北京、宜昌、宁波等多地的小区中都曾有发生,造成过一定的人员伤亡,现已成为威胁城市和居民安全的因素之一。

10.4 运 行 管 理

10.4.1 化粪池的运行维护

为了能够保持既有化粪池发挥其源头生活污水收集功效,相关单位需按国家、行业标准或产品手册的相关要求进行运行维护。建议化粪池外部巡视每月不少于 1~2 次,巡视检查内容包括:(1)污水是否冒溢;(2)盖板是否缺失和破损;(3)是否有异味散发;(4)是否存在违章占压。化粪池日常运行维护内容包括:(1)可采用人工、机械设备清掏等方式;(2)按设计周期清掏且不超过 360d;(3)清掏后,化粪池内无粪便、淤泥等杂物,出入水管运行畅通,污水不外溢;(4)化粪池内清掏出的污水、粪便等污物清运并按行业规定妥善处理。

10.4.2 废弃化粪池的安全处置

1. 清空和处置

在取消化粪池之前，应充分了解化粪池的容量、材质、运行时间等情况，以便制订化粪池清空和处置计划，废弃化粪池的处置可以分为原位回填和整体拆除两种。目前较为常见的处置方式为原位回填。

化粪池原位回填的一般步骤：（1）拆除化粪池上盖；（2）将化粪池内污染物导流至下游污水管道排放；（3）冲洗化粪池，随后将污水排放至下游污水管道；（4）回填；（5）根据实际情况，异位重排污水管，或重新连接化粪池原上下游污水管道；（6）场地恢复。

化粪池整体拆除的一般步骤：（1）拆除化粪池上盖；（2）将化粪池内污染物导流至下游污水管道排放；（3）如有必要，可冲洗化粪池，随后将污水排放至下游污水管道；（4）整体移除；（5）回填压实，场地恢复。

值得注意的是，化粪池排空后，应对化粪池进行清洗消毒，杀灭残留病原体，避免危害环境和人体健康。

在化粪池回填前，应进行检查和修复，确保其结构和材料符合相关标准法规，并能够承受回填后的压力和负荷。在回填时，需选择合适的填土方法，以确保回填后的地面平整、稳定，并不会对周围环境和人体健康造成负面影响。

在化粪池移除前，应进行检查和评估，确定最佳移除方法和工具。在移除时，需使用专业工具和设备，如挖掘机、吊车等，确保移除过程安全高效。在移除后，需将废弃材料运至指定场所处理处置，原址进行回填工作。

以福建省龙岩市新罗区老旧小区排水改造为例，在现有化粪池评估过程中，若发现化粪池有漏水现象，或受场地限制需拆除以便安装新化粪池时，需要予以拆除。原有化粪池回填前应对接入管道进行检查，确认所有污水管道均已接入新建污水系统。

2. 人员和其他设施防护

施工人员在化粪池作业时，必须穿戴个人防护设备，包括手套、防毒面具、防护眼镜、防化服、安全鞋、安全帽等，还应系安全带。需使用专业工具和设备，需遵循相关安全标准和规定，并进行现场检查和评估。施工人员应接受相关培训和指导，了解化粪池拆除操作规程和安全要求。

在进行化粪池拆除前，需提前通知居民和小区，告知拆除时间、区域和工作内容；在拆除现场周围应设置安全警示标志，以提醒居民和小区注意安全和健康，避免进入危险区域。在拆除过程中，需采取措施管理噪声和粉尘，如使用噪声隔声设备、喷水降尘等，以减少对居民和小区的影响；需接受居民和小区监督和投诉，及时处理和解决相关问题，保护居民和小区权益。拆除完成后，及时清理现场、处理废弃物。

10.4.3 关于分流制排水系统中化粪池的设置建议

随着我国污水设施的建设和完善，全面修订的《室外排水设计标准》GB 50014—2021 第 3.3.6 条规定：城镇已建有污水收集和集中处理设施时，分流制排水系统不应设置化粪池。随后，在《城乡排水工程项目规范》GB 55027—2022 第 4.2.11 条规定：分流制排水系统逐步取消化粪池，应在建立较为完善的污水收集处理设施和健全的运行维护制度的前提下实施。其起草说明补充解释，污水收集处理设施尚不完善或运行维护制度不健全，则不能随意取消化粪池，以避免因雨污混接、管道破损等管道问题造成粪便污水直排河道或污染地下水，或因不及时清淤养护，造成污水管道淤积，影响污水收集和输送。

伴随着化粪池本身问题的逐渐暴露，以及国家标准对于取消化粪池的强制规定，取消化粪池的工作计划在分流制排水系统中逐步实施。然而，直接取消化粪池很可能会引起管道衔接不畅、混接污染加剧、管道淤积影响污水输送或引发沼气积聚等，它不仅是建筑与小区污水排放的"源头"问题，而是会影响整个污水系统收集效能的系统问题。因此，对分流制污水系统中的既有化粪池改造，建议在摸清本底基础上，科学地评估化粪池结构功能完整度和市政污水系统的收集效能，综合评判拟改造化粪池所在建筑与小区、市政污水系统是否具备取消改造的基本条件，因地制宜地提出改造方案、选择改造技术，并加强养护保障市政污水系统的正常稳定运行，以提升和恢复污水系统的功能和性能。

主要参考文献

[1] 郝晓地，杨文宇，林甲. 不可小觑的化粪池甲烷碳排量[J]. 中国给水排水. 2017，33(10)，28-33.

[2] 宋嘉美，宁克明，高祯，等. 深圳市建筑小区取消化粪池可行性研究[J]. 广东化工. 2021，48(14)，184-186.

[3] International Code Council. IPC：International plumbing code[S]. 2021.

[4] International Association of Plumbing and Mechanical Officials. UPC: Uniform plumbing code [S]. 2021.

[5] International Association of Plumbing and Mechanical Officials. NSPC: National standard plumbing code[S]. 2021.

[6] Payne, J. A. and Butler, D. Septic tanks and small sewage treatment works: a guide to current practice and common problems[S]. London: Construction Industry Research and Information Association, 1993.

[7] Ministry of Housing, Communities & Local Government. Building regulation _ Drainage and waste disposal: Approved Document H[S]. Statutory guidance, 2010.

[8] 中国城镇供水排水协会. 城镇水务系统碳核算与减排路径技术指南[M]. 北京: 中国建筑工业出版社, 2022.

[9] U. S. Environmental Protection Agency. Inventory of U. S. Greenhouse gas emissions and sinks [R/OL]. 2020.

[10] SAHELY H R, MACLEAN H L, MONTEITH H D, BAGLEY D M. Comparison of on site and upstream green house gas emissions from Canadian municipal wastewater treatment facilities [J]. Journal of Environmental Engineering and Science, 2006, 5(5): 405-415.

[11] SANTALLA E, CORDOBA V, BLANCO G. Greenhouse gas emissions from the waste sector in Argentina in business-as-usual and mitigation scenarios[J]. Journal of the Air & Waste Management Association, 2013, 63(8): 909-917.

[12] HOA N T, MATSUOKA Y. The analysis of greenhouse gas emissions/reductions in waste sector in Vietnam [J]. Mitigation and Adaption Strategies for Global Change. 2015, 22(3): 427-446.

[13] Federal Ministry of environment of Nigera. First national inventory report (NIR1) of the federal republic of Nigeria [R/OL]. 2021.

[14] Ministry of Climate and Environment. Poland'Snationalin ventory report——Greenhouse gas inventory for 1988-2019 [R/OL]. 2021.

第11章 城镇排水管网运行维护及成本调研分析

11.1 背景与意义

党的十九大报告提出,"建设生态文明是中华民族永续发展的千年大计",必须树立和践行绿水青山就是金山银山的理念,党的二十大报告又指出要"大力推进生态文明建设,坚持绿水青山就是金山银山的理念"。2019年4月,《住房和城乡建设部 生态环境部 发展改革委关于印发城镇污水处理提质增效三年行动方案(2019—2021年)的通知》(建城〔2019〕52号)发布,以"尽快实现污水管网全覆盖、全收集、全处理"。

污水处理全过程即污水从最初产生到最后排放的整个处理和处置的全过程,包括污水收集和输送、污水处理及排放、污泥处理处置等各个环节。因此污水处理成本也涵盖了污水处理全系统的建设、运营、维护、更新和大修,还包括融资(财务)成本、设施/设备折旧、税费等。只有当收取的污水处理费能基本覆盖污水处理全成本时,才能真正实现污水处理行业的可持续良性发展。

2013年10月,国务院公布了《城镇排水与污水处理条例》;2014年12月,《财政部 国家发展改革委 住房城乡建设部关于印发〈污水处理费征收使用管理办法〉的通知》(财税〔2014〕151号)发布;2015年1月,《国家发展改革委 财政部 住房城乡建设部关于制定和调整污水处理收费标准等有关问题的通知》(发改价格〔2015〕119号)发布;2021年5月,《国家发展改革委关于"十四五"时期深化价格机制改革行动方案的通知》(发改价格〔2021〕689号)发布。这些政策的发布与实施均指出当前我国城镇污水处理费施行的是收支两条线政策。污水处理费收取是按照"污染者付费"原则,由排水单位和个人缴纳,自来水公司代征后全额上缴财政;污水处理费支出是财政通过政府购买服务的方式向污水处理企业支付污水处理服务费,对于收取的污水处理费不足以支付城镇污水处理设施正常运营成本的,由地方人民政府给予补贴。

在我国，政府向排水单位和个人征收的是"污水处理费"，其征收标准是按照"覆盖污水处理设施正常运营和污泥处理处置成本并合理盈利"的原则确定。该"污水处理费"被纳入地方财政预算管理后，专项用于"城镇污水处理设施的建设、运行和污泥处理处置"，而对于污水收集环节所发生的费用，包括城镇排水设施的建设与运行维护，均未包含在此"污水处理费"中，仅在《污水处理费征收使用管理办法》第二十三条中规定："缴入国库的污水处理费与地方财政补贴资金统筹使用，通过政府购买服务方式，向提供城镇排水与污水处理服务的单位支付服务费。"可以看出，我国排水单位和个人支付的相关费用只考虑了污水处理环节，而不包括污水收集环节，因此我国污水处理费定价原则本质上是"部分成本核算"，并未覆盖全成本。深究这一现象的原因，可能是国内大部分城镇排水设施维护运营单位是地方政府财政全额拨款的事业单位，同时也考虑当时的社会承受能力等因素。

近年来，各地加大建设力度，排水管网建设和污水处理工作取得了长足进步。根据中国水协《城镇排水统计年鉴》，截至2021年底，我国城市和县城污水管道长度为51.25万km，污水处理厂共4592座，由于污水处理率已超过95%，但污水价格机制还需要进一步理顺。随着排放标准的提高和污水处理费调整的滞后，各地污水处理服务费拖欠、应付而未付现象并不少见，地方财政对于排水管网的投入更显不足，很多城市缺乏对排水管网的常态化资金支持，导致排水管网建设运营投入严重不足。

本章基于当前污水处理价格机制完善的难点和要点，针对若干城市排水管网运行维护现状展开调研，分析各地排水管网的雨污分流构成、日常运行维护方式、成本支出和经费投入等，了解当前城市排水管网运行维护存在的问题，及时掌握排水管网运行维护成本信息，对强化排水行业的厂网一体化进程，推动城市污水价格机制的优化与完善有积极意义和借鉴价值。

11.2　调研情况简述

本次调研共邀请12个不同城市的排水运营管理单位参与，覆盖了华北、华东、华南、西南以及东北等不同区域；类型涵盖事业单位、国有独资企业、股份有限公司和有限责任公司，具有一定的代表性，如图 11-1 所示。其中，国有独资企业占比最高，达 58%，其次是股份有限公司和有限责任公司，占比均为 17%；事业单位占比 8%。为便于分析，下文中各排水运营管理单位所处城市名称均以字母（BJ、SH、BZ、HF、HEB、WZ、KM、GZ、SZ、WF、SQ、TL）指代。

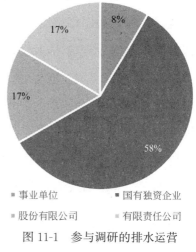

图 11-1 参与调研的排水运营管理单位类型占比

图 11-2 是参与此次调研的部分城市排水单位负责运行维护的 2022 年排水管网长度对比，范围在 218～27000km 之间（SH 市的排水公司负责市属排水设施管理，主要运行维护管径大于 1.5m 的大型污水管网 198km，未在图中展示）。其中，WF、TL、BZ、SQ 等地的排水公司属于市场化运作水务企业，其他属于国有独资排水公司或者事业单位。

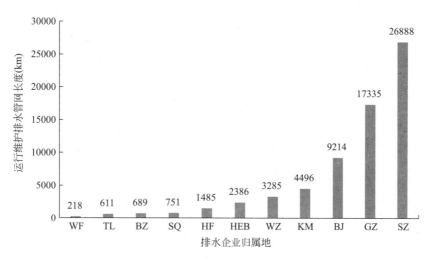

图 11-2 参与调研的部分城市排水单位 2022 年运行维护排水管网长度

11.3 城镇排水管网运行维护现状

11.3.1 排水管网运行维护管理体制多样化

由于管理结构的沿革变迁，各地对于排水管网运行维护的管理机制呈现多样化：

(1) 由城市排水公司负责城区雨污水收集、处理、回用和防汛保障各项工作，经费来源是特许经营费用，以 BJ、GZ、SZ（特区内）为例；(2) 由城市排水公司承担城区管辖范围内排水设施管养工作，经费来源是政府购买服务，以 SH、SZ（特区外）、KM、HEB 为例；(3) 由城市排水公司负责投资建设单独的城市排水设施，以及运营管理、防汛排涝等，经费来源于财政补贴，以 WZ 为例；(4) 由事业单位负责市管排水设施的管养和城市防洪排涝等，经费由市级财政安排，以 HF 为例；(5) 由市场化运作排水公司负责市政排水管网的运行维护，合作模式包括 PPP 模式和特许经营模式，以 WF、SQ、BZ、TL 等地为例。

11.3.2 排水企业运行维护工作范围不一致

在参与调研的各地案例中，大部分城市由一家排水公司负责城区排水设施的运行和维护管理，也有部分城市采取分级管理方式，市管排水设施的管养和城市防洪排涝等由市排水公司或排水管理办公室负责，区级排水设施的运行维护则由各区排水管理单位负责。市、区两级分级管理模式可能导致排水管网管理系统性不强，易产生交叉界面和管理真空，难以充分发挥设施最大效益。另外，排水企业运行维护的设施范围不同，例如 SH 的排水公司负责主城区污水干管运行维护；SZ 的水务公司负责特区内排水管网、再生水管网、污水处理厂等运行维护；WF、TL 的排水公司负责污水管网运行等。

各地排水管网运行维护工作主要包括 4 项内容：（1）管渠巡视，巡视对象含管渠、检查井、雨水井，部分排水企业还包括排放口和泵站巡视；（2）管渠养护，主要包括管渠（含污水管、雨水管、合流管）疏通清淤，检查井、雨水口清捞，井盖与雨水箅子检查更换，排放口清捞等；（3）管渠检查包括功能性检测和结构性检测；（4）管渠修理包括开挖修复和非开挖修复。除此之外，防汛排涝也是大部分排水企业运行维护工作之一，有些企业还承担水质检测、管渠污泥运输与处理处置、雨污错混接排查治理等。近年来随着智慧水务的发展，各排水企业均在 GIS 系统建设、在线监测预警和智慧运行维护管理方面有一定建设和运行维护投入。

11.3.3 排水管网运行维护标准参差不齐

由于各地经济发展水平、地貌气候、管网设施状况和管理能力的差别，行业缺乏普遍适用的排水管网运行维护工作标准，在实际操作过程中各地按照具体情况自行设定，水平参差不齐。附录11.1、附录11.2和附录11.3分别列出了部分城市管渠巡视、管渠养护和管渠检查的工作频次。其中，管渠巡视频次各有不同，1次/周的城市最多，HF最高达到2次/天，BZ最低为2次/月；管渠养护针对不同设施有不同的养护频次，以小型管为例，1次/年的城市最多，HF最高达到4次/年，BZ最低为1次/2年；在管渠检查方面差异更明显，采用CCTV检测是主流，以5~10年为周期开展检测的城市最多，HF依然最高达到1次/年。在管渠修理方面没有具体标准，各排水企业采取的原则均是综合考虑地质、管渠检查结果、技术适合等因素，基于实际情况进行维护。

11.3.4　排水管网养护维修预算定额与实际成本脱节

1. 我国排水管网养护维修预算定额发布概况

我国很多地区陆续发布了省级市政（公用）设施养护维修预算定额，关于排水设施及河道护岸设施养护维修工程定额是其中的一个章节；近年来也有部分省市发布了专门的排水管道设施养护维修预算定额，以进一步规范排水管道设施运行、养护维修定额工作，包括《福建省城镇排水设施养护维修年度经费定额》（2014年）、《上海市排水管道设施养护维修预算定额》（2015年）与《上海市排水管道设施养护维修年度经费定额》（2015年）、《湖南省市政排水设施维护工程定额》（2020年）、《重庆市排水管网设施养护维修定额》（2021年）、《深圳市室外排水管网养护维修工程年度经费指标》（2023年，征求意见稿）等。

根据上海市、重庆市、浙江省、福建省、湖北省及广州市等典型地区排水管网运行维护预算定额内容，除重庆外，其余各地预算定额内容基本均不包括大中修；上海市、重庆市、广州市及福建省也明确指出其预算定额中包含了淤泥运输，但不包括淤泥处置费用。整体上，目前大部分已发布的排水管网预算定额内容未将大中修及污泥处置等费用纳入其中，防汛排涝费用也不列入日常运行维护费用。

2. 不同地区排水管渠设施养护维修定额对比

本书梳理了上海市、福建省、深圳市、广州市等地排水管网日常运行维护的预算定额（表11-1）。由于各地综合单价的取费与管渠巡查、清疏及检查的养护标准、人工费、材料费、税费都有关联，所以存在一定差异。管渠巡视单价差异较大：上海市（污水管网巡视）约为0.50元/m，福建省（路面管道巡视）约为0.77元/m，深圳市和广州市的市政污水管渠巡视预算定额分别为3.03元/m和3.21元/m。管渠检查单价相对差异较小，约在 6.45～8.96 元/m。

典型地区排水管网日常运行维护预算定额差异　　　　　　表 11-1

内容	上海市	福建省	深圳市	广州市
综合单价(元/m)	/	/	54.60①	72.60～76.00②
管渠巡视(元/m)	0.50	0.77	3.03	3.21
管渠养护(元/m)	8.12	/	/	/
检查井(元/座)	234.54③	128.14	555.31	281.13
雨水口(元/座)	162.39	180.04	210.99	/
排放口(元/处)	181.67	/	218.61	/
管渠污泥运输与处理处置(元/t)	/	/	321.80	/
管渠检查(元/m)④	8.96	6.89	8.26	6.45
管渠修理(元/m)	1.48	1.56	/	/

3. 排水管网实际运行维护成本与预算定额的相关性

根据此次调研情况，大部分省市缺少专门的排水管道设施养护维修预算定额，且针对排水管网养护维修的相关技术标准不完善，各地差异较大。另外，在实际操作过程中，各地排水管网的运行维护成本与预算定额相关性不强，具体数字一般较定额显著偏低。

11.3.5　合流制情况下污水管网运行维护成本难以独立界定

根据《中国城市建设统计年鉴》(2021)，我国城市污水管道长度占排水管道长度的 45.92%，县城污水管道长度占排水管道长度的 46.93%，均接近半数；城市和县城的雨污合流管道长度则分别是排水管道长度的 10.61% 和 17.12%。近些年，城市排水管道建设总长度增加明显，雨污合流管道长度减少趋势不明显，且雨污管网混错接情况严重，分流制的应用并不理想。

本次参与调研的排水管网包括污水管网、雨水管网和雨污合流管网，图 11-3 显示了各城市污水管网长度在总排水管网长度的占比情况（WF 和 SH 两地均只有污水管网，未在图中展示），可以看出占比大多在 40% 左右；HEB 占比偏低，为 21%；

---

① 该数值是市政污水管渠养护维修年度经费综合单价平均值，除日常运行维护外，还包括管渠维修与改造、防汛保障等内容。
② 该数据来源于中国水协于广州调研结果；广州市其他内容来源于《广州市市政设施维修养护工程年度费用估算指标》(2018)。
③ 该数值为所有检查井的运行维护单价。
④ 该数值为所有管渠检查费用单价。

GZ占比偏高，为61%。由于各排水单位在实际经营管理中对污水管道运行维护成本未进行独立界定和区分，本书11.4节将仅对排水管网运行维护成本进行分析和梳理。

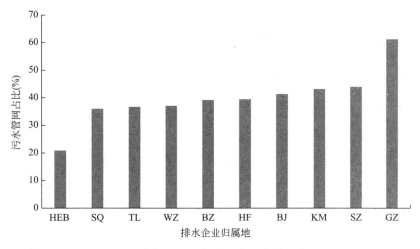

图11-3 参与调研的部分城市污水管网占比图

11.3.6 城镇排水管网运行维护存在的主要问题

（1）运行维护标准不一。虽然《城镇排水管渠与泵站运行、维护及安全技术规程》CJJ 68—2016已颁布多年，但各地在实际工作中，多数是根据资金情况，结合需求，确定运行维护标准。

（2）运行维护费包括的工作内容不一。由于没有明确规定，各地运行维护工作内容多数根据实际情况和当地习惯做法确定。

（3）运行维护费用投入不足。从调研情况看，各地排水管网运行维护实际投入远低于定额标准。

（4）缺乏排水管网运行维护成本监审数据。相关费用支出多采用政府购买服务或特许经营方式支付，采用合同管理。成本监审，尤其是污水管网运行维护成本监审数据缺乏。

（5）管网运行成本未纳入当地财政。一方面国家发展和改革委员会在城市污水处理定价中不包含管网运行维护费用，《成本监审管理办法》对污水管网运行维护费用没有明确界定；另一方面，《成本监审管理办法》对企业管理费用没有限制，会造成企业运营管理成本较高，由政府买单的可能性。

11.4 城镇排水管网运行维护成本

11.4.1 排水管网运行维护综合单位成本

本次调研中收集到部分城市2022年排水管网运行维护综合单位成本,如图11-4所示。这7个城市排水单位运行维护的综合单位成本在15.90～56.59元/m之间,均值为31.40元/m,如折算入污水处理成本[①],则将使每立方米污水成本增加0.31元左右。从各地反馈情况看,大部分城市排水管网运行维护的实际成本低于预算定额标准。

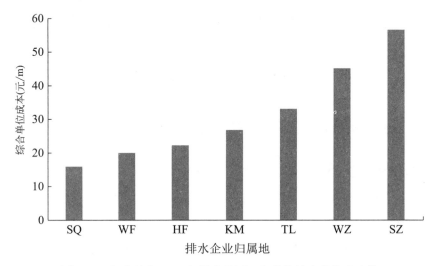

图11-4 部分城市2022年排水管网运行维护综合单位成本[②]

11.4.2 排水管网运行维护成本构成

1. 排水管网运行维护成本占比

排水管网运行维护成本主要包括管渠巡视、管渠养护、管渠检查、管渠修理、管渠污泥运输与处理处置及防汛排涝专项等工作产生的费用。图11-5显示了部分城市2022年排水管网运行维护各项费用占比,从中可以看出,管渠养护费用占比最高,

---

① 根据调研情况,各地排水管网密度一般在15000～20000m/km²之间,单位面积产污率一般在0.45万～0.55万m³/(km²·d)之间,分别取中值18000m/km²和0.5万m³/(km²·d)进行计算,可将31.40元/m的排水管网运行维护综合单位成本折算为0.312元/m³污水。

② 深圳综合单位成本数据计算过程中的管网长度采用2020年(不包含小区管网)数据。

约为 37.08%（±18.29%）；管渠巡视费用占比除 WF（44.36%）较高之外，其余平均占比为 8.13%（±5.39%），此处 WF 巡视费用占比较高是因为其中还包含管理和应急费用等；管渠检查费用占比除 HF（58.16%）和 SQ（43.94%）较高之外，其余平均占比约为 6.14（±3.18)%；不考虑 WZ 数据（68.14%）的情况下，管渠修理占比在 15.87%～33.22% 之间，其平均占比约为 26.08%（±6.51%）。

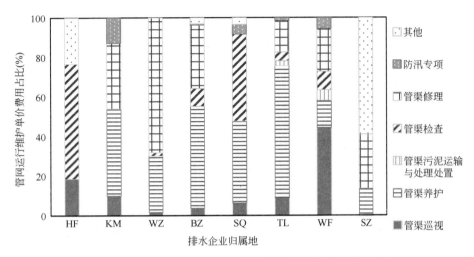

图 11-5　部分城市 2022 年排水管网运行维护各项费用占比

2. 排水管网运行维护各项工作内容的单位成本

图 11-6 中列出了部分排水管网的运行维护各项工作内容的单位成本。管渠巡视单位成本在 0.76～8.87 元/m 之间，平均单位成本为 3.47（±2.51）元/m，中值为 2.91 元/m；管渠养护单位成本波动范围为 2.75～55.46 元/m，平均单位成本约为 17.03（±16.69）元/m，中值为 11.79 元/m；管渠检查单位成本为 0.80～12.93 元/m，其平均成本为 5.62（±4.59）元/m，中值为 4.43 元/m；管渠修理单位成本波动较大，一般在 4.35～34.54 元/m 之间，平均单位成本为 16.56（±11.98）元/m，中值为 12.23 元/m；各单位在防汛专项上的单位成本一般在 0.49～3.45 元/m 之间，平均单位成本为 1.31（±1.08）元/m；排水企业中仅 TL 和 WF 单独列出了管渠污泥运输与处理处置费用，其单位成本分别为 0.82 元/m 和 1.06 元/m。

3. 泵站运行维护费用占比

泵站运行维护费用主要包括人工费、电费、水费、绿化费、沉渣清运费、设施维护费等，同时部分企业还包括特种设备检审费用（SH）和管理费（TL）。本书梳理了 HF、KM、HEB、WZ、SH、BZ、SQ、TL 等地排水企业的泵站运行维护单价费

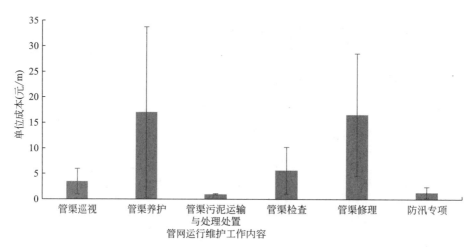

图 11-6　排水管网运行维护各项工作内容的单位成本

用占比（图 11-7），结果显示电费是最主要的泵站运行维护费用类型，其占比范围为 36.19%~97.85%，平均占比约为 58.80%；其次是人工费，其占比在 19.14%~48.33% 之间，平均占比为 32.75%；设施维护费占比差异较大，其占比约为 5.04%~34.00%，平均占比约为 14.55%；沉渣清运费、绿化费、水费在泵站运行维护中的占比相对较低，其平均占比分别为 4.35%、3.25% 和 0.89%。

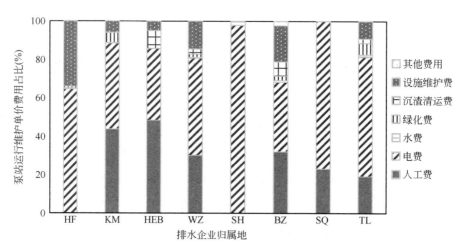

图 11-7　部分城市排水企业 2022 年泵站运行维护单价费用占比

4. 泵站运行维护单位成本

泵站运行维护综合单位成本在 4.68 万~47.70 万元/座之间，平均综合单位成本为 24.93 万元/座。针对各项泵站运行维护费用的单位成本（图 11-8），电费的单位成本一般在 2.09 万~43.05 万元/座，平均电费单位成本为 14.11 万元/座；人工费单位成本在 1.84 万~23.05 万元/座之间，其平均值约为 8.78 万元/座；设施维护费的单位成本为 0.27 万～8.89 万元/座,其平均单位成本约为 3.26 万元/座;沉渣清运费、绿化费、水费等的平均单位成本分别约为 1.78 万、0.52 万及 0.27 万元/座。

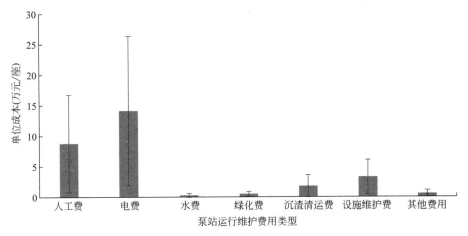

图 11-8 部分城市排水企业 2022 年泵站运行维护单位成本

5. 大中修费用投入情况分析

不同排水单位基于排水管网维修规模、维修内容及所需费用,对大中修的定义存在差异(表 11-2)。大部分单位对于大中修的界定主要是依据单次维修费用,维修费用标准分为 3 万元、5 万元和 10 万元,少部分企业会根据现场工况及影响情况判断是否进行大中修。在考虑将管网运行维护、泵站运行维护及大中修等作为总费用的情况下,大中修在总费用中占比范围为 11.14%～26.76%。此外,BJ 对近年抢险事件多发地区、重要保障区域、重点区域的排水管线进行更新改造,2020 年～2022 年的排水管网更新改造率分别为 0.63%、0.53%及 0.46%。

不同企业对大中修的定义及其在总费用中占比(2022 年)　　　表 11-2

序号	企业属地	大中修界定标准	费用占比
1	HF	根据设备使用手册和现场运行工况,判定是否需要开展大中修	11.14%
2	KM	排水管网、泵站更新改造项目,不纳入日常维护费用	17.67%
3	WZ	根据组建的服务商库签订协议内容,3 万元以下为零星小修项目,3 万元以上需在库内竞价	26.76%
4	BZ	管网:雨污水管网进行维修且 1km 范围内单次维修金额不超过人民币 5 万元的大中型更新或维修等费用纳入管网日常运行维护费用中;超过 5 万元的需报主管部门批准后实施,费用由主管部门和审计部门审核后据实支付。 泵站:大中型维修纳入日常运行维护费用中,每年制定下一年大中修计划上报主管部门	21.10%
5	HEB	按抢险工程额度、社会影响度,将抢修分为大中修和抢险工程	/

续表

序号	企业属地	大中修界定标准	费用占比
6	GZ	单处病害缺陷点投资 10 万元以上的纳入大中修	/
7	TL	根据合同约定,只能通过大型维修或更新解决,且该笔大型维修或更新支出预计超过人民币 5 万元,则乙方根据合同约定制订相应的年度维修更新计划上报甲方,经甲方批准后,执行该年度维修(大中修)更新计划	/

11.4.3 排水管网运行维护资金来源

通过调研可知,各地排水管网日常运行维护资金均来自地方财政,以政府购买服务、特许经营费用或直接拨付的方式到达排水运行维护单位。对于政府购买服务,排水公司需按政府采购合同时间节点要求完成成本的审计、决算、审定等事项;事业单位的运行维护经费则由市级财政安排;特许经营排水企业,有的据实结算,有的参照预算定额进行一定下浮后下发。管网的大中修费用主要来源于政府专项资金,由政府监管并审批支出。

地方财政缺乏对排水管网日常运行维护的常态化财政资金支持,因此各地排水单位普遍反馈,排水管网日常运行维护费用投入不足,实际拨付的财政费用远达不到按标准运行维护的需求。

11.5 排水管网运行维护成本测算

11.5.1 测算说明

市政排水管网成本测算内容包括管渠巡视、清淤养护、管道检查,管渠巡视建议 2 次/周,清淤养护建议 1 次/年,管渠检查建议每 3 年一个周期。井盖座更换等按调整系数折算,成本测算不含泵站和智慧水务运行费用。

11.5.2 基于一定条件下典型排水管网运行维护费用测算

根据调研情况,市政排水管网日常运行维护费用主要用于排水管渠的养护维修,以管渠巡视、管渠养护、管渠检查为主,大中型维修工程、防汛排涝专项工程和泵站运行费用不计算在内。对典型市政排水管网日常运行维护费用按式(11-1)进行测算。

$$F=(M \cdot X+M \cdot R \cdot \Psi+M \cdot J+M \cdot W)/365/a/10000 \quad 式（11-1）$$

式中　F——单位排水管网日常运行维护费用，元/m³ 污水；

　　　M——排水管网密度，m/km²；

　　　X——排水管渠巡视费用单价，元/(m·年)，建议巡视频次按 2 次/周；

　　　R——排水管渠养护费用单价，元/(m·年)，建议清淤频次 1 次/年；

　　　Ψ——调整系数，主要考虑井盖座更换等费用；

　　　J——排水管渠检查费用单价，元/(m·年)，建议每 3 年一个周期；

　　　W——排水管渠日常维修（不含大中修）费用单价，元/(m·年)；

　　　a——单位面积产污率，万 m³/(km²·d)。

具体计算时，以中东部某市为例，假设条件及基础数据如下：

（1）总体原则。为简化计算，对本测算影响不大的因素均进行简化或省略。

（2）排水管网密度。以某市为例，该城市建成区面积 485km²，排水管网长度为 8506km，其中污水管网长度为 5152km，则单位面积排水管网密度为 17500m/km²。根据调研情况，各地排水管网密度一般在 15000～20000m/km² 之间，测算中取 18000m/km²。

（3）管渠巡视费用单价。结合调研情况，测算中取中位值 2.91 元/(m·年)。

（4）管渠养护费用单价。结合调研情况，测算中取中位值 11.79 元/(m·年)。

（5）调整系数。根据调研情况，各地调整系数在 1.01～1.03 之间，测算中取 1.02。

（6）管渠检查费用单价。结合调研情况，测算中取中位值 4.43 元/(m·年)。

（7）管渠日常维修费用单价。结合调研情况，测算中取中位值 12.23 元/(m·年)。

（8）单位面积产污率。以某市为例，该市 2022 年城区污水处理规模 263.50 万 m³/d，则单位面积产污率为 0.54 万 m³/(km²·d)。根据调研情况，各地单位面积产污率一般在 0.45 万～0.55 万 m³/(km²·d) 之间，测算中取 0.50 万 m³/(km²·d)。

在上述条件下，可算出典型排水管网日常运行维护费用为：

F＝（18000×2.91＋18000×11.79×1.02＋18000×4.43＋18000×12.23）÷365÷0.50÷10000＝0.312 元/m³ 污水。

如果以单位管长为单位，则排水管网运行维护成本 P＝31.596 元/(m·年)。

从以上典型排水管网运行维护费用测算结果可知，现阶段如将市政排水管网日常运行维护费用作为污水收集成本，纳入污水全成本价格体系之内，可能导致污水成本增加 0.31 元/m³ 污水左右。测算结果和本次调研的实际数据基本相符。

本次测算主要依据本次调研的数据开展，考虑我国幅员辽阔，各地排水管网的运行维护状况与各城市的要求标准、管网状况、管理水平、人员工资等密切相关，运行维护成本差异较大，具体项目应根据实际情况，代入相关条件进行更精准的分析。

11.5.3 排水管网运行维护费用测算结果的敏感性分析

以上节的典型排水管网运行维护费用测算为例，将管渠巡视费用单价、管渠养护费用单价、管渠检查费用单价和管渠日常维修费用单价作为不确定分析因素进行敏感性分析，见表 11-3。

敏感性分析表　　　　　　　　　　　　　　　表 11-3

序号	不确定因素	敏感因素变化率	单位排水管网运行维护费用(元/m³)	单位排水管网运行维护费用变化率	敏感度
	基准值		0.3116		
1	管渠巡视费用单价	10%	0.3145	0.92%	0.0921
		20%	0.3174	1.84%	
		30%	0.3202	2.76%	
		−10%	0.3088	−0.92%	
		−20%	0.3059	−1.84%	
		−30%	0.3030	−2.76%	
2	管渠养护费用单价	10%	0.3235	3.81%	0.3806
		20%	0.3354	7.61%	
		30%	0.3472	11.42%	
		−10%	0.2998	−3.81%	
		−20%	0.2879	−7.61%	
		−30%	0.2760	−11.42%	
3	管渠检查费用单价	10%	0.3160	1.40%	0.1402
		20%	0.3204	2.80%	
		30%	0.3247	4.21%	
		−10%	0.3073	−1.40%	
		−20%	0.3029	−2.80%	
		−30%	0.2985	−4.21%	

续表

序号	不确定因素	敏感因素变化率	单位排水管网运行维护费用(元/m³)	单位排水管网运行维护费用变化率	敏感度
4	管渠日常维修费用单价	10%	0.3237	3.87%	0.3871
		20%	0.3358	7.74%	
		30%	0.3478	11.61%	
		−10%	0.2996	−3.87%	
		−20%	0.2875	−7.74%	
		−30%	0.2754	−11.61%	

根据敏感性分析表绘制敏感性分析图，如图 11-9 所示。

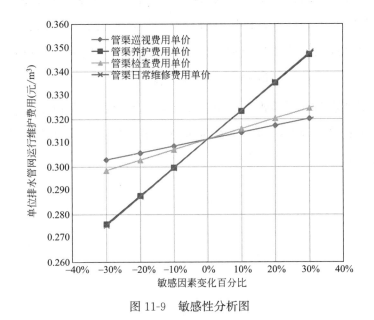

图 11-9　敏感性分析图

由敏感性分析表可以看出，所列 4 种不确定因素的变化对单位排水管网运行维护成本均有影响；并且在这 4 种不确定因素中，管渠日常维修费用单价和管渠养护费用单价对单位排水管网运行维护成本的影响最大，管渠检查费用单价次之，管渠巡视费用单价影响相对最小。

11.6　排水管网运行维护及污水价格机制展望

通过本次调研可知，目前排水管网运行维护管理体制多样，各地工作范围不一致，运行维护标准参差不齐，地方政府对此缺乏常态化财政资金支持，向用户征收的污水处理费又无法支撑污水管网运行维护费用，无法支撑各地污水管网运行维护的良性发展，也对整个污水行业的持续健康发展造成负面影响。

鉴于调研中发现的问题，对排水管网运行维护和污水价格机制优化提出如下建议：

（1）在行业层面，推动排水管网运行维护质量标准的编制工作，用以指导各地在开展管渠巡查、管渠养护、管渠检查和管渠维修改造等工作，确定排水管网运行维护的基准，保证排水管网的正常健康运行，提高各地排水管网的运行维护质量，切实提升市政排水服务水平。

（2）在相对统一的运行维护标准基础上，各地基于因地制宜、循序渐进的原则，依据当地市场价格和取费标准，确定有针对性的排水管网养护维修工程经费指标，指导各城市编制出台排水管网养护定额，以便后续测算排水管网运行维护定价，推动各地排水运行维护单位的考核机制和按效付费机制。

（3）强化排水管网运行维护的成本监审工作，开展污水管网运行维护成本的独立核算，探索排水管网运行维护及污泥处理处置全成本纳入污水处理费的价格机制，促进排水行业高质量发展。

附录11.1 部分城市排水管渠巡视频次对比

工作内容	BJ	SH	HF	KM	HEB	WF	BZ	SQ	TL	SZ
管渠巡视	1次/周	1次/周	2次/天	1次/天	1次/周（特殊时期,区域2次/周）	1次/周	2次/月	重要单元1次/2天；一般单元1次/2天；偏僻单元1次/3天	1次/日	2次/周
检查井外部巡视	1次/周	1次/周	2次/天	1次/天	1次/天（特殊时期,区域2次/天）	1次/周	2次/周	重要单元1次/2天；一般单元1次/2天；偏僻单元1次/3天	1次/日	2次/周
检查井内部检查		1次/半年	2次/年	1次/年	每日抽取10%条管渠的10%检查井	1次/周	2次/月	重要单元1次/2月；一般单元1次/3月；偏僻单元1次/3月	1次/年	1次/年
雨水井外部巡视	1次/周		2次/天	1次/天	1次/天（特殊时期,区域2次/天）		2次/周	重要单元1次/2天；一般单元1次/2天；偏僻单元1次/3天	1次/日	2次/周
雨水口内部检查	1次/周		2次/年	1次/年	每日抽取10%条管渠的10%检查井		2次/月	重要单元1次/2月；一般单元1次/3月；偏僻单元1次/3月	1次/季度	1次/季度
明渠巡视			2次/天	1次/天			2次/月		1次/日	2次/周
其他					排放口2次/周,泵站1次/天					

附录11.2 部分城市排水管渠养护频次对比

	工作内容	HF	KM	HEB	WF	BZ	SQ	TL	SZ
污水管清疏	小型管(管径<600mm)	4次/年		2次/年		1次/2年	3次/年	1次/年	1次/年
	中型管(600mm≤管径≤1000mm)	2次/年	根据实际情况清淤	1次/年	1次/4年 (600mm<管径≤1200mm)	1次/3年	2次/年	0.5次/年	1次/年
	大型管(1000mm<管径≤1500mm)	2次/年		0.5次/年		1次/5年	1次/年	0.3次/年	1次/年
	特大型管(管径>1500mm)	2次/年		0.3次/年		1次/5年	1次/2年	0.2次/年	
雨水(合流)管清疏	小型管(管径<600mm)	4次/年		2次/年		1次/2年	3次/年	1次/年	1次/年
	中型管(600mm≤管径≤1000mm)	2次/年		1次/年		1次/3年	2次/年	0.5次/年	1次/年
	大型管(1000mm<管径≤1500mm)	2次/年		0.5次/年		1次/5年	1次/年	0.3次/年	1次/年
	特大型管(管径>1500mm)	2次/年		0.3次/年			1次/2年	0.2次/年	1次/年
附属构筑物	检查井清捞 雨水井	2次/年	根据实际情况清淤	4次/年		1次/3年	4次/年	1次/年	1次/年
	检查井清捞 污水井	2次/年		4次/年		1次/5年	6次/年	0.5次/年	1次/年
	雨水口清捞	4次/年	1.5次/年	4次/年		1次/2年	16次/年	1次/季度	1次/季
	排放口清捞			按实际发生为准,发现即清捞			1次/2年	1次/年	1次/年
	井盖调换 雨水	按实际情况修复		按实际发生为准		1次/5年	根据实际情况	0.03次/年	
	井盖调换 污水井					1次/5年		0.03次/年	
	雨箅更换					1次/3年		0.04次/年	

附录11.3 部分城市排水管渠检查频次对比

	工作内容	BJ	HF	KM	WF	BZ	SQ	TL	WZ	SZ
功能状况检查	CCTV检测	按照5~10年开展周期性检测	1次/年		1次/5年	1次/8年	重要单元1次/年；一般单元1次/年；偏僻单元1次/2年	0.1次/年	1次/6年	3年1覆盖
	管道潜望镜			0.38次/年						
	声呐检测					1次/4年				
	其他									
结构状况检查	CCTV检测		1次/年	0.28次/年	1次/5年	1次/8年	重要单元1次/4年；一般单元1次/5年；偏僻单元1次/10年	0.1次/年	1次/6年	3年1覆盖
	管道潜望镜									
	声呐检测					1次/4年				
	其他									
其他	水质检测							2次/季度		重要干管、排口1次/月；用户1次/月

第 12 章 构建智慧水务标准体系

2021年10月，中共中央、国务院印发了《国家标准化发展纲要》，提出要加快构建推动高质量发展的标准体系，要建立智能化城市基础设施建设、运行、管理、服务等系列标准。2021年12月，国家标准化管理委员会、中央网络安全和信息化委员会办公室、工业和信息化部、住房和城乡建设部、科技部等10部门联合印发《"十四五"推动高质量发展的国家标准体系建设规划》，提出要建设重点领域国家标准体系。智慧水务标准化是城镇建设领域重要的指引之一，能够促进水务行业智慧化建设的规范性，对于解决智慧化发展过程中数据资源利用有限、管理过程效率较低、信息系统集成困难等问题，保障智慧水务建设成果的通用性、融合性和扩展性有重要意义。客观、有效、完善的智慧水务标准体系是引导智慧水务健康发展的有效手段，对促进智慧水务产业发展及推广应用具有极其重要的作用。

为建设形成一套适合我国国情的，具有先进性、引领性和系统性的智慧水务标准体系，支撑水务行业高质量发展，落实中国城镇供水排水协会团体标准制定计划，中国城镇供水排水协会牵头承担了住房和城乡建设部科技项目《智慧水务标准体系建设研究》（2020-K-040），在广泛调研国内外智慧水务标准的基础上，对智慧水务标准现状特点和发展方向进行深入分析，借鉴智慧城市等标准体系建设经验，充分征求行业意见，首次构建了具备系统性、适用性和前瞻性的智慧水务标准体系，提出了标准新编和修订工作建议，对智慧水务标准化、智慧水务建设与发展具有重要支撑作用。

12.1 背景与意义

研究智慧水务标准体系对行业高质量发展具有显著意义。当前，相关环保政策频出，智慧水务的规范化发展已达成共识。然而，由于缺乏顶层架构，行业发展方向和方式并不明确。IT技术的快速发展也对行业产生了积极影响，亟须科学引导IT与业务的融合。构建标准体系是智慧水务行业科学发展的重要课题。

12.1.1 政策驱动下水务行业升级的必由之路

习近平总书记在党的二十大报告中指出，要"加强城市基础设施建设，打造宜居、韧性、智慧城市"。这是以习近平同志为核心的党中央对新时代新阶段城市工作作出的重大战略部署。智慧城市建设在保障城市健康高效运行和突发事件快速智能响应方面发挥着重要的作用，并且已成为推动我国经济改革、产业升级、提升城市综合竞争力的重要驱动力。2022年7月，国家智慧城市标准化总体组发布了《智慧城市标准化白皮书（2022版）》，提出了新的智慧城市标准体系总体框架。智慧城市标准体系中的基础设施类标准针对包括智慧水务在内的新型基础设施的技术、建设、管理等提出规范和要求，为智慧城市项目建设和运营基础服务提供支撑和保障。2022年7月，《住房和城乡建设部 国家发展改革委关于印发"十四五"全国城市基础设施建设规划的通知》（建城〔2022〕57号）印发，指出加强智慧水务等专业领域管理监测、养护系统、公众服务系统研发和应用示范，推进各行业规划、设计、施工、管养全生命过程的智慧支撑技术体系建设。相关政策正在引导推动智慧城市、智慧水务等领域的建设和标准化发展。

智慧水务是通过新一代信息技术与水务业务的深度融合，充分挖掘数据价值，实现水务业务系统的控制智能化、数据资源化、管理精准化、决策智慧化，保障水务设施安全运行，使水务业务运营更高效、管理更科学和服务更优质。《城镇智慧水务技术指南》指出，我国智慧水务建设还处于初步发展阶段，以物联网、智能传感、云计算等为代表的新一代信息技术正快速渗透至水务领域各个方面，智慧水务建设如火如荼。在智慧水务建设过程中，标准是规范技术开发、产品生产、工程管理等行为的技术法规。统一标准是信息系统互通、互连、互操作的前提。只有通过统一技术、业务和管理层面的标准化要求，才可以保障智慧水务建设的相关环节有章可循，有法可依，形成一个有机的整体，避免盲目和重复建设，降低投入和运行维护成本，提高社会和经济效益，从而规范和促进智慧水务建设有序、高效、快速和健康地发展。

智慧水务标准体系建设是推动智慧水务建设的重要基础性工作。研究智慧水务标准体系框架，分级分类建设智慧水务标准，建立更完善的评价机制，能够提高城镇水务系统的智慧化水平，将更加有效地支撑智慧城市建设与发展。

12.1.2 智慧水务顶层设计的重要引领

智慧水务建设如火如荼，但同时也存在诸多不足。

（1）顶层规划处于起步阶段，发展方向和路径尚未明确。在水务企业的信息化相关规划方面，主要存在以下问题：一是没有规划，二是有规划但质量不高，三是有比较好的规划但没有全面、系统、严格、持续地按规划实施。智慧水务的建设亟需顶层规划的指导，因此在标准编制工作中，应优先编制一些顶层设计方面的标准来引导行业建设。

（2）信息孤岛现象严重，缺少完善的信息化标准体系。许多水务企业的智慧水务在系统集成和数据融合方面存在缺陷，导致信息无法实现互联互通，从而限制和阻碍了更高层次的智慧应用。大部分设备在硬件接口、数据类型、通信协议和采集精度等方面都缺少明确的定义和规定，各监测系统往往使用独立的采集设备，系统开放度低，兼容性差，信息孤岛现象较为突出，难以实现对海量信息的收集、甄别、关联、评估及挖掘，无法为水务系统的统一调控和各部门的协同工作提供有效的数据信息支持。因此，建设信息化和数据方向的标准是一段时间内标准编制的重点，将为最大程度挖掘数据价值奠定基础。

（3）信息化基础薄弱，信息系统安全存在较大隐患。基础薄弱主要体现在数据基础薄弱、仪表配置不足、控制自动化程度有待提高。尤其是我国城市发展不平衡，水务建设水平也存在较大差异。根据《城镇水务行业智慧水务调研分析报告（2020年）》，管网基础信息已经逐步采集和维护，但是数据可靠性存在不足、时效性存在滞后；仪表已经逐步布设使用，但是种类和覆盖有待提高、数据稳定性也有待加强。在信息安全方面，据统计，全国省级以上水务管理部门的应用系统中仅不足30%通过等级保护测评。因此，应从行业管理或技术要求上，通过标准引导，补齐水务信息基础和信息安全标准。

（4）技术人才和复合型人才短缺。智慧水务人才匮乏导致水务企业在新系统的选型、新软件的选择和维护等方面疲于应付，先进的技术和管理手段都只能流于形式，会直接影响水务企业智慧水务建设的落地和实际应用效果。因此关于智慧水务人员评估规范、人才培养指南等标准是近期需求热点之一。

（5）原有的技术水平和管理手段落后，不足以支撑智慧水务高质量发展。水务行业在智慧化的理念下快速发展，使得原有模式不得不面临调整和突破。传统的技术和管理标准不足以应对复杂多变的行业发展要求。在新模式下，数据采集、传输、治理方式都会升级，建设方式、方法和内容也会产生变化，管理和应用由解决单点式诉求转向实现大规模集成化业务场景。但这些先进技术或管理模式的应用目前还仅由各水务企业自行摸索，尚未有相关行业标准引导，难以带动行业发展。

智慧水务行业发展面临的上述问题和挑战，需要通过政策引导、标准牵引、技术提升、管理创新等多种手段，共同发力，充分结合行业需求，因地制宜建设行业急需的标准，才能破解问题、迎接挑战，促进行业不断向前发展。

12.1.3 水务业务与 IT 技术融合的必然要求

党的二十大报告提出，"加快发展数字经济，促进数字经济和实体经济深度融合，打造具有国际竞争力的数字产业集群"。2022 年 12 月发布的《中共中央 国务院关于构建数据基础制度更好发挥数据要素作用的意见》提出了 20 条具体措施，为解放和发展数字生产力开辟新路径。2023 年 2 月，中共中央、国务院印发了《数字中国建设整体布局规划》，提出"2522"整体框架布局，强调数字基础设施和数据资源体系基础，推进数字技术"五位一体"深度融合，强化数字技术创新体系和数字安全屏障"两大能力"，优化数字化发展国内国际"两个环境"。在政策驱动下，水务行业数字化转型迫在眉睫。新一代信息技术快速发展，为水务行业高质量发展提供了技术支撑，更需要通过标准引导信息技术和水务业务需求深度融合，强化数据价值挖掘，避免信息孤岛。

12.2 现 状 分 析

标准是构建标准体系的要素，通过对国内外智慧水务标准体系的数量和特征进行分析，能够揭示国内外智慧水务标准体系的现状特点和发展方向，为标准建设提供参考。截至 2023 年 1 月 1 日，统计有 177 项国内标准、16 项国际标准、15 项国外标准。

12.2.1 国外智慧水务标准现状

在 16 项国际智慧水务标准中，14 项为现行标准，发布时间在 2003 年～2022 年，包括 12 个 ISO 类标准和 2 个 IEC 类标准；2 项为在编标准，均为 ISO 国际标准。

如表 12-1，ISO 类标准集中在物联感知技术标准，仅 1 项现行和 1 项在编 ISO 类标准关注数据治理，1 项在编 ISO 类标准关注智慧水务综合应用。

国际标准内容分布　　　　　　　　　　　　　　　　　表 12-1

ISO 类标准		IEC 类标准	
物联感知技术	11	物联感知技术	2
数据治理	2		
系统应用	1		
合计	14	合计	2

编制智慧水务相关国际标准最多的 ISO/IEC 委员会是信息技术委员会（ISO/IEC JTC 1），共有 7 项现行标准（表 12-2）。水务专业领域组织饮用水、污水和雨水系统与服务委员会（ISO/TC 224）在编 2 项标准，并于 2021 年成立首个智慧水务管理领域国际标准化平台（ISO/TC 224/WG 15）。该平台主要围绕智慧水务管理标准体系建设、国际标准制修订、标准实施宣贯、国际标准化人才培养、标准化合作交流等方面开展工作，申报的首项智慧水务国际标准提案《智慧水务管理　第 1 部分：通用指南》ISO 24591—1 旨在规范智慧水务管理系统架构设计的通用要求和基本准则，指导全球水务行业智慧化发展，使水务运营更高效、管理更科学和服务更优质。该平台由我国南京大学任洪强院士牵头组建，也标志着我国在智慧水务国际标准化平台建设及相关国际标准立项方面取得新突破。

国际标准编制标准化组织分布　　　　　　　　　　　　表 12-2

标准化组织		标准数量	标准状态
ISO/IEC JTC 1	Information technology	7	现行
ISO/TC 147	Water quality	3	现行
IEC/TC 72	Automatic electrical controls	2	现行
ISO/TC 30	Measurement of fluid flow in closed conduits	2	现行
ISO/TC 224	Drinking water, wastewater and stormwater systems and services	2	在编

在水务技术和管理相对发达的国家和地区，美国国家标准学会 ANSI 平台收录的智慧水务相关标准共 9 项，主要侧重于城镇供水和管网系统建设，但并未在智慧水务的跨领域、跨学科方向形成规模。德国标准化学会 DIN 平台收录的智慧水务相关标准共 4 项，涉及城镇供水、管网、水质监测方面内容，侧重于对物联感知与传输相关方面的标准建设，但具体到智慧水务的方面缺少全面的、成体系的标准结构。欧洲标准化委员会/欧洲电工标准化委员会 CEN/CENELEC 平台收录的智慧水务相关标准

共 2 项，涉及水质监测与城镇供水。

国际标准和其他国家及地区标准以自愿性、共识性为主，对体系性要求不高；我国标准体系类似于苏联体系，自上而下规划管理的特点更加明显，对实际工作的指导性更强、对标准使用者的要求不高。从前面分析可看出，国际标准和其他国家及地区标准的建设并未形成体系，涉及的应用领域相对集中，覆盖范围尚不全面，偏重于信息技术领域的发展，与水务领域智慧化的深度融合不足，暂不能直接指导我国智慧水务建设应用。

12.2.2 国内智慧水务标准现状

国内智慧水务标准现状分析包含 177 个国内标准，其中现行标准 116 项（占比 65.5%）、在编标准 61 项（占比 34.5%）。

在标准的层级方面，177 项国内标准中有国家标准 8 项（占比 4.5%）、行业标准 18 项（占比 10.2%）、团体标准 88 项（占比 49.7%）、地方标准 63 项（占比 35.6%），如图 12-1 所示。当前主要以团体标准和地方标准为主，标准的适用范围有限，行业对于相关标准的研讨、共识有待加强；国家标准和行业标准具有较强的专业针对性，缺少智慧水务顶层规划设计相关的标准，基础类标准占比较少，不利于指导行业顶层规划；现行

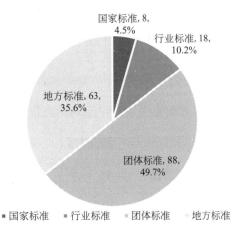

图 12-1　国内标准各层级数量及占比

地方标准发布省（区/市）主要集中在直辖市和东部地区，与水务行业发展具有相关性；现行团体标准涉及多家协会组织，侧重不同，部分协会仅关注具体业务领域、技术或设备；个别标准内容存在交叉、重复的现象，或对同一对象的技术要求有矛盾，不利于标准的应用与实践。

出现上述情况的原因在于，团体标准立项和编制尚未建立统筹协调机制，没有规定比对筛查编制内容与现行标准的相关要求。智慧水务领域相关社会团体众多，业务范围各有侧重，也存在交叉。同一方向可能存在多个内容近似的团体标准，标准内容交叉、重复。标准立项和编制过程中，部分团体标准缺少与现行标准的比对，未能有效筛查标准编制内容与现行标准的交叉、重复或部分指标低于国标、行标要求的情

况。缺少标准统筹协调机制和标准对比筛查要求，导致个别标准内容存在交叉、重复、或对同一对象的技术要求有矛盾的现象，不利于标准的应用与实践。

在标龄方面，当前智慧水务标准平均标龄5.1年，其中行业标准的平均标龄最高，为7.9年；团体标准的平均标龄最小，为3.1年，如图12-2所示。2018年后发布的标准共有77项，占所有现行标准的66%。截至目前，已经发布的智慧水务相关国家和行业标准共计21项，其中，2018年以后发布的国家和行业标准9项，占总数的43%。根据我国《国家标准管理办法》的规定，国家标准实施5年后需要进行复审。为此，工业和信息化部长期坚持对标龄满5年的行业标准进行复审，以确保信息技术标准的及时性和对新技术的支撑作用。智慧水务和新一代信息技术密切相关，技术更迭速度较快，因此，对于不适应行业发展的智慧水务相关标准，应加强复审修订工作。国内智慧水务标准的发布时间与标龄分析表明，智慧水务相关国家标准和行业标准存在标龄长、修订不及时的现象，建议对标龄偏长的标准及时修订，对快速编制修订的团体标准进行管理和升级，以更好地适应技术和业务需求的发展。

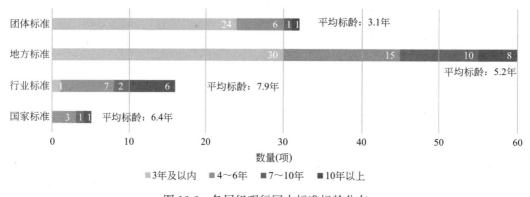

图12-2 各层级现行国内标准标龄分布

城镇供水、城镇水环境和排水防涝等水务专业领域的智慧化发展水平不平衡，标准建设不协调。现行标准主要集中在城镇供水领域（占比45.7%）和城镇水环境领域（占比32.8%），排水防涝领域标准仅4项（占比3.4%）；其余18.1%为跨两个及以上专业的通用及综合业务标准（图12-3）。城镇供水领域标准发展相对成熟，业务和新兴技术的融合程度较高，且各技术相关标准分布比较均衡；城镇水环境领域标准集中在监测监控方向。现行的智慧水务标准主要集中在物联感知技术方向（占比34.5%），工艺模型、水质模型等模型技术相关标准都很少，在数据价值挖掘、智能控制和智慧决策等方面还有不足。目前对智慧水务全周期管理与评估的标准化要求以在线监测系统和仪表为主，且以地方标准为主，难以有效支撑智慧水务的运维保障要求。

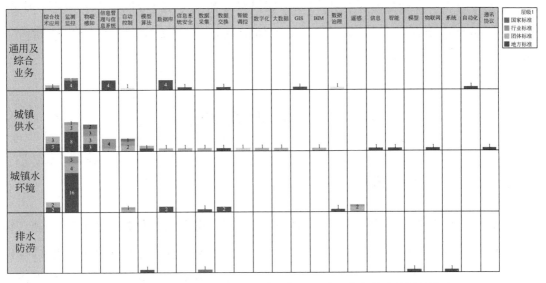

图 12-3　现行标准中标准层级、水务专业领域和信息技术关键词分布

12.2.3　存在问题

智慧水务标准现状分析得出，国内和国外均尚未形成水务业务和新一代信息技术高度结合的、覆盖全面的标准体系。国内智慧水务标准建设存在的主要问题体现在标准体系不健全、标准建设不协调、标准管理不完善 3 个方面。

智慧水务标准建设缺少顶层规划设计，不足以指导智慧水务行业规范化、系统性发展。智慧水务现行和在编标准多为团体标准和地方标准，缺乏国家标准和行业标准，标准适用范围有限，行业对于相关标准的研讨、共识有待加强。

智慧水务在各个水务专业领域的发展不平衡，各领域的智慧水务标准建设不协调。其中，城镇供水领域标准发展相对成熟，业务和新兴技术的融合程度较高，标准数量多，且各技术相关标准分布比较均衡；城镇水环境领域标准集中在监测监控方向；相对其他领域，排水防涝标准数量极少，仅有 4 项标准。

标准立项和编制尚未建立统筹协调机制，没有规定编制内容与现行标准的比对筛查要求，导致智慧水务标准内容存在交叉重复或矛盾现象，或对同一对象的技术要求有矛盾，不利于相关单位参考标准开展智慧水务工作。国家标准和行业标准存在标龄过长、修订不及时的问题，因此建议及时进行修订。此外，对于具有先进性和引领性、实施效果良好、需要在全国范围推广实施的团体标准，可以引用或按程序制定为国家标准和行业标准，以更好地适应行业发展。

综上，由于缺少智慧水务标准体系顶层设计，智慧水务标准存在着系统性不足、融合度不够、适用性待提升等问题，从整体上还不足以规范行业发展和指导行业应用。

12.3 标准体系结构

12.3.1 标准体系维度

智慧水务标准体系建设是一项复杂的系统工程，将系统工程的思想和方法融入标准化工作中，有利于标准化工作的顺利开展。根据系统工程方法论中霍尔三维结构模型，系统管理过程可分为时间维、逻辑维和知识维3个维度。其中，时间维是指项目从建设、运行维护到评价与更新的工作进程；逻辑维是指解决问题的逻辑过程，例如从问题确认、目标确认，到系统综合、系统分析，然后进行方案选择、评价决策，最后到制订实施计划的过程；知识维是指涉及的专业学科知识。在标准化理论中，魏尔曼利用三维结构建立三维标准空间，3个维度分别为对象领域、功能特点和层级。其中，对象领域是指标准体系涉及不同对象的专业领域；功能特点是指标准化对象的功能特征；层级是根据标准不同的协调范围和应用范围进行层级分类。《标准体系构建原则和要求》GB/T 13016—2018 建议从标准的类型、专业领域、级别、功能、业务的生命周期等方向选择维度对标准体系进行分析。

智慧水务由水务业务与新一代信息技术深度融合而成。结合霍尔三维结构模型、魏尔曼三维标准空间理论和《标准体系构建原则和要求》GB/T 13016—2018，主要选择专业领域维度（即知识维或对象领域）、技术功能维度（即功能特点）和全周期管理维度（即时间维）对智慧水务标准进行分析。其中，专业领域维度主要体现水务业务的主要领域，分为城镇供水、城镇水环境、排水防涝、通用及综合业务4个方面；技术功能维度主要体现信息技术的功能特征，分为技术标准、数据标准、业务应用标准3个方面；全周期管理维度主要包括智慧水务全周期管理和信息安全保障，体现智慧水务的全生命周期管理思想，主要包含建设与运维标准和安全保障标准。同时以基础标准为底座支撑，形成智慧水务标准体系的三维空间结构，如图12-4所示。

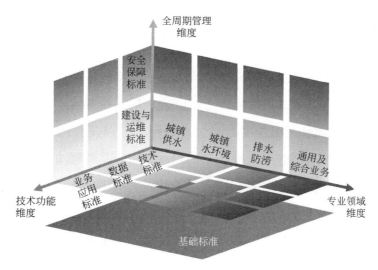

图 12-4 智慧水务标准体系的三维空间结构

1. 专业领域维度

根据《城镇水务 2035 年行业发展规划纲要》，智慧水务的重点应用领域包括城镇供水、城镇水环境和城镇排水防涝。因此，智慧水务标准体系的专业维度可参照划分为城镇供水、城镇水环境、排水防涝、通用及综合业务 4 个方向。结合《城镇智慧水务技术指南》，上述专业方向的具体领域如下：

（1）城镇供水

城镇供水系统包括原水系统、供水厂、输配水系统及用户 4 个方面，如图 12-5 所示。其中原水系统主要指从水源地取水到供水厂，其物理边界以取水头部为始到输水管线末端位置，包括水源、取水泵站、输水管线及管线附属设施等。供水厂，其物理边界覆盖供水厂进水至出水所有水处理和泥处理构筑物，包括水处理工艺设施（沉淀池、臭氧接触池、滤池等）、清水池和送水泵房等。输配水系统即供水管网，其物理边界从供水厂出水到加压调蓄，包括供水管网、加压泵站和调蓄设施。用户即用水

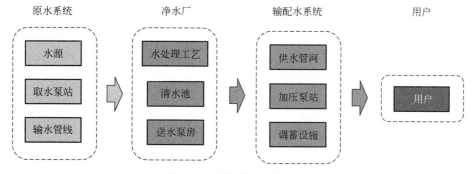

图 12-5 城镇供水系统组成

户，包括入户阀门、水表。

（2）城镇水环境

城镇水环境涉及污水收集、输送、处理、排放、水体环境相关领域，主要分为污水收集、地表径流污染及 CSO 控制、污水处理、尾水排放及再生水补水 4 个方面，如图 12-6 所示。污水收集系统主要指城镇合流制管道以及分流制管道中污废水排水管道以及其附属构筑物，不包括分流制下的雨水管道，其物理边界以居民小区化粪池或工业企业排放口起始至污水处理厂进水端为止，包括小区化粪池、工业企业排放口节制闸、污水管道和提升泵站。地表径流控制边界以地表径流起始至海绵截污设施为止，包括各类对污染物起消减控制作用的海绵设施，如下凹绿地、植草沟以及旋流截污设施等。CSO 控制特指合流制管网中，对于合流污水进行分流、截污的工艺环节，包括截流井或分流井、可调节堰门等。污水处理主要指城镇集中污水处理厂，其物理边界覆盖自污水处理厂进水至出水的所有污水、污泥处理构筑物及辅助生产建筑物。尾水排放管理边界以污水处理厂出水起始至水系水体的尾水排放口为止，包括污水处理厂的出水阀门、尾水排放管道和尾水排放口等。补水特指污水处理厂出水经过输送后，按照需求对水体进行生态补水，其物理边界以污水处理厂出水起始至水系水体的生态补水口为止，包括污水处理厂的出水阀门、再生水转输管道和补水口等。

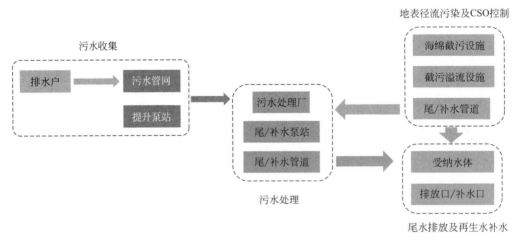

图 12-6　城镇水环境系统组成

（3）排水防涝

排水防涝涉及雨水收集、传输、调蓄、排放相关的全部构筑物和设施，如图 12-7 所示，主要分为雨水收集、雨水调蓄、排涝系统 3 个方面。雨水收集系统主要指收集建筑物屋顶、道路、广场、绿地等地表汇集的降雨径流的设施，包括海绵设施、雨水管网等。雨水调蓄系统主要是指对雨水进行调蓄、净化的设施，包括调蓄设施、湿塘等。排涝系统主要是指城市建成区外的排涝工程，包括排涝泵站、堰、闸等。

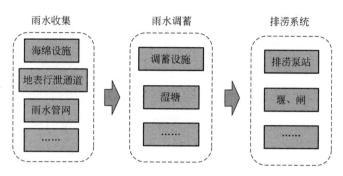

图 12-7 排水防涝系统组成

（4）通用及综合业务

各领域通用或适用于多领域综合应用的标准纳入通用及综合业务类。

2. 技术功能维度

根据智慧水务涉及的信息技术功能特征，标准体系的技术功能维度主要分为技术标准、数据标准和业务应用标准。

（1）技术标准

技术标准包括物联感知技术、模型技术、融合技术等部分，其目标是为数据资源、业务应用提供底层技术支撑。物联感知是智慧水务工作的基础，可以提供安全的数据来源，提升资产管理水平。模型技术是支撑业务应用实现数字化管理、智能化控制和智慧化决策的重要技术基础。融合技术侧重于物联感知、模型等多类技术的有机整合，通过科学合理的规划和接口协议使各种技术融合形成体系，共同服务于水务业务。技术标准将有效规范新技术的使用，提升新技术在智慧水务中的应用水平。

（2）数据标准

数据标准指水务领域内各类业务活动所涉及的数据及基于数据产生的信息资源相关的标准。数据标准可以提高数据规范和共享能力，使得水务数据在统一的标准规范下进行生产、运营、管理和汇集，保障水务数据资产得到正确且有效的管理，从而实现水务数据的运营合规、风险可控，并让数据真正成为有价值的资产，最大限度地发挥水务数据的价值。

(3) 业务应用标准

业务应用标准是直接指导和规范业务活动的标准，提供智慧水务相关应用系统、平台、产品的功能、性能、架构等方面的指导和要求，推动新一代技术与水务行业深度融合，实现水务业务的数据资源化、管理数字化、控制智能化和决策智慧化。

3. 全周期管理维度

《城镇水务2035年行业发展规划纲要》提出了"到2035年，通过新一代信息技术与水务业务的深度融合，不断推动水务行业创新发展与升级换代，实现城镇水务的数据资源化、控制智能化、管理精细化、决策智慧化，支撑城镇水务行业运营更高效、管理更科学、服务更优质"的智慧水务发展总体目标。为实现这一目标，应重点强化智慧水务建设与运维，指导智慧水务建设、运行维护和评价，保障智慧水务的价值实现；推动信息安全体系建设，以保障智慧水务全周期安全可靠。因此，在智慧水务标准体系的全周期管理维度中，主要从建设与运维标准以及安全保障标准两个方面进行分析。

(1) 建设与运维标准

建设与运维标准为智慧水务整体及细分领域的建设验收、运行维护和评价提供依据和指导，规范相关的原则、组织、方法、制度、流程、工具，确保智慧水务建设更合理、运营更高效、管理更科学、服务更优质。

(2) 安全保障标准

安全保障标准主要从安全技术和管理方面，从硬件、软件、数据等多维度、全方位保障信息安全。

12.3.2 标准体系结构图

根据智慧水务对于技术功能和全周期管理要求的强烈需求，智慧水务标准体系结构以上述三维空间结构中技术功能维度和全周期管理维度作为主要维度，以专业领域维度作为辅助维度，进行二维分解，并确定各个分体系。智慧水务标准体系结构图如图12-8所示。

为便于进一步理解，建立智慧水务标准体系结构拓扑图，如图12-9所示。其中，基础标准位于标准体系的底层，是智慧水务标准体系的基础，为其他部分提供整体、统一指导。技术标准涵盖智慧水务主要技术，为数据资源和业务应用提供技术支撑。数据标准从数据资源、数据模型、数据治理和数据交换共享方面为智慧水务业务应用

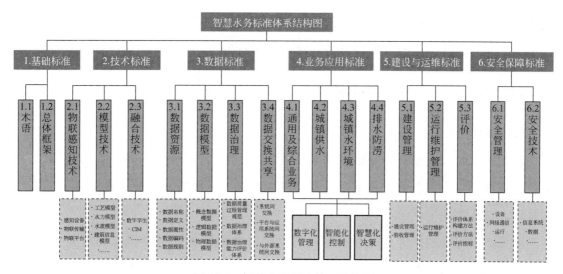

图 12-8 智慧水务标准体系结构图

提供数据保障。业务应用标准位于智慧水务标准体系结构的最上层，面向具体业务需求推进水务各个专业领域智慧水务的建设与应用。建设与运维标准位于标准体系左侧，为智慧水务建设验收、运行维护和评价提供依据和指导；安全保障标准位于标准体系右侧，贯穿于智慧水务建设与运维全过程，对其他部分起到了参考和规范作用。

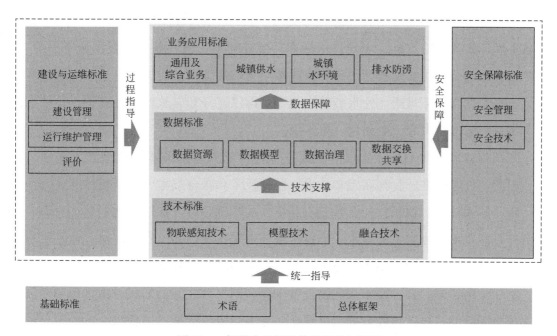

图 12-9 智慧水务标准体系结构拓扑图

由于不同省市智慧水务发展水平差异较大，各地水务主管部门业务管理要求存在较强的个性化差异，导致地方标准的地域局限性明显；企业标准主要依据企业具体情况进行制定，通用性较低；部分在编的团体标准编制进度不明，因此，本标准体系中暂不纳入地方标准、企业标准和部分在编的团体标准。

12.3.3 标准体系结构说明

1. 基础标准

基础标准是智慧水务的基础性和纲领性标准，结合智慧水务的特征，为智慧水务的设计建设和应用提供依据和支撑，是所有标准必须遵循的原则性文件。基础标准包括术语、总体框架2个子类标准。

术语：界定智慧水务基础和常用概念，统一对智慧水务相关概念和定义的认识，规范和统一智慧水务相关用语。

总体框架：为智慧水务标准提供基本原则和框架，规范总体性、框架性和基础性的内容。

2. 技术标准

近年来，随着智慧水务建设快速发展，新兴信息技术也越来越多地被引入到智慧水务中。作为智慧水务的底层核心能力，技术标准是智慧水务标准制定的重点之一。此前的智慧水务信息技术相关标准相对分散，缺乏协同，造成信息孤岛和业务孤岛。从各类型信息技术特点出发规划技术标准，更有利于智慧水务信息技术服务于业务，保障水务相关企业在实现智慧水务和企业数字化的活动中，能够更有效地实现技术应用，实现数据与业务贯通，使水务数字化资产得以充分和有效地管理和使用，使智慧水务的解决方案更可靠、更易用、可扩展。

支撑智慧水务业务目标实现的主要技术包含物联感知技术、模型技术和融合技术，因此，技术标准分为物联感知技术、模型技术和融合技术3个子类标准。

物联感知技术：物联感知是智慧水务工作的基础，可以提供安全的数据来源，提升资产管理水平。物联感知技术子类标准主要规定感知设备、物联传输、物联平台相关标准。其中，感知设备相关标准主要有感知设备的功能标准、性能标准、接口标准等；物联传输相关标准主要指从感知设备到物联网平台之间的物联传输过程中涉及的相关规范和标准，包括物联数据、采集接口标准、协议标准、通信媒介、传输性能要求、传输安全要求等；物联平台相关标准主要有物联网数据平台的功能标准以及相关的协议标准、性能标准，保障物联网平台的应用并实现数据交换，包括物联接入、物联数据存储、物联数据读取、数据输出接口等。

模型技术：模型技术指用于水务领域的各类模型，包括工艺模型、水力模型、水质模型等专业模型，以及建筑信息模型（BIM）等。模型技术是支撑业务应用实现数字化管理、智能化控制和智慧化决策的重要技术基础。模型技术标准主要规定模型的信息数据要求、模型构建、模型校核相关的技术要求。

融合技术：融合技术侧重于物联感知、模型等多类技术的有机整合，通过科学合理的规划和接口协议使各种技术融合形成体系，共同服务于水务业务。例如数字孪生技术、城市信息模型（CIM）等。对于此类融合技术，应建立技术的功能、性能等相关标准。

3. 数据标准

数据标准指水务领域内各类业务活动所涉及的数据及基于数据产生的信息资源相关的标准。通过制定和推广数据标准，提高数据的规范化和共享能力，以确保水务数据在统一的标准规范下进行生产、运营、管理和汇集。这有助于保障水务数据资产得到正确且有效的管理，从而实现水务数据的合规运营和风险可控。此外，通过让数据真正成为生产要素，可以最大限度地发挥水务数据的价值。数据标准分为数据资源、数据模型、数据治理及数据交换共享 4 个子类标准。

数据资源：制订水务数据及信息资源的分类及管理要求，以及设备、物料、人员等各项相关数据的名称、定义、属性、编码、规则等。该类标准有助于确保各类数据语义的准确性、一致性以及编码的稳定性，为数据模型的建立与维护，数据的分析与应用，以及各业务部门、各业务系统之间的数据交换共享提供坚实的基础。

数据模型：构建水务相关的各类数据及信息资源的数据模型标准，着重建设各领域的概念数据模型标准，根据需要建设逻辑数据模型与物理数据模型标准。该类模型标准的建设有助于确保水务数据实现有效的组织和存储，为数据的分析与应用及数据的有序交换共享提供基础。

数据治理：制定水务数据治理及数据质量管理的相关技术标准，具体包括提出水务相关的数据治理的原则和总体框架，制定数据标准、数据建模、数据质量等方面的过程管理的规范以及为水务相关组织提供数据治理能力的评估体系。该类标准有助于提升水务数据的综合治理能力。

数据交换共享：制定水务数据在交换共享方面的接口与标准规范，具体包括：各应用系统之间、数据平台与应用系统之间及智慧水务系统与外部系统之间的数据交换与共享的技术标准与接口定义。该类标准有助于确保水务数据与信息在各应用系统之间、数据平台与应用系统之间、水务系统与智慧城市等其他系统之间的安全且有序地交换共享。

4. 业务应用标准

业务应用标准是直接指导和规范业务活动的标准，提供智慧水务相关应用系统、平台、装备、产品的功能、性能、架构等方面的设计和应用指导要求，用以推动大数据、云计算、人工智能等新一代技术与水务行业深度融合。

业务应用标准包括通用及综合业务、城镇供水、城镇水环境、排水防涝4个子类标准。这4个子类标准分别规定了水务专业领域的智慧水务相关应用系统、平台、装备、产品的功能、性能、架构等标准，指导智慧水务的应用。各子类标准可进一步分为数字化管理、智能化控制、智慧化决策3个三级分类。

数字化管理指对水务生产运营进行业务数字化改造，实现生产各环节的监测、报警、巡检、化验、成本、设备、能耗、调度、安防等数字化管理，加强生产过程的监管和应对处理能力，提升管理效率和服务能力等相关的系统、平台、装备、产品标准。

智能化控制指水务智能控制所涉及的系统、平台、装备、产品的功能、性能、架构等标准，例如泵站自动运行、脱水系统自动运行、膜系统自动运行、智能配水、智能加药、智能曝气、智能回流、智能排泥等应用标准。

智慧化决策指应用模型、大数据、人工智能等技术，对水务业务的复杂问题进行判断，辅助制订科学、合理、精准、有效决策，实现水务的预测预警和应急管理等功能，例如城镇供水业务领域的突发水污染事件应急决策、供水多水源多水厂及管网调度、供水管网漏损分析决策、供水管网爆管分析及决策等；城镇水环境业务领域的污水处理厂超标进水应急处理决策、源—厂—网—河水环境一体化运维决策等；排水防涝业务领域的排水管网破损渗漏诊断及修复改造决策、城市内涝防治及应急决策等应用标准。

5. 建设与运维标准

建设与运维标准是用于规范和指导智慧水务建设验收、运行维护与评价活动的标准，确保智慧水务建设更合理，水务项目运营更高效，服务更优质。建设与运维标准包括建设管理、运行维护管理、评价3个子类标准。

建设管理：制定智慧水务建设验收管理涉及的原则、组织、方法、制度、流程、工具等方面的标准，指导智慧水务的设计和建设实施。

运行维护管理：制定智慧水务运行维护管理涉及的原则、组织、方法、制度、流程、人员培养、工具等方面标准，保障智慧水务长期稳定运行。

评价：制定针对智慧水务项目、技术、系统、平台、装备、产品等的功能评价、应用评价相关标准，包括评价体系的构建方法、指标体系、评价方法等，推进智慧水务达到预期效果，并持续改进。

6. 安全保障标准

智慧水务的安全保障是保护信息资产安全、控制风险水平的重要措施。安全保障标准是确保智慧水务系统、平台、装备和产品在规划设计、建设应用和运行维护过程安全性的管理规范和技术依据。安全保障标准包括安全管理标准、安全技术标准2个子类标准。

安全管理标准：制定实现智慧水务安全目标的管理活动标准。明确安全管理体系覆盖的信息安全工作内容，对各种安全控制措施和机制的部署明确目标和原则，主要包括设备安全管理、运行安全管理、数据安全管理、网络通信安全管理等方面的管理标准。

安全技术标准：制定保障信息系统使用过程中和数据使用、传输、存储过程中达到的可用性、可控性、完整性、保密性要采取的相关技术手段标准，包括智慧水务相关的物理、环境、主机、存储、网络、数据等安全技术标准。

12.3.4 标准体系统计表

根据最新智慧水务标准体系结果，现行和在编/修订的标准统计见表12-3。

智慧水务标准统计表　　　　表12-3

分体系	子类标准	现行数量	在编数量	总数量	现有和在编标准情况
1. 基础标准	1.1 术语	0	1	1	1. 在编1项《城镇智慧水务术语》团体标准，建议在充分实践后上升为行标或国标； 2. 缺少对智慧水务总体框架建设的指导
	1.2 总体框架	0	0	0	
2. 技术标准	2.1 物联感知技术	10	4	14	1. 物联感知技术标准数量较多，主要是规范水表功能、水质监测设备和在线监测系统的相关标准； 2. 模型技术有供水管网模型，还欠缺工艺模型、水质模型等模型技术标准； 3. 近年来新技术发展速度较快，标准中还欠缺融合技术相关的标准
	2.2 模型技术	1	0	1	
	2.3 融合技术	0	0	0	

续表

分体系	子类标准	现行数量	在编数量	总数量	现有和在编标准情况
3. 数据标准	3.1 数据资源	5	2	7	1. 数据资源标准相对较多，主要为具体细分领域的数据处理加工及数据质量要求； 2. 欠缺各领域的业务及分析数据的数据资源、主题数据模型、数据治理体系及部分领域的数据交换共享等相关的标准
	3.2 数据模型	0	0	0	
	3.3 数据治理	1	0	1	
	3.4 数据交换共享	0	1	1	
4. 业务应用标准	4.1 通用及综合业务	0	0	0	1. 城镇供水领域标准相对丰富，尤其是在编标准，城镇水环境领域标准较少，有少数在编标准，且主要为数字化管理和智能化控制； 2. 通用及综合业务领域、排水防涝领域暂无业务应用标准，亟需补充； 3. 各领域均缺乏智慧化决策标准
	4.2 城镇供水	5	7	12	
	4.3 城镇水环境	1	4	5	
	4.4 排水防涝	0	0	0	
5. 建设与运维标准	5.1 建设管理	1	0	1	1. 欠缺应用系统、平台、装备、产品等运行维护标准； 2. 需补充多方面的建设管理标准和评价标准以满足智慧水务全周期管理需求
	5.2 运行维护管理	0	0	0	
	5.3 评价	1	1	2	
6. 安全保障标准	6.1 安全管理	0	0	0	尚无安全类相关标准，欠缺信息安全保障相关的整体框架规划、安全等级设定、安全管理措施、安全手段和技术等标准
	6.2 安全技术	0	0	0	
总计		25	20	45	

12.4 标准建设与修订建议

智慧水务标准体系的发展应聚焦解决现行标准存在的问题，补充缺失的标准，更新过时标准，废弃不符合当前实际情况的标准。要确定标准体系建设的目标，通过标准的完善保障各地智慧水务建设发展"有据可依""有制可循"。标准的建设应能够切实支撑行业规范发展，并为行业技术和业务创新提供助力。

12.4.1 加强标准的统筹规划

智慧水务的标准制定工作需要统筹规划，分阶段分层次合理布局，有计划有组织地逐步实施与推进。要从多个层次综合考虑、全局规划，深入调研不同企业智慧水务的建设方案与相关标准，重点分析各专业领域的建设需求，提炼智慧水务共性需求与迫切问题；根据智慧水务标准体系，制订合理的标准研制计划，按需有序地研制智慧水务相关标准。

在标准建设方面，应该遵循以下原则：

(1) 抓主抓重、由点及面：目前各个企业的智慧水务建设均在起步期，标准研制处于初始阶段，加上智慧水务涉及诸多技术领域，因此标准的建设需要筛选轻重缓急。应对目前亟需解决的痛点问题率先进行标准的研制，如智慧水务总体框架、融合技术相关标准等方向；选择亟需重点突破的典型领域和能够带来实效的应用领域的标准研制工作，如排水防涝领域相关应用标准、运行维护管理相关标准等方向；由此积累智慧水务相关标准制定的经验，采用由点及面、以点带面的方式扩展到其他领域的标准制定。

(2) 多方参与、有效实践：当前标准研制以高校、科研院所和设计院为主体，服务于整个行业。为进一步强化标准的适用性，建议智慧水务的用户与相关企业积极参与智慧水务标准研制，围绕水务中实际问题以及实际应用需求，开展标准的预研、设计、研究和制订工作，积极将典型、有效、自主的智慧水务应用实践经验固化为标准，并在智慧水务规划、实施、验收、运行中验证和改进，提升我国智慧水务标准的适用性，力求标准立有所用、用有所效。

(3) 支撑业务、引领发展：在解决业务急切需求和固化最佳实践经验成果的基础上，建议增强智慧水务标准编制的前瞻性。标准编制应预判行业和技术发展，并随着行业进步而及时更新，以适应水务行业日益复杂的需求，从而加快行业科技创新及产业升级进程，加速行业信息化、智慧化变革。

(4) 明确层级、标准：根据国家标准化改革和要求，推荐性国家标准定位在突出公共服务的基本要求，重点制定基础性、通用性和有重大影响的专用标准；推荐性行业标准定位在推动产业政策、战略规划贯彻实施，重点制定本行业的基础性、通用性和重要性专用标准；上述范围外的新编标准方向建议编制为团体标准。建议基础标准直接编制，或对现有团体标准充分实践后上升为推荐性国家标准或推荐性行业标准。技术标准、数据标准和业务应用标准建议快速编制、快速实施具有创新性和竞争性的高水平团体标准。建设与运维标准、安全保障标准中部分通用性强的标准可编制为推荐性行业标准，进一步保障智慧水务建设。

12.4.2 加快关键标准的编制

结合标准现状分析和标准建设需求调研，以智慧水务实际需要为出发点，对新编标准建设方向提出建议。

（1）基础标准

加快建设总体框架类标准，为智慧水务标准提供基本原则和框架，规范指导智慧水务标准中总体性、框架性和基础性内容，支撑智慧水务标准规划设计。

（2）技术标准

物联感知技术方面，建议结合业务特点规范物联传输能力和数据表示，充分考虑基础通信类接口、终端管理接口、管理信息同步接口等；或给出面向智慧水务的物联网参考体系结构，规范各功能域以及支撑域的功能实现，例如水务行业物联网平台能力规划相关标准等。模型技术方面，应建立各领域工艺模型、水质模型相关的技术标准。融合技术方面，应根据技术的发展与应用，对数字孪生、CIM等融合技术建立相关标准，推进相关技术在智慧水务领域的落地应用。

（3）数据标准

数据资源方面，编制员工、客户、供应链等相关的主数据标准，业务数据及分析数据的相关标准，通过定义相关数据的语义、属性、分类、规则，确保数据在不同部门不同系统之间的准确性、完整性和一致性。

数据模型方面，编制各应用领域的主题或逻辑数据模型相关标准，为构建数据分析及应用提供基础。

数据治理方面，编制水务数据治理体系及水务企业等组织的水务数据治理能力评价标准，提升数据治理综合能力。

数据交换共享方面，编制智慧水务各业务系统之间、智慧水务与智慧城市等其他系统之间的数据交换共享标准，提升数据交换共享能力，最大程度发挥数据价值。

（4）业务应用标准

完善和加强数字化管理相关标准的制定，优先重点建设排水防涝领域标准，同时加强其他领域智能化控制和智慧化决策相关标准。规范平台的功能、架构，通过信息和数据分析，实现生产运营管理、调度管理及厂网一体化、供排一体化等协同管理，保障高质量服务。

加强关键设备设施和系统智能化控制标准的制定。规范应用场景、系统配置、应用方法等，指导关键设备设施和系统的智能化运行，提高运行效率及运行质量，进一步实现安全高效运行。城镇供水领域重点建设取水、送水、管网加压、加药、反冲洗、消毒等供水处理关键环节的智能化控制标准；城镇水环境领域重点建设污水处理排放系统的全流程智能控制标准,以及提升、加药、曝气、反冲洗等污水处理关键单元的智能化控制标准;排水防涝领域重点建设雨水泵站、雨水管网等关键设施的智能化控制标准。

逐步建立基于模型技术、融合技术等新兴技术实现水务业务智慧化决策的标准。规范应用场景、系统配置、功能要求、性能要求等,为实现智慧化、科学化决策提供支撑。城镇供水领域重点建设智慧供水、调度、水质预警等决策标准;城镇水环境领域重点建设网(站)—厂—受纳水体智慧调度决策和预警标准;排水防涝领域重点建设排水防涝智慧调度决策标准。

(5) 建设与运维标准

重点加强评价标准的制定。重点建设组织数字化能力和智慧水务系统、平台、装备、产品的评价标准,通过规范评价指标、评价方法等,推进智慧水务的改进和提升。

制定运行维护管理标准。重点建设数字化管理系统、智能化控制装备和智慧化决策平台和相关智慧产品的运行维护标准,确保智慧水务稳定、高效运转。

进一步规范和完善数字化管理系统、智能化控制装备和智慧化决策平台等智慧产品的建设标准,确保智慧水务建设验收的合理和规范。

(6) 安全保障标准

结合水务业务特点,建立规范信息安全的整体框架规划、安全等级设定、安全管理措施、安全手段和技术的标准,从而推动各业态对信息安全的重视,指导完善智慧水务体系。例如数据安全管理类标准,利用标准来规范水务领域数据处理活动,加强数据安全管理。还需明确水务数据分类分级原则、流程、方法和数据安全保护要求,给出水务信息安全防护涉及的管理和技术措施,提出数据分类示例、分级示例及分类分级标识方法,并对水务数据分级安全保护提出具体的管理要求和技术要求。

根据国家标准化改革要求,强制性国家标准严格限定在保障人身健康和生命财产安全、国家安全、生态环境安全和满足社会经济管理基本要求的范围之内;推荐性国家标准定位在突出公共服务的基本要求,重点制定基础性、通用性和重大影响的专用标准;推荐性行业标准定位在推动产业政策、战略规划贯彻实施,重点制定本行业的基础性、通用性和重要的专用标准;上述范围外的新编标准方向建议编制为团体标准。

智慧水务新编标准方向中,基础标准具有基础性和纲领性,应直接编制,或对现有团体标准充分实践后上升为推荐性国家标准或推荐性行业标准。技术标准、数据标准和业务应用标准与行业科技创新和新成果应用息息相关，应根据智慧水务发展要求，快速编制、快速实施具有创新性和竞争性的高水平团体标准，支撑智慧水务迭代与创新。建设与运维标准、安全保障标准规范智慧水务全周期管理，部分通用性强的标准可编制推荐性行业标准，进一步保障智慧水务建设。

12.4.3 加强标准和标准体系的动态管理

智慧水务标准体系建设是一项复杂的系统工程，需要长期持续推进。《城镇水务2035年行业发展规划纲要》要求，"创建完善的智慧水务标准体系，优先完成一批行业重点标准"。因此，建议将智慧水务标准体系建设纳入城镇水务重点工作范畴，作为支撑行业高质量发展的基础要求。为进一步优化标准编制计划、丰富标准内涵、提升标准质量，建议成立智慧水务标准专家组，根据智慧水务标准体系，统筹协调、顶层设计，专业把关标准准入、立项和编制，统筹管理标准动态更新，并逐步形成规范的标准管理制度，为标准体系的动态管理提供组织保障。建议标准主管部门做好标准的提案、立项、起草、征求意见、技术审查、批准、编号、发布、复审等过程管理，并指导标准落地。

附录12.1　智慧水务标准明细表

（含现行、在编的国家标准、行业标准和团体标准，在编标准暂不编号）

编号	标准名称	标准编号	层级	状态	分体系	子类标准	三级分类（仅业务应用标准具备三级分类）	标准说明
1. 基础标准								
1.1 术语								
	城镇智慧水务术语		团体标准	在编	基础标准	术语		【中国城镇供水排水协会】本标准界定了智慧水务领域中常用的术语和定义
1.2 总体框架（暂空缺）								
2. 技术标准								
2.1 物联感知技术								
2.1.1	数控定量水表	GB/T 26795—2011	国家标准	现行	技术标准	物联感知技术		【国家标准化管理委员会】本标准规定了数控定量水表的术语和定义、一般要求、技术要求、试验方法、检验规则、标志、包装、运输及贮存等的要求
2.1.2	水表输入输出协议及电子接口要求	GB/T 36243—2018	国家标准	现行	技术标准	物联感知技术		【国家标准化管理委员会】本标准规定了能通过电子水表的电气接口交换和提供数据的水表的最低通信要求，规定了电子水表用于连接水表用于自动抄表或远程抄表用的接口条件，未规定可连接在水表用于自动抄表的接口装置的转发器、感应器等专用设备的要求
	供水管网水锤监测系统通用技术要求		国家标准	在编	技术标准	物联感知技术		【国家标准化管理委员会】本标准适用于城镇、建筑供水管网水锤监测系统。本标准规定了水锤监测系统的术语和定义、系统组成、功能要求、性能要求、试验方法、环境适应性及安全要求
2.1.3	城镇排水水质水量在线监测系统技术要求	CJ/T 252—2011	行业标准	现行	技术标准	物联感知技术		【住房和城乡建设部】本标准规定了城镇排水水质水量在线监测系统的总体要求、水质在线监测系统的构成及功能、水质水量检测单元、抽取排水水样要求、数据采集存储与传输单元、系统管理单元、系统辅助单元，系统运行环境和质量控制与质量保证等要求

续表

编号	标准名称	标准编号	层级	状态	分体系	子类标准	三级分类（仅业务应用标准具备三级分类）	标准说明
2.1.4	电子直读式水表	CJ/T 383—2011	行业标准	现行	技术标准	物联感知技术		【住房和城乡建设部】本标准规定了电子直读式水表术语和定义、构成与分类、计量、要求、试验方法、检验规则及标志、包装、运输和贮存。本标准适用于城镇居民安装使用的，基于基表加装电子直读装置，用于计量饮用冷、热水的实际体积流量，并符合《饮用冷水水表和热水水表 第1部分：计量要求和技术要求》GB/T 778.1—2018、《饮用冷水水表和热水水表 第3部分：试验报告格式》GB/T 778.3—2018 相关规定的各类口径冷、热水水表
2.1.5	电子远传水表	CJ/T 224—2012	行业标准	现行	技术标准	物联感知技术		【住房和城乡建设部】本标准规定了电子远传水表术语和定义、结构和分类、要求、试验方法。本标准适用于输出信号为数字信号，标志、包装、运输和贮存。本标准适用于冷水水表和热水水表并符合《饮用冷水水表和热水水表 第1部分：计量要求和技术要求》GB/T 778.1—2018、《饮用冷水水表和热水水表 第3部分：试验报告格式》GB/T 778.3—2018 相关规定的水表
2.1.6	城镇供水水质在线监测技术标准	CJJ/T 271—2017	行业标准	现行	技术标准	物联感知技术		【住房和城乡建设部】本标准规范水质在线监测系统的基本组成和性能要求
2.1.7	地表水自动监测技术规范（试行）	HJ 915—2017	行业标准	现行	技术标准	物联感知技术		【生态环境部】本标准规定了水质监测系统建设、验收、运行和管理方面的要求
2.1.8	物联网水表	CJ/T 535—2018	行业标准	现行	技术标准	物联感知技术		【住房和城乡建设部】本标准规定了物联网水表的结构、分类及型号、要求、试验方法、检验规则、标志、包装、运输和贮存。本标准适用于采用 2G、3G、4G、NB-IoT、eMTC 等蜂窝移动通信技术后续演进技术，接入我国公共陆地移动网络，并符合《饮用冷水水表和热水水表 第1部分：计量要求和技术要求》GB/T 778.1—2018、《饮用冷水水表和热水水表 第2部分：试验方法》GB/T 778.2—2018、《饮用冷水水表和热水水表 第4部分：试验报告格式》GB/T 778.4—2018 中未包含的非计量要求的饮用冷水水表

续表

编号	标准名称	标准编号	层级	状态	分体系	子类标准	三级分类（仅业务应用标准具备三级分类）	标准说明
2.1.9	智能水表通用技术条件	T/CUWA 60051—2021	团体标准	现行	技术标准	物联感知技术		【中国城镇供水排水协会】本标准规定了智能水表的分类、型号、计量要求、技术要求，功能要求，包装、运输和贮存，安装使用、故障处理等。本标准适用于智能水表的选型、管理及使用
2.1.10	城镇排水管网流量和液位在线监测技术规程	T/CUWA 40054—2022	团体标准	现行	技术标准	物联感知技术		【中国城镇供水排水协会】本规程确立了排水管网流量在线监测方案设计、设备安装等的总体原则，规定了排水管网流量液位在线监测设备的具体要求，描述了排水管网流量液位在线监测具体方法
	城镇水务信息在线综合治理采集技术标准		团体标准	在编	技术标准	物联感知技术		【中国城镇供水排水协会】本标准适用于城镇供水、污水处理、排水防涝、水环境综合治理等城镇水务领域，包括水质、水量、压力、视频、设备状态等水务信息在线采集系统的设计、建设、运行与维护管理
	NB-IoT水表数据传输通信协议		团体标准	在编	技术标准	物联感知技术		【中国城镇供水排水协会】本标准规范多个不同供应商的接入标准，可管理多个供应商，减少平台重复投资，提高了远传水表数据管理、分析的效率，可用于快速判断各供应商的产品质量，有利于将来水表的选型工作
	城镇水务行业地理信息采集与质量控制标准		团体标准	在编	技术标准	物联感知技术		【中国城镇供水排水协会】本标准规定了城镇水务行业地理信息采集的技术指标、采集的内容、采集方法、数据属性结构和质量控制要求
2.2 模型技术								
2.2.1	城镇供水管网模型构建与应用技术规程	T/CUWA 20059—2022	团体标准	现行	技术标准	模型技术		【中国城镇供水排水协会】本规程适用于城镇供水管网静态模型、动态模型和在线模型等水力、水质模型系统的构建、校核，应用与更新维护管理
2.3 融合技术（暂空缺）								
3. 数据标准								

续表

编号	标准名称	标准编号	层级	状态	分体系	子类标准	三级分类（仅业务应用标准具备三级分类）	标准说明
3.1 数据资源								
3.1.1	城市排水防涝设施数据采集与维护技术规范	GB/T 51187—2016	国家标准	现行	数据标准	数据资源		【住房和城乡建设部】本标准适用于城市排水防涝设施的数据采集、录入、校准、维护与使用
3.1.2	集中式饮用水水源编码规范	HJ 747—2015	行业标准	现行	数据标准	数据资源		【生态环境部】本标准规定了集中式饮用水源编码规则。本标准适用于饮用水水源环境管理工作中的信息采集、存储、应用和管理
3.1.3	城镇供水管理信息系统 供水水质指标分类与编码	CJ/T 474—2015	行业标准	现行	数据标准	数据资源		【住房和城乡建设部】本标准规定了供水水质指标分类原则与方法、编码原则与方法、指标分类与代码
3.1.4	城镇供水管理信息系统 基础信息分类与编码规则	CJ/T 541—2019	行业标准	现行	数据标准	数据资源		【住房和城乡建设部】本标准规定了城镇供水管理信息系统的基础信息分类编码规则
3.1.5	城镇水务数据分类编码及主数据识别规则	T/CUWA 10103—2023	团体标准	现行	数据标准	数据资源		【中国城镇供水排水协会】本标准对水务数据进行分类，明确水务数据的分类架构，规定了数据分类编码规则。在此基础上识别出城镇水务主数据，给出城镇水务企业常见的主数据清单及属性信息
	城镇水务物联网设备标识编码规则		团体标准	在编	数据标准	数据资源		【中国城镇供水排水协会】本规则主要规定了水务行业物联网标识规则，包括标识编码体系设计原则、标识编码结构和标识编码解析等
	城镇水务地理信息系统数字典要求		团体标准	在编	数据标准	数据资源		【中国城镇供水排水协会】本标准适用于水务行业地理信息系统数据字典的设计和开发。内容主要包括：数据字典术语、格式数据要求、空间数据表达规则要求和数据字典内容要求等

3.2 数据模型（暂空缺）

续表

编号	标准名称	标准编号	层级	状态	分体系	子类标准	三级分类（仅业务应用标准具备三级分类）	标准说明
3.3 数据治理								
3.3.1	水污染源在线监测系统（COD_{Cr}、$NH_3\text{-}N$等）数据有效性判别技术规范	HJ 356—2019	行业标准	现行	数据标准	数据治理		【生态环境部】本标准规定了利用水污染源在线监测系统获取的化学需氧量（COD_{Cr}）、氨氮（$NH_3\text{-}N$）、总氮（TN）、总磷（TP）、pH、温度和流量等监测数据的有效性判别流程、数据有效性判别指标、数据有效性判别方法以及有效均值的计算
3.4 数据交换共享								
	电子收费接口规范及编码规则		团体标准	在编	数据标准	数据交换共享		【中国城镇供水排水协会】本标准规定了智慧水务电子收费相关的信息交换规范，包括接口实现的方式和信息结构规范，以及接口安全性、可靠性和可维护性等；以及水费电子收费的关键信息编码，包括：交易信息代码、客户信息代码、业务状态代码、收费关键信息和对账信息等规则
4. 业务应用标准								
4.1 通用及综合业务								
4.1.1 数字化管理（暂空缺）								
4.1.2 智能化控制（暂空缺）								
4.1.3 智慧化决策（暂空缺）								
4.2 城镇供水								
4.2.1 数字化管理								
4.2.1.1	城镇供水营收费管理信息系统	CJ/T 298—2008	行业标准	现行	业务应用标准	城镇供水	数字化管理	【住房和城乡建设部】本标准规定了城镇供水营业收费管理信息系统的功能、数据结构、数据安全性和系统通信接口等要求。本标准适用于城镇供水营业收费管理信息系统构建及系统软件开发

续表

编号	标准名称	标准编号	层级	状态	分体系	子类标准	三级分类（仅业务应用具备三级分类）	标准说明
	城镇供水管理信息系统可视化平台结构数据构建要求		行业标准	在编	业务应用标准	城镇供水	数字化管理	【住房和城乡建设部】本标准规定了各级城镇供水管理信息系统可视化平台的定义、平台架构、平台功能和应用环境、数据内容和要求，并规定了平台建设要求、平台运行验收、平台运行维护平台的设计、建设和管理
	城镇供水信息系统工程技术标准		行业标准	在编	业务应用标准	城镇供水	数字化管理	【住房和城乡建设部】本标准适用于城镇供水信息系统的新建、扩建和改造工程项目的设计、施工、验收和运行管理
	水费支付技术规范		团体标准	在编	业务应用标准	城镇供水	数字化管理	【中国城镇供水排水协会】本标准规定了水费支付相关的系统组成、功能要求、技术要求、安全要求等要求。本标准适用于水费支付系统测试、验收、运行与维护。本标准适用于水费支付行业水费支付信息系统的规划、设计、开发与运行管理
	供水管网地理信息系统建设标准		团体标准	在编	业务应用标准	城镇供水	数字化管理	【中国城镇供水排水协会】本标准规定了供水管网地理信息系统设计、运行环境、系统安全、系统建设的系统设计、数据库设计、数据库管理、数据验收、系统部署与测试、系统验收等要求。本标准适用于我国城镇供水管网地理信息系统的建设、运行、管理和维护
	二次加压与调蓄供水系统运行监控平台合集技术规程		团体标准	在编	业务应用标准	城镇供水	数字化管理	【中国城镇供水排水协会】本规程适用城市生活饮用水二次加压与调蓄供水系统新建和扩建的民用与工业建筑的运行监控平台设计与建设的基本要求、设施移交、验收运行维护、设施维护与安全运行管理

4.2.2 智能化控制

编号	标准名称	标准编号	层级	状态	分体系	子类标准	三级分类	标准说明
4.2.2.1	数字集成全变频控制恒压供水设备	GB/T 37892—2019	国家标准	现行	业务应用标准	城镇供水	智能化控制	【国家标准化管理委员会】本标准规定了数字集成全变频控制恒压供水设备的术语和定义，分类与型号，组成、要求、试验方法、检验规则、标志、包装、运输和贮存
4.2.2.2	城镇供水泵站一体化综合调控系统	GB/T 38057—2019	国家标准	现行	业务应用标准	城镇供水	智能化控制	【国家标准化管理委员会】本标准规定了城镇供水泵站一体化综合调控系统的术语和定义、一般要求、系统架构及功能、系统配置。本标准适用于城镇供水管网系统及中途加压水泵站的设备合集调控系统

续表

编号	标准名称	标准编号	层级	状态	分体系	子类标准	三级分类（仅业务应用标准具备三级分类）	标准说明
	输配水管网水锤防护综合调控系统		国家标准	在编	业务应用标准	城镇供水	智能化控制	【国家标准化管理委员会】本标准适用于引调水工程、城镇供水工程、工业给水排水工程、大型农业灌溉工程的水锤防护综合调控系统。本标准规定了输配水管网水锤防护综合调控系统的术语和定义、一般要求、水锤防护设计、综合调控系统设计、调试验收、运行维护等
4.2.2.3	微机控制变频调速给水设备	CJ/T 352—2010	行业标准	现行	业务应用标准	城镇供水	智能化控制	【住房和城乡建设部】本标准规定了微机控制变频调速给水设备的术语和定义、分类和型号、工作条件、要求、试验方法、检验规则、标志、包装、运输和贮存
4.2.2.4	无负压一体化智能给水设备	CJ/T 381—2011	行业标准	现行	业务应用标准	城镇供水	智能化控制	【住房和城乡建设部】本标准规定了无负压一体化智能给水设备的术语和定义、分类和型号、工作条件、要求、试验方法、检验规则、标志、包装、运输和贮存
	城镇给水系统电气与自动化工程技术规程		团体标准	在编	业务应用标准	城镇供水	智能化控制	【中国城镇供水排水协会】本标准提高城镇给水系统电气与自动化工程建设、自动化技术水平，规范城镇给水系统电气工程建设，提高工程投资效益，改善生产和劳动环境，节能降耗，减员增效的目的

4.2.3 智慧化决策（暂空缺）

4.3 城镇水环境

4.3.1 数字化管理

| | 城镇污水管网排查信息系统技术要求 | | 国家标准 | 在编 | 业务应用标准 | 城镇水环境 | 数字化管理 | 【国家标准化管理委员会】本标准规定了城镇污水或合流管网排查实施工作中的基本原则、准备工作、区域筛查、精细排查和信息系统等方面的内容 |
| | 城镇排水系统资产数据采集与维护技术规程 | | 团体标准 | 在编 | 业务应用标准 | 城镇水环境 | 数字化管理 | 【中国城镇供水排水协会】为科学、规范地开展城镇排水管道及附属设施资产管理工作，构建标准统一、信息完整、准确的数据库，进一步完善资产评估分级标准、管道全生命周期的运营管理水平，制定本规程 |

续表

编号	标准名称	标准编号	层级	状态	分体系	子类标准	三级分类（仅业务应用标准具备三级分类）	标准说明
	A²O污水处理工艺数字化工程技术规程		团体标准	在编	业务应用标准	城镇水环境	数字化管理	【中国城镇供水排水协会】本规程适用于新建、扩建和改建工程数字化、信息化、智能化各层次以及基础上的智慧化的规划、设计、建设、验收和运维采用其他处理工艺的污水处理工厂可参考
4.3.2 智能化控制								
4.3.2.1	城镇排水系统电气与自动化工程技术标准	CJJ/T 120—2018	行业标准	现行	业务应用标准	城镇水环境	智能化控制	【住房和城乡建设部】本标准适用于城镇排水系统，包括排水泵站、调蓄设施、污水处理厂和管网等的电气、自动控制及信息管理系统的设计、施工及验收
	城镇排水系统一体化运行诊断技术规程		团体标准	在编	业务应用标准	城镇水环境	智能化控制	【中国城镇供水排水协会】本标准性方案编制我国新建、扩建排水系统等参考性的基础上，规范排水系统规划、系统建设和运行现状特征，咨询和建设的技术路线、方法和核心技术指标
4.3.3 智慧化决策（暂空缺）								
4.4 排水防涝（暂空缺）								
4.4.1 数字化管理（暂空缺）								
4.4.2 智能化控制（暂空缺）								
4.4.3 智慧化决策（暂空缺）								
5. 建设与运维标准								
5.1 建设管理								
5.1.1	水污染源在线监测系统（COD_Cr、NH_3-N等）验收技术规范	HJ 354—2019	行业标准	现行	建设与运维标准		建设管理	【生态环境部】本标准规定了水污染源在线监测系统的验收条件及验收程序、水污染源排放口、流量监测单元、监测站房、水质自动采样单元及数据控制单元的验收要求、流量计、水质自动采样器及水质自动分析仪的验收方法和验收技术指标，以及水污染源在线监测系统运行与验收方案维护的验收内容

续表

编号	标准名称	标准编号	层级	状态	分体系	子类标准	三级分类(仪业务应用标准具备三级分类)	标准说明
5.3.1	水华遥感与地面监测评价技术规范(试行)	HJ 1098—2020	行业标准	现行	建设与运维标准	评价		【生态环境部】本标准规定了淡水水体藻类水华的遥感监测方法、地面监测方法和水华程度评价方法等内容
	智慧水厂评价标准		团体标准	在编	建设与运维标准	评价		【中国城镇供水排水协会】本标准提出一套评价标准和评价指标体系,适用于城镇供水领域、污水处理领域智慧水厂的智慧化建设及运行效果进行评价
5.2 运行维护管理(暂空缺)								
5.3 评价								
6. 安全保障标准								
6.1 安全管理(暂空缺)								
6.2 安全技术(暂空缺)								

附录 12.2 智慧水务国际标准清单

(含 ISO/IEC 现行、在编的国际标准)

序号	所属国际标准组织	标准号	标准项目名称	状态
1	ISO/TC 30/SC 7 Volume methods including water meters	ISO 22158:2011	Input/output protocols and electronic interfaces for water meters — Requirements	现行
2	ISO/TC 30/SC 7 Volume methods including water meters	ISO 4064—1:2014	Water meters for cold potable water and hot water — Part 1: Metrological and technical requirements	现行
3	ISO/TC 147 Water quality	ISO 15839:2003	Water quality — On-line sensors/analysing equipment for water — Specifications and performance tests	现行

续表

序号	所属国际标准组织	标准号	标准项目名称	状态
4	ISO/TC 147/SC 6 Sampling (general methods)	ISO 5667—23:2011	Water quality — Sampling — Part 23: Guidance on passive sampling in surface waters	现行
5	ISO/TC 147/SC 6 Sampling (general methods)	ISO/TR 23211:2009	Hydrometry — Measuring the water level in a well using automated pressure transducer methods	现行
6	ISO/IEC JTC 1/SC 41 Internet of things and digital twin	ISO/IEC 30142:2020	Information technology — Underwater acoustic sensor network (UWASN) — Network management system overview and requirements	现行
7	ISO/IEC JTC 1/SC 41 Internet of things and digital twin	ISO/IEC 30143:2020	Information technology — Underwater acoustic sensor network (UWASN) — Application profiles	现行
8	ISO/IEC JTC 1/SC 41 Internet of things and digital twin	ISO/IEC 30140—1:2018	Information technology — Underwater acoustic sensor network (UWASN) — Part 1: Overview and requirements	现行
9	ISO/IEC JTC 1/SC 41 Internet of things and digital twin	ISO/IEC 30140—2:2017	Information technology — Underwater acoustic sensor network (UWASN) — Part 2: Reference architecture	现行
10	ISO/IEC JTC 1/SC 41 Internet of things and digital twin	ISO/IEC 30140—3:2018	Information technology — Underwater acoustic sensor network (UWASN) — Part 3: Entities and interface	现行
11	ISO/IEC JTC 1/SC 41 Internet of things and digital twin	ISO/IEC 30140—4:2018	Information technology — Underwater acoustic sensor network (UWASN) — Part 4: Interoperability	现行
12	ISO/IEC JTC 1/SC 39-Sustainability, IT & Data Centres	ISO/IEC 30134—9:2022	Information technology-Data centres key performance indicators-Part 9: Water usage effectiveness (WUE)	现行
13	TC 72-Automatic electrical controls	IEC 60730—2—15:2017	Automatic electrical controls-Part 2-15: Particular requirements for automatic electrical air flow, water flow and water level sensing controls	现行
14	TC 72-Automatic electrical controls	IEC 60730—2—8:2018	Automatic electrical controls-Part 2-8: Particular requirements for electrically operated water valves, including mechanical requirements	现行
15	ISO/TC 224 Drinking water, wastewater and stormwater systems and services	ISO/DIS 24591—1	Smart water management — Part 1: General guidelines and governance	在编
16	ISO/TC 224 Drinking water, wastewater and stormwater systems and services	ISO/CD 24591—2	Smart water management — Part 2: Data management guidelines	在编

第 13 章 城市供水行业反垄断现状及对策研究

城市供水作为公共事业的重要组成部分,是经济运行和社会发展的重要保障,与人民群众的日常生活密切相关。供水企业始终以满足人民群众的高品质用水需求为己任,着力打造"从源头到龙头"的供水安全保障体系,不断提高供水安全保障能力。但由于行业自身存在自然垄断属性,部分供水企业在积极拓展供水服务领域的过程中,在部分争议领域产生了利用市场支配地位的行为,受到了有关部门的处罚。近年来,国家市场监督管理总局发布了多起供水企业因实施垄断行为而受到处罚的案件,且案件数量和处罚金额上升趋势明显,引起行业高度重视。

随着《中华人民共和国反垄断法》(以下简称《反垄断法》)修订施行,我国反垄断机构对公用事业领域反垄断执法力度将会进一步加大。最高人民检察院印发《关于贯彻执行〈中华人民共和国反垄断法〉积极稳妥开展反垄断领域公益诉讼检察工作的通知》强调,重点针对法律明令禁止的垄断行为、涉及国计民生的重要领域、严重侵害众多消费者权益的公益损害突出问题,重点关注互联网、公共事业、医药等民生保障领域,精准开展反垄断公益诉讼检察工作。

党的二十大报告明确提出,"增进民生福祉,提高人民生活品质""健全基本公共服务体系,提高公共服务水平"。如何在坚守法律底线,合法合规提供供水服务的同时,持续打造"从源头到龙头"的供水安全保障体系,不断提升供水服务质效,满足人民群众对高品质供水的热切期盼,已经成为各供水企业在未来发展过程中不得不面对的问题。

13.1 供水垄断案件基本情况

13.1.1 案件汇总统计

2008 年以来,国家市场监督管理总局公布公用事业反垄断行政处罚案件 51 起,其中供水企业发生垄断案件 17 起。

按照结案时间进行统计，2013 年发生 1 起，2014 年发生 1 起，2015 年发生 1 起，2016 年发生 3 起，2019 年发生 2 起，2020 年发生 1 起，2021 年发生 2 起，2022 年发生 6 起[①]，如图 13-1 所示。

按照案件发生地进行统计，新疆维吾尔自治区乌鲁木齐市发生 1 起（2014），天津市发生 1 起（2019），陕西省咸阳市发生 1 起（2021），安徽省滁州市发生 1 起（2022），江苏省宿迁市发生 2 起（2016、2019），江苏省苏州市发生 1 起（2016），江苏省南京市发生 1 起（2020），浙江省绍兴市发生 2 起（2022），云南省蒙自市发生 1 起（2021），广东省惠州市发生 1 起（2013），内蒙古自治区阿拉善左旗发生 1 起（2016），海南省东方市发生 1 起（2015），贵州省毕节市发生 1 起（2022），山东省日照市发生 1 起（2022），广西壮族自治区桂林市发生 1 起（2022）。

近 3 年来，我国供水企业反垄断执法案件处于持续上升状态，2022 年案件数量及处罚金额均为历史最高，应当引起行业警觉。

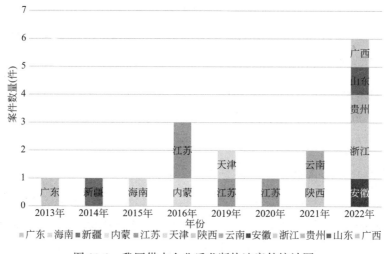

图 13-1　我国供水企业反垄断执法案件统计图

13.1.2　供水行业易产生垄断的原因分析

供水企业作为市政公用事业中的特定行业，在所辖经营区域内通常具有城市公共供水服务市场垄断地位。这是由于城镇供水关乎民生，为保障企业与社会公众对于城市公共供水这一公益性服务的需求，各地行政法规和规章制度对经营城市供水有着严

---

① 数据源自国家市场监督管理总局公布的供水领域行政处罚决定书。

格的主体资格要求,政府与依法选定的特许经营者签订特许经营协议,授予并监管特定企业提供城市供水公共服务,这直接导致城市公共供水服务领域产生自然垄断。同时在一定的行政区划地理区域内,城市公共供水基础设施具有前期投入成本大、成本回收周期长,难以重复建设等特点,水资源具有有限性、水质工艺具有严肃性的特点,使得供水行业准入门槛较高,相关地域市场内经营者数量有限,其他经营者进入较难。并且与多家企业提供生产服务相比,由企业独家提供生产服务更能发挥规模经济效应、节省社会成本和提高总体效率。供水行业作为资源性公用事业,具有可替代性弱、外部性较强的特点,如果遵循反垄断相关法规思维,促进自由、开放的竞争,容易产生比垄断更不可接受的负面结果。综上所述,供水企业在城市公共供水服务这一市场中获得市场垄断地位,具有一定客观合理性与必要性。

供水企业作为公共事业单位,往往是处置用户供水问题的第一责任主体。随着人民群众对于高品质用水的与日俱增,为推进"从源头到龙头"的供水安全保障体系建设,更好满足群众用水需要,供水企业大多有意愿主动向前一步,介入相关供水工程中,确保工程质量合格与安全,更利于今后的运营维护管理工作。另外,供水企业长期受到政府严格的价格监管,盈利水准普遍偏低,大多具有成本倒挂的问题,部分供水企业还需政府部门给予政策资金支持。一些供水企业在积极拓展供水服务范围的同时,谋求更多利润空间,为提供更优质高效的供水服务打下经济基础。

《反垄断法》中明确指出,国有经济占控制地位的关系国民经济命脉和国家安全的行业以及依法实行专营专卖的行业,国家对其经营者的合法经营活动予以保护,并对经营者的经营行为及其商品和服务的价格依法实施监管和调控,维护消费者利益,促进技术进步。同时规定行业的经营者应当依法经营,诚实守信,严格自律,接受社会公众的监督,不得利用其控制地位或者专营专卖地位损害消费者利益。在拓展供水服务市场的过程中,部分供水企业在一些争议领域,发生了滥用市场支配地位的行为,最终受到了市场监管部门的处罚。

13.1.3 处罚原因分析

通过对国家市场监督管理总局公布供水领域反垄断案件进行梳理分析,供水企业滥用市场支配地位行为大多发生在市、县(区)级行政区域内,通常表现为以下几种类型:

1. 限定工程施工单位、设备和材料

在供水报装时限定用户将业务委托给指定的企业,必须购买指定的品牌或厂商的设备、工程材料等。如在浙江省绍兴市发生的供水企业滥用市场支配地位案中，供水公司限定房地产开发企业将相关供水工程委托指定单位施工，限定二次供水设施、设备及部件的品牌、供货厂商，附加额外收取费用的不合理交易条件。案件最终判定供水企业停止违法行为，没收违法所得，并处以年度销售3%的罚金总计22464937.05元。

2. 强制搭售非必需产品

在交易时附加不合理交易条件，要求用户在接受供水服务时，必须购买指定的设施等。如在天津市发生的供水企业滥用市场支配地位案中，供水企业要求房地产开发企业自行建设二次供水设施时必须使用当事人指定的供水工程技术公司生产的智能电控柜和远程监控子站。案件最终判定供水企业停止违法行为，给予行政处罚，并处以年度销售3%的罚金总计7438622.77元。

3. 附加不合理交易条件

在缺失相关政府部门收费许可的情况下，附加不合理交易条件，发生滥收费用的情况，增加用户经济负担。如在海南省东方市发生的供水企业滥用市场支配地位案中，供水企业在向用户提供供水服务时，收取用户用水保证金，同时对退还保证金进行严格限制。案件最终判定供水企业停止违法行为，没收违法所得，并处以年度销售2%的罚金总计631729.54元。

13.1.4 处罚依据及处理结果

1. 判罚主要依据

通过对2008年～2022年发生的17起供水企业涉垄断案件进行梳理总结，供水企业被判罚主要依据《反垄断法》相关条款、《城市供水条例》以及各省出台的城市供水管理办法。具体表现以下几个方面：

（1）被认定具有市场支配地位。

是否具备市场支配地位，是判断经营者行为能否构成滥用市场支配地位违法行为的前提。根据《反垄断法（2022修订）》第二十三条 认定经营者具有市场支配地位，应当依据下列因素：（一）该经营者在相关市场的市场份额，以及相关市场的竞争状况；（二）该经营者控制销售市场或者原材料采购市场的能力；（三）该经营者的财力和技术条件；（四）其他经营者对该经营者在交易上的依赖程度；（五）其他经营者进入相关市场的难易程度；（六）与认定该经营者市场支配地位有关的其他因素。在上述案件中，行政管理部门对涉事供水企业在相关市场的市场份额、控制能力及其他经营者对其的依赖性、其他经营者进入本案相关市场经营的难易程度等方面进行综合分析，判定其在相关区域的公共自来水供水服务市场具有支配地位。

（2）被认定滥用市场支配地位。

上述供水企业在提供供水服务时，产生与其他工程捆绑交易、限定交易对象、收取无理费用等行为，没有法律法规依据和相关部门的批准，违反了相关法规，特别是《反垄断法（2022修订）》中第二十二条 禁止具有市场支配地位的经营者从事下列滥用市场支配地位的行为：（一）以不公平的高价销售商品或者以不公平的低价购买商品；（二）没有正当理由，以低于成本的价格销售商品；（三）没有正当理由，拒绝与交易相对人进行交易；（四）没有正当理由，限定交易相对人只能与其进行交易或者只能与其指定的经营者进行交易；（五）没有正当理由搭售商品，或者在交易时附加其他不合理的交易条件；（六）没有正当理由，对条件相同的交易相对人在交易价格等交易条件上实行差别待遇；（七）国务院反垄断执法机构认定的其他滥用市场支配地位的行为。被行政管理部门认定为滥用市场支配地位，损害消费者的合法权益，对市场公平竞争造成不良影响，受到相关部门处罚。

2. 案件处罚结果

以上案件中，由于供水企业滥用市场支配权证据确凿，行政管理部门按照《反垄断法（2022修订）》第五十六条"经营者违反本法规定，达成并实施垄断协议的，由反垄断执法机构责令停止违法行为，没收违法所得，并处上一年度销售额百分之一以上百分之十以下的罚款"，对相关涉事供水企业进行处罚。

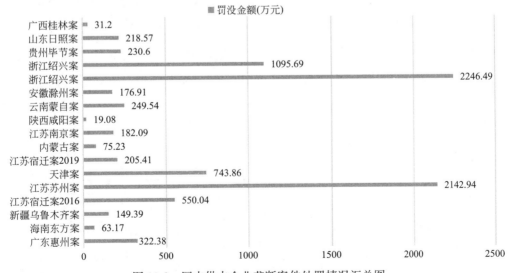

图 13-2 国内供水企业垄断案件处罚情况汇总图

如图13-2所示,其中处3‰及以下的罚款为10起,处3‰及以上的罚款为7起。罚没金额超过1000万元的3起,最近发生的浙江绍兴案件被罚没金额为历史最高值。

13.2 国家及地方反垄断措施情况

13.2.1 国家采取的反垄断措施

成熟的市场经济体制需要配置成熟的反垄断机制,才能有效规范市场主体行为,保障市场有序竞争。从法律层面来看,作为具有市场支配地位的供水企业,既要接受我国《反垄断法》监督,也要受到公用事业相关法律的管制。

1.《中华人民共和国反垄断法》

为了预防和制止垄断行为,保护市场公平竞争,提高经济运行效率,维护消费者利益和社会公共利益,促进社会主义市场经济健康发展,2008年8月1日,我国制定实施了《反垄断法》,并于2022年完成《反垄断法》首次修改。

《反垄断法(2022修订)》明确规定:"国有经济占控制地位的关系国民经济命脉和国家安全的行业以及依法实行专营专卖的行业,国家对其经营者的合法经营活动予以保护,并对经营者的经营行为及其商品和服务的价格依法实施监管和调控,维护消费者利益,促进技术进步。前款规定行业的经营者应当依法经营,诚实守信,严格自律,接受社会公众的监督,不得利用其控制地位或者专营专卖地位损害消费者利益"。

2.《关于清理规范城镇供水供电供气供暖行业收费促进行业高质量发展的意见》

2021年1月6日,《国务院办公厅转发国家发展改革委等部门关于清理规范城镇供水供电供气供暖行业收费促进行业高质量发展的意见》(国办函〔2020〕129号)(以下简称《意见》)发布,要求实行市场调节的价格或收费,严格规范经营者收费行为,严禁供水供电供气供暖企业实施垄断行为。

相关内容梳理见表13-1。

国务院文件提出的供水领域反垄断措施　　　　表13-1

序号	主要政策措施	相关内容
1	清理取消不合理收费	1. 供水环节收费。取消供水企业及其所属或委托的安装工程公司在用水报装工程验收接入环节相关工程费用。 2. 接入工程费用。在城镇规划建设用地范围内,供水企业的投资界面应延伸至用户建筑区划红线,相关费用按规定由政府和企业承担。 3. 其他各类收费。规范计量检定费用收取;严禁代收水费时增加额外费用;建筑区划红线内供水管网的建设安装、更新改造、维修维护等费用,按照权责划分由政府和企业承担

续表

序号	主要政策措施	相关内容
2	加快完善价格形成机制	1. 水价纳入地方定价目录,建立以"准许成本加合理收益"为基础,有利于激励提升供水质量、促进节约用水的价格机制。 2. 建筑区划红线内供水移交给供水企业的,相关费用纳入供水成本。 3. 在严格成本监审的基础上,合理制订并动态调整供水价格
3	严格规范价格收费行为	1. 明确可保留的收费项目。 2. 规范政府定价行为。 3. 规范经营者收费行为
4	提升服务水平	1. 健全行业管理制度和技术标准体系。 2. 加快完善行业服务质量规范和评价体系。 3. 强化企业服务意识,优化服务办理流程。 4. 建立健全价格和收费公示制度,促进提升服务质量和效率
5	改善发展环境	1. 提升市政配套基础设施规划建设管理水平。 2. 加快放开经营服务市场,进一步放开市场准入限制。 3. 完善相关法律法规制度

3.《工商总局关于公用企业限制竞争和垄断行为突出问题的公告》

2016年,《工商总局关于公用企业限制竞争和垄断行为突出问题的公告》(工商竞争字〔2016〕54号)发布,对公用企业的垄断行为主要表现形式进行了列举。其包括供水、供电、供气企业强制或变相强制申请办理水、电、气入户的经营者或消费者购买其提供的入户设备和材料,强制或变相强制用户接受其指定经营者提供的服务,强制或变相强制向用户收取最低费用、强行收取用户"押金""保证金"或者强行指定、收取"预付费"的最低限额,强制或变相强制用户购买保险或其他不必要的商品,以及滥收费用行为。

13.2.2 各地政府采取的反垄断措施

为制止侵害人民群众合法权益的垄断行为,切实维护市场公平竞争和广大消费者权益,各地政府结合当地实际情况,采取多种措施减少垄断案件发生,持续营造更加良好优质的营商环境。根据《中国反垄断执法年度报告(2021)》[1]发布内容,结合各大省市和发生过供水领域执法案件的地区情况,对相关反垄断措施汇总见表13-2。

各省市采取的反垄断措施 表13-2

城市	措施
北京市	1. 积极作为,加大民生领域反垄断执法力度。 2. 强化指导,规范平台经济领域竞争秩序,出台《北京市平台经济领域反垄断合规指引(2021年版)》,开展企业自查,评估企业整改成效,开展反垄断合规培训。 3. 积极推进公平竞争审查,助力优化营商环境。 4. 探索完善区域执法协作,构建京津冀审查区域协作,签署《京津冀反垄断执法和公平竞争审查协作协议》,开展京津冀反垄断执法人员专项培训

续表

城市	措施
上海市	1. 强化竞争措施实施试点有新进展,推进高水平制度型开放。 2. 反垄断执法有新作为,推动形成高质量发展动力源。 3. 公平竞争审查工作步入新阶段,促进实现经济循环畅通
广东省	1. 推动竞争政策先行先试。 2. 加强和改进反垄断执法。 3. 提升公平竞争审查制度效能
天津市	1. 突出"五个着力",实现全面落实公平竞争审查制度进入新阶段。 2. 精准"三个发力",反垄断执法取得突破进展
云南省	1. 充分发挥联席会议统筹协调和监督指导作用。 2. 组织开展公平竞争审查第三方评估。 3. 强化制度刚性约束
贵州省	1. 反垄断执法全面深入。 2. 公平竞争审查工作向纵深推进。 3. 抓示范垄断合规建设
安徽省	1. 围绕主责,不断加大反垄断执法力度。 2. 多措并举,深入推进公平竞争审查工作。 3. 完善机制,夯实执法工作基础
浙江省	1. 强化平台经济反垄断监管。 2. 全面实施公平竞争审查制度。 3. 强化全链条反垄断监管
内蒙古	发布全国首个公用企业反垄断合规指引——《内蒙古自治区公用企业反垄断合规指引》,规定具有市场支配地位的公用企业禁止实施十种行为
江苏省	1. 聚焦主责主业,攥起执法办案的"硬拳头"。 2. 强化刚性约束,谋划公平竞争的"新招式"。 3. 坚持多措并举,打好竞争倡导的"组合拳"
陕西省	1. 市场监管局印发《关于做好涉水领域专项治理反垄断检查的通知》和《涉水领域专项治理反垄断检查指引》。 2. 重点关注涉水领域是否存在垄断协议、滥用市场支配地位和滥用行政权力排除限制竞争等违法行为
新疆维吾尔自治区	1. 坚持执法为民,强化反垄断执法力度。 2. 坚持竞争政策基础地位,深入推进公平竞争审查
海南省	1. 立法先行,构建公平竞争法治环境。 2. 突出重点,营造公平竞争制度环境。 3. 规范扶正,促进公平竞争市场环境

13.2.3 市场监管部门监管情况

近年来,市场监管相关部门坚持以人民为中心,持续强化公共事业领域的审查监管,依法查处了多起重大典型案件,维护了消费者的切身利益。从国家反垄断局发布的《中国反垄断执法年度报告（2021）》[1] 来看,2021 年,反垄断执法机构共查办公用事业行业垄断协议案件 1 件,滥用市场支配地位案件 4 件,滥用行政权力排除、限制竞争案件 16 件;审结公用事业行业经营者集中案件 51 件。罚没金额共计 4486

万元。其中,办结的 4 件滥用市场支配地位案主要涉及供气、供水领域,违反《反垄断法》相关规定,实施以不公平高价销售商品、限定交易、附加不合理交易条件等行为。市场监管部门在查办案件的同时,也对公用事业行业垄断案件和竞争问题特点进行了总结分析,主要呈现以下 3 个特点:

(1) 垄断行为具有明显的区域性特征。自来水是我国居民(尤其是城镇居民)的主要水源,虽然日常生活中也会使用其他水源(比如自备水源、桶装水等),但自备水源供水数量少且不在市场销售,不具备代表性与替代性,桶装水主要用于饮用且价格高,在价格和便利性上无法与城市公共自来水供水相比,难以替代自来水供水服务。供水企业的经营区域受限于管道等基础设施覆盖范围,其他企业难以介入,因此大部分供水企业提供的城市公共自来水供水服务所占市场份额接近 100%。

(2) 滥用市场支配地位,限制竞争案件特点突出。从近年来查办的供水行业垄断案件来看,在供水领域发生垄断行为的案件屡禁不止,且违法行为类型相对单一,主要涉及限定交易和制定含有排除、限制竞争内容的规定等行为以及强制或者变相强制用户接受其指定经营者提供的服务。

(3) 滥用市场支配地位行为仍是执法重点。水电气热等公用事业是经济运行和社会发展的重要保障,与人民群众日常生活密切相关,市场监管部门始终把公用事业领域作为反垄断执法的重点领域,持续优化营商环境,降低实体经济成本,有效维护公平竞争的市场秩序和消费者合法权益。

13.3 供水企业落实《意见》情况

国家发展和改革委员会、财政部、住房和城乡建设部等 5 部门联合发布的《意见》,对整个公用事业行业规范收费、完善机制、提升服务等方面具有很强的指导作用。目前,《意见》正式施行已经两年有余,通过对国内供水企业开展问卷调查,对于《意见》的落实情况具体如下:

13.3.1 供水行业服务落实《意见》整体情况

目前国内供水企业主要收入来源为营销收入(水费),部分供水企业存在部分工程收入、增值服务等其他收入,部分地区政府给予企业一部分亏损补贴。《意见》出台以来,各供水企业坚决履行企业责任,深入贯彻落实相关要求,清理取消各种形式的不合理收费，规范各类价格收费，持续提升供水服务质量。

1. 用水报装环节

各地供水企业在用户办理报装手续、进行工程验收等环节，均无收费项目。近年来各供水企业不断缩短办理流程，取消不必要的环节，不断提升办理效率。

对于工程设计、工程施工等环节，大部分供水企业全面开放新建给水工程市场。对于划红线内的供水工程建设，部分供水企业除去专业施工图审核、工程备案、竣工查验等必要环节外，其他全部交由开发建设单位自主委托设计、施工单位进行建设，不接受开发建设单位委托建设。部分供水企业接受建设单位自愿委托，并严格按照实际发生的收费项目，以当地物价部门定价、所在地造价信息以及市场公允价收费，施工环节选取优质材料、设备确保工程质量，及时公开收费项目各类信息，接受社会监督。

2. 管网铺设环节

各地供水企业在红线外的市政供水管网工程建设费用主要由市财政、政府债或企业自筹，不存在额外收取其他企业、用户等单位任何费用的情况。对于从用户建筑区划红线连接至公共管网的部分，部分供水企业与政府及产权权属方沟通，按照实际情况协调解决。

3. 二次供水环节

2015年，《住房和城乡建设部　国家发展改革委　公安部　国家卫生计生委关于加强和改进城镇居民二次供水设施建设与管理确保水质安全的通知》（建城〔2015〕31号）发布，2016年，《住房城乡建设部关于进一步加强城镇供水管理工作的通知》（建城〔2016〕252号）发布，要求各地加强二次供水管理，引导和鼓励供水企业对二次供水设施实行专业化管理，同时强化二次供水监管，督促运行维护单位落实设施维护、水质检测等制度。当前部分供水企业已经接收了一些小区的二次供水设施，并制订和完善了相关管理制度，严格做好二次供水设施维护管理工作，确保接收小区居民的用水安全。运营费用来源方面，部分地区政府会为供水企业提供政策补贴，其他地区则为供水企业自行承担。

4. 水费收取环节

各地方供水企业在收取水费时严格按照物价主管部门的定价文件执行，没有出现收取不合理水费的情况。同时通过设置阶梯水价，对于用水种类、用水量不同的用户收取不同价格的水费，引导社会形成节水习惯，促进水资源可持续利用。

13.3.2 供水行业在落实《意见》时遇到的问题

1. 部分用户不履行"使用付费"原则

《意见》中明确指出,要坚持权责对等,按照"谁运营、谁负责""谁受益、谁付费"原则,明确投资、建设、运营、维护、使用、监管等主体责任,引导公用事业属性合理定位和成本合理分担。

通过调研,各供水企业一直以来严格履行自身职责,确保供水安全稳定运行。但一些用户不愿履行"谁受益、谁付费"原则,水费欠缴现象仍然存在。一些采取总表计费的小区,其物业公司拒缴水费,导致整个小区的水费收取困难。供水企业作为公益性企业,在当前市场机制下多采用"先用水后缴费"的水费收缴模式,并且多地政府部门严禁供水公司擅自向用户停水,导致用户不履行付费职责的情况发生后,供水企业没有有效的方法进行制约,欠缴水费收取困难,产销差率不断增大,部分供水企业亏损严重。

2. 供水工程质量良莠不齐

近年来,部分供水企业在工程建设过程中滥用市场支配权,强制用户使用指定施工单位、设备及材料,被市场监督管理部门依法实施行政处罚。《意见》要求供水企业严禁以强制服务、捆绑收费等形式收取不合理费用。严禁实施垄断行为,对违反反垄断法、妨碍市场公平竞争、损害其他市场主体和消费者利益的,按照相关法律法规予以处罚。通过调研,各供水企业严格贯彻落实《意见》中"严禁实施垄断行为"的相关要求,开放供水工程建设市场,红线以内的小区二次供水管线及设施由用户(开发商)自主委托施工单位施工,所有具备资质的企业均可参与建设,防止涉嫌垄断等一系列问题发生。

但从实际情况来看,相关市场上的施工队伍鱼龙混杂,工程质量不尽相同,且给水管道工程的质保期一般情况下只有两年,一些开发商为追求利益最大化,往往忽视施工质量,不选用优质材料甚至偷工减料,导致供水工程质量低下,供水设施故障频繁。如果供水设施的运营维护均由供水企业负责,一方面供水企业大多没有参与供水设施的工程建设,不掌握管线隐蔽工程的具体情况,在突发情况发生后很难第一时间进行处理。另一方面,如果供水设施的前期施工质量得不到保证,发生问题后进行修理的难度巨大,后期运营维护风险会成倍增加,进一步放大因城市供水安全问题引发的社会维稳负担。

3. 价费调整较为缓慢

《意见》发布后，供水企业自觉清理取消不合理收费项目，水费成为大多数供水企业的重要收入来源。《意见》指出要完善供水价格机制。加快建立健全以"准许成本加合理收益"为基础，有利于激励提升供水质量、促进节约用水的价格机制。2021年，国家发展和改革委员会以及住房和城乡建设部公布了《城镇供水价格管理办法》，提出"城镇供水价格监管周期原则上为3年，经测算需要调整供水价格的，应及时调整到位，价格调整幅度较大的，可以分步调整到位"。

但通过调研，各地供水企业普遍反映当前水价距上一次调整时间过长，时间间隔普遍在7~12年不等。有些地区政府近期对水价有所调整，但由于距上一次调价间隔较长，受各方面因素限制调整幅度不大，在供水成本不断上涨的情况下，当前水费价格仍不能弥补企业成本，制约了供水企业可持续发展，对供水企业实施更多提升改造措施，强化智慧运营，提升服务水平带来影响。

4. 二次供水设施存量较多

当前，政府部门积极鼓励引导供水企业依法依规接收并运行供水加压调蓄设施，推行专业化运行。《意见》指出，建筑区划红线内供水（含二次加压调蓄）设施依法依规移交给供水企业管理的，其运行维护、修理更新等费用计入供水成本。《城镇供水价格管理办法》也写明，由供水企业负责运行管理的二次加压调蓄供水设施，其运行维护、修理更新成本计入供水价格，不得另行收费。

通过调研，已经接收二次供水设施的供水企业严格做好相关运维管理工作，并且没有另行收费的情况发生。部分地区政府部门会给予一些政策补贴，并严格进行价格监审，更多则是由供水企业自行承担。考虑当前还有大量小区的二次供水设施没有进行接收，且很多二次供水设备设施使用时间较长，存在风险隐患，今后用于二次供水运行维护的费用将日益增多，供水企业将承担较大的资金压力，对供水服务整体产生不利影响。

13.4 加强行业自律的相关建议

随着我国社会主义经济的不断发展，大型企业操纵市场、独家经营、干扰竞争等问题日益凸显，垄断问题已成为制约我国经济发展与构建全国统一大市场的重要因素。2020年12月11日，习近平总书记在中共中央政治局会议中首次提出"强化反垄断和防止资本无序扩张"的要求。党的二十大报告也明确提出，"加强反垄断和反不正当竞争，破除地方保护和行政性垄断，依法规范和引导资本健康发展"的具体要求。可以预见，进一步完善我国反垄断制度将会成为"十四五"时期推动高质量发展、实现高水平对外开放、建设高标准市场体系、防止资本无序扩张、促进共同富裕、提高政府经济治理能力和经济治理水平的重要内容。为促进供水行业依法合规经营，建立更加公平透明的供水市场体系，切实维护人民群众的合法权益，提供更加安全优质的供水服务，提出建议如下。

13.4.1 政府层面

1. 明确权责对等

希望政府部门按照"谁运营、谁负责""谁受益、谁付费"原则，根据国家有关法律法规，结合各地实际情况，建立健全地方性法规，合理界定各方权利义务，明确管理边界，确保主体明确，价格明晰，权责相符。

（1）强化对用户供水设施的竣工验收，明确建设主体责任。从目前国家城市供水立法来看，供水企业并没有指定用户（开发商）自建供水设施的施工商和设备材料供应商的权力[2]。对于供水工程的验收，供水企业也仅限对用水单位自行建设的与城市公共供水管道连接的户外管道及附属设施进行验收。《城市供水条例》中明确规定，城市供水工程竣工后，应当按照国家规定组织验收，但对于建设单位在自建供水工程的招标和建设中应当负有的法定义务没有明确规定。建议进一步明晰政府有关部门的监管职权，建立科学严谨的监督管理标准，加强供水工程的监督检查，对于监督抽查中发现问题的建设单位、用水用户和供水企业，提高现有行政处罚上限的同时，将其纳入企业征信系统，在融资、信贷等方面给予限制，进一步提高建设单位违法成本。

（2）明确供水设施产权归属和后期运营维护管理责任。城市供水法律规定，用水单位自行建设的与城市公共供水管道连接的户外管道及其附属设施，需交由供水企业验收合格并交其统一管理后方可使用，户内管道的维护管理并没有进一步明确。在实际过程中，红线外的供水管线出现问题，供水企业都能第一时间予以解决，大多供水矛盾点发生在供水红线和用户水表之间。由于用户、物业、供水企业管理体制的分割，发生供水问题，特别是二次供水时常常出现责任不清，互相扯皮的情况发生。建议政府部门结合实际情况，明确供水企业、用户和第三方的责任权限，制定二次供水设施建设技术标准，并向社会公众公开。供水企业、用户和第三方按照权属责任，做好所在权属区域的管理维护工作,遇到问题及时处理解决。用户要履行好自身职责,及时缴纳相关费用。

2. 适时调整水费征收标准

一直以来,供水企业以满足人民群众的高品质用水需要为目标,持续优化水工艺处理流程,加强水质监测检测,着力提高出厂水水质指标。同时不断加大城镇供水基础设施建设投入,扩大供水规模,让更多人喝上优质水、放心水、健康水。在此过程中,供水企业的经营成本不断提高,加之近年来原材料、人力等费用刚性上涨,企业的经营压力与日俱增。但相对地,各地区的水费价格上涨较缓,很多地区长时间没有进行水价调整,售水价格和供水成本倒挂严重,形成政策性亏损,制约了供水企业可持续发展,对供水企业实施更多提升改造措施,强化智慧运营,提升服务水平带来影响。

建议政府部门充分考虑供水企业的供水成本和用水用户的经济实力,结合实际情况,适时合理上调供水价格,保障供水企业健康可持续发展,为经济社会可持续发展提供安全可靠的供水保障和良好的水环境。同时加强成本监审工作,按照《中华人民共和国价格法》和《政府制定价格成本监审办法》有关规定,做好定价前监审、定期监审及市场异动商品监审,积极引入第三方参与成本监审,增强社会公信力。

3. 强化反垄断监管

(1) 加大反垄断执法力度。法制监管是市场监管的根本,市场监管部门要加强对行政执法文件的合法性审核,从源头上防止违法文件的出台,提高执法的规范性和合法性。要加强反垄断执法人才的选拔和培养机制,定期开展执法技能培训,提升反垄断执法能力。深入开展反垄断调查,及时查处达成实施垄断协议、滥用市场支配地位和滥用行政权力排除限制竞争等垄断行为,维护公平竞争市场环境。

(2) 细化反垄断处罚标准。从上述供水垄断案件来看,发生垄断的供水企业大多会被采取行政处罚的方式,没收非法所得收入并处以巨额罚金。《反垄断法(2022修订)》修订了滥用市场支配地位垄断行为的处罚标准,并提出计入信用记录、向社会公示的处罚措施,提高了惩罚标准。建议政府相关部门进一步修订完善滥用市场支配地位行为的处罚标准,确立行之有效的执法标准和行政罚款量化分级标准,对于违法情节严重的,可采取限制其贷款、融资、上市、取消经营资格等惩戒措施,进一步增强处罚力度。但单纯的处罚并不能完全解决问题,应进一步明确政府相关部门,特别是城市供水主管部门的监管责任,加强对供水企业、城市供水设施建设单位、监测机构等部门的监督管理，防止出现有意隐瞒甚至故意造假的情况发生。建立健全政务失信记录、守信激励和失信惩戒机制，让企业对垄断行为知戒惧、存敬畏、守底线。

（3）提升社会公众反垄断意识。通过多种形式强化普法教育宣传，提升人民群众法律意识。完善价格社会监督体系，充分发挥信访举报平台作用，畅通群众价格诉求渠道，妥善化解价格矛盾。加强价格举报数据分析，定期发布分析报告，起到警示经营者、提醒消费者的作用。鼓励和支持新闻媒体积极参与价格社会监督，发挥舆论引导的力量，推动供水领域营商环境优化。

13.4.2 企业层面

1. 增强反垄断合规管理意识

供水事业是城镇经济运行和社会发展的重要保障，具有显著的基础性、先导性和自然垄断性，直接关系社会公众利益和人民群众生活质量，关系实体经济运行成本效率。近年来，各地供水企业不断强化能力建设，积极推进市场化水平，供水服务覆盖率和服务质量持续上升。同时，供水领域垄断问题也频频发生，切实反映出供水领域反垄断合规还存在不少薄弱环节和风险隐患。供水企业应切实提高政治站位，深入学习领会习近平总书记关于"强化反垄断和防止资本无序扩张"的要求，贯彻落实《反垄断法（2022修订）》，深入开展反垄断相关教育培训，强化企业反垄断合规管理意识，防范垄断法律风险，促进市场公平竞争。

2. 开展反垄断自查自纠

供水企业应深刻汲取供水领域典型垄断案件的警示教训，深刻反思自身可能存在的反垄断合规问题，切实增强责任意识，坚持依法合规经营，有效维护市场竞争秩序。定期开展供水领域反垄断自查自纠，对照《反垄断法（2022修订）》和配套规章制度，在供水企业的供水报装、供水工程施工、供水收费等环节定期开展"反垄断"自查工作，对可能存在的指定施工单位、材料设备等相关行为，要结合法律法规充分挖掘其合理性；对存在收取不公平高价等问题，应结合法律法规对价格合理性进行排查评估；排查梳理出的合规问题和风险，及时有效进行处置，抓紧堵塞漏洞、补齐短板，主动规范自身经营行为。强化企业合规管理，持续完善反垄断合规制度建设，系统推进合规风险管控。针对反垄断领域优先制订管理制度或指引，细化工作要求，在容易产生垄断的工作流程中设置反垄断行为排查节点，对发现的风险隐患及时发布预警信息，不断提升反垄断合规能力，强化自觉维护市场公平竞争意识，提升反垄断合规能力。

3. 坚决清价顺费

供水企业应严格按照国家和地方相关政策文件要求，坚决清理取消各种没有合法有效政策依据的收费项目。一是取消供水企业及其所属或委托的安装工程公司在用水报装工程验收接入环节的无收费依据的接入工程费用。二是供水企业应将投资界面延伸至用户建筑区划红线，对于建筑区划红线外发生的任何费用，除法律法规和相关政策另外规定外，均不进行收取。三是规范其他各类收费。新建商品房、保障性住房等建筑区划红线内供水管线及配套设备设施的建设安装费用统一由房地产开发建设单位承担，不得另向买受人收取。不得强制用户对计量装置进行检定，如需要检定的，按照"谁委托、谁付费"原则，由委托方支付检测费用，如果检测结果证实计量装置存在质量问题，供水企业应承担检定费用并免费更换合格的计量设施。

4. 严格规范收费

供水企业要持续深化公用事业领域"放管服"改革，规范企业收费行为，确保行业公平竞争。

（1）明确可保留的收费项目。在用户申请办理移表（位）、扩容、多路进水等延伸服务时，供水企业应尽量满足用户个性化需求，结合当地相关政策法规，明确服务项目和服务内容，制定收费目录清单并向公众公示，确保收费项目公开透明，有据可循。供水企业应抄表到户、服务到户，严格按照当地水价标准，向终端用户收售水费。对于有第三方运营管理的用户，供水企业与第三方结算、第三方再与终端用户结算。

（2）明确禁止的事项。不得强制申请办理用水入户的经营者或者消费者购买公司提供的入户设备和材料；不强制用户接受其指定经营者的服务；不应该通过设置技术障碍、扣取下游企业保证金、提供有条件的折扣、缩短付款周期等方式，迫使交易对象只能与公司或其他指定经营者交易；不强制向用户收取最低用水费用，强行收取用户"用水押金""保证金"或者强行指定、收取"预付水费"的最低限额；不强制用户购买保险或其他不必要的商品。

（3）加强合规性设计。对于组合销售的材料和工程，应确保可以拆分出售，保证交易对象和消费者拥有选择的权利。对于公司所运营的基础设施，应遵守价格主管部门有关基础设施服务价格的规定，合理确定价格。如果公司关联企业与非关联企业之间、非关联企业之间的交易条件相同或近似，公司应公平对待各交易相对人，给予其相同或相似的待遇。如果与交易对象签订的合同中存在限定交易、搭售或附加不合理条件、差别待遇条款，应咨询公司法律部门，确保存在正当性理由，并在合同中添加保护性条款。

5. 严格落实供水企业主体责任

供水企业应坚持权责对等的基本要求，按照"谁运营、谁负责""谁受益、谁付费"原则，结合当地实际情况，切实履行企业主体责任，提供良好供水服务。一是做好公共供水设施建设改造的技术审查和工程竣工验收。建立健全行业管理制度和技术标准，形成系统性工程质量验收标准，为实现给水供水规范化管理提供技术指引。对于交由供水企业建设改造的工程项目，要严格通过招标投标等方式确定设计单位、施工单位和设备材料供应单位，杜绝滥用市场支配地位的情况发生。加强供水工程全程监管，确保供水工程质量。二是明确运行维护主体责任。供水企业结合当地实际情况，与第三方和用户之间明确权责界限，并主动向社会公开。对于权责界限内的供水工程，应做好运行维护管理工作，确保范围内供水安全稳定。按照"谁受益、谁付费"的原则，结合当地实际情况，明码实价收取供水维护运行费用。

6. 提升供水企业核心竞争力

各供水企业要增强服务意识，提高工作效率和服务水平，向用户提供安全、便捷、稳定、价格合理的产品和服务。

（1）切实提升供水安全保障能力。供水企业应对标《生活饮用水卫生标准》GB 5749—2022，加强水源水、出厂水、管网水的水质检测和监测力度，结合实际情况，及时优化调整水处理工艺措施，保证供水水质安全。要加强日常监管，对供水设备设施进行每日巡检，定期进行维修清洗，确保各类供水设备设施安全可靠。完善应急预案，开展应急演练，提升防范供水风险事故的能力，确保供水安全稳定运行，保障市民生活饮用水安全。

（2）精简供水服务流程。制订简捷、标准化的服务办理流程，提高供水服务办理效率。积极推进"一站式"办理和"互联网+"服务模式，推动申请包装、维修、过户、缴费、开具发票等"一窗受理、一网通办、一站办结"，进一步压缩办理时限，同时在服务流程中着重突出公平性元素，出现指定单位等情况。

（3）要做好信息公开。各地供水企业按照相关法规要求，制订信息公开制度。应通过各种方式，对供水水质、服务标准、资费标准等内容及时公开，提升供水信息透明度，保障用户知情权。

7. 强化沟通协调监督机制

供水企业在扎实推进合规管理工作的同时，更应及时处理相关投诉，防止风险进一步扩大。

（1）优化客户服务管理体系。要定期开展客户服务相关培训，提升座席人员的基础技能、业务熟悉度和沟通技巧，做好用户及交易相关方的意见应对管理工作。借助数字化手段，对客户服务信息系统进行整合升级，做好用户诉求统计整合，强化用户诉求的分析研判，在解决用户诉求的同时，举一反三，排查供水服务中可能存在的垄断风险点，及时整改风险隐患。

（2）避免限定交易的情况发生。供水企业基于安全稳定，便于后续运维等因素考虑，通常会对用户工程施工单位和施工材料设备设定一定的选择范围或遴选机制。应当定期审查设定的范围与机制运行的合理性并及时进行调整。组建物资集中采购中心，将更多品质卓越、具有价格优势的单位纳入供应白名单。

（3）加大宣传引导力度。供水事业事关民生福祉，应充分利用多媒体等新闻媒介，加大对供水服务工作的宣传报道，消除与用户之间的信息差，让人民群众更加了解供水事业发展。秉承亲情服务理念，定期开展供水服务进社区等形式多样的志愿服务活动，切实解决群众关切的供水问题，拉近与人民群众的距离，获得市民群众更多的理解与支持。

供水是人民的幸福之基、社会和谐之本。供水企业应在政府部门的正确领导下，坚持以人民为中心的发展思想，聚焦人民群众"急难愁盼"，统筹破除市场垄断和行政性垄断，维护消费者的切身利益，维护公平竞争市场格局，更好满足人民对美好生活的向往，保障高质量发展成果更多更公平惠及广大人民群众，持续增强人民群众的获得感、幸福感、安全感。

主要参考文献

[1] 林文. 中国反垄断行政执法年度报告（2021年）[J]. 竞争法律与政策评论，2022.
[2] 薛亮. PPP背景下完善城市供水安全的立法构想——以系统论范式为视角[J]. 兰州学刊，2018.10.

附 录

附录1 7大流域包含城市

流域名称	城市名称
长江流域	上海、南京、无锡、江阴、宜兴、常州、溧阳、苏州、常熟、张家港、昆山、太仓、南通、启东、如皋、仪征、镇江、丹阳、扬中、句容、靖江、泰兴、杭州、嘉兴、海宁、平湖、桐乡、湖州、合肥、巢湖、芜湖、无为、马鞍山、铜陵、潜山、黄山、滁州、宣城、广德、宁国、南昌、景德镇、乐平、萍乡、九江、瑞昌、共青城、庐山、新余、鹰潭、贵溪、赣州、瑞金、龙南、吉安、井冈山、宜春、丰城、樟树、高安、抚州、上饶、德兴、南阳、邓州、武汉、黄石、大冶、十堰、丹江口、宜昌、宜都、当阳、枝江、襄阳、老河口、枣阳、宜城、鄂州、荆门、京山、钟祥、孝感、应城、安陆、汉川、荆州、监利、石首、洪湖、松滋、黄冈、麻城、武穴、咸宁、赤壁、随州、广水、恩施、利川、仙桃、潜江、天门、长沙、宁乡、浏阳、株洲、醴陵、湘潭、湘乡、韶山、衡阳、耒阳、常宁、邵阳、武冈、邵东、永州、祁阳、汨罗、临湘、常德、津市、张家界、益阳、沅江、郴州、资兴、永州、祁阳、怀化、洪江、娄底、冷水江、涟源、吉首、重庆、成都、简阳、都江堰、彭州、邛崃、崇州、自贡、攀枝花、泸州、德阳、广汉、什邡、绵竹、绵阳、江油、广元、遂宁、射洪、内江、隆昌、乐山、峨眉山、南充、阆中、眉山、宜宾、广安、华蓥、达州、万源、雅安、巴中、资阳、马尔康、康定、会理、西昌、贵阳、清镇、六盘水、遵义、赤水、仁怀、安顺、毕节、黔西、铜仁、凯里、都匀、福泉、昆明、安宁、宣威、昭通、水富、丽江、禄丰、楚雄、香格里拉、汉中、安康、商洛、陇南、玉树共200个城市
黄河流域	太原、晋城、晋中、运城、临汾、吕梁、呼和浩特、包头、乌海、鄂尔多斯、巴彦淖尔、乌兰察布、济南、东营、泰安、聊城、滨州、菏泽、洛阳、新乡、焦作、濮阳、三门峡、济源示范区、西安、铜川、宝鸡、咸阳、渭南、延安、榆林、兰州、白银、天水、武威、平凉、庆阳、定西、临夏、合作、西宁、海东、同仁、芒崖、格尔木、德令哈、银川、石嘴山、吴忠、固原、中卫共51个城市
珠江流域	广州、韶关、深圳、珠海、佛山、江门、肇庆、惠州、河源、清远、东莞、中山、云浮、南宁、柳州、桂林、梧州、贵港、百色、贺州、河池、来宾、崇左、兴义、兴仁、曲靖、玉溪、个旧、开远、蒙自、弥勒、罗定、台山、开平、恩平、鹤山、英德、连州、北流、岑溪、桂平、合山共42个城市
淮河流域	徐州、新沂、邳州、海安、连云港、淮安、盐城、东台、扬州、高邮、泰州、兴化、宿迁、蚌埠、淮南、淮北、天长、明光、阜阳、界首、宿州、六安、亳州、青岛、胶州、平度、莱西、淄博、枣庄、滕州、烟台、龙口、莱阳、莱州、招远、栖霞、海阳、潍坊、青州、诸城、寿光、安丘、高密、昌邑、济宁、曲阜、邹城、威海、荣成、乳山、日照、临沂、邹平、郑州、荥阳、新密、新郑、登封、开封、平顶山、舞钢、汝州、许昌、禹州、长葛、漯河、商丘、永城、信阳、周口、项城、驻马店共72个城市
海河流域	北京、天津、石家庄、晋州、新乐、唐山、滦州、遵化、迁安、秦皇岛、邯郸、武安、邢台、南宫、沙河、保定、涿州、安国、高碑店、张家口、承德、平泉、沧州、泊头、任丘、黄骅、河间、廊坊、霸州、三河、衡水、深州、辛集、定州、大同、阳泉、长治、朔州、怀仁、忻州、原平、德州、乐陵、禹城、临清、安阳、林州、鹤壁、卫辉、辉县共50个城市
松花江流域	霍林郭勒、扎兰屯、乌兰浩特、长春、榆树、德惠、吉林、蛟河、桦甸、舒兰、磐石、松原、扶余、白城、洮南、大安、敦化、梅河口、哈尔滨、尚志、五常、齐齐哈尔、讷河、鸡西、鹤岗、双鸭山、大庆、伊春、铁力、佳木斯、富锦、七台河、牡丹江、海林、宁安、黑河、北安、五大连池、嫩江、绥化、安达、肇东、海伦、漠河共44个城市
辽河流域	赤峰、通辽、沈阳、新民、鞍山、海城、抚顺、本溪、北镇、营口、盖州、大石桥、辽阳、灯塔、盘锦、铁岭、调兵山、开原、公主岭、四平、双辽、辽源共22个城市

附录2 17个城市群包含城市

梯队分级	城市群名称	城市名称
第一梯队（优化提升）	京津冀城市群	北京、天津、石家庄、唐山、秦皇岛、邯郸、邢台、保定、张家口、承德、沧州、廊坊、衡水共13个城市
	长三角城市群	上海、南京、无锡、常州、苏州、南通、盐城、扬州、镇江、泰州、杭州、宁波、嘉兴、湖州、绍兴、金华、舟山、台州、合肥、芜湖、马鞍山、铜陵、安庆、滁州、池州、宣城、温州共27个城市
	珠三角城市群	广州、深圳、珠海、佛山、江门、肇庆、惠州、东莞、中山共9个城市
	成渝城市群	重庆、成都、自贡、泸州、德阳、绵阳、遂宁、内江、乐山、南充、眉山、宜宾、广安、达州、雅安、资阳共16个城市
	长江中游城市群	南昌、景德镇、萍乡、九江、新余、鹰潭、吉安、宜春、抚州、上饶、武汉、黄石、宜昌、襄阳、鄂州、荆门、孝感、荆州、黄冈、咸宁、仙桃、潜江、天门、长沙、株洲、湘潭、衡阳、岳阳、常德、益阳、娄底共31个城市
第二梯队（发展壮大）	山东半岛城市群	济南、青岛、淄博、枣庄、东营、烟台、潍坊、济宁、泰安、威海、日照、临沂、德州、聊城、滨州、菏泽共16个城市
	中原城市群	郑州、开封、洛阳、平顶山、安阳、鹤壁、新乡、焦作、濮阳、许昌、漯河、三门峡、南阳、商丘、信阳、周口、驻马店、济源区、邯郸、邢台。山西省长治、晋城、运城、蚌埠、淮北、阜阳、宿州、亳州、聊城、菏泽共30个城市
	关中平原城市群	西安、铜川、宝鸡、咸阳、渭南、商洛、杨凌区、运城、临汾、天水、平凉、庆阳共12个城市
	北部湾城市群	南宁、北海、防城港、钦州、玉林、崇左、湛江、茂名、阳江、海口、儋州、东方共12个城市
第三梯队（培育发展）	哈长城市群	哈尔滨、齐齐哈尔、大庆、牡丹江、绥化、长春、吉林、四平、辽源、松原、延吉共11个城市
	辽中南城市群	沈阳、新民、大连、瓦房店、庄河、鞍山、海城、抚顺、本溪、营口、盖州、大石桥、辽阳、灯塔、盘锦、铁岭、调兵山、开原共18个城市
	山西中部城市群	太原、古交、阳泉、晋中、介休、忻州、原平、吕梁、孝义、汾阳共10个城市
	黔中城市群	贵阳、清镇、遵义、仁怀、安顺、毕节、凯里、都匀、福泉共9个城市
	滇中城市群	昆明、曲靖、玉溪、楚雄、个旧、开远、蒙自、弥勒共8个城市
	呼包鄂榆城市群	呼和浩特、包头、鄂尔多斯、榆林共4个城市
	兰州—西宁城市群	兰州、白银、定西、临夏、西宁、海东共6个城市
	宁夏沿黄城市群	银川、灵武、宁东能源化工基地、石嘴山、吴忠、青铜峡、中卫共7个城市

附录3 《城镇智慧水务技术指南》摘要

2023年度,中国城镇供水排水协会组织编写了《城镇智慧水务技术指南》(以下简称《指南》),于2023年7月由中国建筑工业出版社正式出版。

《指南》由概论、总体设计、数字化建设、智能化控制、智慧化决策、信息安全与运营维护、智慧水务应用7个篇章组成,涵盖了城镇智慧水务建设的总体设计、技术要求以及集成应用。总体设计对智慧水务的总体架构和保障体系进行了介绍,对数字化建设、智能化控制和智慧化决策等提出了技术要求;集成应用通过城镇供水、城镇水环境、排水(雨水)防涝三大领域对智慧水务技术应用进行系统性解释和说明。《指南》注重实用性与前瞻性,结合智慧城市与城市信息模型(CIM),提出了城镇水务信息模型(CIM-water)的概念,使智慧水务能更好地衔接智慧城市。

具体内容,略。

附录4　国家发展改革委　住房城乡建设部　生态环境部印发《关于推进建制镇生活污水垃圾处理设施建设和管理的实施方案》的通知

(发改环资〔2022〕1932号)

附录5　住房和城乡建设部办公厅　应急管理部办公厅关于加强城市排水防涝应急管理工作的通知

(建办城函〔2023〕152号)

附录6　住房和城乡建设部办公厅　国家发展改革委办公厅关于扎实推进城市燃气管道等老化更新改造工作的通知

(建办城函〔2023〕245号)

附录7　国家发展改革委　住房城乡建设部　生态环境部关于推进污水处理减污降碳协同增效的实施意见

(发改环资〔2023〕1714号)